有效總經理
——企業將帥術

陳定國　著

三民書局

股東及廣大股民則要求有合理利潤及報酬；員工要求薪酬福利好，成長機會大；政府要求企業多繳稅，多提供就業機會，多把技術移轉給其他廠商，多盡社會責任及環境保護等等。以上各方對於企業的期望互不相同，所以經理人員必須講求專業的「有效經營」要道，才能一箭雙鵰，甚至一箭三鵰。

顧客若能持續滿意，一定會成為公司的忠誠朋友，支持公司；公司若能賺錢，一定會繼續拓展業務、持續研究發展新技術及創新改善、向政府繳納稅金、提供就業機會、善待員工、愛護環境、貢獻社會、捐款做公益等等，使「私目標」、「公目標」、「社會目標」一舉達成，進而使社會國家臻於安和樂利境界。

有效經營的要道就是由 「雙重五指山」 構成的 「管理科學矩陣」(Management Matrix)。第一重五指山是講求「做事」方法的「企業五功能系統」(Business Five-Function Systems)，就是行銷 (Marketing)、生產 (Production)、研究發展 (R&D)、人資 (Human Resources)、財會 (Finance-Accounting)。第二重五指山是講求「作人」方法的「管理五功能系統」(Management Five-Function Systems)，也就是計劃 (Planning)、組織 (Organizing)、用人 (Staffing)、指導 (Directing)、控制 (Controlling)。當「做事」、「作人」都成功，企業也就會成功。

本書主要內容就是詳述「雙重五指山 (5×5)」內，每一個功能的作用要點，每一位企業將帥都不可忽略。而每一功能內又分五個次級功能說明，所以「企業將帥術」，在理論上涵蓋六百二十五 (=5×5×5×5) 個要點。當您熟讀此雙重五指山構成的「管理科學矩陣」，也就掌握了將來擔當大企業集團將帥的要訣了。

本書在 10 年內歷經五次的整理及打字，得到兩位得力秘書李娜小姐（在香港時）及陳惠敏小姐（回臺灣後）的操勞協助，以及李孟祝及胡美雲兩位助理的辛勤打字 （改版）。本書第一版部分文稿曾在《經濟日

報》副刊企管連載六個月（2002 年 10 月 4 日至 2003 年 4 月 4 日），得到讀者熱烈迴響，在此一併感謝前副刊主任徐桂生的支持。此外，對國立政治大學企管研究所及國立臺灣大學商學研究所的教授同仁及學生們之精神支持，也永懷感激。

　　本書第一版由聯經出版社印行後 10 年，經過本人徹頭徹尾審閱、更新及增補，約增四分之一篇幅，交由三民書局出版，衷心感謝三民書局董事長劉振強先生的多年提拔及編輯部提供的意見，方能竟功。此外，尚祈十方大家多賜指正，以利完備，則功德無量。

陳定國　謹識

2014 年 6 月

第 3 章　國家經濟與企業成長的來源 (Sources of Business and Economic Growth)

第4章 管理知識的發展歷程 (Development of Management Knowledge)

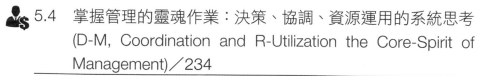

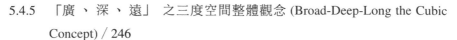

第6章　企業「做事」五字訣：「銷、產、發、人、財」企業五功能的發揮

第 7 章 「管人」做事五字訣：「計、組、用、指、控」 管理五功能的發揮

第 8 章 本書總結：掌握企業將帥的整套有效經營功夫

第1章

無限的思考源泉

(Unlimited Sources of Thinkings)

1.1 聽課讀書也要講求「成本一效益」及「投入一產出」

🏃 1.1.1 傳統老式國營事業很難「現代化」及「有效化」

這本書的起源構想，來自中國大陸「改革開放」12 年 (1992) 後稍見成效，國務院發展中心和國家科委（現叫科技部）第一次在 1992 年舉辦的「北京高級企業管理國際研習會」。該會除本人主講 3 整天，另由名經濟學家厲以寧、吳敬璉、董輔礽及高尚全 4 人主講 2 整天，地點在北京科學會館，繳費聽眾有 5、6 百人。效果反應不錯，所以第二 (1993) 年又再舉辦一次 5 天研習會，講員除學者之外，尚邀請中國大陸國內大企業家（如首都鋼鐵公司董事長、天津大邱莊莊主）、美國投資企業總裁、香港投資企業家、及華僑企業家，場面更熱鬧，增添「改革開放」的國際氣氛，也算是開風氣之先鋒。

我在當時擔任泰國華僑卜蜂正大集團的紐約公司 CP (USA) 總裁兼中國大陸區總部的資深執行副總裁 (SEVP)，在中國大陸有大小事業一百五十個，所以義不容辭，有生第一次用 3 整天的長時間，把當一位「有效」總經理所要面對的市場行銷、生產（包括採購）、研究發展、人力資源、財務（包括會計資訊）等企業做事功能，以及計劃、組織、用人、指導及控制等企業管人的系統性知識，做深入一些的講解，幫助聽眾理清在「改革開放」的經濟建設行列中，所將面臨的錯綜複雜之企業管理事務。這本書的原始內容就是當初 3 整天 24 小時的講稿。後來經過多次修改充實，才成就今日的書樣。

我在 1987 年就從美國紐約經香港，第一次進入上海，展開我人生冒險的

另一個生涯──從東方的臺灣到美國謀生，又從美國紐約回到東方的香港及初開放的神秘中國大陸。「改革開放」初期的中國大陸，百廢待興，泰國卜蜂正大企業集團，以華僑身分，回祖國參加建國行列，兼具「愛國」及「謀利」目標，所以公開傳播現代企業經營理念及方法，也成為我的第二個任務。在北京主講二次國際研習會後，也陸續為有業務關係的中國石化總公司、上海汽車集團、吉林省政府、北京市科委、山東省政府、青島市政府、上海市政府、深圳市政府、湖南省政府、四川省政府、內蒙呼哈特市政府、北京大學、清華大學、復旦大學、浙江大學等等機構單位，演講企業有效經營的題目。此外，也為集團內部需要，在復旦大學成立正大中國管理發展中心，推動集團在中國大陸投資事業 10 萬員工培訓之「操兵練將」工作，以提升經營績效，效果十分明顯。

一個公司 (Company) 或一個集團事業部 (Division) 的總經理 (General Manager) 就是企業之「將」(General)，一個大企業集團 (Corporate or Group of Companies) 的總裁 (President) 就是企業之「帥」(Commander in Chief)，兩者合稱「企業將帥」，他們的有效經營方法，就是「企業將帥術」。「企業將帥術」所需的知識甚廣，包括上知天文，下知地理，中知人鬼神。再進一步擴大，就成為「帝王之道」，事關重大，不可輕視。

中國大陸在鄧小平於 1978 年主張「改革開放」35 年後，經濟建設突飛猛進之程度，人均所得從 100 美元增長為 6,000 美元（2012 年，世銀），外匯存底累積 2.5 兆美元以上，遠超過鄧小平當年的期望，不僅成為「世界工廠」，也朝向成為「世界市場」邁進。但比起美國人均所得 50,000 美元（2012 年，世銀）之水平，中國大陸還要繼續努力，企業有效經營之道更需普及化。

中國大陸的民營中小企業尚在初級發展階段，其大型企業又絕大部分是國有的中央企業。老式國有而官營的政府事業在世界各國都很難有效經營，也很難現代化，因為國營事業是用政府衙門的心態和方式來經營。政府衙門是「人為壟斷」機構，不是「市場競爭」機構，不必講求降低成本、提高效

率、顧客滿意、合理利潤、持續創新與成長等等重要競爭課題。政府衙門的員工受公務員資格保障，不怕解僱、失業，沒有戒慎恐懼心理，所以事業經營優劣和個人利害無切膚之痛關係。所以用「市場壟斷」方式來經營「市場競爭」的事業，必定很難現代化有效經營。

自 1978 年「改革開放」以來，中國大陸中央政府曾有決心改革國營企業，曾經實施「抓大放小」政策，政府只保留超大型及大型公有企業（國有及省有），放開中型企業承包、出租、出讓，鄉村企業及個體企業則自由放養，並大力對外招商引資，鼓勵「三資企業」（包括外資獨資、中外合資、中外合作），連續設立大經濟特區（原始深圳、汕頭、廈門、珠海四經濟特區，海南省特區，上海浦東新區，天津渤海新區，重慶兩江新區）、沿海十三個開發區、各省技術經濟開發區、各縣工業開發小區等等，全國經濟建設遍地開花，形成多種型態之經濟制度（見圖 1-1），實施具有中國特色之社會主義市場經濟。

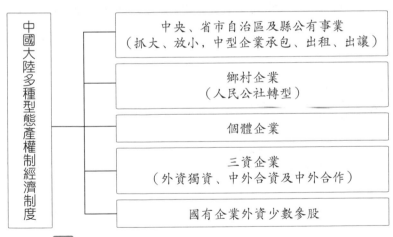

圖 1-1　中國大陸多種型態產權制經濟制度

🏃 1.1.2　演講寫書也是在賣無形產品

「知識」(Knowledge) 是摸不著、抓不到的無形產品 (Intangible Product)，

屬於「勞務」(Service)，不是屬於「物品」(Commodity)，似有似無，但很有威力。「知識」一再被實用，產生效果，就變成「智慧」(Wisdom)（見圖1-2）。

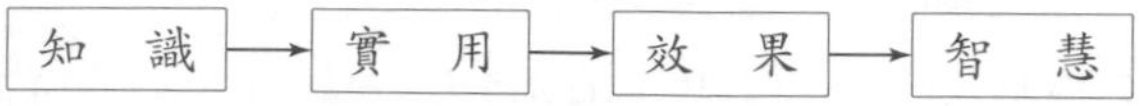

知　識 → 實　用 → 效　果 → 智　慧

註：「不經一事，不長一智」：「智」慧是「知」識的「日」日使用效果。

圖 1-2　知識與智慧的形成 (Knowledge and Wisdom)

佛家告訴我們，人生最後是追求「智慧成就」及「功德成就」，不是虛名，也不是財貨。我曾用演講知識「賣」產品給讀者，讀者花錢及時間「買」我的產品。錢有價值 (Value)，時間也有價值，讀者「投入」(Inputs) 的都是有價值的「成本」(Costs)。我的知識「賣」給讀者後，經過「吸收」、「瞭解」、「消化」，產出「新見地」，付之「實用」，產生「效果」。這就是孔子所說的「博學」之、「審問」之、「慎思」之、「明辨」之、「篤行」之，產生「效果」的過程（見圖1-3），成為讀者自己的新見地，影響讀者的「思想」、「信仰」及行動「力量」（見圖1-4）。這些就是讀者的「收入」(Revenue)，也就是「產出」的效益 (Benefits)。

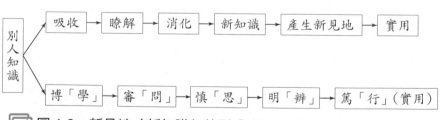

圖 1-3　新見地（新知識）的形成 (Formation of New Knowledge)

新見地 → 思　想 → 信　仰 → 力量（行動、實用）

圖 1-4　力量來源 (Sources of Powers)

如果「投入」（亦指「成本」、「資源」、「權力」使用等等名詞）的價值小於「產出」（亦指「效益」、「成品」、「責任」目標等等名詞）的價值，在經濟

分析上，就屬於「高效率」(High Efficiency)，有「生產力」(Productivity)，是「合算」的行為（見圖1-5）。換言之，「後者」（產出）愈大於「前者」（投入），其生產力、效率就愈大，愈值得我們去做。

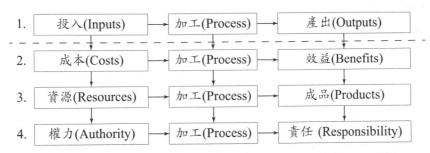

1. 投入(Inputs) → 加工(Process) → 產出(Outputs)
2. 成本(Costs) → 加工(Process) → 效益(Benefits)
3. 資源(Resources) → 加工(Process) → 成品(Products)
4. 權力(Authority) → 加工(Process) → 責任(Responsibility)

圖1-5 「投入－產出」(I-O)、「成本－效益」(C-B)、「資源－成品」(R-P) 及「權力－責任」(A-R) 模式

在個人主觀感覺上，投入讀書及聽演講的時間及金錢等成本與產出的知識效益相比，若不合算的話，你就會感到「不滿意」(Dissatisfied) 了。反過來，要是你認為得到的效益價值與你投入的時間金錢價值相比，產出 (Outputs) 效益大於投入 (Inputs) 成本，在經濟上說，就是「合算」，在感覺上就會「滿意」(Satisfied) 了（見圖1-6）。

產　出 ＞ 投　入 → 合算、滿意

圖1-6 滿意的感覺 (Feeling of Satisfaction)

這段話是用「投入－產出」(Inputs-Outputs) 及「成本－效益」(Costs-Benefits) 二個思考模式，來說明人們「理智決策」(Rational Decision Making) 的考慮過程，再延伸出「資源－成品」(Resources-Products) 及「權力－責任」(Authority-Responsibility) 另二個實用思考模式。人生在世，不論當官、當專業經理、當投資企業家、當凡人，都應善用這四個無限思考源泉的模式（投入－產出，成本－效益，資源－成品，權力－責任），才能發揮知識的價值及威力。

　　我現在所講的企業經營管理方法,都是舉世界性企業公司的作法當例子,來向大家講解。我在臺灣從 1966 年企管碩士畢業後,開始在聯合國發展方案 (UNDP) 協助的金屬工業發展中心工作,及 1973 年美國密西根企管博士畢業後,在工業技術研究院工業經濟中心工作,其間也在臺灣的國立政治大學企業管理研究所及國立臺灣大學商學系所 (即現在的管理學院) 當教授。 從 1987 年開始到 1998 年,在中國大陸行走 10 幾年。1998 年至 2012 年,又回到臺灣進入金融證券行業及學術界服務。對臺灣的公、民營企業及中國大陸眾多的國營企業稍有認識,累積產、官、學 40 多年之經驗,發現「企業經營」方法,在各時代、各行各業、各國各地,沒有什麼不可告人的「秘方」,只有做到「顧客滿意」及「合理利潤」兩大終極境界的「明方」。不管一個創業時規模多小的企業,只要能做到這兩個境界,就會成長壯大,造福社會國家,如臺灣王永慶、王永在兄弟的台塑集團,泰國的卜蜂正大集團,香港的李嘉誠長江集團。反之,不管一個規模多大的企業,做不到此二境界,終究要看他山崩了,樓垮了,名聲壞了。

　　在進入詳細說明企業有效經營術之前,要先介紹一下我自己,讓大家瞭解我在學術界及實務界的背景。在 1987 年我從美國被泰國卜蜂正大集團的謝國民先生請到中國大陸 , 幫助他開發卜蜂正大集團 (Chareon Pokphand-Chai Tai Group) 在中國大陸的投資事業。到 1997 年,卜蜂正大集團在中國大陸約有一百五十個大小投資項目,算是第一個到中國大陸的最大外來投資者。謝國民先生是卜蜂正大集團的董事長,他是一個在泰國出生,在中國受教育的愛國華僑 , 在故鄉潮州汕頭澄海縣讀過書 , 他的父親謝易初先生在年輕時 (1920 年代) 就到泰國去經營蔬菜育種事業,很有成就。謝國民從 22 歲開始參加父兄謝易初、謝正民、謝大民、謝中民的飼料及豬雞養殖事業,成為目前世界上數一數二的飼料及養雞、養豬、養蝦大王。 卜蜂正大從 1979 年 (鄧小平提倡「改革開放」的第二年) 就參加中國大陸「改革開放」的經濟建設行列,算是最早到中國大陸投資的一個華僑外資愛國企業 (其深圳經濟特區正太康地公司執照就是 0001 號)。

在 1984 年 8 月，我在臺北的國立臺灣大學商學系及商學研究所當教授、主任、所長及教書 11 年後，被台塑企業王永慶董事長邀請到美國參加台塑美國事業 J-M 公司，整頓王永慶董事長從美國人手中買來的 150 年瀕於破產的塑料管、石綿管第一大公司（市佔率 25%），顯示華人也可解救洋人的公司。事過一年略有成績，泰國卜蜂謝國民先生屢次邀請我前往參加他的「全球性事業發展計劃」，學日本人做全球性綜合企業，如三井、三菱等世界性綜合企業管理。對此偉大魄力的計劃我很有興趣，因此才離開台塑企業美國 J-M 公司參加卜蜂企業。卜蜂企業（Chareon Pokphand；簡稱 CP）在泰國、印尼、臺灣、香港、新加坡、馬來西亞、美國、越南、緬甸、印度、土耳其等等地區都有投資，但把到中國大陸投資的事業另起名字，叫正大集團（Chai Tai；簡稱 CT）。在中國大陸幾乎人人知道「正大集團」，因為在中國大陸中央電視臺 (CCTV) 早期有一個全國收視率很高的「正大綜藝」節目，人人愛看。但在世界各國，則稱卜蜂集團，在臺灣也稱卜蜂企業，從事育種、飼料、養殖、肉品加工、配銷等垂直整合一條龍事業，經營很成功。日本 NHK 電視臺，曾把臺灣王永慶、香港李嘉誠及泰國謝國民所經營的事業當作世界華人事業代表，深入研究。

🏃 1.1.3 「學」而優則「商」，從「象牙塔」練劍到「大湖海」練劍

1985 年 9 月，我正式參加卜蜂正大集團在美國的事業，擔任紐約卜蜂 CP (USA) 公司總裁，辦公室就在高達 110 層樓的雙子星「世界貿易中心」(World Trade Center)，此世界高樓在 2001 年 9 月 11 日被恐怖分子所毀，真可惜（美國已在世界貿易中心舊址附近，重建新的世界貿易中心）。在 1986 年起，謝國民先生就一再要求我回到東方，並到中國大陸，幫他管理在中國大陸的投資事業。我在 1984 年 8 月，辭掉臺灣大學正教授之工作，從臺灣去美國發展，不到 2 年的時間就叫我從美國到中國大陸發展，變化很大。當時臺灣和中國大陸在政治上及經濟社會上還互不往來，令我很為難，但我終於

以未來發展的大局著想答應下來。因為在當時我已經看出來，臺灣的未來，終究還是要靠中國大陸的廣大市場來擴大局面（這個看法直到 2014 年，都在逐年加深中）。在 1987 年 3 月，我從紐約到香港轉機，第一次進入中國大陸，算是臺灣居民最早進入中國大陸開發的人士之一。從 1987 年至 1998 年，我進出中國大陸二十八省市（除青海及西藏，因未建工廠），達三百多次。從 1998 年至 2013 年，我平均每三個月都要去一到二次。要認識一個地方，「讀萬卷書」不如「行萬里路」，眼見才能為憑。

在 1985 年我參加卜蜂正大集團時，它在美國只有投資兩個項目，但在中國大陸的投資項目已經有二十個。到 1997 年亞洲金融風暴為止，卜蜂正大在中國大陸的投資，則有一百五十個。在這些投資項目中，有 25 年的合同，也有 30 年的合同，甚至有 50 年的長合同。有 50%-50% 合資的，有 100% 獨資的，也有合作的項目（即中方不出錢只出力，外方出所有資金，若賺錢，中方分 10% 至 15% 利潤，外方分 90% 至 85% 利潤）。就我的生涯而言，從學術界「象牙塔」的奮鬥（練劍），轉到企業實務界「大湖海」奮鬥，每日忙累內容大不相同，但為人處世原則變化不大，確是人生多彩多姿歷練的難得機緣。

1.1.4 金錢「投入」不是經營企業的目的，「產出」成果分享大眾才是目的

投資及經營事業不是以「金錢投入」為目的。金錢投入只是一種資源「成本」的投入，不是「收益」；只是一個事業的開始，不是結果；只是追求「目的」(End) 的一個「手段」(Means) 而已。事業投資經營的目的是否達成，我們要看其所服務的顧客是否「滿意」(Customer Satisfaction)，其所產出「利潤率」(Profitability) 及市場佔有率 (Market Share) 之成果是否高而定。我們以「成果」(Results) 為目的，而不是以「手段」(Means) 為目的。萬事的成敗，應以「成果」是否符合原訂「目標」(Objectives, Ends) 作為檢定真理的基礎，因此我們首先要重視企業「目標」的確立。假使企業目標「定義」(Definition) 不明確，目標無「數據」(Quantity) 標準，目標無「時間」(Time)

界線，企業目標若無此三條件：「明確」、「數字」、「時間」，我們就很難追求以「有效」(Effective) 的方法來經營「現代化」(Morden) 企業了。我們在日常與人交談時，對方若提出宏偉動聽的計劃目標，來說服您出錢出力參加，但細聽之下，發現其目標定義飄浮不定，沒有數量，沒有時間，您就可下判決「此計劃不可行」，否則，可能會吃虧上當。換言之，「投入容易，產出難」；「花錢容易，賺錢難」。在企業界很現實，報表底線 (Bottom Line) 見真章，「虧本是狗熊」，人人看不起；「賺錢才是英雄」，人人稱讚。賺錢也不是一人獨享，而是要分享廣大的群眾；「人生以服務他人為目的」，不是以獨攬成果「聚財」為目的，否則就空來「人間」走一遭了。

📈 底線「黑紅」見真章

在洋人的用語，希望在「損益表」(Income Statement) 出現「底線黑字」(Black in Bottom Line)，不希望「底線紅字」(Red in Bottom Line)。所以，經營成敗，「底線」見真章。「底線」指損益計算表的最低一行，指明是「盈利」或「虧損」。「盈」用黑字，「虧」用紅字表示，這與股票市場看板「漲」用紅字，「跌」用綠字，不一樣。所以在企業行家講話裡，常有「多說無益，底線見真章」，正如在軍事裡，「敗軍之將，不可言勇」（引史可法語：「敗軍之將不可言勇，負國之臣不可言忠」）。在政府裡，「民心向背，定得失」一樣。若經營不能賺錢，說一大堆漂亮的推責言辭都無用；若打仗失敗，說一大堆歸罪於別人的理由，也都無用。

1.2 不要把「手段」當「目標」
(Means are Not Ends)

🏃 1.2.1 「經權致用，諸法皆空，五因變化」──成功「心法」

再來介紹另一個重要觀念叫認清「目標」與「手段」的管理原則

(Principle of Ends-Means Management)，其要義是指「目標」是「主人」(Master)，「手段」是「從僕」(Subordinates)。「從僕」本身無主張，要跟隨「主人」而行止。所以「手段」是要跟隨「目標」而變化。手段是「權」(Power)，是「方法」(Methods)，是中性的「工具」(Tools)，可以變，所以常稱「權變」。目標是「經」(Position)，是主觀價值，一旦決定之後，應維持不變，所以常稱「經固」。假使所選的「手段」不能達成「目標」，就應該調整變化「手段」，而不是堅持手段不變而放棄或調整「目標」。聰明人會「經權致用」，會使「諸法（方法）皆空（變化）」。

經小心謹慎決策過程所選定的目標（「經」），是一個「主觀」價值，決定之後，應盡量維持目標不變，但「客觀」的手段方法（「權」）則要因「時」、「地」、「人」、「事」、「物」，審「時」度「勢」而變化、而調整（在佛學指諸「法」皆空，皆可變化），方能以最佳方式達成目標，此人方屬最高智慧者。

但在什麼時候才要調整「目標」呢？是在諸法用盡，萬般無奈，才重新啟動決策過程考慮新價值所在，調整新目標。在一般情況下，「經」（目標）是不輕易變動的，而「權」（手段）是要常靈活變通的。換言之，「經」是「不易」，「權」是「變易」（中國古典《易經》的「易」有三種意思，第一是「不易」，第二是「簡易」，第三是「變易」，學問真大）。

明辨何者是目標（主位），何者是手段（從位），是很重要的大事。尤其是當高層領袖者、當將帥者、當主管者。目標的主帥地位既定，手段的士卒地位就要以環境「五因」（因時、因地、因人、因事、因物）來調整變化，才能達至成功。因之，企業將帥者，必先能「審時度勢」（審查時空變化，量度敵我氣勢），讓舊的諸法皆空，才能「經權致用」（重新訂出目標及手段），勝券在握。這幾句話就是成功的「心法」。

人的「眼」、「耳」、「鼻」、「舌」、「身」等五個有形的器官（俗稱五官）和看不到的「意」（即大腦的思考作用），都是有用的情報資訊 (Information) 收集及分析決策功能。五官是屬於「手段」，大腦的決策是屬於「目標」。調整五官（手段），以服務大腦決策（目標），就是企業將帥的企劃第一秘訣。

企業的「五官」手段就是市場行「銷」、生「產」(採購)、技術研「發」、「人」力資源、「財」會資訊，企業的「意」就是總經理的目標。調整五官手段，來達成大腦的決策目標，就是另一個好比喻。現在很多企業熱衷於「藍海策略」(Blue Ocean Strategy)，以脫離殺價的「紅海」(Red Sea)，就是調整「銷」、「產」、「發」、「人」、「財」五官的強弱幅度。

1.2.2 「百聞不如一見」,「兼聽則明」,「走動式管理」

人的眼睛很重要，眼是用來看顏色所含的信息；但眼也容易被顏色所矇騙，有謂「五光十色騙眼睛」。耳朵也很重要，是聽聲音所含的信息，但耳朵也容易被甜言蜜語所矇騙，有謂「甜言蜜語騙耳朵」。「聽的」與「看的」情報功能兩者相比較，哪一個準呢？當然「看的」比「聽的」準，俗云：「百聞不如一見」，「聽」是不如「看」了，所以有「眼見為憑」說法。至於「聽」，若能「兼聽則明」，若「偏聽則昏」。

因為有時候受環境條件限制，不能實地去「看」，只能用「聽」，此時就要多「聽」，不可「單聽」一方的論述，以免被壞人矇騙，下錯決定，鑄成大錯，如明末崇禎帝因偏聽奸臣、太監讒言，而誤殺守關愛國大臣袁崇煥而致失國，這是每一個高位者最要引以為戒的例子。「兼聽」則明，成為「有道明君」；「偏聽」則昏，成為「無道昏君」，多可怕。很多高階主管喜歡聽「諛言」及「讒言」，就會被「佞臣」包圍，鑄下覆亡大錯，不可不警惕。

「聽」到的情報可以知道對方真相的一部分，「看」到的情報可以知道對方真相大部分，如果情況允許，您應能聽，又能看，兩者所得的情報就更完整，這也就是為什麼能幹的主管人員要常「身歷其境，長相左右」，即所謂的「走動式管理」(Management by Walking Around；簡稱 MBWA)。其意指深入現場，常常和部屬接觸，既能聽多方面的信息，又能親眼看實況，部屬就不敢也不會壟斷信息來源，欺騙、曲解實況，隱瞞問題，報喜不報憂。豐田汽車管理方法之一，「精實領導」(Lean Leadership) 的要點之一就是親臨現場，不可高高在上，看不真確情況。

世界第一大企業威名（沃爾瑪）百貨 (Wal-Mart) 的員工訓練手冊中，就叫作 Management by Walking Around (MBWA)。本人在 1995 年把沃爾瑪百貨引入卜蜂正大 (CP-CT) 集團於中國大陸深圳開店時，曾將其員工訓練手冊譯為中文，深受其管理方法的實用性所感動，後來也把 MBWA 的精神介紹給大潤發量販店 (RT-Mart) 用於開拓中國大陸的大潤發量販流通事業，效果很好，超越群雄。

1.2.3 大腦就是總經理

有時候用耳聽了，用眼看了，所得之情報還不一定準確，還要用鼻子聞一聞，用舌頭舔一舔，以補充眼視與耳聞情報的準確程度。五官中的「身」就是指全身體的皮膚，用全身皮膚的涼、溫、冷、熱、觸、摸、壓感覺，更可以得到額外情報。

人體的五官，如同企業的「銷、產、發、人、財」五部門，可以吸收各種情報進來，每個器官或每個部門都有它本位的作用感覺 (Function)，眼官有「色」覺；耳官有「聲」覺；鼻官有「香」覺；舌官有「味」覺；身體皮膚有「觸」覺。「色、聲、香、味、觸」五個感覺所得到的情報並不一定相同。

相同的，企業的行銷部門有以顧客為主的情報；生產採購部門有以工廠製造為主的情報；研發部門有以科技創新為主的情報；人事部門有以員工心理為主的情報；財務會計部門有以資金融通成本收支為主的情報，各個立場不同，作用互異，常發生「本位主義第一」(Sub-optimization)，所以要有大腦的「意」（等於企業「總經理」），把五個器官或五個部門所得到的情報綜合分析判斷，而得到一個「最有利於整體」(Optimization) 之完整感覺，避免各個「本位主義第一」(Sub-optimization)，然後做成決定，付諸執行（見表 1–1）。

📝 表 1-1　「目標」與「手段」之主從地位

主人地位 （目標——「經」）	從僕地位 （手段——「權」——易變）
意「大腦」 （總經理）	←「眼」——部門經理（市場行銷） ←「耳」——部門經理（生產採購） ←「鼻」——部門經理（研究發展） ←「舌」——部門經理（人力資源） ←「身」——部門經理（財務會計資訊）

🏃 1.2.4　「意」比「五官」高一等

有時候，有的人雖然瞪著眼睛器官 (Organ) 看，但是沒有感覺 (Feeling) 作用，因為眼睛的功能 (Function) 消失了。俚語說他「有看沒有到」，也就是說眼睛這個小司令部外形器官存在，但沒有無形的作用，不會把它看到的東西（色）報告給大司令部，即「意」或「大腦」。假使情況良好，眼睛小司令部收到情報，除自己研判外，也報告給大腦大司令部；耳朵小司令部除自己收集情報及研判外，也報告給大腦大司令部；鼻子、舌頭及身體皮膚等小司令部都能把得到的情報匯報給大腦大司令部，這樣五官五識（眼、耳、鼻、舌、身、色、聲、香、味、觸）聯合第六「意」識（即大腦），就形成一個總體情報網 (Total Information Network)。這時大腦（也就是總經理），才能根據五官（也就是行銷、生產、研發、人事、財會等五部門經理）的報告，做出正確判斷決策。比如說，開車時看到紅燈，一般交通規則規定看到紅燈就得馬上停車。此時，若其他器官也送情報給大腦，處理情況就不一樣了。我們雖用眼看到的是紅燈，一定停車。可是當紅燈亮了 5 分鐘、10 分鐘一直都在亮，我們若只根據眼看的紅燈來決定繼續停車，也很有問題。因紅燈已經亮很久了，我們若另有其他來源的情報，知道此指揮燈已經壞了，並不是交叉路車輛很多之故。所以經大腦綜合判斷結果，雖是紅燈，只要左右無車，安全不會有問題，就要闖紅燈走過去，不能一直停車等下去，成為笨蛋。

這時闖紅燈的決定是由大腦所做出的綜合判斷,而不是由眼睛單獨來決定,這也說明第六識的「意」,比五官所代表的第一到第五識(眼、耳、鼻、舌、身)高一層。換句話說,就是總經理的綜合判斷,要比行銷經理、生產經理、研發經理、人事經理、財會經理的單獨判斷高一等。把這個例子用到軍隊總司令官、行政院長或國家總統,道理作用都是相同的。做決策要靠情報資訊,總經理、總司令官、行政院長或國家總統,都要有充足、快速、準確的多方情報,供作綜合分析,而做決策。不能偏賴一官情報就下達行動命令。

🏃 1.2.5 「遵守」交通規則只是手段,「安全」才是目標 ——「目標掛帥,手段讓步」

人的五官六識的運作系統是這樣做,一個企業以及一個國家的運作系統也是相同,譬如一間企業公司旗下的第一個小廠負責生產 1 號配件,第二個小廠負責生產 2 號配件,第三個小廠負責生產 3 號配件,然後將各個配件組成一個整體產品。每個小廠都要把它的個別情況報告到企業總部,由總部做綜合分析及判斷。最後總部做出的決策可能與某一個小廠單獨做出的判斷相反。這就像剛才所講的,儘管眼睛看到的是紅燈,依交通規則,應該停車,但經大腦綜合研判之後,認為指揮燈已經壞了,還是要闖紅燈把車開過去。有人也許說,這是違反交通規則。「紅燈停車,黃燈慢車,綠燈行車」,這是一般情況下之交通規則。不錯,但是遵守交通規則本身不是目的,它只是其背後目的的一個手段。遵守交通規則背後的目的是什麼,是「安全」。「安全」才是交通的目的,既然指揮燈壞了,開車過去也不會撞車,安全目的已達,所以雖是紅燈也要行車。這叫作「目標」管理。

所有管理的種種複雜手段、程序、規定,都是用來達成目標。以目標為主,才不會捨「本」逐「末」,才不會用手段來妨害目標。在企業管理及政府管理或任何行業管理上,要求所有主管人員認清「目標掛帥,手段讓步」的觀念,是最基礎的第一要求。用「目標」來處理事務,不會出紕漏,用「手

續」來處理事務，在緊急情況時，常常出紕漏。所以讓所有員工充分明瞭做任何事之背後「目標」，是最安全可靠的作法。只要人人懂得「目標」管理，就可以把複雜事務簡單化，老子有曰「治大國如烹小鮮」，掌握「目標掛帥，手段讓步」的簡單原則，再複雜的管理問題（如治大國），也順利處理得當（如烹小鮮）。

1.2.6 目標一個，手段可以很多；二個目標，一定要有二個以上手段

企業管理上有很多事情會影響您的決策方向，不知選哪一個對策為好。因有各種不同層次的目標，也有各種優劣不同之限制條件 (Constraints)，使您很困擾，猶豫難決。您到底有多少手段方法 (Alternatives) 可供選擇呢？而您要採取哪一個方法呢？您採用的方法也許很多，多到八萬四千個。古云：「佛法八萬四千」，其意思是指凡人要修持、行願，達到「常、淨、我、樂」之成佛境界的目的只有一個，但是其手段途徑很多，多到如天上星宿、人身毛孔八萬四千個之多。佛法的「法」是指「方法」，是指「方便的法」，是指「手段」，是解決問題，達成目標的工具。

聰明能幹的人，通常有一個目標，就會想出好幾個手段方法。若想不出一個以上手段方法的人，一定是腦力不太好的人。假使您同時有兩個或三個同等位階的目標，您至少要尋找三個或四個以上的手段方法，才能有效達成，也就是說，一個目標至少須有一個以上（兩個、三個……）的手段，兩個目標要有兩個以上（三個、四個、五個……）的手段方法。

在初中時代，學習代數，碰到解聯立方程式的未知數時，就碰到目標與手段的類似現象。方程式是手段，未知數是目標。要解一個未知數，要有一條以上方程式；要解兩個未知數，要有兩條以上方程式，要解三個未知數，就要有三條以上方程式。方程式（手段）愈多，未知數（目標）愈容易解開。我們如果不認識這個基本規則，異想天開，想用一個手段（方程式），去達成兩個或兩個以上的目標（未知數），等於是把自己陷入困境。世間事十之八九

是「魚與熊掌不可兼得」，能夠「一箭雙鵰」的情況十不得一。當您陷入困境，難以抉擇時，一定是手段方法不夠多。目標太多，手段太少，自然寸步難行。

1.2.7　「一分鐘經理」最快解決問題

方法「八萬四千」這四個字是形容「多」，並不一定剛好是這個數目。老祖母問小孫兒，天上星星有多少個，小孫兒答不知道，反問老祖母，老祖母就說「很多」，多達八萬四千顆。還說人的毛孔也很多，多達八萬四千個（您若不相信的話，請您算一算，一笑），因佛家說世界上的方法很多，也是八萬四千個。印度人形容方法之多，常說「恆河沙數」，「無邊」、「無盡」、「無量」、「無上」等等算不完的代名詞。以前的人們也常說，「條條大路通羅馬」。「羅馬」是指您要達到的「目標」，只有一個。「大路」是指您的「方法」，有很多。每一條「道路」（手段方法）都可以通到「羅馬」（目標），只是時間、成本、安全度不同。到底哪一條路才是最好的呢？答案是速度最快、成本最低、最安全到達的路，就是最好的解決方法（對策）。世間方法有八萬四千個（很多）；每個方法都可能達到目標，但最好的方法 (The Best Way) 卻只有一個。其他方法可能還有很多個，但不是最好的，可能是第二好 (The Second Best)，第三好 (The Third Best)，第四好 (The Fourth Best)……。孫武子在兵法上告訴我們，「以曲為直」，意指達到目的地的最好方法，常是走曲線遠路，「出奇制勝」，而不是走直線短路，因路上障礙重重，費力、費成本、費時間，還可能陷阱處處，永遠通不過。

經理人員在企業管理的運作上，面對問題 (Problem)，就要解決問題 (Problem Solving)，要找出最好的方法 (The Best Solution) 來解決，不能避開，也不能推、拖、拉。避開問題，問題依然存在，推、拖、拉不解決問題，問題會更惡化，解決的成本愈大，甚至不可收拾，以失敗或死亡為結局。

「面對問題，解決問題」，是有效經理的另一要件。「一分鐘經理」(One Minute Manager) 就是指能在最短時間內，用最佳方法解決問題的經理人。政

府機構之所以會稱為「衙門」、「官僚」，國營企業被稱為「無效經營」，都因其工作人員及主管人員遇到問題，不快速解決問題，害怕問題，拖延問題，隱藏問題，害怕做錯決定所致，正與「一分鐘經理」相反。碰到問題，能面對問題，不閃躲，快速解決問題，不推拖拉，打擊粉碎問題，逐一消除，就是有效經理。快速解決問題，可能有風險，也可能沒有風險。愈高級的經理人員職責之一，就是不怕風險，吸收風險 (Risk Absorber)。

1.2.8 大腦（總經理）作用雖「空」卻「有」

當主管碰到一個問題，解決的方法肯定不止一個，一定有很多個。如果連兩個、三個、四個方法都想不出來，這個主管人員的大腦就有問題，不起作用了，就是只有「眼、耳、鼻、舌、身」五官，但沒有「意」了！「意」是大腦的思考及創新的作用。以前人認為「意」是「心」(Heart) 的作用，現在人認為「意」是「大腦」(Mind) 的作用，都是很重要，但是眼睛看不到「意」的作用。在一個企業機構裡，最高主管人員（如董事長、總裁、總經理）的作用，就是如同一個人的最高思想作用，就是「意」。最高主管的「意」的作用，企業外面的人是看不到的，只有企業裡面的人能感覺到他的重要存在。看不到 (Intangible) 就是通常說的「空」。「空」只是無形，眼看不到，不是「無」。大腦（總經理）的思考、創新、決策作用是存在，並且很有作用、很重要，外人看來是「空」，其真實作用卻「有」。這也是學企業管理的人要知道的大事之一。

1.2.9 系統觀念應用於企業管理

「人」有五官六識，佛家更說人有五官八識，除了眼、耳、鼻、舌、身、意六識所作用出的色、聲、香、味、觸、法之外，尚有第七識莫那識（潛意識），第八識阿拉耶識（無意識），「企業」(Business) 也有五官六識。「管理」(Management) 也有五官六識。在本書內，將會逐一介紹企業五功能系統 (Business Five Function Systems) 的五官六識，以及管理五功能系統

(Management Five Function Systems) 的五官六識。而每一個一級功能裡面又有二級的五官六識，並且把「企業五功能系統」和「管理五功能系統」當作橫座標及縱座標交叉作用，可形成「企業」「管理」的整體活動矩陣圖行列式 (Matrix)，這就是一位企業將帥、總經理、總裁應該知道的「知識世界」(Knowledge World)。

用這個有條理的系統方法告訴大家百千行業錯綜複雜的經營管理方法，由淺而深，比較有順序、有條理。這也是目前世界上，最高知識界的「系統觀念」(Systems Concepts)、「系統哲學」(Systems Philosophy)、「系統管理」(Systems Management)、「管理系統」 (Management Systems)、「系統工程」(Systems Engineering) 等等的重要成分（見圖 1-7 系統觀念及範圍）。

有人說「管理」是「藝術」，其運作方法無線索可尋，那是指「管理決策過程」(Management Decision-Making Process)，因時、地、人、事、物而千變萬化。有人說「管理」是「科學」，有條、有理、有因、有果，那是指「管理原則」(Management Principles) 及「管理技巧」(Management Techniques)，可用於東方，也可用於西方；可用於鋼鐵、機械產業，也可以用於紡織、食品產業，更可以用於貿易、買賣、金融、教育、醫療、軍事等等服務產業，真的是「科學」，不因時、地、人、事、物而異呢！所以「管理」是「科學」，也是「藝術」。學會有效經營管理，是人生一大享受。

一個工程師 (Engineer) 及 「管理師」 (Manager) 主要的工作是設計 (Design)、是計劃 (Plan)。但計劃、設計不只是設計一個點 (Point)，而是包含點、線 (Line)、面 (Dimension)、體 (Body) 的體系，是整套設計、是系統設計。假使只能「頭痛醫頭、腳痛醫腳」；只能「圍堵」，不能「疏導」；只能「治標」，不能「治本」，就不是「系統工程」，而只是「局部工程」(Partial Engineering) 而已。在系統工程設計觀念裡，有時可能 「頭」 痛醫 「腳」，「腳」 痛醫 「頭」，會得到好結果。因為具有整體「點、線、面、體」觀念之愈高級的企業主管人員，站得愈高，看得愈遠，愈具有系統觀念，克敵制勝於無形之中，我國《孫子兵法》講究「全勝」及「速度」，就是「系統方法」

A.知識系統範圍	B.人體系統範圍
A–1.系統哲學	B–1.視覺系統
A–2.系統思想	B–2.聽覺系統
A–3.系統管理	B–3.嗅覺系統
A–4.管理系統	B–4.味覺系統
A–5.系統工程	B–5.觸覺系統
A–6.工程系統	B–6.意識系統
A–7.人體系統	B–7.神經系統
A–8.企業系統	B–8.呼吸系統
A–9.社會系統	B–9.血液系統
A–10.政府系統	B–10.消化系統
A–11.環境系統	B–11.循環系統
A–12.生物系統	B–12.內分泌系統
A–13.星河系統（三千大千世界系統）	B–13.生殖泌尿系統
A–14.神鬼宗教系統	B–14.排泄系統

圖 1-7　系統觀念及系統知識之範圍

的應用。把各「因素」(Elements) 間相互關係 (Relationships) 之系統弄清楚了的話，就可以「聲東擊西」或「圍魏救趙」了。美國麻省理工學院 (MIT) 彼得・聖吉 (Peter Senge) 教授所著《第五項修練》(*The Fifth Discipline*)，闡釋現代經理的永續學習及建立「學習組織」(Learning Organization) 的五個要件，其中第五個就是「系統思考」(Systems Thinkings)，並將之作為全書的名稱，就是說明「系統」觀念不是「零碎」觀念的重要性（彼得・聖吉的另外四個要件是「自我超越」、「精進心智」、「共同願景」及「團隊共修」）。

表 1-2　「永續學習」的五項修練

第一項修練 (First Discipline)	自我超越 (Self-Mastery)
第二項修練 (Second Discipline)	精進心智 (Mental Module)
第三項修練 (Third Discipline)	共同願景 (Shared-Vision)
第四項修練 (Fourth Discipline)	團隊共修 (Team Learning)
第五項修練 (Fifth Discipline)	系統思考 (Systems Thinkings)

資料來源：摘自彼得・聖吉，《第五項修練》。

1.2.10　重視「重要」的東西，求「本」不求「末」，求「功勞」不求「苦勞」

企業主管人員要把自己時間、精力及寶貴資源用到重要性 (Important)、戰略性 (Strategic) 的東西上，不要浪費時間精力及寶貴資源於零零碎碎的枝節小事 (Trivial) 上，花時間精力在比重只 0.01 的一百件小事上，不如花在比重 10 的一件大事上。平日要注重「目標」和「結果」，單刀直入，不是注重曲折枝節「手續」。如果把寶貴的時間及精力花在那些無可、無不可的瑣碎手續問題，而不花在重要的目標及成果上，就不可能「有效經營」，一定變成

「無效經營」。換句話說，要把時間及精力花在「戰略性」的事情，不是花在「戰術性」(Tactical) 或「戰鬥性」(Combative) 的事情。

明眼人常感到很奇怪，為什麼社會上有很多企業總經理或政府高級官員，就是這樣無效地做事，他們「忙」得不可開交，卻無具體成就可言，變成「見木不見林」，「有苦勞，無功勞」，這是因為他們把方向弄錯了，把重心放錯位置。這也就是本書要特別強調嚴格訓練企業管理人員的原因，「培訓將帥」、「培訓企管人員」就是屬於「戰略性」大事情。漢初韓信、北宋末岳飛帶兵，百戰百勝，就是得力於勤於練兵練將。美國在第一次世界大戰之後，國家生產力大增，國力倍強，成為世界霸主，也是得力於「科學管理之父」(Father of Scientific Management) 泰勒 (F. Taylor) 先生所強調的大規模「人才選拔科學」及「人才訓練科學」，把一般無技能的人變成有技能的人，把人才資源提升，就是最重要的「本」。

🏃 1.2.11 「目標」是「成果」的「靈魂」

一般「看得到」（即是「色」）的枝枝節節小事，雖很具體，但其比重並非重要，相反的，很多「看不到」（即是「空」）的東西，比如說高階目標策略，組織結構，募才、用才、育才、留才，領導統御，檢討賞罰，其比重卻很重要。又如「電」雖是看不到，即是空的資源，但其比重很重要，它是工業的「靈魂」，是機器的「靈魂」，沒有「電」，再好的機器設備也不會動，等於「死」掉。電來不來，眼睛能看到嗎？看不到的。但是電來了機器就活了，就會活動了，電不來機器就死了，就不會轉動，亦即「靈魂」來了，機器就活了，「靈魂」去了，機器便死了。人生世界也是如此，靈魂來了，人就活，靈魂去了，人就死，雖然軀體不變。可是電的本身是看不到的，是「空」，但其後果是看得到的，是「色」。電是機器的生命靈魂，人的五官六識是人的生命靈魂，企業目標策略 (Objectives-Strategies)、企業制度 (Systems) 及企業人才 (Talents) 也是企業成果的靈魂，都是成功的重要因素（見圖 1–8）。

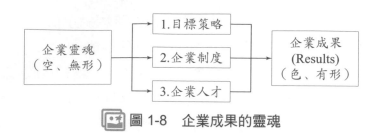

圖 1-8　企業成果的靈魂

1.2.12 「植物人企業」應該死亡

如果一個人的五官六識少掉一官，那他就是殘缺者；少掉兩官，那就是殘缺的平方；少掉三官，那就更殘缺了，是殘缺的立方。有沒有人少了四官、少了五官還沒有死的呢？有，那就是「植物人」。有沒有企業的行銷、生產、研究發展、人資、財會等功能都失去作用，都不賺錢了，企業還沒有死的呢？有的，那就是「植物人企業」。世界上很多國營企業及政府機關，有三分之一以上是如此的。

企業失去五官六識，但卻沒有死（尚未破產、清算、消滅），這種「植物人企業」在一般市場競爭經濟社會裡，根本就應該讓它死亡，因為它的五官六識都不行了，即使有情報給它，它都沒有反應了。有很多自然人五官六識都失去作用，應該死了，可是他的心臟還在慢慢跳動（叫「腦」死，「心」不死），在法律上他還算是活人，醫生還花錢搶救，不敢讓他死。若讓他死了，醫生犯有「殺人罪」，家人犯有「不孝罪」。事實上，這種法律規定很落伍，看似很「人道」，其實很「殘忍」，同時對國家社會及家人的成本及精神而言，也是很重大的浪費負擔，不值得，無論再如何照護他，他也不可能恢復為「正常人」。現在西方歐美社會有一種方法叫「安樂死」，把「植物人」的氧氣管拔掉，讓他安樂地死去。相同地，那些「植物人企業」，既不能重生，重生也沒有能力和別人競爭生存，也要讓它安樂死。「植物人」和「植物人企業」是兩個很奇妙的現象，一一對應。在民營企業裡，不可能有「植物人企業」，但在國營企業裡或政府機關裡，則遍地存在植物人企業及機關，浪費人民的血

汗錢養他們。

1.2.13 不要在「手段迷陣」裡打滾，「師老無功」

中國道家把人叫作「小宇宙」，其作用浩瀚複雜，和「三千大千世界」的大宇宙相比，人只能稱小小的宇宙。而企業也是比人大一點的小宇宙而已。剛才提過，俗語說，天上的星星有八萬四千顆，人的毛孔也有八萬四千個，佛法有八萬四千個，解決問題的方法也有八萬四千個。在這裡大家一定要注意，所謂「八萬四千」是在講「方法」，不是講「目的」。方法可以很多，但目標只有一個，方法只是達到目標的手段工具而已，它本身不是目標，若是把「手段」錯當「目標」，將會有巨大的災難。切記，我們真正要得到的是「目標」，不是方法、手段、工具。

沒有學過企業管理理智決策分析的人，包括理、工、文、法、兵、醫、學、農、游、俠、妓、丐、政、團、黨、閥的主管人員在內，常常放棄重要的「目標」，而在「手段迷陣裡」打滾，把手段當目標來看待，所以常常浪費資源，「師老無功」。因此要判斷某一個人是否有智慧，是否有謀略，是否是將帥之才，就先看他是否能認清「目標」與「手段」之主從地位。有些不正的政黨人物，為了選票，要迷惑選民，所以常常故意把「手段」當「目標」來宣傳，在良心上不可原諒。

假使你認不清什麼是目標，什麼是手段，則應跳高一層，從空中來看就容易清楚。比方說，護士的任務目標是「服務病患」呢？還是「服務醫師」呢？我們外人當然知道是「服務病患」。若還搞不清楚，則跳高一層，問一問蓋醫院的目的，是裝一群醫師呢？還是給病患（客戶）住用呢？就容易回答了！又比如在政治上，我們的目標是追求「民主、自由」而「貧窮、混亂」呢？還是追求「國泰民安」、「安居樂業」而不自由民主呢？當然「國泰民安」是真目標，「民主自由」只是手段，不是真目標。在國民知識水平高的社會或企業，實施一人一票之自由民主手段後，才會有益於「國泰民安」、「滿意利潤」的目標。若是國民知識水平尚低，就實施一人一票的自由民主手段，一

定會把社會及企業變成一盤散沙；每日爭吵鬥爭都來不及，哪能追求「國泰民安」、「滿意利潤」的目標呢？因此明辨「目標」和「手段」實在太重要了！只有學企業經營管理的人，才會有慧眼來看清兩者之分別與主從地位。

1.3 明辨「投入－產出」的模式（追求最低「成本」與最大「效益」）

再來介紹另一個管理原則，就是無限思考源泉的「投入－產出」分析模式（Input-Output Model；簡稱 I-O）（見圖 1–5）。世間萬事，有「因」才有「果」，有「投入」(Inputs) 才有「產出」(Outputs)。投進去各種的「資源、成本」(Resources, Costs)，經過加工製造 (Processing)，會產出「成品、效益」(Products, Benefits)。譬如早上大家吃入饅頭、豆漿、稀飯、雞蛋、醬菜，經過消化器官、循環系統的加工製造、吸收，會產出一天生活工作所必需的能量 (Energy)，當然還有大便、小便、汗水等排泄物。

這個「投入－產出」(I-O) 分析模型有三大因素：(1)「投入」；(2)「加工」(Process)；(3)「產出」。這是人類最簡單的思考與決策比較模式。凡是投入的不論是什麼形體，有形或無形，都可換算為「成本」，產出的也不論為什麼形體，有形或無形，都可換算為「效益」，投入的也可叫作「資源」(Resources)、原料 (Materials)、權力 (Authority)，往往不只是一樣東西而已，譬如製造蘭州牛肉麵，要投入什麼？要投入牛肉、麵條、醬油、蔥、蒜等等，這些都是原料。原料只是「資源」的一種，企業可用的資源有多少種呢？在企業管理中，企業的有形及無形資源至少有八種（見下面說明）。你若是經理人員，就要時刻注意公司日常所投入的各種資源，有沒有充分發揮作用。如果沒有發揮作用，其浪費損失程度可能比員工貪汙損失程度還大，就不好了。

事實上，成功的企業，都是愛惜資源、善用資源、會發揮資源潛力的企業。反之，不會運用資源、不愛惜資源、浪費資源的企業，沒有一個是成功的企業。很多政府官僚機關、國營企業、公立學校、公立醫院、公立圖書館等等都是擁有廣大資源，但不會利用資源，因為沒有「目標管理」及「責任

中心」，難怪它們的效率最低，不能和有效經營的私營企業比賽。我們可以概括的說，愈官僚獨佔壟斷的機構，愈會浪費資源，所以國家寶貴的資源，包括人民繳納的稅金，最好少交給會浪費資源的官僚機構去花用，否則對國家整體而言，就是戰略性的方向錯誤，很難用戰術性、戰鬥性的零碎糾正手段來挽救。

1.3.1 企業資源有八種，「人力」是第一資源；善用資源賺大錢，閒置資源虧大本

在企業經營的「投入－產出」模式中，可投入的企業資源有多少種呢？依經濟發展的階段有不同的演進。在「農業經濟」(Agricultural Economy) 時代，生產因素 (Production Factors) 有三種，即土地 (Land)、勞工 (Labor) 及資本 (Capital)，號稱「資源三分說」，以土地為大哥，所以才有「有土斯有財」，「有恆產才有恆心」的古訓。到了 18 世紀工業革命以後，機器（蒸汽機）加入生產行列，大量生產大量銷售，進入「工業經濟」(Industrial Economy) 時代，生產因素增為五種，即人力 (Manpower)、金錢 (Money)、原料 (Materials)、機器設備 (Machines) 及技術方法 (Technology-Methods)，號稱「資源五分說」，土地的作用下降，併入原料中，因原料生長自土地。其中以資金及機器設備「資本財」(Capital Goods) 為老大哥，所以也稱為資本主義 (Capitalism) 之工業社會。但是自 1980 年以後，員工知識教育水平提高，資訊科技及電腦通訊網際網路發達，經濟走入商業化及知識化經濟時代，企業經營轉變，企業資源從五種增為八種，即人力、財力、物力、機器力、技術力、時間力 (Time)、資訊情報力 (Information) 及土地力 (Land)（見圖 1-9），逐一說明如下：

企業的第一種資源是「人力資源」，即是「人」的力量 (Manpower)，包括「體力」(Physical Power) 及「腦力」(Mental Power)。會充分利用各種人力資源的主管人員，就是第一流的領袖。中國大陸的人力資源很豐富，包括勞力密集的勞工及技術密集的大學工程科系畢業生，正等候著有識之士去發掘、

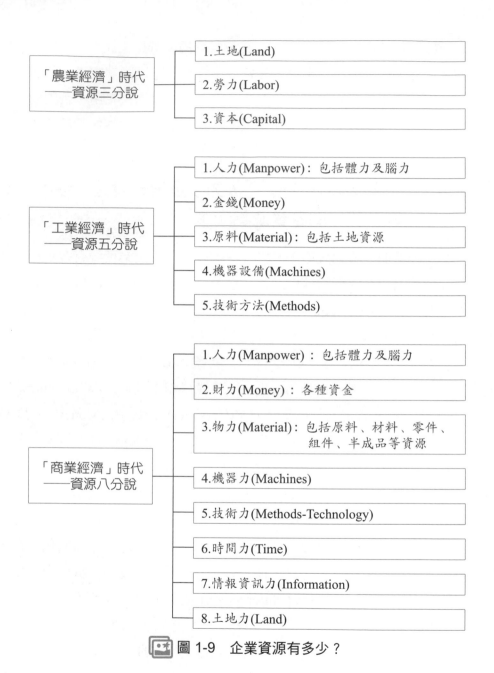

「農業經濟」時代
——資源三分說

1. 土地(Land)

2. 勞力(Labor)

3. 資本(Capital)

「工業經濟」時代
——資源五分說

1. 人力(Manpower)：包括體力及腦力

2. 金錢(Money)

3. 原料(Material)：包括土地資源

4. 機器設備(Machines)

5. 技術方法(Methods)

「商業經濟」時代
——資源八分說

1. 人力(Manpower)：包括體力及腦力

2. 財力(Money)：各種資金

3. 物力(Material)：包括原料、材料、零件、
組件、半成品等資源

4. 機器力(Machines)

5. 技術力(Methods-Technology)

6. 時間力(Time)

7. 情報資訊力(Information)

8. 土地力(Land)

圖 1-9　企業資源有多少？

培養及利用。就目前情況而言，最有機會及能力去利用大陸充沛人力資源的人，是臺灣受過企管專業訓練的企業經理人員，因為文化背景相同，經營知識較高。

在以農、林、漁、牧、礦為本的「農業經濟」時代，農田土地及人的苦力及體力最被重視。在以加工為本的「工業經濟」時代，人的體力及理智腦力最被重視，勞力密集產業重視體力，資本密集產業重視技術力。在以服務貨品買賣為主的「商業經濟」及「知識經濟」時代，人的理智腦力（左腦）及感性腦力（右腦）同被重視，創新、人性、平等、知識、智慧的發揮，主宰企業的成敗。

「知識經濟」就是「人才經濟」的代名詞。好的「腦力」人才，成為「人才資本」(Human Capital)、「智力資本」(Intellectual Capital)。有好人才，比有資金更為重要，因人才有靈性、創造力及創新力，而資金沒有。人才的培植，首重學校教育及永續學習，其次是「企業思想及行動文化」的塑造，其三是企業制度的建立與有效執行。

🏃 1.3.2 「資金」可用借債，也可籌措股本而得

企業的第二種資源是「財力資源」，即是錢財 (Money) 的力量。錢財就是目前大家所稱之資金、資本、金融信用額度、購買力等等。企業發展所需的資金從哪裡來呢？可以從資本、股票市場 (Capital Market)，向股東老闆募資投資而來，也可以從債權市場 (Loan Market)，向銀行借款而來，或出售普通公司債券 (Corporate Bonds) 或可轉換公司債 (Convertible Bonds)。股東老闆可能是自然人，也可能是政府上級機構，如中央政府、省政府、市政府、縣、鎮政府本身或其所轄機構法人，也可能是另外的企業法人。自然人可能是一個，少數幾個，也可能是百個、千個、萬個、十萬個、百萬個以上。百萬個自然人股東就是指公司股票已經公開上市，國內及國外人士可以自由買賣，公司真的變成「全民所有」，甚至工人也變成老闆，「勞工」也變成「資本家」了，到時「勞資一體」，就不是「勞資對立」了。

　　企業發展，須用資金，可以用股票向少數特定股東籌措資本，叫作「私募」(Private Equity)；或經政府證券管理機構核准，向不特定廣大公眾籌措資本，叫作股票「公開上市」籌資 (Public Offerings)，兩者都屬於「股權股務」關係 (Equity Relationship)。企業發展，須用資金，也可以向銀行借錢，那叫銀行貸款或借債籌資，屬於「債權債務」關係 (Loan Relationship)。跨入 21 世紀，企業發展程度愈高，要求愈多資金，會愈走入股權公開籌資的途徑。「股權」和「債權」籌資的法律地位不一樣，管理權限不一樣，報酬方式及時間先後也不一樣。

　　「股權」用股票透過證券商向社會大眾籌募。「債權」向商業或工業銀行借。「股權」無還本期；「債權」有還本期。「股權」得股息 (Dividends)；「債權」得利息 (Interest)。利息固定先還，股息不定後給。企業結束經營時，「債權」優先償還，「股權」最後償還。股息高低時有變動，企業經營虧本時，可能一點股息也沒有，但債息及債本是要如期償還的，否則債權人可申請法院宣告「破產」。

　　在國外，私人企業機構向銀行借錢，靠的是企業的好名聲、好信譽及高強賺錢能力，而不是靠政府指令。然而在中國大陸及臺灣的公有企業機構向公有銀行借錢，是靠政府的指令，不是靠名聲、信譽及賺錢能力。公私兩者壓力不同，所以經營績效及能力也不一樣。

　　在新的 21 世紀，企業資金來源會朝向「股權」（俗稱「資本」）市場發展，所以證券商（投資銀行）的角色愈來愈重要，而商業銀行的角色愈來愈輕。但臺灣的金融控股公司法容許商業銀行、保險公司及證券公司三者合併經營，提高資本市場提供企業資金來源的能力。

1.3.3 「原料」加工愈多層，附加價值愈高；土地愈大，原料資源也愈多

　　企業的第三種資源是「物力資源」，又叫原料 (Raw Materials)、材料 (Supplies)、零件 (Parts)、組件 (Components) 等等。同樣一種原料，做的規

格、加工程度不一樣，最後產品就不一樣，附加價值 (Value-Added) 也不一樣，價格 (Price) 及利潤 (Profit) 也就不一樣。世界高度發達的經濟體制是鼓勵企業之間多多移轉加工，其間不收營業稅，只到最後銷售給消費者時，才收稅。所以加工層次愈多愈好，原料變成品的附加價值愈高，等於是「麻煩自己，寬待別人」（即勤勉），但國民所得也因多層加工，增加附加價值而提高。不像在中國大陸，在「改革開放」早期，企業之間買賣原料加工，馬上層層課稅，不利多層次加工，鼓勵把原料做簡單加工品，成為中間原料出口賣給外國，等於是「寬待自己，麻煩別人」（即懶惰）。一個國家或一個企業若要多賺錢，就要多麻煩自己（多加工、多賺錢），多寬待別人，讓他們不必再加工就可用。

原料的種類愈來愈多，因為原料科學 (Material Science) 發達，會創造出許多以前沒有的新物質、新原料，豐富人生。天然原料，如農、林、漁、牧、礦等等原料，來自廣大的「土地」（第八資源），所以有廣大的土地資源，也意含有豐富的原料資源。可是當原料加工層次愈高，原料科學愈發達，土地的絕對作用就愈低了。「土地廣大、物產豐富、人口眾多」是一句老名言，「地」與「物」確實都是寶貴的資源，多多益善。有土地比沒有土地有優勢；有大土地比有小土地更有大優勢，土地是稀有資源，不會成長，價格必上漲。從世界及歷史看來，擁有土地的自然人、公司機構及政府機構，都是真財富者。

🏃 1.3.4　「機器設備」不充分利用就是浪費大成本

企業的第四種資源是「機械力資源」，即是各種工廠加工機器設備的力量 (Machines and Equipments)。也是人類從農業經濟時代走入工業時代的主要動力者，工業革命以機器替代人工，使人類生活大幅改善。要衡量工廠機器設備的力量是否充分利用，要看買來的機器設備是不是 24 小時都在運轉工作，若是，即指機器設備充分就業。機器設備若不能充分就業，其折舊維護費用照樣在發生，在無形中就等於浪費損失。

比如我們買一部最好的機器需要 1,000 萬美元，稅法容許 5 年折舊，1 年折舊費用 200 萬美元，1 年有 365 天。1 個月折舊費用差不多 16 萬美元（用大數目字來講），1 天折舊費將近 5,500 美元，等於 1 小時 230 美元。如果一天只有用 4 小時或 8 小時，其折舊費依理是 5,500 美元。但如果一天用足 24 小時，也是 5,500 美元。機器設備力和人力、原料力、資金力一樣，若沒有充分利用就是浪費，一天若只工作一班 8 小時，就浪費 16 小時，就等於一天浪費 3,600 美元，足夠僱用每日工資新臺幣 1,000 元的工人 100 人，每日工資人民幣 70 元的工人 300 人，有多可怕！一天若只用 4 小時，則浪費 20 小時，折合 4,500 美元，更是可怕。

機器設備建造完成後，不能充分利用，其浪費雖是無形，不必再從口袋中支出，但其數字卻很可怕。浪費資源的「機會成本」(Opportunity Cost) 是無形的，常常被不能幹的主管人員所忽略，其浪費數額常常很巨大。無能的官員或企業經理，光會注意部下違反手續，貪汙小錢，但卻不注意寶貴資源的巨大浪費，真是「明察秋毫，不見輿薪」。能幹的主管人員要注意「浪費比貪汙可怕」的實況。古人有說「小事糊塗，大事不糊塗」，「小錯不斷，大錯不犯」，就是說抓無形的大浪費，比抓有形的小貪汙更重要，更具有戰略性效益。

1.3.5 「方法」就是技術

企業的第五種資源是「方法」(Method)，方法就是技術能力 (Know-How or Technology)。專利 (Patent) 及專業技術是無形的資源，是屬於知識及智慧層面，是腦力勞動的結晶品。人的體力操作，亦稱為苦力，是看得到的動作。到了 1990 年代，工廠或辦公室內的體力操作已不重要了，因有機器力替代，男女及老幼勞工已無分別。相反地，大腦的創造力漸形重要了。許多原來用體力的勞動被腦力勞動代替了。在 1987 年我剛到中國大陸，到上海松江縣看工廠時，看到修滬杭高速公路，需要用一大群人挑土，用小車推土，修一公里路要推好多天，這是用人的體力操作，是辛苦的力量，叫苦力。當時如果

用推土機的話，幾天就把地基推完成，修高速公路的速度更快。也許有人會說，中國大陸人多，多用人力，人民才不會失業。我知道中國大陸人力多得是，人力便宜，若買機器來推土，機器一臺要很多錢，貴。兩者相較，似乎苦力來修高速公路是合算的，但是在此「投入—產出」模式中，還有另一個重要因素，就是「時間」的價值 (Time Value)。若把時間因素算進去，早修路、早完成、早通車，其帶來之多重經濟效益，就不是一項便宜苦力可以對抗了！所以在 2014 年的現在，不管臺灣或中國大陸已經沒有用苦力來修高速公路的現象了，連沿海生產工廠所需的工人都被用完，要從大西部吸引勞工東來，否則工廠就要西遷或到中南半島去了。

在新世紀的「知識經濟」(Knowledge Economy) 裡，公司的方法技術力創新，成為大主流，比在「農業經濟」時代或「工業經濟」時代，不可同日而語。以前時代的新技術方法可以用很久，壽命很長，現代的新技術方法不能長壽，每半年、每一年都在改進。若不「持續改進」(Continuous Improvement)（在豐田汽車公司就叫「改善」(Kaizen)），就被競爭者超越過去。在古時，有小白兔和烏龜賽跑的童話故事，小白兔跑得快，但在中途得意忘形，偷懶睡覺，被烏龜慢步但持續不懈所趕過，最後首先到達比賽的終點。小白兔雖有大創新，跑得快，但沒有繼續創新，所以被持續小創新的烏龜打倒。假使要真正成功，就要做「不偷懶的小白兔」，這樣一定會贏烏龜的。

1.3.6 「時間」就是金錢

企業的第六種資源是「時間 (Time) 資源」，時間是人生最寶貴的無形資源，人，生在時間洪流裡，只要生者，人人都有相同時間，但其重要性卻一向被忽略，所以在公家機關浪費時間，沒有聽說過會被責罰的。人也是活在時間系列點裡，而「時機點」(Point of Time) 就是「運」(Destiny)。時間長短就是代表成本高低，每個人一天的時間都相同，不管是大人、小孩、男的、女的、新疆人、上海人、臺北人、香港人等，一天都只有 24 小時。因為時間到處有，不必刻意去追求，人們就不知有什麼可以寶貴的，所以在「農村經

濟」時代，不講求時間的寶貴。要到「工業經濟」、「商業經濟」社會後，才知道時間資源的寶貴。

講到「時間就是金錢」(Time is Money) 這個觀念，我就會想起「窮人是否真窮」 的景象。 我因業務需要， 曾在中國大陸東西南北各地行走 12 年（1987 年至 1998 年），發現中國大陸人實在是世界上很有錢的人，所以膽敢隨時隨地浪費「時間錢」。假想一下，當時假使中國大陸要向美國、日本、英國遊說來投資 10 億美元或借 10 億美元，在改革開放早期，他們不相信中國大陸，談何容易？向人借 10 億美元，人家還要問您有沒有「可行性計劃」？有無擔保？用什麼來還？錢用到哪裡去了？等等問題，很難回答！但是，我可以說，中國大陸人若不浪費時間，2 天半就可以賺回 10 億美元，不必去向別人伸長手，當乞丐。

怎麼解釋？中國大陸有 13 億人口，把老、幼、病、殘不能工作者約一半留下，可以工作的力量算 6 億人。依我看，當時一個人的工作要是做得滿滿的，真的「充分就業」(Full Employment)，一天工作量只要 3 小時就可以做完，剩下的 5 小時是空檔、閒置的。表面上人人還是在上班，但實際上沒有生產力。投入進去的薪水是有，但沒有產出貢獻。樂觀一點估計，就算一天真正工作 4 小時，空閒浪費 4 小時吧！1 小時工資從最低計算 （大西部大山區），以人民幣 1 元為準 （1990 年代），6 億人口半天 4 小時的總工資浪費就是人民幣 24 億元，目前匯率是人民幣 6.2 元多換 1 美元，約折合 3.8 億美元，3 天就浪費 11.4 億美元。 1 年以三百個工作天計算 ， 1 年就浪費 1,140 億美元，中國大陸是不是很有錢可以隨意浪費呢？臺灣現代的情況也很類似，未充分就業情況很嚴重，也是在浪費大量金錢。

再假想一下，在 3 天內，上自中央國家領導人員，下至各鄉鎮領導人員，都動員出來請求外國人拿錢來投資，會不會有 11.4 億美元之數，其答案是不一定。 過去的統計數字證明 ， 尚未見過一年內吸引外資達 1,140 (= 11.4 × 100) 億美元的水平。由此未充分就業看來，時間資源的無形浪費實在太可怕了。

　　再進一步說，如果中國大陸以 1 小時人民幣 5 元的工資，並充充分分地利用來生產物品，以低價打入世界市場競爭，誰能跟您比呢？沒有人能比得上中國大陸的低價競爭力，中國大陸將是所向無敵的競爭者！世界沒有一個國家有中國大陸這樣多的人口，這樣聰明及便宜，真的誰也沒有辦法跟中國大陸比賽。

　　中國大陸自 1995 年《財富》(Fortune) 雜誌世界 500 (Global 500) 大企業，開始進入投資生產後，就業機會大為提升，生產力也提高，果真以低成本產品出口世界各國，連年國際貿易順差，累積外匯 2 兆美元以上，成為「世界工廠」及美國國債最大債權人，並朝向「世界市場」的長遠境界奮力邁進。

　　在新世紀的電腦電訊網際網路 (Internet) 世界裡（中國大陸叫互聯網），「時間」及「空間」被電腦化通訊所壓縮，電子商務 (E-Commerce) 可以一部分替代傳統買賣行為，「時間」顯得更寶貴。在市場競爭上的有力策略，不再是「大」吃「小」，而是「快」吃「慢」。美國亞馬遜 (Amazon)，中國大陸阿里巴巴 (Alibaba) 等等電子商務崛起，就是範例。

1.3.7　「情報」是決策的基礎，沒有「情報」就如同瞎子及聾子

　　企業的第七種資源是「情報資源」(Information)。凡是經過整理的資料 (Data) 信息 (Message) 就叫「情報」。通常日常收集資料，假如沒有特別加以分類整理，是沒有用的廢物垃圾。比如圖書館裡有十幾萬冊圖書，如果不把它分門別類地擺起來，把它亂放成一堆書山的話，若要找其中的一本書來用，可能花費幾十天的時間也找不到，如此的圖書資料就無用途了。所以資料信息要經過整理才能檢索，才有用途。經過有目的地整理的資料，才叫「情報」（日本用語），或稱「資訊」（臺灣用語）、信息（中國大陸用語）。在企業界做買賣、做生意，商場如戰場，競爭劇烈，需要情報資訊，當作決策基礎。沒有情報資訊做基礎，就無法做高品質決策 (Decision-Making without Information)，這樣，50 歲的人所做決策之品質，和 5 歲的人所做決策之品質

會一樣低。因為他們同樣如同瞎子與聾子一樣，50 歲的智慧用不出來。

決策品質 (Decision Quality) 的高低，依賴情報品質 (Information Quality) 的高低而定。所以有云，「情報靈通人士就是權威人士」。在《孫子兵法》十三章中，第一章〈始計〉及第十三章〈用間〉，都是講情報蒐集及比較情報的重要性。

在中國大陸有的情況不是「商場如戰場」(Business is War)，有些無競爭壓力的國營企業「商場像遊樂場」(Business is Recreation)。如果在國際市場，商場一定像戰場。做生意包括投資、行銷、採購原料、生產產品、創新等等，是要講求策略方向及冒險的。在行銷管理裡，最明顯的有「產品策略」、「價格策略」、「推銷策略」、「廣告策略」、「經銷配銷策略」、「包裝策略」、「品牌策略」等等，凡是和競爭者比賽打仗有關的事務，都要去想，去做決定。

情報的蒐集、處理、檢索、應用要講求「新、速、實、簡」，才對決策有幫助，亦即情報要最「新」(New)，速度要最快「速」(Fast)，內容要「實」用充分 (Accuracy and Abundant)，成本要「簡」(Low Cost)。美國在 1990 年代開始發展情報資訊科技（Information Technology；簡稱 IT），把電腦及衛星無線通訊結合，發展成為情報資訊的高速公路 (High Way)，改變企業經營生態，任何廠家都無法忽略，都必須加入情報科技 (IT) 的洪流裡，以突破知識交流及供需交換的時空限制，進入數位神經系統境界 (Digital Nervous Systems)。

🏃 1.3.8 「土地」是稀有資源，是財富的主力

企業的第八種資源是「土地 (Land) 資源」。土地是農業經濟時代的三大資源之一（其他二個是勞力與資本），同時是不會隨科技進步而增加的稀有資源。但在工業經濟及商業與知識經濟時，它的相對重要減低，不過還是很不可輕視。從個人投資及財富累積上而言，長期握有土地及房地產之運作權者，都是真正的富人，包括土地國有制的政府。土地的議題甚大且複雜，本文沒有深加討論。

🏃 1.3.9 「知識經濟」主宰未來世界

　　上述企業資源在進入 21 世紀時，又有新的挑戰因素出現，那就是「知識創新」(Knowledge Innovation) 威力的發揮，稱為知識主宰的經濟時代，簡稱「知識經濟」(Knowledge Economy)。已去世的世界管理大師彼得·杜拉克 (Peter Drucker) 在 1999 年新出版的《二十一世紀的管理挑戰》(*Management Challenges for the 21st Century*) 中，專門說明「知識工作」、「知識員工」、「知識經濟」、「知識員工生產力」之威力。指出在農業經濟時代，土地、勞力及資金三者主宰經濟生產力，以勞力工人生產力為衡量對象。在工業經濟時代，土地、廠房設備、勞動力、資金、技術方法等五者主宰經濟生產力，也是以勞力工人生產力為衡量對象，但因泰勒 (F. Taylor)「科學管理」(Scientific Management) 的幫助，美國在 1901 年至 2000 年之 100 年間，生產力提高 50 倍，成為二次世界大戰後之世界霸主。

　　但在 21 世紀，知識、智慧、創新科技、時間及情報資訊等無形資源 (Intangible Resources)，將壓過勞力、土地、原料、機器等有形資源 (Tangible Resources)，主宰經濟生產力，而以知識員工 (Knowledge Workers) 的勞心生產力為衡量對象。譬如在「人力」資源中，腦力 (Mental Power) 要超過體力 (Physical Power) 作用，知識員工成為公司的頭號寶貝，在「財力」資源中，新式、虛擬、金融衍生性產品工程 (Derivative Engineering of Virtual Finance)，都要靠員工的知識創新，也將超過傳統的銀行借貸作用。在「物力」資源中，新式材料科學、生物基因科學，產出層出不窮的新材料品種，替代舊材料，也是靠員工的知識創新。在「機器設備」資源中，辦公室自動化、辦公室無紙化、辦公室家庭化、工廠自動化、工廠無人化等等，也是靠知識創新。在「技術方法」資源中，各種專利、商標、專業技術的發明，也是員工知識創新的結果，而在「時間」資源及「情報」資源中，電腦、通訊及消費電子之 3C 相結合，縮短交易及溝通的時間成本及距離成本，將古中國《封神榜》上的「千里眼」及「順風耳」裝到每個人身上，人人可以跨越時空限制，成為

「時空超越人」（引用臺灣「霹靂」布袋戲的人物名稱），都是員工知識創新的結果。

在談論企業八資源時，一定要注入「知識創新」的靈魂作用。企業七資源或八資源（若把「土地資源」另外分開）在農業經濟時代，在工業經濟時代，以及商業經濟時代，都很重要，但是愈走近商業經濟為主之時代的國家，虛擬式（指自己不擁有，借用別人的）、知識創新式之比重愈大。企業經營管理的將帥人員，必須切實領悟，並充分運用，因為「運用」比「擁有」更有價值 (To Use is More Valuable than to Own)。

前面提過，凡是「投入」的都是「資源」，也都是「成本」。凡是一個決策方案，資源用愈多，成本愈高，犧牲也愈大。

「投入」的資源還要經過「加工」(Processing)，「加工」須用技術內涵，這些內涵通常不讓外人知曉其詳細內容步驟，所以有人稱「加工」為「黑箱」(Black Box)，為不欲人知曉之「技術」。

「產出」的「效益」(Benefits)，常叫成品 (Products)，有有形的成品 (Tangible Products)，有無形的成品 (Intangible Products)。什麼叫「有形」，什麼叫「無形」？看得到、摸得到的叫有形，看不到、摸不到的叫無形，像教育、娛樂、旅行、運輸、信用等等商業服務都是無形。在大體上分類，凡是「商業」（常叫「第三」產業）的產品都是無形的，「第一」產業的農、林、漁、牧、礦，和「第二」產業的製造加工業的產出成品，都是有形的。當經濟愈發達，無形產品種類愈多，其成長速度，在比率上，比農業工業之有形產品為快。這也就是為什麼國民所得愈高的國家，其「士、農、工、商」佔國民生產毛額 GDP 的比率愈偏重於商的這一端。

在美、歐、日高經濟發達國家，其農業比重不到 10%，工業比重約20%，商業服務業比重常超過 70%；臺灣的商業服務業也達 70%；中國大陸則努力在改變產業結構比重，要提高商業服務業比重，降低農業比重。改變產業結構比重是一個長期性大工程，不是 3、5 年就可以看到明顯結果，而產業結構改變過程中，也會連帶牽動改變進出口與生產消費結構、城鄉人口結

構、職業與所得分配結構、社會福利與教育結構等等。這是中國大陸在 21 世紀將面臨的大變化，也是一個企業經營大商機。

1.4 明辨「成本—效益分析」

🏃 1.4.1 決策標準第一、第二、第三

再來要講「成本—效益分析」(Cost-Benefit Analysis) 的數量比較模式，來對照上述「投入—產出」質量決策模式。當我們面對各種問題，需要尋找「對策方法」(Alternative Courses of Action) 來解決時，每一個方法的採用都牽涉到投入成本和產出效益的比較。我們的目標是要在很多方法中，選擇一個「最好」(The Best) 的方法。雖然俗語說「佛法有八萬四千個」，可是實際上你若能針對一個問題，找出五個方法來比較也就不錯了，不必真的找八萬四千個那樣多。

但在比較分析之後，無論如何，一定要選定「最好」的第一標準方法，那就是「成本最小投入，效益最大產出」(Minimum Cost Inputs, Maximum Benefit Outputs) 的方法。若此種選擇標準找不到，那就退而求其次，用第二個選擇標準，找出「同樣的投入，較大的產出」(Same Inputs, Better Outputs) 的方法。再其次就是第三個標準，「同樣的產出，較小的投入」(Same Outputs, Less Inputs) 的方法。這叫做「決策標準第一、第二、第三」原則。

這種決策分析道理，在原理解說上雖很輕鬆簡單，但是若把它應用到日常處理國家「大事」、企業「中事」、家庭「小事」及個人「微小事」時，其管理效果的意義就非常巨大了。有管理知識的人和沒有管理知識的人，其作人做事成敗之分，就常在此微妙中。

1.4.2　人生三功夫「見、修、行」：知識力、執行力、道德力

「見」是「知識力」

人類在克服環境困難，面對競爭，力求生存、力求成長的活動過程中，所使用有異於植物及其他動物的知識，有「見、修、行」三個功夫，「見」是指「見地」（知識智慧），「修」是指「修證」（身體力行），「行」是指「行願」（布施助人）。我們一生從小到大，不僅先要不斷追求吸收新知識，經過理解消化，並且還要能產出自己獨有的見解，才算有「見地」。但只有滿腹經綸，見地精闢的知識還不夠，還要進一步身體力行，為自己為眾人謀利。為自己利益堅定而行，稱「修證」（獨善其身），為眾人利益下心願，堅定持久而行，稱「行願」（兼善天下），也就是「道德」（他利）的表現。

孫中山先生最喜歡提倡的孔子求學功夫，有「學、問、思、辨、行」五步驟，即是「博學」、「審問」、「慎思」、「明辨」以及「篤行」（見先儒朱熹採用孔子的話當白鹿洞書院的格言）。這與「見、修、行」人生三功夫很類似。

知識與瞭解領悟的心靈作用，中國人叫作「見地」。當我們稱讚某人對某議題所發表的意見很周圓、很高超、很可行時，就稱讚他很有「見地」，或稱「見地精闢」。這包括他看得多、聽得多、吸收得多、思想得多、明辨清楚，講起來很有邏輯及印證道理。這又是什麼境界呢？這是「知」(Know, Knowledge) 的境界。我們人類為了「知」，實在花了很多功夫，上學（包括幼稚園、小學、初中、高中、大學、碩士、博士、終生社會大學）、求師、考試、開會、聽講、討論、寫報告、再討論，這都是「知」的功夫。

「修」是「執行力」

但能「知」也要能「行」(Do, Implementation) 才好，明朝大儒王守仁，人稱王陽明先生，主張「知行合一」，「能知就能行」，「不知亦能行」。但

「行」是什麼呢？「行」是指「行動」、「習作」、「動手」、「實踐」、「做」、「幹」。如此，「知」經「行」之後，才會變成「能」力 (Ability)、「執行力」(Execution)。「知」而不「行」，就沒有能力 (No Ability)。有時候，我調侃自己，說我們中國人和印度人差不多，都是古文化的子孫，養成「說得多，幹得少」的習性，只「知」，不「行」，這是古文化帶給子孫的文化致命傷。

我曾經去印度參加亞洲生產力組織（Asia Productivity Organization；簡稱 APO）的國際會議。開會時每個人都爭相發言，印度人說英文，講得又快、又長，讓人聽不懂。人人講得很累，會開完了，也沒有力量去實行了（一笑）。這是典型只「知」不「行」的例子，在臺灣及大陸的中國人，會開得太多，尤其政府機關，常以「開會為業」，美其名為「協調」，事實上在分攤改革創新的風險，將「容易」事「複雜化」。會開多，也知多，意見多，見仁見智，互不相讓，難得共識，就不可行，事自然就做得太少，所以和印度人比起來，也是「難兄難弟」，真要不得，應改進。

如果我們認為把時間花太多在開會、論證、辯論上，也就是花在「知」上，而此求「知」，就是等於「行」，那「政府改造」的前途就暗淡了。「談得多，做得少」是指「坐而言」，不好，應該反過來，「談得少，做得多」，是「起而行」才好。古云：「坐而言一百不如起而行一個」，少「知」多「行」，就可改過毛病了！已過世的彼得・杜拉克 (Peter Drucker) 管理大師在 1954 年出版《管理實踐》(*The Practice of Management*) 一書時，就強調管理的精神在於「實踐」（行，做），不是在於「辯論」、空談大理論，他的看法實在和王陽明先生的看法如出一轍，我很贊同，也一向身體力行。

「見地」是求「知」的功夫，「修證」是「行」的功夫。在佛教裡面有的修「小乘」，有的修「大乘」。修「小乘」是修「羅漢道」（利己），修「大乘」是修「菩薩道」（利人）。小「乘」是指小車子，只載兩個人。修小乘，只為自己利益（自私）而行。為個人利益而修證、修持，也就是指古云之「自掃門前雪」，「莫管他人瓦上霜」，只求自己好而已，格局狹小。這種「自求多福」的自私世界雖好，但沒有「道德」（他利），不是最好。依佛學說法，這

種人最高只能修到「大羅漢」的境界，不能到達「菩薩」或「成佛」境界。曾子（曾參）寫《大學》一書時，開頭的「大學之道，在明明德」就是指要搞清楚光明的利人、利眾生的「德」行。

「行」是道德力

我們活在世界上，還要幹第三件事，叫「行願」，指為他人利益，為眾人而行事，這就是中國文化的最高點——「道德」。這種人是在修「大乘」菩薩道。「大乘」是指大戰車，配備 100 人。古代指「千乘之國」十萬之兵，一乘大戰車，指配有四匹馬拉的大馬車，戰兵 66 人，以及四頭牛拉的革車，備兵 34 人。前者叫「馳車」（四馬車），打仗用，後者叫「牛四車」（四牛車），後勤用，兩者合稱「一乘」，有 100 人。在港臺企業界人士中，王永慶、李嘉誠、謝國民、尹衍樑、杜俊元等等有名企業經營將帥人士，在利益眾生的大行願上，都做了很大的錢財奉獻，是修「大乘」菩薩道的人。

「己利利人」就是「道德倫理」

人生自生至死做三件事，前面已經提及，就是第一「知」（見地）、第二「行」（修證）及第三「行」（行願）。人人除了獨善其身（自利）之外，每個人都應再服務社會大眾（他利），「兼善天下」，奉行道德，普渡眾生，造福人類。企業有效經營管理，就是「獨善其身」及「兼善天下」的積極善事。孫中山先生主張「服務」的人生觀，說「人生以服務為目的」，指聰明才智低的人，要服十百人的務；聰明才智中等的人，要服千萬人的務；聰明才智高的人，要服萬萬人的務。造福人類是人生最大的樂事及善事，如果用儒家的話叫「推己及人」、「己立立人」、「己利利人」、「己達達人」。指當自己有了好處，還要把「錢財」及這套「方法」推廣出去，叫作「財布施」及「法布施」，讓別人也做得很好，站立起來，也賺錢，也得到好處，也過好日子，也發達起來。這樣「己利」及「他利」同達，就是倫理道德的極致。

從 1987 年開始，我個人利用在泰國華僑企業卜蜂正大集團服務的機會，

在中國大陸到處宣揚企業「有效經營」之道，並在復旦大學及北京大學的「正大中心」培訓董事長級、總經理級、副總經理級及經理級人員，也算是「利眾」之「行願」行為，因為如此做，確實有利於其他眾人，也讓自己感到很充實、有成就感，也利自己。而這些高級企業人士有一天會離開正大集團，自行創業，或到別的企業公司工作，可以再傳播這些「有效經營」之道，其廣泛之程度，誰也無能衡量。

在漫長的人生活動「見」、「修」、「行」過程中，人人都會碰到很多有待解決問題的場合，我們就需要應用上述「投入─產出」及「成本─效益」的分析觀念，來增廣、來增深思考的無限源泉，同時在「知」之際，還要把「小行」（為私利）及「大行」（為他利）的道德功夫展現出來（見圖 1-10）。

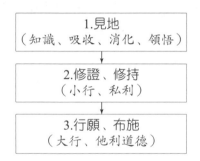

```
┌─────────────────────────┐
│      1.見地              │
│（知識、吸收、消化、領悟）│
└─────────────────────────┘
            ↓
┌─────────────────────────┐
│      2.修證、修持        │
│    （小行、私利）        │
└─────────────────────────┘
            ↓
┌─────────────────────────┐
│      3.行願、布施        │
│  （大行、他利道德）      │
└─────────────────────────┘
```

註：「布施」有三布施：財（金錢物資）布施、法（知識）布施及無畏（勇氣）布施。

圖 1-10　企業人生「見、修、行」三功夫

1.4.3　「書」香，錢也香

剛才談到資源「投入」，在現代企業可以投入的有八大資源，前面已經提過，其中金錢、原料、機器、土地四種資源都代表「資本」(Capital)。拿錢買土地，投資建廠，買原料、買機器，都是資本的轉化。在製造工業裡辦企業只用「人」是不夠的，用一百個人也換不來「原料」。在「投入─加工─產出」分析模式中，「資本」又是什麼資源呢？就是通稱的「錢」或「財」(Money)。有錢好不好？有一些人會說不好，有很多人會說好。錢香不香？有

一些人會說不香，因為中國人傳統說：「書香」，沒有說「錢香」。還有一句老話說：「我們是書香弟子」，我們是「耕讀傳家」，好像如此就會感覺人格高尚的樣子。古人對錢的評語，就說是「臭銅板」，所以傳統觀念是「書香，銅板（錢）臭」，當然這只是古老「士農工商，商為四民之末」的一個觀念而已。

現在我們在工商經濟時代，人人講求的是有效的企業經營管理，所以應該建立新觀念：「書香，錢也香」。因有了錢，在事實上可以做很多好事情！不一定只做壞事而已。人類生活有精神面（心）及物質面（物），並且互相影響，不是絕對「唯物」論，也不是絕對「唯心」論，而應是「心物一元」論。所以有人說，在精神面言，「錢非萬能」，譬如金錢不能屈服偉大的情操。但在物質面言，「無錢萬萬不能」，一錢可以逼倒一個英雄漢。「錢」是科學家進行高深研究，創業家興辦企業的「東風」。「萬事俱備只欠東風」，無錢不行。在不缺錢的時候，知識、智慧、創新勇氣、高潔道義、忠信情操是不能用錢來替代的。孔子曾說「飯疏食飲水，曲肱而枕之，樂亦在其中矣。不義而富且貴，於我如浮雲」（《論語·述而第十六》）。孟子也說「富貴不能淫，貧賤不能移，威武不能屈」（《孟子·滕文公下》），多有氣派！

🏃 1.4.4　賺錢是英雄，虧錢是狗熊

在企業界，當將帥的領導人物，必須講求「賺錢」之道，而非「虧錢」之法。經營企業不能賺錢，就不能稱英雄好漢。俗稱：「賺錢是英雄，虧錢是狗熊」。美國福特汽車公司前董事長福特二世 (Henry Ford, Jr.) 也說過：「經營企業失敗是一大罪惡。」假若您本身經營事業不能賺錢，怎麼能教別人賺錢呢？在企業裡，投資要用很多錢，要大規模生產及銷售，才能降低「單位成本」，使產品物美價廉，才能爭取顧客滿意，贏過競爭者，才能賺錢，才能回報股東投資者，才能照顧員工及社區、大社會。若投資太少，企業的產銷規模太小，就不經濟，也無法賺錢，將對不起一大堆人，確是一大罪惡。

這種影響「單位成本」的規模大小程度，我們叫作「規模經濟」(Scale Economy)。規模大，才會經濟；規模太小，就不經濟。「規模經濟」和「規

模不經濟」(Scale Diseconomy) 是兩句企業界通常使用的話。「規模經濟」就是指銷產量要大到某一種水平，它的經營結果才會賺錢，才算「經濟有利」。生產量大，就需要有廣大群眾來買、來消費。若客戶不來購買，生產出的成品只好囤積在倉庫，除了積壓資金、利息、費用，因而虧損外，還有什麼用呢？不會做生意，不會經營管理的人，就會把活的流動資金變成死板的成品庫存貨，把「活」搞「死」。

過去中國大陸政府上下提出「改革開放」（1979 年），要搞活中國大陸「國營」大、中型企業，就是因為國營企業曾經倉庫成品積壓存貨太多，賣不出去，成本費用日增，企業虧損，要破產倒閉了，但怕造成失業浪潮及拖垮銀行債權，又不敢真正倒閉。從現代「行銷導向」的管理哲學而言，銷售不出去的東西，本來從頭就不應該買原料來生產，怎麼會糊裡糊塗地「以產為銷」、「以主為客」，而蠻幹下去呢？這就是證明，用不懂經營管理的人來負責企業經營，一定會走入歧途，積重難返。

🏃 1.4.5 資源「投入」要夠，才能列名「工業化」國家

企業經營所講求的管理知識是「中性」的知識，只對「事」不對「人」，非酸非鹼。經營企業本是最艱苦的工作，只有最聰明能幹的第一流人才，才能做好最艱苦的事情。企業的產品應是何種行業、何種項目、何種規格、何種品質、要賣給何種市場顧客，以及要生產多少數量，才能達到最便宜的水平，使顧客感到「物美、價廉、時間快、服務高」的四滿意，都是很挑戰經營者腦力知識的主題。

如果企業所擁有的八資源本質就不好，是絕對做不出物美價廉的好產品。譬如，人力不專業、財力不足、物力不豐、土地廠房不夠大、機械力不全、技術力不新、時間浪費、情報不靈通，怎麼能做得出好產品、找到好顧客呢？產品不好，社會大眾就不會購買，變成有「投入（成本）」，無「產出（效益）」。投入和產出是聯繫在一起的模式，一端是投入資源「成本」，另一端是產出成品（效益）。而產出效益一定要比投入成本大，愈大愈好，才是好的決策。

在選擇「投入組合」(Input Mix) 時，可以少用資金，多用人力（指勞力密集產業），或者少用人力，多用資金（資本密集產業），但最終都以總「產出」大於總「投入」為理智決策。「成本與效益分析」的要點，就是要「效益」大於「成本」，「產出」大於「投入」，如此才有「生產力」(Productivity)，才有「貢獻力」(Contribution)，才有競爭力 (Competitive Advantage)。

一個國家是否已經達到「工業化」(Industrialized or Industrialization) 階段，是每一個關心國家大事的人所關切的大課題，一個國家應達到什麼樣的水平才叫「工業化」呢？這是有定義的。當一個國家全國出口的所有產品裡面有一半以上是機電精密產品的，才叫「工業化」。德國在 1955 年已工業化；日本在 1965 年才工業化；臺灣在 1995 年才工業化；中國大陸現在出口雖然很多，但還不能列為工業化。為什麼呢？因為對國家政治、經濟、法律、技術、人口、文化、社會、教育等八大環境建設的投入不夠所致。在投入組合因素裡面，除了人力、財力、物力、土地力、機械力外，還有方法技術力、情報力及時間力等等無形因素。這八個因素都含有「知識經濟」(Knowledge Economy) 的成分。愈重視知識經濟的國家，就愈重視人才資源的培育，才會早日進入「工業化」的行列。萬「事在人為」，沒有好人才，好事是做不起來的！因「人」有靈性，其他的資源都沒有靈性。

以上所談的幾個觀念，包括「系統」(Systems)、「目標－手段」(End-Means)、「投入－產出」(Inputs-Outputs)、和「成本－效益」(Costs-Benefits) 分析觀念，都是企業將帥人員有效經營時，必須先擁有的無限思考的源泉。用這些觀念來看錯綜複雜的企業管理事務，自然心清意明，決策高超。

宋朝大儒朱熹曾云：「半畝方塘一鑑開，天光雲影共徘徊，問渠那得清如許，為有源頭活水來」(《觀書有感》)，這些簡單的觀念就是無限思考的活水源泉，碰到什麼問題都用得到。以下我們要講的是企業經營和國家總體經濟的重要關係，以及充當企業將帥之總經理、總裁級人員，從事個體企業管理實務所必要具備的「目標」及「方法」論內容。

第 2 章
企業是國家發展的磐石
(Business is the Foundation of National Development)

2.1 企業「有效經營」就是「民富國強」的要道

「企業」是泛指一群人為一個共同目的，長期聚集在一起，從事工作的現象。在中國文字，人止謂之「企」，長期工作謂之「業」，所以從事農、林、漁、牧、礦（泛指「一級」產業）之生產工作 (Production Activities)，從事原料加工、零件製造、配件安裝、成品裝配、包裝等（泛指「二級」產業）之生產工作，以及從事原料、零件配件、成品之買賣批發、零售、海陸空運輸、儲存、通訊、搬運、融資、保險、證券、廣告、資訊、會計、包裝、印刷、法律、檢修、教育、訓練、補習、運動、娛樂、政治、軍事等等（泛指「三級」產業）之服務工作 (Service Activities)，都是屬於「企業」活動。換言之，一級產業就是農業，二級產業就是工業，三級產業就是商業、服務業。

企業活動在個體而言，有古代之 360 行，有現代的 3,600 行，甚至有36,000 行（美國最大量販店沃爾瑪就賣四萬種產品）。雖然「家家有本難念的經」，但「行行皆可出狀元」。在總體而言，企業活動，就是國家經濟活動，國家人口可小至新加坡的 540 萬人，可大至中國大陸的 13 億人。企業「有效經營」(Effective Management)，國家經濟才能發展；人民富有了，國家才能強盛。反之，企業無效經營，國家經濟蕭條，人民窮苦貧愚，國家就會衰弱，被外人欺侮（所謂的弱國無外交）。

中國在明朝 277 年 （1368 年至 1644 年）、在清朝 296 年 （1616 年至1911 年） 前半時期都算世界強國，但在清朝後半期，就成為弱國，被列強（英、法、德、美、俄、日、義、奧）欺凌、被殖民，以致今日尚造成臺海兩岸分隔，緊張對立，在 2010 年 6 月方簽訂兩岸經濟合作架構協議 (ECFA)，

到 2014 年 6 月還沒有能簽訂服務貿易協議,更談不上何時才能簽訂兩岸和平協議,浪費巨大資源及時間,有害臺灣經濟企業之發展及人民福祉之追求。

2.1.1 明辨「國家」與「政府」的區別

我們現在是以一個工廠、一個企業的經理人自居,雖然也要做「見、修、行」(見地、修證、行願)的個人功夫,但是總要在「國家」的大框架之內來做,才不會忘掉根本,才不會變成「見木不見林」。

國家是長期,政府是短期

「國家」(Nation) 和「政府」(Government) 不完全相同,有很多人把兩者混為一談,是沒有「見地」的人。國家範圍大,是整體長久觀念,像中國大陸、美國、英國;政府範圍小,只是國家組成的一分子而已,是較短期觀念,像宋徽宗、宋高宗之朝代政府。政府各級官員(或稱公務員)的理想人口數,應是國家人口總數的十分之一而已(即是「士」,十中取一謂之士),其他十分之九是非官員、非公務員,是平民,這是就人口而言。

人民、土地、主權及政府四者組成國家

就組成因素而言,國家由「人民」(People)、「土地」(Land)、「主權」(Sovereignty) 及「政府」等四因素組成(見圖 2–1)。

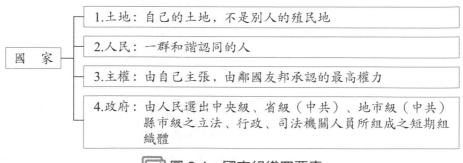

國 家
1. 土地:自己的土地,不是別人的殖民地
2. 人民:一群和諧認同的人
3. 主權:由自己主張,由鄰國友邦承認的最高權力
4. 政府:由人民選出中央級、省級(中共)、地市級(中共)縣市級之立法、行政、司法機關人員所組成之短期組織體

圖 2-1　國家組織四要素

一群「人民」、一塊「土地」的觀念很明確，至於「主權」是否存在，則要靠國際友邦的普遍承認才算數，自稱擁有主權不算數。而「政府」是由人民選舉或由競爭脫穎而出的一部分人組成，來服務所有人民（俗稱「服公務」）。所以我們要討論「企業」與「國家」的問題時，要把觀念整理清楚，「國家」是一個大的觀念，「政府」是一個小的觀念。只有當我們認識清楚大的觀念，才會把小的觀念做好，這樣才不會把大小弄錯或倒置。當有人拿政府官員（小至鄉鎮公所課長，大至部長、總統）的私人理想目標，當作國家政策目標來騙您時，雖美其名為「國家政府」，您就會馬上看破他、拋棄他，不要受騙上當。

人民是納稅人，官員是吃稅人

政府官員是靠人民繳稅來養的，所以人民才是「老闆」頭家，政府官員只是「僕人」夥計而已。在心理上，千萬不要「見官嚇三跳」，而要「見官高三等」。在歐美政治經濟社會，人民自稱是「繳稅人」(Tax Payer)，官員自然恭敬十分，因繳稅人就是「發薪水的人」，是「老闆」頭家，不是奴隸，不是笨得要死的「死老百姓」，被官員欺侮還不知道。

2.1.2 管理是「帝王之術」，是「凝聚力」，是完成目標的智謀

管理 (Management) 的英文意思，是泛指「經由部屬（他人）力量，來完成工作目標的系列活動，包括計劃、組織、用人、指導、控制等活動」。

「管理」是當主管人員的工作，是「人上人」(People above People) 的大工作。在中文意思「管理」是統率及團結眾人力量的「凝聚力」，是「帝王之術」，是「將帥之道」，不是簡簡單單的飯後茶餘之事。古代的《戰國策》就是寫帝王之術。這本書在以前一般人是不可以讀的，因政府怕人民讀了學會了計謀智慧，會造反。因為「水可以載舟，也可以覆舟」，「水」（智慧計謀）若做好事，可以載著船航行，省力省時，「水」（智慧計謀）若做壞事，也可

以把船傾覆，淹沒生命。

自利及他利

　　高等的管理知識，如策劃、規劃、組織、用人、統御、領導、控制等智謀戰略的管理知識，可以讓人去造福人類，也可被人利用去危害人類。當然您若有「大乘」菩薩道之心，以服務他人、以謀利他人為懷，您有高等管理知識也不會做錯事。若有了高等管理知識（即帝王之術）只用來牟取私利，那您就可能會做錯事，會危害他人。前面講到了人生「見、修、行」三層次的功夫，是指「知」（見地）「行」（修證）合一之後，可以創利。若創利只是為私利，即只是小乘羅漢道修證，而沒有達到為公利、為他利的大乘菩薩道「行願」懷抱的話，就會成為「水可以覆舟」的悲劇。

　　學習企業有效經營的管理學，就是學習帝王之術、將帥之道。帝王謀略學、將帥謀略學，事關重大而嚴肅，所以學習的人一定要有「見地」、「修證」及「行願」（見、修、行）的悲天憫人，慈悲為念之懷抱，才不會為富不仁，才不會為害蒼生。古云：「君子富，好行其德」（司馬遷，《史記・貨殖列傳》）。

2.1.3　「有效」才能「富強」

　　企業有效經營就是國家富強（民富國強）之道。反過來說，企業如果無效經營，國家就富不了、強不了。一國的企業如果都是官營（包括國營、省營、市營、鄉鎮營），成為官僚機關之一部分，就注定貧弱的命運。官營企業通常是無效經營、虧本、令人討厭，成為國家的腫瘤、累贅。這是聯合國調查全球各國情況而得到的結論，不只是針對某一國而言而已。

　　「富」是指有錢，「強」是指和別人比賽的時候要有力量。有的國家很富，人民所得水準很高，但不強，就像瑞士；有的國家很貧窮，人民所得很低，但一天到晚想和人打仗，就像前一陣子的越南和今日的北韓。有的國家又富又強，就像美國；有的國家又貧又弱，這種國家還很多。

在 1973 年世界發生第一次石油危機,原油一桶價格從 2 美元突然跳升為 34 美元,這是臺灣受衝擊最大的一次,物價上漲不止,人心惶惶,市場活動停滯,處處是惜售風聲,很多中小企業大叫苦經,要求政府幫兩種忙。但這兩種忙政府都是不可能做到的。第一要求政府免徵稅收。政府官員本就是靠向人民徵稅來養活的,人民要官員不收稅,等於叫官員餓肚皮,怎能做到,真是強人所難。第二要求政府貸款給他們,並免收利息。政府要從哪裡弄來剩餘的錢貸給您,又免收利息?只有叫中央銀行印鈔票,發行通貨,擴充信用了!但這又是通貨膨脹,製造物價上漲的主因,無異火上加油。大家要知道,政府的錢都是靠向人民課徵稅收來的。現在要求不收稅,還要給您錢,那只好多印鈔票,引火自焚一途可行了。

貨幣增加率不能超過生產力增加率

當政府發行貨幣比率超過全國生產力成長率時,物價一定上漲。物價上漲又是一種可怕的經濟傳染病,可從衛生紙漲價傳染到食物的漲價,一環影響一環,甚為可怕,做不得的。中小企業這些要求是政府辦不到的。看似簡單,但是一旦草率做下去,後果不堪設想。所以政府不能做,我們用頭腦想一想,也知道不可以的。若再用「投入一產出」模式算一算,這樣做下去,不是得到正面的利益,而是反面的災害。

2.1.4 「平時練身勝過臨時用藥」 ──最便宜的成功秘訣

當時臺灣的經濟確實面臨很大的困境,很多人提出辦法,在報上爭論很厲害。那年我剛從美國密西根大學讀完企業管理博士學位回臺灣,看到很多人的主張都不究竟,只治標不治本,挖一洞補一洞,沒有真正接觸到企業生存與成長 (Survival and Growth) 之道的要點,所以我也寫一篇文章,題目為〈平時練身勝過臨時用藥〉,登在報紙上。意思是指企業界平時就應重視「行銷導向」的有效企業經營之道。把策略規劃、目標管理、組織發展、責任中

心、任用賢才、領導統御、激勵溝通、經營成果快速回報、賞罰兩柄、行銷管理、生產管理、採購管理、研發管理、人事管理、會計管理、財務管理、資訊管理等等基本體質練好，比危急時求政府割肉補瘡來幫助為好。像一個人要天天鍛鍊身體一樣，把體魄練成「不壞金剛」，就比臨時感冒生病，再去燒香、抱佛腳、求靈藥、求醫生幫忙為佳。

📊 臺灣「經營之神」之身體力行

這篇文章得到台灣塑膠企業董事長王永慶先生的認同，從此我們成為兩代年齡不同（相差 23 歲）的道義朋友，因為他就是這篇文章最好的見證人，他在企業管理上以及個人身體鍛鍊上，都是堅持「平時練身」勝過「臨時用藥」，甚至於「不必用藥」。王永慶先生是臺灣企業界的標竿人物，在他 64 歲時（1979 年）及 84 歲時（1999 年），皆應我邀請，對全國經理人員公開演講，轟動一時，被尊稱為「企業導師」及臺灣「經營之神」，是臺灣的國寶人物（說明：在 1979 年時，我是臺灣大學商學系主任及商學研究所所長，在 1999 年時，我擔任中華民國企業經理協進會之理事長，兩次都是因應廣大經理人之要求，請他現身說法，功德無量）。在 2003 年時，他已高齡 88 歲，還是精神奕奕，每日當上班族準時上班。在 2008 年 10 月 15 日，他高齡 93 歲，到美國新澤西州台塑總部考察，睡眠中無疾而終，廣受各界追念。

🏃 2.1.5　「企業管理」細緻於「總體經濟」

📊 企業管理是微觀經濟學

1973 年是第一次石油危機之年，我剛從美國密西根大學修完企業管理博士學位回臺灣，一方面在大學教書，一方面在工業技術研究院工業經濟研究中心從事產業調查及企業顧問工作，深切瞭解臺灣眾多企業廠家，不認識真正系統性及科學性的經營管理方法，而政府官員卻以「總體經濟」(Macroeconomics) 的理論來灌輸企業廠家，眾多中小企業負責人既沒有經濟

學基礎，更沒有管理學知識，無法利用總體性經濟知識，來發展個體性工商事業，只能陷入於迷惑中。大、中、小企業的廠商經營是屬於「微觀經濟」(Microeconomics)，必須講究個人操作之生產力、工廠生產管理之生產力，以及公司全面經營之生產力等三層次的功夫。企業生存及成長的命脈，必須靠經理人員日常合理、嚴格、努力及創新的點點滴滴管理，不可以仰賴於無切膚之痛的政府官員的施捨救濟。民間眾多之「企業管理」(Business Management) 不同於政府壟斷的「總體經濟」管理。前者細緻精微，後者粗糙概略。前者是「形而下」為器，具體可操作；後者是「形而上」為玄，抽象不可操作。

昔時王謝堂前燕，飛入尋常百姓家：Mini-EMBA 有學問無學位，人人可以讀

為了傳播真正有益於民富國強的有效經營理念及技術，我除了在臺灣大學、政治大學教企管學士班 (BBA)、企管碩士班 (MBA)、企管博士班 (DBA) 等正統教育部規定的學生外，我認為最有效、最快速的傳播方法，是開辦短期（15 小時至 30 小時）之顧問公司研討班，和中長期（200 小時）之「企業經理進修計畫」（由臺大商學研究所在 1979 年開辦），以及「高階管理 Mini-EMBA 進修計劃」（由中華民國企業經理協進會在 1999 年開辦）。短期研討班的用途在於介紹觀念性新知識，以及局部性作業方法。中、長期進修計劃的用途在於濃縮正規昂貴企管碩士 MBA 班長期 1,000 小時之課程為 200 小時，此種中長期班，無學位學分之壓力要求，不妨礙日常上班工作精神，但有即時性最高實用價值，依賴 60 餘位跨校際、跨行業之名師名將，講解實用經驗及理論，把大學殿堂的稀有知識 MBA，搬入普羅大眾之家，無拘無束，發揮人類知識的最大效用，所謂「昔時王謝堂前燕，飛入尋常百姓家」（王導、謝安是東晉時重量級高官顯貴，其殿堂築巢的飛燕，也是很高貴。但當王謝去世，家道衰退後，其高貴的飛燕也撤退，紛紛進入平民家的屋簷）。

臺灣企業在 1997 年亞洲金融危機中見真章

參加中長期性「企業經理進修計畫」（即 Mini-EMBA）之學員，是利用日常 1 天 8 小時上班工作以外之時間，前來修習以前從未學過的系統性管理知識，他們不是未就業的年輕學生，而是已經在職的中高階經理級、副總經理級、總經理級及董事長級人員，人格及經驗已經成熟，具有選擇能力及判斷能力，可以「即學」「即用」（亦即第一天晚上學到的新知識，第二天到辦公室即可下令採用），在時間資源之利用，功效甚大。他們等於把「平時」當「戰時」，天天應用，可以強化公司的競爭能力及應變能力，就不怕大環境起變化所帶來的負面影響，驗之 1997 年亞洲金融危機，泰國、印尼、馬來西亞、韓國等遭受重擊，但臺灣經濟以中小企業為主，則因平時已有「練身」，抵抗力及調適力強，可以安度危機考驗，不必施用「重藥」。此為「平時練身勝過臨時用藥」 之謂也。臺灣中小企業在 1997 年亞洲金融危機中的應變能力，比之 1973 年第一次石油危機，已經強大多了。

2.1.6 「知行合一」勝過「強辯不行」

《史記·貨殖列傳》

事實上，現代企業管理的知識在中國古代的司馬遷《史記·貨殖列傳》中，就有記載簡略的大原則及有名經營者，如計然、范蠡、子貢、白圭、猗頓、郭縱、烏倮、巴清、卓氏等等，但是把管理知識提高到現在大學廟堂，當作一門有關宇宙人類崇高知識來探討的國家，不是古老文明國家如印度、埃及、中國，而是建國歷史時間很短的新進成員美國。現代管理的發源地是美國，得到現代管理好處的也以美國為第一。

日本領先企管應用

但在亞洲，真正把企業管理應用得最好的國家，是日本，不是中國大陸。

日本在第二次世界大戰失敗（1945 年）後，被聯軍佔領時期，由美國麥克阿瑟元帥引進統計品質管制 (SQC)，來提高名聲不好的「東洋」產品之品質後，就致力於企業有效經營之術。尤其在 1970 年代及 1980 年代的 20 年間，把從美國學來之企管知識，毫不猶豫的付諸力行，尤其在「減低成本」(Cost Down) 及改進品質 (Quality Improvement) 上，果然效用顯著，在電器、光學儀器、汽車、化工方面，打開國際市場，市場佔有率之成長，超越美國對手，贏得「日本第一」(Japan Number One) 之稱號，使美國大為恐慌，急起直追。一直到 1990 年開始，日本經濟盛極不知剎車調整，因而走入泡沫破滅時代，美國卻在「資訊科技」（Information Technology；簡稱 IT）及「金融工程」（Financial Engineering；簡稱 FE）的創新上，超越日本，搶回市場競爭的信心及能力。

🏃 2.1.7　坐而言一百，不如起而行一個

　　日本原是中國的東海四小海島，在唐朝時（618 年至 907 年）派人西來學習中國文化（精神文明），在明治維新時（1880 年）學習西洋科學（物質文明），使它的發展優於亞洲各國，但是其中尚有一個「精神文明」和「物質文明」之間的重要轉接要素，就是「勇於實行」的力量。日本也學習中國明朝王陽明先生的「知行合一」學說，並加以發揚光大，使他們後來學習西洋科學文明時，能獲得實際效果。

　　王陽明原名王守仁，是明朝有名的儒學家，他主張「知行合一」、「能知就能行」、「不知亦能行」。「行」是陽明學說實用精神的重心。其真實意義就是不要把一件事的道理，光在口頭上辯論再辯論，印證再印證，卻遲遲不敢付諸實行。其背後原因就是不敢冒險，不敢負責，不敢做，害怕做錯受處罰。但又不肯放棄那件事，所以只在「坐而言」下功夫。日本人奉行「知行合一」，學「會」了就試著去「做」，做不好，再勇於「改善」，中國名言「君子勇於任事」，「君子不憚改」，他們都實用了，所以在亞洲有出眾的表現。

古老文化病就是清談

古文化的人民常犯一個「古文化病」(Old Culture Disease)，就是自認知識文化高人一等，並以「清談」、「玄談」、「空談」為高尚，所以樂於狡辯而不倦。日本人及德國人都是扎實力行的民族，「少說多做」，而印度人和中國人是文化悠久民族，「多說少做」，甚至於「只說不做」。

「說道理」、「開會」、「論證」、「寫辯論文章」、「研究再研究」都是屬於「知」的範圍。其目的是求得「真理」(Truth)，本意不錯，可是若在「知」的方面花費太多時間，錯過「時機點」(Timely)，也不一定有實質效果。社會科學範圍的「真理」，都只是某一個時、空點的認知(Perception)及假設(Assumption)而已。要實做，見到成果，才能證明是否「真理」。若只假設、辯論、清談，哪能有「真理」呢？何況時、空點一變，更無真理了。

打擊問題，不要避開問題

所以企業經理人員在講求有效經營時，要防止公司指導員工思想及行為方向的「企業文化」變成「古老」、「僵固」，而犯了「只知不行」的「古文化病」。當主管的人，遇到問題，要設法「解決問題」(Problem Solving)，要纏住打擊問題(Tackling Problem)，不可推開或避開問題，更不可隱瞞問題或遲延問題。在解決問題時，要用「理智」(Rational)方法，不可用「感情」(Emotional)方法。「理智」方法是對「事」不對「人」；「感情」方法是對「人」不對「事」。在時機到來之前，當斷則斷，自己要冒險負責，否則時機已過，再來處理，反受其害。所謂「當斷不斷，反受其亂」。

不要把開會當做事

很多政府官僚機構或僵化的企業公司，其主管人員常用「開會」來求知，來解決問題，以致事無巨細，皆用開會來決定方法，在表面上是「民主參與」；但在實質上是浪費時間及成本。開會的成本很高，也創造部門間推卸責

任之紛擾，把好事耽擱成壞事。「會」開太多，大家會開累了，以致會後無力量去執行，變成只「知」不「行」，把「求知」當成「實行」，就是最大的陷阱。當然，一個主管人員完全不開會，亦會患「無知」及「獨裁」的毛病。真正的平衡點，是花 5% 時間求「知」（計劃），花 90% 時間執「行」，花 5%時間「檢討控制改進」（新知），構成「計劃（前）－執行（中）－控制（後）」5%-90%-5% 的知行合一體系。

2.1.8 經營愈有效，經濟愈強大

　　一個國家富強之道，在於所有農、工、商企業有效經營。「富強」的簡單指標就是「人均國民所得」(GDP Per Capita)，「有效經營」的簡單指標就是「銷售」(Sales) 及「利潤」(Profit)。人均「國民所得」的來源，就是全國農、工、商（亦即一級產業、二級產業、三級產業）萬萬千千之企業的銷售業績之總和，除以全國人口之商數。企業經營愈有效，業績總和愈大，國力愈強大，人均所得愈高，人民愈富有。物質經濟愈富有，精神文明建設愈有基礎。這一系列影響的簡單道理，可以拿目前聯合國一百九十三個大小國家的實況來驗證，無一例外。

公式：

1. 全國國民所得（GDP 國民生產毛額）

　=Σ 全國農工商三大產業之眾多企業經營績效之總和

2. 個人平均國民所得 (GDP Per Capita)

　$= \dfrac{\text{全國國民所得}}{\text{全國人口數}}$

　　美國著名《財富》(*Fortune*) 雜誌在 2013 年 7 月 22 日刊登 2012 年的全球 500 大企業排行榜 (Global 500)。第一名皇家荷蘭殼牌石油公司 (Royal Dutch Shell)，營收 4,817 億美元；第二名沃爾瑪 (Wal-Mart Stores)，營收 4,692 億美元；第五百名日本 RICOH 公司，營收 232 億美元，展示各國企業經營與國家經濟之密切關係。表 2–1 為「2011 年世界經濟發展比較表」，列

出世界主要工業國及亞洲各國的人均所得、貧富評等、人口數、市場潛力評等。瑞士人少富裕（80,391 美元），美國人多富裕（48,442 美元），日本人多富裕（45,903 美元）但比美國人口少一半。德、法、英、義、加等「富人七國小組」(G7) 成員國人口中等，收入富裕，亞洲四小龍中新加坡（46,241 美元）、香港（38,818 美元）。兩地人口少，收入富裕，臺灣人口少，收入中等，南韓人口少，收入接近中等，但已超過臺灣（南韓 22,424 美元大於臺灣 20,328 美元）。其他亞洲各國皆是收入貧窮，但中國大陸（5,445 美元）、印尼（3,495 美元）、印度（1,489 美元）收入雖少，但人口眾多，市場潛力大。

相對照於表 2–1 所示國民經濟水平為「果」，表 2–2 為其造「因」，列出全球 500 大企業的國家歸籍，都集中於富裕之國，其中 2013 年，美國佔 132 家，日本佔 62 家，德國佔 29 家，法國佔 31 家，英國佔 26 家，加拿大佔 9 家，義大利佔 8 家，南韓佔 14 家，中國大陸佔 89 家，臺灣佔 6 家。和 2001 年比較，正好反映中國大陸近 10 年來突飛猛進，已超過英、法、德、日，但離美國尚有一段距離。這些大公司家數正好說明各「富裕國家之人均所得水平」。由此可知，要「民富國強」，首先要重視企業有效經營，使成功成長的企業家數愈多，也就是為什麼要在這裡講求「有效經營」之方法論，講求企業將帥之道及企業帝王之術。

表 2-1　2011 年世界經濟發展比較表

	國別	人均所得 (US$)	富貧 水平	人口 （百萬人）	市場潛力 （大、中、小）
1	Switzerland 瑞士	80,391	富	7.1	小小
2	U.S. (G7) 美國	48,442	富	300.0	大大
3	Japan (G7) 日本	45,903	富	126.5	大中
4	Germany (G7) 德國	43,689	富	82.6	中中
5	Hong Kong (A4) 香港	34,457	富	6.8	小小
6	France (G7) 法國	42,377	富	59.0	中小
7	Britain (G7) 英國	38,818	富	59.1	中小
8	Singapore (A4) 新加坡	46,241	富	3.9	小小

9	Brunei 汶萊	31,008	富	0.3	小小小
10	Italy (G7) 義大利	36,116	富	57.7	中小
11	Canada (G7) 加拿大	50,345	富	30.8	小大
12	Australia 澳洲	60,642	富	18.9	小中
13	Macao 澳門	65,550	富	0.4	小小小
14	New Zealand 紐西蘭	32,620	中	3.8	小小
15	Taiwan (A4) 臺灣	20,328	中	23.0	小中
16	South Korea (A4) 南韓	22,424	中	46.6	小大
17	Malaysia 馬來西亞	9,456	貧	22.4	小中
18	Russia 俄國	13,089	貧	149.8	大中
19	Thailand 泰國	4,972	貧	61.7	中小
20	Philippines 菲律賓	2,370	貧	73.9	中中
21	China Mainland 中國大陸	5,445	貧	1,330.0	大大大
22	Indonesia 印尼	3,495	貧	204.7	大大
23	India 印度	1,489	貧	978.6	大大大
24	Vietnam 越南	1,411	貧	79.4	中
25	Cambodia 柬埔寨	1,320	貧	10.9	小
26	Laos 寮國	1,320	貧	5.2	小

資料來源：World Bank, November 30, 2011。

表 2-2　2001 年及 2012 年全球 500 大企業國家歸籍表

國別名稱	2001 年家數	2012 年家數
Australia 澳洲	7 家	8 家
Belgium 比利時	3 家	3 家
Belgium/Netherlands 比利時／荷蘭	1 家	1 家
Brazil 巴西	3 家	8 家
Britain 英國	33 家	26 家
Britain/Netherlands 英國／荷蘭	2 家	1 家
Canada 加拿大	15 家	9 家
China 中國大陸	12 家	89 家
Finland 芬蘭	2 家	1 家
France 法國	37 家	31 家

Germany 德國	34 家	29 家
India 印度	1 家	8 家
Italy 義大利	8 家	8 家
Japan 日本	104 家	62 家
Luxembourg 盧森堡	1 家	2 家
Malaysia 馬來西亞	1 家	1 家
Mexico 墨西哥	2 家	3 家
Netherlands 荷蘭	9 家	13 家
Norway 挪威	2 家	1 家
Russia 俄國	2 家	7 家
South Korea 南韓	11 家	14 家
Spain 西班牙	6 家	8 家
Sweden 瑞典	5 家	3 家
Switzerland 瑞士	11 家	14 家
Taiwan 臺灣	0 家	6 家
U.S. 美國	185 家	132 家
Venezuela 委內瑞拉	1 家	1 家

資料來源：編自《財富》(*Fortune*)，2001 年 7 月 23 日、2013 年 7 月 22 日。

2.2　先「民富」，自「國強」

2.2.1　輕稅，簡政；民為重，君為輕

企業有效經營的先決條件，要有一個良好的「生態環境」(Ecological Environment)，當作「舞臺」。俗云，「英雄要有用武之地」，才能發揮英雄的潛能。此「用武之地」就是「舞臺」。這個舞臺是由「政府」用「人民繳稅」及「公權力」（主權）來營造的，不是由個別人民來營造的，舞臺營造得好與不好，一方面代表該國政府官員，拿人民的稅收當「投入」，去辦理公務的「產出」的「政府生產力」(Government Productivity) 高或低；另一方面代表該國國力強或弱的指標。

高度發展國家的政府生產力高，生態環境好，企業英雄用武之地好，所以企業經營績效高，國民人均所得富裕，形成一個良性循環。反之，政府官員施政生產力低，生態環境差，企業無良好的用武之地，經營績效不好，國力衰弱，國民人均所得貧窮，形成另一個惡性循環（見圖 2–2）。

圖 2-2　改善生態環境之重要性

　　有很多不知「經營管理因果關係」的政治人物，利用甜言蜜語、譁眾取寵之詐術，騙得無知人民的選票，登上執政之位，雖也想富民強國，但不得要領，不知應該從改善大環境、大舞臺著手，而身陷於不務正業與民爭利之瑣碎細務漩渦，雖「勞」亦無「功」，甚至勞而有害。個體的企業經營，要走「有效管理」之道，總體的政府經營，也是走「有效管理」之道，本書也是很適合政府官員閱讀。

低稅率，則高稅收

　　一國之「生態環境」包括「自然生態環境」(Natural Environment) 及「人

為生態環境」(Man-Made Environment) 兩大類。「自然生態環境」係指自然稟賦的八大現象，古人將之稱為八卦因素：天（乾卦）、地（坤卦）、水（坎卦）、火（離卦）、雷（震卦）、雨（兌卦）、風（巽卦）、山（艮卦），這八卦就是我國群經之首《易經》的核心要素。「人為生態環境」係指由人力塑成的「政治」、「經濟」、「法律」、「技術」、「人口」、「文化」、「社會」及「教育」等八大環境系統（見圖 2-3）。

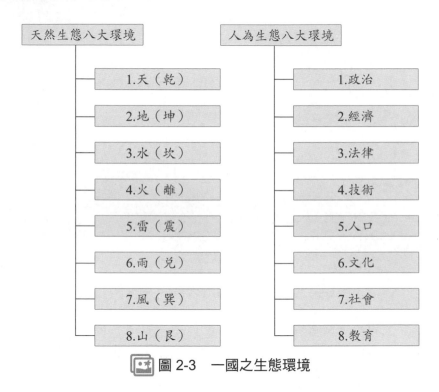

圖 2-3　一國之生態環境

　　自然及人為環境的改良與塑造工程甚大，非是一個人或一個公司力量可以做到，必須動員全民力量才能做到，所以是代表全民力量的政府的第一職責。盡責的政府有高的「政府生產力」，與人民及企業之「個人生產力」及「公司生產力」一樣，必須被嚴格評審，所以政府施政優劣與企業發展良否息息相關。這些關係前面已有詳細說明。

　　政府施政之優劣，影響企業績效及國力甚大。好政府的最高施政原則是

「輕稅」及「簡政」。是以「人民」為重，以「政府」官員（君）為輕；先讓人民富有，然後國家自然會強盛。世界各國人人祈求的「民富國強」目標，是要靠政府來主導達成。政府簡政、輕稅，使民先富，等於藏富於民。讓民先富的政府，可能因「輕稅」而預算不豐，而先貧困，變成「藏富於民，政府窮」。但政府若能減少官僚人數，就能提高薪酬待遇，同時要求提高辦事效率，努力營造企業所需之良好生態環境，鼓勵企業樂於有效經營，累積雄厚之稅基，再使用低稅率，譬如古時之九中取一（井田制度），或現在香港的15% 來徵稅，人民不必逃稅，稅基就大。其稅收總額依然會很大，終會產生「低稅率、高稅收」(Lower Tax Rate, Higher Tax Revenue) 效果，政府官僚的每人所得更可以比以前提高，要辦理的各種公共投資資金也有更大來源，可以辦得更順利，最後國家整體自然會強盛。稅收公式 = 稅基 × 稅率。「稅率」若低，則⑴人民不會逃稅；⑵人人願意多投資，願意有效經營，多賺錢，「稅基」就變大，所以政府總稅收自然也會高。這是「養雞生蛋」法，源源不斷，生生不息。

🏃 2.2.2　政府先富，國則不強

反之，如果政府官僚人數太多，每人待遇無法提高，辦事效率低下，政府官員（包括立法委員、議會議員）又爭先照顧自己的收入（即「君為重」），實施「繁政」「高稅」制度，把企業經營的利潤所得及人民工作所得，課以高稅率（即「民為輕」），把錢集中到政府手裡，等於「藏富於官」。當政府官僚手中錢多，又不是自己的錢，沒有切膚愛惜之感，有「不花白不花」之心理，就會輕率多花錢，不愛惜利用寶貴資源，造成諸多有形及無形浪費後果。

📊 高稅率，則低稅收

人民的所得及企業的利潤，若被政府官僚以增加稅目 (Tax Item)，提高稅率 (Tax Rate) 的方法，課徵去假公濟私，胡使亂用，不僅浪費全國資源，也會嚴重傷害企業及人民努力工作賺錢、儲蓄、投資的士氣及積極性，致使

經營績效低落，國民所得下跌，政府稅收基礎薄弱，總稅收減少，形成「高稅率，低稅收」(Higher Tax Rate, Lower Tax Revenue)，自食惡果，最後的結局就是「政府富，國則不強」，因稅收公式＝稅基×稅率。「稅率」若高，人人設法逃稅，又不願意投資及辛苦經營，錢就賺少，「稅基」就變小，所以總稅收自然低下，國家建設經費短缺，國力就不強了。

因簡政，輕稅，先民富，自國強，政府低稅先窮，而藏富於民。人民愈有錢，愈會精打細算，不會浪費自己的錢，更會勤於創新、投資、努力工作。政府先窮，預算不豐，要辦大公共建設，再提專案借款計劃，經過人民代表詳細審查通過，並作控制追蹤，官員就會被迫節儉支用，不敢亂當大好人，隨意開空頭支票，掏空政府。政治人物在競選政府新職位時，就會把真正力量用在改善大環境之政策及方案的思考及推動方法上，不敢隨意開口答應不應辦理及無錢辦理的承諾，來欺騙不知詳情之社會大眾，因為大家會知道政府的總稅收有多少，官員肚子裡有幾把刷子可用，不會上當。在競選時，還敢亂開社會福利之空頭支票的人，若不是不懂管理，就是大騙子，兩者都不可以投票給他們。

2.2.3 政府向人民借錢，要省吃節用又努力

在「藏富於民，政府窮」的架構下，政府若有真正要開辦的長期性、重大性的社會、經濟、教育計劃，要用大支出，不在正常預算內時，則可如上面所述，提專案計劃，向人民借錢，發行建設性公債，而非消費性公債（譬如發放政府員工薪水、獎金等等）。政府向人民借債，正如企業向銀行借債，都要到期還債本，付債息，這也可以逼使政府官員和企業員工，一樣要節用省吃，要努力工作，要防止浪費，要提高效率，要講求品質，要提高政府生產力，營造企業所需之良好生態環境；不可再玩弄官僚手段，欺騙人民，浪費國家資源。若能如此，國家才會真正強盛起來，歐美日各個強國的佳例，可供借鏡。

不要讓政府官員手裡有太多錢，養成他們「不花白不花」、「不浪費白不

浪費」的「消化預算」惡習，正如不要讓頭腦不成熟、責任心還不強的十幾歲兒女有太多的零用錢一樣，否則會縱容他們，養成不知刻苦耐勞、不知節儉奮鬥的惡習，遺害終身。所以，「輕稅」、「簡政」、「藏富於民」，合乎「民為重，君為輕」之原理，也是培養有效政府官員，提高政府生產力，努力營造眾多企業經營管理所需之良好大「生態環境」的好作法。

2.3　士、農、工、商比重維持理想平衡

2.3.1　「官輕民重」一比九；士為「十中取一」，不可太多

　　一國經濟結構的理想分配，是政府公部門（官）佔 10%，民間私部門佔 90%，我國古代「士、農、工、商」四民分類中，「士」為政府的文士及武士（亦即文官及武官）。全國人民十個人中抽取一個人當「士」，「士」字本來的意思就是「十中取一」。所以其經濟活動比重至多亦應為 10%，不可過多。「農」是指從事與土地及天然資源有關工作的人；「工」是指從事工藝、物理、化學、機械等加工有關工作的人；「商」是指從事物品及勞務買賣、倉儲、運送、金融及相關工作的人。農、工、商三者綜合經濟活動比重應為 90%。

　　古代「士、農、工、商」四民分類的原則，在今日尚可應用，但在內容豐富程度方面，則今非昔比，複雜甚多。今日我們所講的企業經營範圍，就在涵蓋全國 90% 人口的農、工、商之中。甚至於政府（士）之管理也應借用企業有效經營之原理、原則及規則。

　　政府的「公部門」(Public Sector) 活動，包括一切「服公務」的中央級、省市級（中共）、地市級（中共）、縣級、鄉鎮里級的人員的活動，包括立法、行政、司法、考試、監察、軍事、公營事業等體系。這些體系的人，名義上稱為公務員，為人民服務，做人民的公僕，實質上是抽人民的稅收、統治操縱人民的人。

「瘦」政府比「肥」政府好

一個「瘦」而健康有效的政府公部門，會替人民謀取極大利益，一個「胖」而積病無效的政府公部門，會替人民帶來災難。因為一個國家只能有一個政府公部門體系，所以他們的活動是「獨裁性」及「壟斷性」的。好的政府，會「賢明獨裁」，如父母；壞的政府，會「自私獨裁」壟斷，如暴君。人民福祉或災難的命運，就操在政府是否賢明或自私之作為。所以說「政府經營」和「企業經營」一樣，都要講求「有效經營」的帝王之術、將帥之道，才能真正為民造福，讓人民「滿意」其服務的「品質、價格、時間、態度」。

2.3.2 「士、農、工、商」1:2:3:4 平衡比重最好

多而有效的企業

民間私部門 (Private Sector) 雖只大略分為「農」、「工」、「商」，但其詳細行業分類的衍生，隨人口增加、科技發達、競爭劇烈、創新活躍的推廣，愈來愈多。前提及，古代所說的「360 行」已經不夠用了，可能變成「3,600 行」或「36,000 行」了，相對於政府公部門，應講求「瘦而有效」，民間部門應講求「多而有效」。在一國之內，政府官員是「食之者」（只消耗不生產），民間企業是「生之者」（從事生產貢獻）。古云：「生之者眾，食之者寡，則國富」，反之，「生之者寡，食之者眾，則國貧」（註：《禮記‧大學》云：「生財有大道，生之者眾，食之者寡，為之者疾，用之者舒，則財恆足矣」）。

在企業組織裡，主管級人員及幕僚支援人員算是「官」，而從事行銷、生產、研發的直線人員，算是「民」。官是「食之者」，民是「生之者」，所以企業的官不能多，不能越過十分之一人數，企業才會發達成功。這與一國之內，「士」與「農工商」之比重相似。

理想之公經濟部門與私經濟部門的百分比例應為：士 10%、農 20%、工 30%、商 40%（請看以下比較詳細之表 2–3）。遠離這個比例的國家經濟，都

會有偏頗不平衡之現象。今日經濟落後國家，較偏重於「士」及「農」，像中國大陸，尚屬於「大政府」、「大農業」階段。但像今日之美國，則太偏重於商，也不平衡，其比例是「士、農、工、商」為 1:0.2:1.5:7.3。商業愈發達，經濟愈繁榮，則必須把大部分製造加工業移植他國，以「委外加工」(Outsourcing) 方式來替代農工部門之勞動生產活動，再輸入國外 OEM 成品來銷售消費。今日之美國，把許多製造加工的繁複工作，委託臺灣加工，如電子電腦之代工工業，就是工業委外加工的佳例，等於把別人或外國的加工廠當成自己的虛擬製造部門 (Virtual Manufacturing)，企業經營若到達此地步，則已進入「無國界的全球經濟村時代」(Borderless Global Village)。

📝 表 2-3　士農工商之理想比重表

```
1. 政府（士）公經濟部門：                                        佔 10%
   立法（監察）、行政（考試）、司法、軍事、公營事業               （公）
2. 民間（農工商）私經濟部門：
   一級產業（自然物質）：農、林、漁、牧、礦          佔 20%──┐
   二級產業（物質加工）：營造、重工業、輕工業、化            │
                       工業、石化業、電子、電機、            ├ 佔 90%
                       電器、機械電腦業等等      佔 30%──┤  （民）
   三級產業（買賣勞務）：運輸、通訊、批發、零售、            │
                       網路、銀行、證券、保險、            │
                       房地產、娛樂、教育等等    佔 40%──┘
```

🏃 2.3.3　美國「重商、輕農、工外移」，國力世界第一

美國的經濟是今日世界上最富強的第一國，人口有 3 億人，人均國民所得約 4.8 萬美元，因其經濟強，國民教育水平高，政治可以民主自由，科技及軍事力量第一，成為世界武林盟主。今日的美國是世界各國施政的學習典範，大家都想擁有它的物質文明及教育科技成就，而世界上企業經營的宗師也多出現在美國，管理技術的創新也以美國為發源地。美國現在有四個「天下第一」：政治民主自由天下第一、經濟建設規模天下第一、軍事武力設備天

下第一、科技創新能力天下第一。尤其第四個「科技創新能力第一」，支撐美元為世界通用貨幣，讓美國聯邦儲備成為各國中央銀行的中央銀行，掌握世界經濟命脈。

我曾經在美國密西根大學 (University of Michigan, Aun Arbor) 讀企業管理博士前後 5 年（1968 年至 1973 年），也在美國加州及紐約市主管過美國企業公司多年 （1985 年至 1998 年），也就是台塑企業的美國子公司 J-M Manufacturing Co. 及泰國卜蜂集團的美國子公司 CP (USA) Inc.，所以對美國有較深入的瞭解，茲略述一二，供中國大陸及臺灣未去過美國的人們參考。

1. 美國的教育普及，水平高，只要想讀書的人，不管是高中、專科或大學，都有機會及管道，不像中國大陸，政府把讀書上學當作國家稀有公器或政治工具使用，管制很嚴，形成過度之升學競爭及補習負擔。這種情況在臺灣已不存在，但中國大陸尚屬落後。

2. 美國人民教育素質高，較能辨別是非善惡，不被政客甜蜜謊言及買票所欺騙，所以實施一人一票之民主選舉及法治程度高，官員不敢虐待人民。實施兩黨競爭 （共和黨代表有錢人，民主黨代表中下階級窮人），一黨在朝執政，一黨在野監督，隨時準備改朝換代。新聞自由，主持正義，而新聞媒體本身也競爭比賽；「新聞言論自由權」是立法、行政、司法三權鼎立之外之第四權，受憲法保護。一旦有新聞報導權，則政府官員之自私獨裁、貪官汙吏、官官相護現象就不易生存。

3. 美國的經濟基礎設施堅強，百年來不受內戰摧毀。其通訊、公路、航空、海運、鐵路、內河航運四通八達。美國高速公路密如蛛網，幾乎出了村鎮以外的公路都是高速公路，美國太平洋岸及大西洋岸高速公路暢通北美洲 （加拿大、美國、墨西哥），甚至通到南美洲，無與倫比。中國大陸國土面積與美國相仿，但可能要再花 30 年來建設，才能建成像今日美國之高速公路網。美國各州的較大縣市，都有國內航空站，所以全國內陸航空比美公路網，人民往返機動性更大。當有暢順之交通運輸網及無線通訊網時，國土才能發揮人盡其才、地盡其利、

物盡其用、貨暢其流之真正生產力及市場需求力；否則國土再大，也是荒瘠一片。

4. 美國法律規定嚴密合理，由人民選舉出來的市議會、州議會、聯邦議會制定法規，是立法部門（扮演「企劃」功能）。總統及各個部會主管（即部長兼總統秘書）、州長及各廳局長、郡縣市鄉鎮長及相關幕僚單位是行政部門（扮演「執行」功能），行政部門依立法單位所立之「法」執行，不敢逾「法」苛擾人民。司法裁判體系採取「陪審團」投票法，絕對獨立（扮演「控制」功能），不受行政體系干擾，並受新聞輿論監督。「法律之前，人人平等」的理想境界在美國比較有希望實現。在中國大陸，立法部門及司法部門都受行政部門指揮影響，而一黨獨大之政黨又完全控制政府的立法、行政、司法三部門。在臺灣，雖稱五權分立（立法、行政、司法、考試、監察），但離理想境界尚有甚大距離，尤其司法檢調審判不公不正，尚受人民懷疑，而監察御史糾彈功能更成為有軀體、無靈魂的工具，需要改進。

5. 美國科技研究基礎深厚，政府公費研究機構、大學研究單位，以及大公司的研發部門非常普及與專精。美國產業經濟能夠領先世界各國，除了得力於先進有效之「行銷導向」(Marketing-Orientation) 之企業管理制度外，尚得力於科技研究發展的「發明與改進」成果 (Invention and Improvement)。尤其國防及太空高科技研發成果的移轉民間和平使用，降低企業的成本，得益非薄。20 世紀末（1990 年代）以來至今，網際網路 (Internet) 及資訊科技 (Information Technology) 之發展與普用就是最大例子。

6. 美國人民在國內各州遷移自由，不必戶口登記（除了要投票選舉時，才要登記），國外旅遊方便，護照申請立即給予，一次有效期限 10 年。人權及工作平等機會受憲法保護，種族歧視雖有，但不普遍。

7. 美國文化新潮，思想積極進取、多變化。既尊敬長青的長輩，更尊敬年輕的賢能之才。美國學術百家爭鳴，百花齊放，人人有言論自由，

連總統都不敢限制人民的言論權及求知權，但也不能因之而隨意欺侮、侵犯隱私、毀謗他人，否則判罪很重。

8. 美國雖是崇尚自由企業的資本主義社會，但其社會福利制度周全程度，比社會主義或共產主義社會更高，只要有正式工作職位，有固定收入，人人即可購買住房（抵押借款），購買汽車（分期付款）。貧窮家庭政府發給食物券，失業者有救濟金。無家可歸者，在寒冷氣候時，會被警察強制送去旅館居住，不讓在外凍死。

9. 美國社會活動組織多而自由，工人工會 (Labor Unions)、同業公會 (Trade Unions)、專業協會 (Professional Associations) 力量強大有力，受政府尊重，亦扮演部分政府機構職能。美國的權威機構不是政府官員，而是學術機構、同業公會及專業人員協會。所以沒有「官大學問大」之說法。

10. 美國各級教育齊全又普及，人人只要有興趣及毅力，可以「活到老，學到老」。名牌大學學費貴，但獎學金、助學金很多，所以有錢人家子弟或能力高強的窮人家子弟，都可以入其門牆。能力平平的窮人家子弟，則可讀免費的市立或社區大學、學院、專校。小學到高中十二年級皆免學費，只要是學齡兒童，不論種族、信仰、政治、國籍，皆歡迎入讀。學校校長及教師熱心拉攏學生就讀，因入讀學生愈多，學校可以分配到愈多經費，聘用愈多好教師。美國 12 年義務教育之經費，來自各市鎮「家長委員會」之決定，由各市鎮財產稅 (Property Tax) 支付，不是由政府官員統一決定。

美國經濟發展從農業經濟時代（農佔 50% GNP 以上），走入工業經濟時代（工佔 50% 以上），又走入商業經濟時代（商、服務佔 50% 以上），在 2000 年代，其商業已達 70%，工業下降到 20% 以下，農業佔不到 5%，形成「重商、輕農、工外移」現象，但其國力卻依然是世界第一。人口多，國民人均所得高，是世界第一大經濟體，一年 GDP 15 兆美元，是中國大陸的 2 倍以上。

　　目前美國的高科技公司樂於從事研究發展及產品設計的知識性工作 (Knowledge Work)。但自己不從事生產製造，只把訂單下到外國去（如臺灣、歐洲、南韓、中國大陸），由外國當 OEM 原樣製造廠，再把成品輸回美國，從事行銷及分配，賺取豐厚的利潤。因製造加工是辛苦的「工業」，要買土地、建廠房、買機器、僱工人、管工人，事情繁重，但利潤少（約售價 5–10%）。研發設計是用腦的勞務工作，行銷及分配也是勞力工作，都是「商業」，利潤多（約成本 4 倍）。換言之，「先知先覺者」不做製造，讓「後知後覺者」去做製造。先知先覺者賺大錢；後知後覺者賺小錢。這種有效工作方式，也正是我們要瞭解、要學習的方式。

　　在知識經濟時代 (Knowledge Economy)，多用員工的腦力 (Mental Power)，少用員工的體力 (Physical Power)。而把「製造生產」的辛苦工作委外加工，也等於把委外的加工廠納入自己的虛擬組織機構中，使企業經營全球化、無國界化。企業國際化、多國化及全球化，已是 21 世紀企業「有效經營」的行銷及生產戰略不二方向。

第 3 章

國家經濟與企業成長的來源
(Sources of Business and Economic Growth)

3.1 企業成長的內外方向
(Internal Growth and External Growth)

🏃 3.1.1 沒有「人群」就沒有「企業存在」

國家總體經濟的「績效」(Performance) 及「成長」(Growth) 是由眾多農、工、商各行各業的企業經營「績效」及「成長」所組成的，所以企業的「生存」(Survival) 不死及「成長」(Growth) 發展的方向及方法，就是身為企業將帥的總經理、總裁最應該關心及講求之道。企業存在的最高目的是提供產品來滿足社會人群各種有形及無形的「欲望」及「需要」(Needs and Wants)。「欲望」(Needs) 是心理學名詞，「需要」(Wants) 是社會學名詞，而「需求」(Demands) 是經濟學名詞，三者都是行銷與生產的重要基礎。不管是 360 行，或多至 36,000 行的企業皆無例外。若無社會「人群」的欲望與需要，就沒有企業體及國家政府存在的必要。當社會人群的欲望與需要發生變化時，就代表企業的「產品」及「市場」策略 (Product-Market Strategy) 要快速跟隨轉變，否則就會被社會拋棄，或被競爭者所淘汰。所以企業無目的，唯社會人群是目的。這也是企業管理以「顧客導向」(Customer-Orientation) 為首要哲學理論之由來。

🏃 3.1.2 民生十大需要是企業存在的根基

人因「三緣和合」而生於社會（「三緣」和合指父精、母卵及靈魂中陰身三者和諧合在一起），因「四大皆空」而死於社會（「四大皆空」指地、水、

火、風四大生命因素消失)。既「生」就要求「存」，既「生存」就要求「成長」，這是生物共同的行為典範。

在生存及成長的短暫或漫長過程中，要面對種種競爭及環境之挑戰。在精神、腦力、體力方面之支出耗損很多，需要種種有形及無形資源的補給，包括⑴需要飲料食品 (Food)；⑵需要衣著裝飾 (Clothing)；⑶需要住宅保護 (Housing)；⑷需要行走運送 (Transportation)；⑸廚房、客廳、臥室、浴室所需要工具、器具、用具協助 (Utility Uses)；⑹需要求知進修受教育 (Education)；⑺需要娛樂輕鬆陶冶 (Recreations)；⑻需要身體健康照護 (Health)；⑼需要各種風險保險 (Insurance)；⑽作出慈善捐助等 (Charity Donation)。所以「食」、「衣」、「住」、「行」、「用」、「育」、「樂」、「健」、「保」、「捐」等「民生十大需要」(比傳統「食、衣、住、行、育、樂」六大需要多出四個)(見圖 3–1)，成為企業賴以生存的根基，無法逃避。

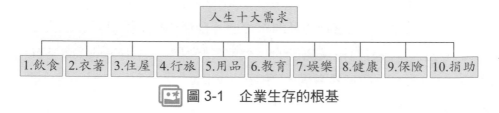

圖 3-1　企業生存的根基

在這十大民生需要的後面，還有一波一波衍生不絕的原料、材料、配件、機器、工具、動力、水力、電力、資訊、周邊設施、技術研究等等的支援企業，以至於與國防軍事硬體武器和軟體配套的兵工企業，形成一個完整的國家企業體系系統 (見圖 3–2)，包括「A. 民生體系」、「B. 支援體系」及「C. 國防體系」等三大部分。「家家企業」，如同「家家夫妻」與「家家政府」，都有它生存與成長的「難念的經」。瞭解及解決這些難念的經，就是「經理」人員 (Managers) 有異於「非經理」 (Non-Managers) 人員及「政府官員」(Government Officers) 的使命所在。

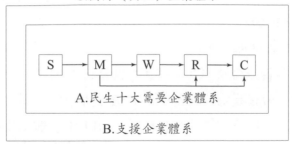

註：S：Suppliers，指原材料廠商。

M：Manufacturers，指製造廠商。

W：Wholesalers，指批發商。

R：Retailers，指零售商。

C：Consumers，指消費者。

圖 3-2　完整企業體系（民生、支援、國防三產業體系）

3.1.3　企業成長首靠「內發」，次靠「外聯」

獨資、合夥與公司三方式成立企業

一個企業體的出生可以靠「獨資」(Single Owner)、「合夥」(Partnership) 或「公司」(Company) 三種方式。以「獨資」及「合夥」方式成立的企業，通常出資額不大，銷產規模也不大，屬於自然人 (Natural Person) 資格，其成立及解散比較容易。以「公司」方式成立的企業，通常出資額較大，銷產規模也大，屬於「法人」(Legal Entity) 資格，其成立及解散不容易。

現代的企業愈來愈多採「公司」方式成立，並以「股份有限公司」為普遍。為提高融資能力及知名度，也都力求股票在證券交易市場公開上櫃及上市 (Listed in Overcounter and Stock Market)，向社會大眾（甚至國際大眾）籌資，以大眾為股東，成為真正世界「全民所有」的公司（不是中國大陸以前所指的「國營」大中型企業之「全民所有制」而已）。

2013 年《財富》(*Fortune*) 雜誌所列全球 500 大公司 (Global 500)，家家規模大，最小營業額為 232 億美元 （日本 RICOH 公司），最大營業額為 4,817 億美元 （Royal Dutch Shell 公司），為國家社會創造龐大的就業機會及財富。小企業以獨資或合夥方式存在，好像海洋裡的小魚小蝦；中、大企業以公司方式存在，好像是海洋裡的中、大魚。大中小共同生存，各有所長所短，各有其社會人文及經濟價值。在臺灣，2014 年證券交易所上市之大公司有 800 多家，在櫃檯中心上櫃之中型公司也有 800 多家，其他未上市、上櫃的中、小及微小企業有 130 多萬家，提供就業機會 95% 以上。

內發自然成長法

企業創立出生之後的成長途徑，有「內發」成長 (Internal Growth) 及「外聯」成長 (External Growth) 兩大途徑 （見圖 3–3）。

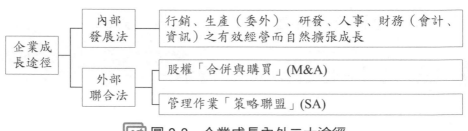

┌ 企業成長途徑 ┬ 內部發展法 — 行銷、生產（委外）、研發、人事、財務（會計、資訊）之有效經營而自然擴張成長
　　　　　　　└ 外部聯合法 ┬ 股權「合併與購買」(M&A)
　　　　　　　　　　　　　　└ 管理作業「策略聯盟」(SA)

圖 3-3　企業成長內外二大途徑

「內發途徑」靠企業自有的「行銷」(Marketing)、「生產」（Production，包括委外 (Outsourcing)）、「研究發展」（Research and Development ；簡稱 R&D）、人力資源 (Human Resources) 及財會訊 (Financial-Accounting-Information) 等五大「企業功能」 (Business Functions)，發揮 「有效經營」 (Effective Management) 之作用，而逐步擴張成長的。企業內部成長如同一個人的從小自然長大一樣，是「自然成長法」(Natural Growth)，很自然，不假外力，文化及社會氣氛很協調融洽。

內部成長需要擴大銷產設施，其所需資金來源，是靠累積盈餘 (Retained

Earnings)、股東增資 (Stock Issuances)、銀行借款 (Bank Loans) 及發行債券 (Bond Issuances) 四法。很多耐得起時間考驗的世界性百年成功企業，都選擇此途徑。其優點是企業文化一致，步伐穩健；其缺點是速度緩慢。

企業初創，要經歷 5 年不亡，才算「創業成功」，扎根生存；若只有半載一年風光即亡，不算生存。企業創業生存及成長，經歷 20 年至 30 年才算「經營成功」。但若無法再創新轉型，就會走入暮途，被新生代競爭者所淘汰，走盡企業的生命週期 (Business Life Cycle)。

外部成長用併購聯盟法 (M&A and SA)

企業成長的第二大途徑是依賴與外部同業或異業企業體的 「股權式」、「合併購買」（Merger and Acquisition；簡稱 M&A）或與外部企業的 「非股權式」（即「管理作業式」）「策略聯盟」（Strategic Alliance；簡稱 SA）。自從世界各先進國家放寬經濟管制規定 (Deregulation)，走向 「自由化」(Liberalization) 後，世界各國及臺灣企業併購之案例風起雲湧。甲公司購買乙公司，甲公司繼續存在，乙公司名稱則消滅，如富邦證券購買中日證券等 5 家證券公司，富邦證券繼續存在，其他消滅。甲公司與乙公司合併，兩公司用一個新名稱，或將兩名稱合併使用，或各摘一段名稱使用，如建弘證券與金華信銀證券合併，稱建華證券，又與台北國際商業銀行合併，新稱「永豐金」證券；元大證券與京華證券合併，稱元大京華證券，又與寶來證券合併，新稱「元大寶來」證券；富邦銀行與台北銀行合併，稱台北富邦銀行；國泰銀行與世華銀行合併，稱國泰世華銀行等等。

合併或購買公司的支付方法，可以用現金支付、股票交換或現金股票各一部分等三方式為之。至於管理作業式之「策略聯盟」，不涉及股權買賣，純粹是管理權的運作，如聯合採購、聯合行銷、聯合生產、聯合使用電腦系統、聯合研發等等。但兩者併購與聯盟促進企業成長之作用相同。

傳統式的企業成長方法，是用內部累積盈餘，外加股東增資及銀行借款的籌資方式為之，此種內部自然成長方法，在時間上，常常無法應付快速變

化的外部環境需要，所以只好改用股權式「併購」成長方式，如鴻海精密股份有限公司曾每年成長 30–40% 以上，就是善用併購法之佳例。此方式常常需要依賴新潮式股票融資操作手段。尤其小公司要併購大公司時（小蛇吞大象），像 2010 年中國大陸吉利汽車併購福特汽車屬下之 Volvo 汽車，就是小蛇吃大象，需要中國大陸政府的財力支持 （據說經由中國國家開發銀行貸款）。又如 2013 年中國雙匯國際要收購美國最大豬肉生產商史密斯菲爾德食品公司 (Smithfield Foods, Inc.)，就要在香港初次公開發行 （Initial Public Offering；簡稱 IPO）籌集 50 億美元。

3.1.4 企業成長有七方向都要詳做「可行性研究」(FS)

一個經營穩健的企業體，有七個與產品 (Product) 發展有關的成長方向可以選擇（見圖 3–4），至於採取一個或多個成長方向，都應量力而為，必須先進行完整詳盡的投資「可行性研究」（Feasibility Study；簡稱 FS）思考（見表 3–1）。不論在口頭上或紙面上討論，都不應該忽略 FS，否則將「一失足成千古恨」。許多因畸形過速膨脹發展的受傷企業，都是輕視忽略 FS 的驗證犧牲者，如臺灣東帝士集團受傷於房地產、泰國卜蜂集團受傷於電訊等等。

企業成長途徑（內部發展或外部聯合）

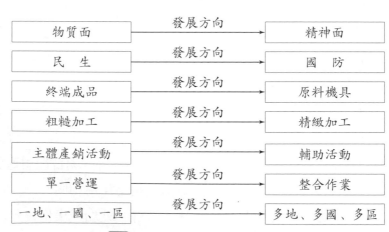

物質面	發展方向	精神面
民　生	發展方向	國　防
終端成品	發展方向	原料機具
粗糙加工	發展方向	精緻加工
主體產銷活動	發展方向	輔助活動
單一營運	發展方向	整合作業
一地、一國、一區	發展方向	多地、多國、多區

圖 3-4　企業成長七方向

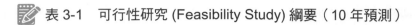 表 3-1 可行性研究 (Feasibility Study) 綱要（10 年預測）

> 1. 市場行銷可行性分析 (Marketing Feasibility Analysis)
> 2. 工程技術可行性分析 (Engineering Technology Feasibility Analysis)
> 3. 生產製造可行性分析 (Production-Manufacturing Feasibility Analysis)
> 4. 經濟利潤可行性分析 (Economical-Profitability Feasibility Analysis)
> 5. 財務融資可行性分析 (Financial Feasibility Analysis)
> 6. 風險分析 (Risk Analysis)

　　古人云「凡事豫則立，不豫則廢」。「豫」就是預先思考影響成敗的相關因素，套用現代有效經營的術語，就是要做理智的「系統分析」 (Systems Analysis)。任何有關「產品」投資的決策，對企業體而言，都是具有風險性的重大決策，「輸」或「贏」關係重大。為降低實際風險的發生，就需要做有智慧性、有教育性的「猜測」 (Educated Guess)，而非魯莽、草率、無知識性的蠻幹。記得「將在謀不在勇」！《孫子兵法》上有講，「道、天、地、將、法」五要事中，為「將」五條件：「智、信、仁、勇、嚴」，「智謀」排第一，「勇猛」排第四。所謂「謀」指系統性之可行性研究，應從⑴市場行銷 10 年內可能消長程度；⑵工程技術取得及改進情況；⑶生產製造 10 年變化情況；⑷經濟利潤 10 年成果；⑸財務融資來源數量；⑹ 10 年估計之樂觀悲觀風險程度，逐一做詳細分析，不可偷懶忽略此一事關成敗之重要步驟（見表 3–1）。

從「物質面」往「精神面」發展（第一方向）

◆ 從「色」入「空」是高級化

　　企業成長的第一個方向，就是依循民生十大需要，循序從「食」→「衣」→「住」→「行」→「用」→「育」→「樂」→「健」→「保」→「捐」來增加、擴充、發展產品種類。「食、衣、住、行、用」都與「物質面」(Material Side) 較有關係，而「育、樂、健、保、捐」卻與「精神面」(Spiritual Side) 較有關係。物質面是「有形體」(Tangible)，屬於佛學的「色」

體；精神面是「無形體」(Intangible)，屬於佛學的「空」體。企業的產品發展方向，從「色」入「空」乃是高級化的代表。

在人類生活欲望層次發展上，也是從與「生存」相關的食、衣、住、行開始。因為人再窮也要吃東西，也要穿衣服，所以飲食、衣服事業是最基礎的事業，不論在經濟景氣及不景氣時期，凡是穩健事業都會有生意做。但從事飲食業、服飾業卻不能永遠賺大錢、成巨富。古云「民以食為天」(《漢書·酈陸朱劉叔孫傳》)，「倉廩實則知禮節，衣食足則知榮辱」(《管子·牧民》)；但人也靠「育、樂」而真正豐盛。一個企業體若能審時度勢，依時代潮流而變化創新，其「產品」—「市場」策略 (Product-Market Strategies) 依循民生十大需要而進階發展，將會是長久的成功事業。

從「民生」往「國防」發展（第二方向）

企業成長的第二個方向，是從「民生」消費工業 (Consumption Industries)，往後向「國防」軍事工業 (Defense Industries) 發展。反之，國防工業（不論其為公營或民營性質）也可向前往民生工業發展，即「軍」用轉「民」用策略。在和平繁榮時期，民生工業發達；在戰事頻繁的時代，國防軍事工業發達。經濟貧困國家，常因鄰近地區戰爭不息，提供軍需，而經濟繁榮起來，走出困境，突飛猛進。二次世界大戰後，日本經濟因韓戰 (1950)而起色，臺灣經濟也因越戰 (1960) 而脫困，就是佳例。

從「終端成品」往「原料機具」發展（第三方向）

企業成長的第三個方向，是從「終端成品」業 (Finished Products) 往「原料機具」業 (Material and Equipment) 發展。反之，也可由「原料機具」業往「終端成品」業發展。任何行業的任何企業體，都有「原料」、「機具」的採購，經加工製造成為「成品」，再將成品銷售的「供、產、銷」三連環活動。在通訊電腦化之網絡 (Internet) 時代，則成為「供應鏈」管理（Supply Chain Management；簡稱 SCM），「企業資源規劃」（Enterprise Resources Planning；

簡稱 ERP），及「顧客關係管理」（Customer Relationship Management；簡稱 CRM）三連環之電腦化管理情報系統（Computerized Management Information Systems；簡稱 MIS）關係。往前或往後移動一步，都是企業成長發展的自然方向，也可以由之而形成「垂直整合」(Vertical Integration) 態勢。

從「粗糙加工」往「精緻加工」發展（第四方向）

企業成長的第四個方向，是成品的加工製造過程從簡單的「粗糙加工」(Simple Processing) 往多層次的「精緻加工」(Sophisticated Processing) 發展，成為精密 (Precision)、高級 (High Class)、高優 (Fine) 產品。加工深，附加價值 (Value-Added) 愈高，利潤也愈高，績效也愈高。高度發展經濟社會之同類產品，和低度發展經濟社會的同類產品相比較，前者是「好」，後者是「有」。「好」一定含有「有」，但「有」不一定含有「好」的條件。俗云，窮人先求其「有」，富人再求其「好」。

從「粗糙加工」到「精緻加工」，涉及產品「九大組成」因素 (Nine-Product Elements) 之研究發展與創造創新工藝，甚至創新轉型決策，是一家企業勝過另一家同行企業的「成功要訣」。任何一個能滿足顧客需求之有形或無形「產品」，都由九大因素組成，謹記此「九大」乃最起碼的產品管理技術。

世界上的產品不論它如何變化萬端，都逃不出「九大」因素操作變化的範圍，謹記「九大」並善用「九大」來研發創新產品，將受益無窮（見圖 3–5），以下逐一略為說明。

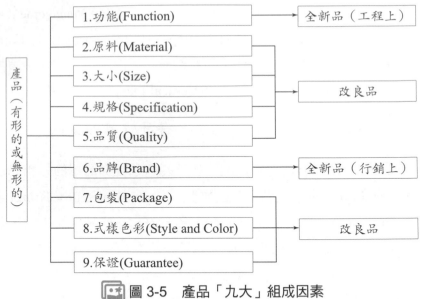

圖 3-5　產品「九大」組成因素

◆ **善用產品的「九大」因素將受益無窮**

1. 變化「功能作用」(Function Change)：一個產品的「功能作用」即是界定該產品生存的價值所在，無功能即無該產品；一物若有全新功能作用，即為「全新產品」(Brand-New Product)，就有新生命。世上的所謂新革命產品，就是在第一大因素「功能」作用上有所變化。愛迪生是發明王，一生發明許多新功能作用的產品。全新品出現，就是「種類殺手」(Category-Killer) 出現，威力最大。例如手機 (Cell Phone) 問世，就殺死了 B.B.Call；錄音帶出現，殺死黑膠盤留聲片；錄音、錄影光碟出現，殺死錄音、錄影帶。

2. 變化「原料配料」(Materials Change)：同樣功能的產品可以用不同的原料、配料、零件、配件來製造，使成本更低，品質更高，成為不同的產品。材料科學 (Material Science) 就是創造新材料的科學，功能不變但材料變的新產品，常稱為改良品 (Improvement Product)，可有第二春生命。「改良品」比「全新品」容易問世，效用很大，是「項目殺

手」(Item-Killer)，比「種類殺手」低一級而已。

3. 變化「大小尺寸」(Size Change)：具有同樣功能及原料的產品，若大小尺寸不同，就會成為不同的「產品」，比如從寬變窄，從重變輕，從厚變薄，從長變短，或反其道而行，也可以提高產品差異性及競爭力，成為「改良品」，可有第二春生命。「輕、薄、短、小」常常是討人喜歡及節省成本的發展大方向。

4. 變化「規格」(Specification Change)：雖是同樣功能、原料、大小尺寸的產品，但若產品內含有不同的工程規格，也會成為改良品，比如從十個部件改良為三個部件，在積體電路 (IC) 方面，把三個 IC 片併成一個 IC 片，即可提高產品差異性及競爭力，成為「改良品」，可有第二春生命。

5. 變化「品質」(Quality Change)：「品質」泛指功能的「可靠性」(Reliability)，使用的「耐久性」(Durability)，操作的「方便性」(Convenience)，以及享受的「安全性」(Safety)。「品質」是「功能」的生命，而「功能」則是「產品」的生命。雖然是同樣功能、原料、大小尺寸、規格的產品，但具有不同的品質水平就是新改良品，比如電子產品提高「可靠性」到百萬分之 3.4 (6-Sigma) 的缺點率，「耐用性」從 5 年提高到 10 年，操作方式改為「手觸」即可，不必按鍵。絕無電磁輻射性、機械性、化學性等「不安全」副作用影響，就具有高競爭力。提高品質，降低成本就是「改良品」，有第二春生命，最能提高競爭力。「品質」是產品「品牌」的靈魂。「品質」信賴度受損，「品牌」就無正面價值可言。高貴食品及藥品的「安全性」品質受到質疑，最具殺傷力。

6. 變化品牌 (Brand Change)：同一產品具有同樣功能、原料、大小、規格及品質，但卻標上不同「品牌名稱」(Brand Name)，並大做廣告宣傳，就會令顧客認為是不同的產品，可以標以不同的價格。產品的「品牌」就如同人的「名」，樹的「影」，老虎的「皮」，具有取信於顧客的

長久力量。好的「品牌」具有好的「聲望」(Reputation)，代表長久的「市場地位」(Market Position)，有無形的額外資本、資產、淨值價值，常叫「品牌淨值」(Brand Equity)。真名牌產品和山寨牌產品的市場價格相差很大，其原因在於名牌產品有「品牌淨值」存在。同一個產品使用多個品牌 (Multibrands)，就可以變成多個化身，進行市場區隔 (Market Segmentation) 競爭，如寶鹼 (P&G) 的香皂 Lux、Camay、Dove 等等。同一品牌後面加不同的數字就是品牌延伸術 (Brand Extension)，也就是「新品牌」，如波音 707、727、737、747、757、767、777、787。改新品牌，也是屬於「改良品」，如「食品」公司改為「生命科技」公司，又如「臺中健康管理大學」改為「亞洲大學」，有第二春生命的競爭力。

7. 變化包裝 (Package Change)：和人一樣，人要化妝，濃妝或淡妝都是包裝，佛也要金裝，任何產品都要「包裝」，不管是硬包裝及軟包裝。「包裝」也有「內包裝」及「外包裝」，都具有「保護」、「美觀」及宣傳「說明」作用。內包裝指產品的表皮保護層，外包裝指產品運送時的操作安全保護層，都可以印刷文字說明及藝術設計，當作推銷廣告作用。相同的產品給予不同的包裝，就會成為「改良品」，擁有第二春生命的競爭力。飲料品的容器瓶罐也是包裝的一種，化妝品及高級酒品的容器包裝更是花樣甚多，人的美容手術也是包裝作用。

8. 變化式樣及色彩 (Style and Color Changes)：產品「式樣」及「色彩」是三度空間 (Three Dimensions)，包括七彩顏色變化及外觀形狀的設計。「好式樣」會成為不同季節或不同年代的「時髦」流行品 (Fashionable Goods)。一個產品定時改變式樣及色彩設計，雖然不一定改變功能、原料、大小、規格、品質、品牌及包裝等七大因素，也會成為「改良品」，具有第二春生命的競爭力。尤其現代流行「生活時尚」(Life Style) 成為模特兒 (Model) 的新職業。

9. 變化保證 (Guarantee Change) 條件：產品銷售後的服務保證條件，包

括使用方法教學（教）、零件修理（修）、顏色規格替換（換）及懊悔退錢（退），合稱「教、修、換、退」等承諾。又如電器品保證使用 1 年，汽車保證使用 5 年，輪胎保證會磨損但不會扎破等等。「保證」是用來確保顧客滿意的大手段，使顧客在購買前就「放心」與「信任」。20 世紀後半期及 21 世紀是「顧客導向」(Customer-Orientation) 的行銷時代，確保「顧客滿意」(Customer Satisfaction) 是企業經營的第一目標，所以只改進保證條件，不變化上述其他八條件，也就等於「改良品」，也具有第二春生命的競爭力。2010 年豐田汽車 (TOYOTA Motor) 的突然加速問題，所引起的數百萬輛汽車召回修理事件，就是履行「保證」條件的作法，雖名聲受損及成本增加，也要默然承受（雖然 2013 年證明，突然加速不是機件品質問題，是墊毯問題，也要忍受「保證」義務）。

◆ 「九大」聯合創新，威力無窮

以上「九大」因素是組合一個完整「產品」的要素，謹記此產品「九大」因素，並時時調查分析顧客需求變化，而進行「九大」因素中一個或一個以上因素的研究發展創新，就會創造出「全新品」或「改良品」。「全新品」指第一因素之「功能」改變，「改良品」指第 2 至第 9 因素之改變，都是稱為廣義的「新產品」(New Products)。企業每年有新產品推出，並被市場顧客接受，就代表企業有「新血輪」(New Blood)，可以繼續生存及成長。「九大」產品因素若混合組合改變，其研發創新的威力更大，就可在市場競爭中，立於「不敗之地」。

◆ 「工程設計」與「工業設計」內外美兼修

第 1 至第 5 個因素的改變，是屬於內容的「工程設計」(Engineering Design)，是改進「內在美」(Inner Beauty)；第 6 至第 9 因素的改變，是屬於外表的「工業設計」(Industrial Design)，是改進「外在美」(External Beauty)。企業將帥必須靈活掌握及運用「產品九大」因素，「內在美」及「外在美」兼修，要「文質彬彬」才能在戰略上有所突破（「文」同「紋」，指外在美；

「質」指內在美;「彬彬」指兩者平衡繁榮茂盛)。

從「主體產銷活動」往「輔助活動」發展(第五方向)

企業成長的第五個方向,是從「主體」產銷活動 (Main Operations) 往「輔助」活動 (Auxiliary Operations) 發展,例如金融、倉儲、運輸、通訊、通路、訊息、保險、廣告等等,都是供產銷(指原料—製造—銷售)主體活動的輔助支援活動。一個企業若以「利潤中心」方式全心全力在供產銷之輔助活動上投資經營,當其規模壯大及普及時,它也會變成主體活動,成為高度經濟發展社會的核心體系。如奇異電器 (GE) 公司的財務金融部門 (GE Capital),台塑集團的機械、船運、貨運、醫療事業,都很成功地從輔助活動變成主體活動。

從「單一營運」往「整合作業」發展(第六方向)

企業成長的第六個方向,是從「單一營運」(Single Operation) 往垂直 (Vertical) 或水平 (Horizontal) 之「整合作業」(Integrated Operations) 發展。任何企業體都是一連串從研發、原料購買、加工、再加工、再深加工,以至出口銷售、再銷售、再再銷售,達於最終使用者 (Final Users) 或消費者 (Final Consumers) 諸多環節的「供產銷」(Supply-Manufacturing-Sell) 之活動者。此單一「供產銷」活動者,可以水平式處在不同地方,建立相同工廠,做同樣階段的營運,形成大規模之「水平壟斷整合」(Horizontal Monopoly-Integration) 作業。

單一「供產銷」活動者也可以往上游(供應商),增加另一個階段或數個階段的供產銷活動,成為「向後垂直整合」(Backward Vertical Integration) 作業。也可以往下游銷售商,增加另一個階段或數個階段的供產銷活動,成為「向前垂直整合」(Forward Vertical Integration) 作業。更可以同時往上游及下游,各增加一個或數個階段的供產銷活動,成為「前、中、後垂直整合作業」。當整合的階段愈多,則成為上、中、下游垂直整合聯貫「一條龍作業」,其競爭力量比「單一營運」大很多。因經濟景氣輪流轉,三年一小壞,六年

一大壞，三年一小好，六年一大好，有時龍頭產業繁榮，龍尾產業蕭條，則龍頭可以照顧龍尾。反之，當龍頭上游產業蕭條，龍尾產業繁榮時，則龍尾可回顧龍頭。《孫子兵法》上說常山之蛇「率然」，就是擊頭尾來救，擊尾頭來救，擊中頭尾都來救，立於不敗之地。

◆ 垂直整合大威力

企業成長形成一條龍時，正如下圍棋形成一條龍或打麻將時形成一條龍，都是最高境界，其生命力及競爭力就很強。但是「垂直整合」內的各段企業，都必須個個強壯，個個有效經營，可以和其他同階段的外部企業體競爭，才能使此「一條龍」神氣萬端，生命力旺盛。

反之，假使各段企業在「規模經濟」及「管理能力」上，不能做到有效經營「個個強壯」的地步，就不應該走「垂直整合」的路，而應改走「垂直分工」(Vertical Division) 的路，和不同階段的外部企業進行「非所有權」式之「策略聯盟」(Strategic Alliance)，正如 2000 年代以後，臺灣的電腦、電子、資訊科技產業，因技術變化太快，無法走上「垂直整合」，而走「垂直分工」一樣。但在實際營運上，走「垂直分工」的企業，在企劃 (Planning) 時，也要先有「垂直整合」的完整準備，才不會孤立無援。換言之，虛擬的垂直整合 (Virtual Vertical Integration) 是實際垂直分工 (Real Vertical Division) 的先決條件。

📈 從一地、一國、一區，往多地、多國、多區發展（第七方向）

企業成長的第七個方向，就是借用「產品生命週期」(Product Life Cycle；簡稱 PLC) 理論。從一地到多地；從一國到多國；從一區域到多區域，重新建廠，產銷相同「舊產品」(Old Product)，尋得新市場生命，這是舊產品尋找第二春、第三春、第四春生命的最佳方法，其基點是利用不同地點不同經濟發展程度，有先後不均的成本差異現象，先從「高」發展地往「中」發展地，再往「低」發展地之「水往下流」的地勢 (Potential) 機會。這也是

走出絕地，「柳暗花明又一村」 的開拓理論。「往外成長」 (Growth by Relocation) 也稱為「換地重生」(Rebirth by Relocation) 或「連鎖化身」理論之應用。

臺灣很多外銷導向型企業，因臺灣本地生產成本提高，失去國際外銷競爭力，無法生存，所以紛紛關廠向外投資，以中國大陸為第一選擇地，即是受到成本差異之「比較利益」(Comparative Advantage) 原理的影響，不得不「換地重生」之結果。美歐日多國性企業自 1960 年來之發展，也是此種現象的反映。所以 1990 年至 2008 年臺灣政府管制臺灣企業走向多國化，往外求生存發展之「戒急用忍」政策，是違反自然生存競爭原理的落伍政治意識形態，拖累臺灣企業國際發展近 20 年，到 2009 年開始改善，2010 年兩岸 ECFA 簽約，情勢大改，使政府「戒急用忍」之政策，灰頭土臉收場。

◆ 「本根留母國，支根伸全球」

企業由一地、一國、一區往多地、多國、多區發展，是「本根留母國，支根伸全球」的自然現象，和「企業空洞化」、「就業機會外移」、「資金外逃」等等政治口號無關。一個國家的企業若不能生存、發展、賺錢，哪有錢交稅養政府官員，所以政府應該領先幫忙企業尋找及改良生存發展賺錢的方法及地方，他們自己才能生存下去。他們幫企業的忙，就是幫自己的忙。中國大陸改革開放（1978 年開始）雖比臺灣經濟發展慢，但他們鼓勵及吸引外資到中國大陸投資的精神及力量，比臺灣官員熱心百倍。他們的政府官員是全民在「招商」；臺灣的官員是全體在「抗商」，在扼殺替自己賺生活費的源泉，實屬「不知不覺」者。

3.2 企業經營的因果關係圖——三模式（哈—麥、法—李、陳氏）

貧窮國家百事落後

一個「國家」的建設靠「經濟」，即把「經濟」建設放在第一位，「經濟」

建設的績效若不理想,其他的建設,如「文化」建設、「社會」建設、「心靈」建設、「教育」建設、「法治」建設、「科技」建設、「政治」建設、「國防」建設等等,都難有突破性的發展。因為任何總體環境因素的改革改善,都是需要長久時間及龐大經費預算支出,若沒有經濟發展的賺錢功夫當基礎,哪能支持長久花費。一個國家和一個家庭很相像,「貧賤夫妻百事哀」,「愛情抵不過麵包」,「貧窮國家百事落後」,若沒有紮實的經濟基礎,空有理想、夢想,都很難以實現。

經濟建設靠企業經營

「經濟」建設靠「企業」,不是靠軍事武力、窮兵黷武,也不靠自由民主空頭口號,而是要靠廣大的農、工、商萬萬千千的「民營」企業,不是靠「國營」企業。民營企業容易有效經營,容易在「所有權」(Ownership) 及「管理權」(Management) 的分離做合理的安排。國營企業因「所有權」不易分割、確認及移轉,也因管理權不易機動化、激勵化及責任化,所以世界上各國的國營事業都處於壟斷時有利潤,競爭時就虧損的狀況,對國家經濟發展助益不大。所以 100 年前,社會主義流行,孫中山先生所主張的「發達國家資本」及「節制私人資本」,是未經事實驗證的理想假設,是不懂企業有效經營知識的空幻理想。

企業經營靠群力管理

企業經營績效的優劣靠有效的群力「管理」,不是靠個力「技術」衝鋒。有效的管理會產出「兩大效用」(Effects),第一創造「顧客滿意」(Customer Satisfaction),造福社會人群,第二創造「合理利潤」(Reasonable Profitability),造福「顧客」(經由產品創新)、造福「員工」(經由薪酬福利)、造福「政府」(經由繳納稅租)、造福「股東」(經由投資報酬)、造福「大社會」(經由慈善捐款) 及造福「小社區」(經由防止汙染) 及保護「大環境」,實現國家建設的終極目標:「風調雨順、國泰民安、安居樂業、敬業

樂群」。這三段因果關係必須人人銘記：「國家建設靠經濟」→「經濟建設靠企業」→「企業經營靠管理」。這就是現代「企業將帥之道」、古代「帝王之術」的大系統理論（見圖 3–6）。

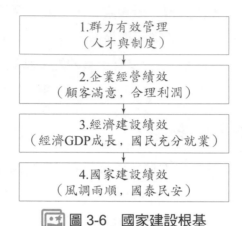

圖 3-6　國家建設根基

3.2.1　「企管人數」、「才能發揮」與「社會地位」影響經濟發達

在 1950 年至 1960 年之間（當時聯合國會員有九十多個國家），哈比生 (Harbison) 及麥爾 (Myer) 兩位社會學家觀察當時世界各國的社會經濟發展情況，發現有的國家經濟發達，人民生活水平高，社會公平正義，政治效率清廉與自由民主程度高。有的國家經濟落後，人民生活水平低，社會強欺弱、高壓低，沒有公平正義，政治官僚腐化、僵化，貪汙、特權、黑道橫行。他們歸類分析，得到兩個結論：(1)經濟不發達的國家，社會政治建設也低落；反之，經濟發達的國家，社會政治建設也高。(2)經濟發達和企業管理人才的培育人數、才能發揮程度及社會地位高低三者，成正面的密切關係（見圖 3–7）。

A.企管人才的培育人數
(Management Education)　　B.企管人才的才能發揮
(Management Practice)　　C.企管人才的社會地位
(Management Socialization)

D.一國的經濟發展水平
(National Economic Development)

📷 **圖 3-7　經濟發達與企業人才的關係（哈－麥模式）**

2014 年聯合國會員已經有一百九十三個國家，哈、麥兩位觀察研究的結論依然有效。臺灣今日雖不列名聯合國會員內，但近年來臺灣經濟發達的速度，確實和企管人才之培育，包括正式大學學位的企管教育 (Degree Programs) 及非正式學位之長、中、短期企管培育活動 (Non-degree Programs)，密切相關，誠屬幸運。臺灣在 1973 年遭受第一次石油危機的考驗，石油每桶價格從 2 美元累漲為 34 美元，島內物價上漲，生產成本上升，中小企業出口困難萬分。從此深知，臺灣企業經營不能再只靠猶太商人及日本商社的接單加工生產，不能再對海外市場顧客毫無所知，對生產技術毫無改進，對研究發展置若罔聞。企業經營必須靠「自主管理」(Self-Management)，必須學習「有效性」及「系統性」的整套管理知識 (Systematic and Effective Management Knowledge)，正式開展校內及校外企業管理知識傳播活動 (Management Transfer)。

至 2014 年，企管教育在臺灣社會已經十分蓬勃發展，「條條大路通羅馬」，人人可以找到學習企業管理知識之途徑。「昔時王謝堂前燕，飛入尋常百姓家」，以前寶貝式、象牙塔式的大學企管教育，已經便宜、普及的走入社會各個角落。「企管」已經成為臺灣經濟成長的主要力量，幾乎每個星期六及星期日，已經成為在職經理人追求管理知識的「公休學習日」。

在 1979 年，本人擔任臺灣大學商學系系主任及商學研究所所長時（後來，1987 年臺大商學系、所從「法學院」分離，成為今日「臺灣大學管理學院」，內轄五系所，國際企業、工商管理、會計、財務金融、資訊管理），即開辦大規模的「企業經理進修計劃」（Management Development Program；簡

稱 MDP），一期 200 小時，為時六個月，招收 250 位（分五班）在職經理夜間進修 EMBA 濃縮課程，至 1983 年共辦理七期，培植 1,750 位高級經理人員。

在 1999 年本人從海外回臺灣，擔任「中華民國企業經理協進會」理事長，重新辦理大規模之「高階管理 Mini-EMBA 進修計劃」，都在同一理念下，大量培訓企業將帥人員，到 2014 年已達十八期，畢業人數已達 1,100 人以上。

🏃 3.2.2 「管理管人」、「技術管事」——「管理」與「技術」之分野

一個企業組織體的人員（見圖 3–8），可分為兩大類：⑴企業管理人員 (Managerial People)（簡稱為「管理或經理」人員）；⑵企業技術人員 (Technical People)（簡稱為「技術」人員）。

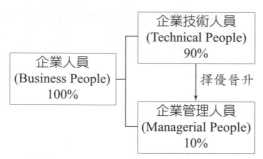

圖 3-8　管理人員與技術人員

📈 管理五功能：計劃、組織、用人、指導、控制

「管理」人員是「人上人」(People above People)，是下級部屬的「上級」主管 (Superior)，是從事「計劃」、「組織」(Organizing)、「用人」(Staffing)、「指導」(Directing)——包括指揮、領導、激勵、溝通、照顧 (Commanding, Leading, Motivating, Communicating, Caring) 以及糾正獎懲「控制」

(Controlling) 之主管級人員，他們包括基層的「班長」、「組長」、中級的「股長」、「課長」(科長)、「經理」以及高級的「協理」、「副總經理」、「總經理」、「總裁」、「董事長」等之人員。他們的共同點，是以「人」為工作對象，是「管人」的人，是管別人去發揮力量做事，達成「目標」的人，是「經由他人力量來達成目標的人」(Getting Things Done through Other People)。

管理人員應有三才能：「專門、人性、理念戰略決策」

管理人員是組織體的精華分子 (Elites)，是屬於「將」才，其人數只佔組織體的十分之一。管理人員的才能應有三大類：⑴專門才能 (Speciality Skills)；⑵人性才能 (Human Skills)；⑶理念戰略決策才能 (Conceptually Strategic Decision Making Skills)。若只有⑴「專門才能」的人擔任組織機構的高層主管，這個組織機構遲早要倒楣。

技術人員管操作

「技術」人員是「人下人」(People under People)，是上級主管的下級部屬 (Subordinates)，凡是從事現場專業機械、電機、電子、資訊、化學、土木、建築、會計、法律、財務、廣告設計、推銷、運送、農藝、醫事等等之技術作業工作 (Technical Operations)，並以物件、機器、儀器、圖紙、文件為工作對象的人。他們的共同點，是以「非人」的「事」為工作對象，是做事的人，是「發揮自己個人所學專業技術力量來達成目標的人」(Getting Things Done through One-Self)。技術人員是組織體的「兵」，其人數佔組織體的十分之九。技術人員的才能只有一類，就是專門才能 (Speciality Skills)。技術人員若要晉升為管理人員，就要再學習「人性才能」及「理念戰略決策才能」，才能有效管理該單位。

管理發揮群力，技術發揮個力

管理人員是管人，是發揮「群力」(Group Power) 的人，技術人員做事，

是發揮「個力」(Individual Power) 的人。管理人員是由優秀的技術人員晉升而來的，所以管理人員也是擁有專業技術的人。愈高級的管理人員，是運用較多「管人」功夫，較少「做事」功夫的人；愈低級的管理人員，是運用較少「管人」功夫，較多「做事」功夫的人（見圖 3–9）。

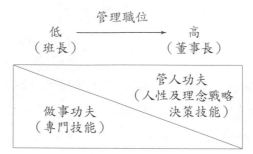

圖 3-9　管理職位與「管人」及「做事」功夫

　　一個公司最高的管理人員就是董事長 (Chairman)，就是公司的最高「領袖」 (Leader) 人員。 若董事長經常不在公司管事， 則帶有執行長 （Chief Executive Officer；簡稱 CEO） 頭銜的總裁 (President) 就是最高的管理人員。古代一個國家最高的管理人員是皇帝 (Emperor) ； 現在各國風行民主選舉制度，所以最高管理人從皇帝變成總統 (President)。

皇帝的兒子可以當皇帝

　　古代的皇帝和現代的總統很相似，只有一個最大的不同點，就是皇帝的兒子可以繼承做皇帝，而總統的兒子不能繼承做總統。但是有些總統的兒子也想當總統，所以千方百計教唆其老子從「總統」變成「皇帝」，也就因為這個貪念，把國家（公司）都弄壞了。民國初年的袁世凱被其兒子袁克定所害，把「民國」改成「洪憲」帝國，招來部屬反叛（以蔡鍔為首）而在 70 多天內氣死，真是得不償失，又遺害國家。

🏃 3.2.3　不可把「技術」誤當「管理」──「兵」與「將」之分

如上所述，管理人員是帶兵的「人上人」，是「將軍」，除了要有做事的「專業技術」能力 (Special Skills)，如物理、化學、機械、電機、電子、原子、質子、土木、建築、歷史、語文、法律、經濟、會計、財務、金融、推銷、廣告、文藝、醫學、藥劑、農藝等等之外，還要有凝結人群力量的「人性」技術 (Human Skills) 和理念戰略決策技術 (Conceptual Skills)，這些包括計劃、決策、組織、用人、指揮、領導、激勵、溝通、協調、照顧、追蹤、考核檢討、改進、獎勵處罰、控制之管理功能 (Management Functions) 技能，以及行銷、生產、研究發展、人力資源 (Human Resources)、財務會計 (Finance-Accounting)、採購 (Purchasing)、外包 (Outsourcing)、資訊 (Information) 之企業功能技能。

📈 管理人員是「將」，是國家寶貝

所以管理人員是「人上人」，是「將」，不是「兵」。中國古人說得好，「吃得苦中苦，方為人上人」，意指企業管理人員的任務特別重，必須比別人吃苦耐勞、多學多知、多負責少享權利、勞力又勞心，任勞又任怨，任重道遠，才能盡職，所以企管人員是國家的寶貝 (National Treasure)。

技術人員是不帶兵卒的人，是「兵卒本身」，不論其職級及薪水多高，終究是「人下人」。「人上人」發揮群力；「人下人」發揮個力。很多理工科技人員在公司或在政府機構已經擔任了「人上人」的職位，已經是管理人員，可是他依然懵然不知，依然以為自己是「技術人員」，以「技術」為豪，只發揮個力，不知要發揮群力的功夫，而陶醉於「技術至上」的無知及浪費中，把「將」當「兵」看待。

1984 年，我在辭去臺大教授及商學研究所所長職務，第二次出國就業（到台塑美國 J-M 公司）之前，曾去見當時主管科技的臺灣國民黨政務委員

李國鼎先生，把一項調查研究所得之現象告訴他，說明臺灣絕對多數的理工科技人員雖居高位、居重位，但不知「管理」為何物，對臺灣未來發展不利之嚴重性，要求他重視並設法改善。果然不久之後，他邀請美國麻省理工學院科技管理教授來臺灣舉辦研討會，成立政治大學的科技管理研究所，而各大學也跟隨設立科技管理研究所及陸續舉辦理工醫背景的 EMBA（在職經理企管碩士班），扭轉傳統錯誤的「技術第一」，「管理掃地」的觀念。把正確的觀念：「管理是人上人，技術是人下人」、「管理發揮群力，技術發揮個力」、「優秀技術人員才能晉升管理人員」等觀念建立起來。

醫科主任也要學 EMBA

在 2000 年，臺灣大學醫學院長曾要求所有的醫學科主任要去進修 EMBA，各大公司理工科技背景的總經理、副總經理、協理，紛紛計劃修習濃縮的 Mini-EMBA 或正式 EMBA 課程，這是可喜的正確方向。當「將」的人就應有「將」的能力，發揮「將」的功能。再來要努力的是政府機構的科長級以上人士，以及各種專業背景出身的立法委員及縣市議員，也要去進修 Mini-EMBA 或正式 EMBA 了。若能如此，「政府生產力」和「企業生產力」都能提高，臺灣建設真的會「飛起來」，真的可以和中國大陸融在一起，而無懼於被併吞，甚至於可以領導他們而有餘。

3.2.4 總體八大環境優劣影響經濟發展高低（法一李模式）

上面「哈一麥社會學觀察」模式，強調企業管理人才的培訓人數、發揮作用及社會地位三因素，直接影響一個國家的經濟發展水平，換言之，要國家經濟發達（果），就要優先培育、運用、尊崇企業管理人才（因）。有好的「因」，才能產生好的「果」。

現在來講第二個因果關係模式，就是法瑪 (Farmer) 和李奇門 (Richman) 兩位教授的發現。他們的研究發現一個國家的「總體環境」(Macroenvironment) 優劣，會影響該國企業經營績效的高低，進而影響該國的經濟發展水平高低（見圖 3–10）。

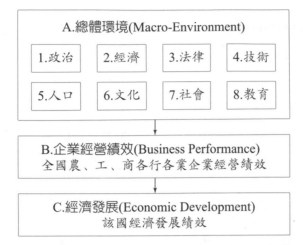

圖 3-10　總體八大環境影響經濟發展（法—李模式）

　　所謂「總體環境」，也就是目前大家常談的廣義「投資環境」(Investment Environments)。投資經營環境由政府部門負責塑造，投資經營環境好，企業經營績效就好，經濟發展水平就高。政府部門表現不好，投資經營環境就不好，影響所及，農工商企業經營績效就不好，最後歸結，國家經濟發展水平就低落，人民就貧困愚昧（請再參見圖 3–6）。

◆ 英雄要有用武之地

　　對企業界而言，政府所應展現生產力來負責建設的「天然環境」(Natural Environments) 及「人文環境」(Man-Made Environments)，就是企業「英雄」發揮武藝的「舞臺」。大環境好，就是讓英雄有「用武之地」。大環境不好，就是英雄無用武之地。有很多國家的企業經營困難，績效表現不佳，常是由於政府官員工作不力，「政府生產力」(Government Productivity) 低，致使總體環境不良所致。

　　一個國家的天然總體環境，即是古人《易經》八卦所表示的八個人類謀求生存與發展必須面對的「不可抗力因素」(Uncontrollable Factors)，那就是

乾（天時）、坤（地理）、坎（月、水、洪澇）、離（日、火、旱、漠）、震（地震、雷電）、兌（雨、澤、江湖）、巽（風、季風、颱風）、艮（山脈、山嶺、高原）。

自然環境是自然所賜予的稟賦 (Nature Endowment)，是好是壞，自始即定，無法短期 3、5 年更換，例如美國和中南半島的自然環境都比中國大陸好。要改變自然環境，政府常要利用人民的財力及體力，設定 30 年、50 年，甚至 100 年計劃來改造，甚為困難。在這裡我們不多談用政府力量去改造天然八卦的大環境。至於「人文環境」也可以用八大因素來代表，那就是政治 (Political) 環境、經濟 (Economic) 環境、法律 (Legal) 環境、技術 (Technological) 環境、人口 (Population) 環境、文化 (Cultural) 環境、社會 (Social) 環境及教育 (Educational) 環境。簡稱為「政、經、法、技、人、文、社、教」人文八卦，以與「天（乾）、地（坤）、水（坎）、火（離）、雷（震）、雨（兌）、風（巽）、山（艮）」之天然八卦相對稱。法、李兩位教授所提之總體環境只限於「人文」環境而已。

◆ 改善總體環境就是「政府生產力」之表現

每個國家人文八大環境的優劣評估、評分及列名公布，Business International 公司每年都進行一次，把每一大因素再細分為八個二級因素，逐一給分，從 0 到 10 分，總共六十四項次級因素，所以總分指數最高為 640 (= 8×8×10) 分，此與天然環境八卦，每一個又可分成八個次級因素，總共八八六十四卦之現象類似。從最高分往下排列，可得到每年世界上各國投資環境受歡迎的名次。以下將總體環境中，人文八大因素的二級因素列出，供大家及政府官員參考，因為大環境的改善是政府官員的最大責任，是表現「政府生產力」的職責「正業」所在，政府官員的所有工作中，沒有比改善總體環境更為重要的了！最近世界經濟論壇 (World Economic Forum) 及洛桑國際管理學院 (IMD)，每年都有世界各國競爭力 (Competitiveness) 排名，其方法就與 Business International 之評估方法相似，只是比較簡略而已。

政治環境「首重穩定，末重民主」

一國政治環境之優劣影響企業整體活動的基礎。「政」是眾人之事，「治」是管理，故「政治」就是政府管理眾人（人民）事務的總稱。政治制度之好壞，代表政府領袖人物綜合管理能力的高低。評估一國政治環境之優劣，可從下列八個次級因素著手：

1. 穩定程度 (Stability)：指政黨執政之長期性及政黨輪替時，原有政策、規定、文官作業持續運作，不紛亂，不動亂，不搞小動作，不顛覆。

2. 效率程度 (Efficiency)：指簡政、低稅、輕刑，目標掛帥，手續讓步，動作快捷。不耍官僚，不玩公文旅行及公文睡覺。政府官員處理事務應講求今日事今日畢，劍及履及，不推、不拖、不拉，不哼、不哈，不諉過了事。

3. 清廉程度 (Cleanness)：指官員清明廉潔，不貪汙，不拿回扣，不賣官，不利用內線消息於事前買土地、買股票，事後坐享漲價之不義財富。

4. 公平程度 (Fairness)：指官員不玩特權，對事不對人，不官商勾結，不官官相護，上不驕行，下不鑽營。

5. 正義程度 (Justice)：指政府維持公理，主持正義，使社會強不凌弱，富不欺貧，智不欺愚。

6. 負責程度 (Responsibility)：指各級官員每期各有明確「責任目標」（即責任中心），負責達成，不推託，不遷延；說得到，做得到；不為選舉騙取選票而隨意亂開做不到之「空頭支票」之政策承諾。

7. 自由程度 (Liberalization)：指政府行政規定簡政，不做無意義之限制及否定，使人民行動有寬廣空間，不會隨時碰到「紅燈」限制。

8. 民主程度 (Democracy)：指共和政體，當人民知識高達某一高程度，則人人一票，選舉政府官員及議會議員。

政治環境之優劣，影響其他七大環境之建設效率，至為重要。改善政治環境是政治領袖的管理「職責」，不是他的「權力」，權力可以不享，責任則

不能不盡。政治環境不好，就是表示該政治領袖沒有好的管理才能。

經濟環境「首重交通，末重獎勵投資」

一國之經濟環境影響企業外在活動的支援程度，若經濟基礎建設 (Infrastructure) 齊全，企業發展就有康莊大道可走，省時省力，否則就要走崎嶇山路，費時費力。評估一國經濟環境之優劣，可從下列八個次級因素著手：

1. 運輸建設 (Transportation)：包括公路網、鐵路網、國際海運網、國內水運網、國際航空網及國內航空網。運輸網絡就等於人體的血脈網絡，愈普及、愈快速，愈好。

2. 電訊建設 (Telecommunication)：包括有線電訊、無線電訊、網際網路電訊。電訊網絡就等於人體的神經網絡，愈普及、愈快速，愈好。

3. 電力建設 (Power)：包括水力發電、火力發電、風力發電、核能發電、太陽能發電、潮汐發電、生質能源以及由民營負責經營發電廠。電力供應量及普及度，要領先經濟發展 3 年才算好。

4. 水利建設 (Water)：包括灌溉用水、工業用水、自來水、防洪、防旱。防洪以即時疏導為佳；防旱以 1 年不下雨不缺水為安全。

5. 金融建設 (Finance)：包括工業及商業銀行體系、進出口銀行體系、投資信託體系、租賃體系、創業投資體系、證券體系、期貨體系、外匯體系、保險體系、保證評等體系、企業顧問體系。

6. 財稅建設 (Taxation)：包括營業稅、加值稅、印花稅、營業所得稅、個人所得稅、關稅、遺產稅、證券稅、債券稅、規費、附加捐等等。財稅規定完備，稅率減低、減免，最能鼓勵工商企業投資經營。

7. 產業政策 (Industry Policy)：包括策略工業、國家計劃、專案計劃、BOT 計劃、國防轉移民間計劃、公營事業民營化等等。

8. 獎勵投資 (Investment Incentive)：包括階段性金融財稅、行政、土地、出口、中心衛星工廠體系、研究發展、電腦化、技術及管理培訓、工業升級化等獎勵。

法律環境「重在公平、公正、公開與迅速」

一國法律環境規範人民及企業交易活動的軌道，法律內容規定之明確、周全及現代化，執行程序之公平、合理、公正、公開及迅速最為重要，讓人民及企業事前就知遵守，不必屆時違規糾正，訴訟打官司，曠日費時。評估一國法律環境之優劣，可從下列八個次級因素著手：

1. 刑法、刑事訴訟法、公務員貪汙懲戒法等等之明確、周全及現代化。
2. 民法、民事訴訟法、遺產法等等之明確、周全及現代化。
3. 稅法、銀行法、證券法、保險法、投資信託法、外匯法等等之明確、周全及現代化。
4. 公司法、商事法、經濟行政法規、專利、商標、著作等智慧財產，廣告、藥品食品管理、公平競爭與公平交易法等等之明確、周全及現代化。
5. 立法品質（理論與實務之兼顧，專家、官員、立法委員之品質提高）。
6. 檢察品質（證據搜索之科學化、合理化、人性化及時效化）。
7. 審判品質（公正、公平、公開、迅速）：司法審判體系要比行政體系、立法體系更須公正、公平、公開，因為它是支撐國家架構的「最後支柱」，若它崩壞，國家即無希望；若它健全，則可以司法審判之長期性作為，來糾正立法及行政體系之短期作為。
8. 司法人員品德與品質的提高、監督與保障。

技術環境「重在研發創新」——RRDEPMMI 八部操作

一國技術環境影響企業創新活動的源泉，國家級的研發機構（如中央研究院、工業技術研究院）、大學級的研發單位、大企業的研發部門，以及中小企業的研發聯盟，都要結成網絡，提供新產品、新原料、新製程、新設備、新檢驗的不斷源泉。評估一國技術環境之優劣，可從下列八個次級因素著手(RRDEPMMI)：

1. 基本研究 (Basic Research) 專案之品質、效率及生產力（指國家級研究院及大學研究中心）。

2. 應用研究 (Applied Research) 專案之品質、效率及生產力（指工業研究院及企業研發中心）。

3. 產品發展 (Product Development) 專案之品質、效率及生產力（指工業研究院及企業研發中心）。

4. 工程設計 (Product Engineering) 專案之品質、效率及生產力（指工業研究院及企業研發中心）。

5. 試製生產 (Prototype Production) 專案之品質、效率及生產力（指各企業研發中心）。

6. 量產技術 (Mass-scale Manufacturing) 專案之品質、效率及生產力（指各企業生產部門）。

7. 上市行銷 (Marketing of New Product) 專案之品質、效率及生產力（指各企業行銷部門）。

8. 產品改良 (Product Improvement) 專案之品質、效率及生產力（指各企業生產及研發部門）。

人口環境「重在素質及數量」

一國的人口環境影響企業的員工及市場顧客潛力。人口是生產力的來源，也是消費力的來源。高素質的人力來源和高消費力的市場人口都是企業成功及國家富強的要素。評估一國人口環境之優劣，可從下列八個次級因素著手：

1. 人口數量及成長率 (Population and Growth)。

2. 年齡及性別結構 (Structure of Age and Sex)。

3. 人口密度之地域分布 (Density of Population in Areas)。

4. 人口疾病及保健 (Disease and Health)。

5. 人口教育水平及途徑 (Education Level and Approaches)。

6. 人口素質 （教育、文化、道德、精神文明及科技物質文明）

(Population Quality)。

7. 人口移動性 (Mobility)。

8. 人口死亡 (Death)。

文化環境重在「良知」、「良能」與「良心」之「三良」專業經理人修練

一國的文化環境影響企業員工及社會顧客的思想與行為。古老保守的文化常伴隨落後的經濟發展。經濟發展需要積極進取的文化，經濟愈發展，「文化改變愈大」，是不可避免之代價 (Economic Development is Culture Change)。評估一國文化環境之優劣，可從下列八個次級因素著手：

1. 儒家（近似社會學）的修養：四書（《論語》、《大學》、《中庸》、《孟子》）及五經（《易》、《詩》、《書》、《禮》、《春秋》）的傳播及現代化應用。

2. 道家（近似科學）：《道德經》（老子）、《南華經》（莊子）及《清虛經》（列子）的傳播及現代化應用。

3. 釋家（近似心理學）：釋迦牟尼佛學之經、律、論（三藏）的傳播及現代化應用。

4. 諸子百家，天人合一，性命雙修，心物一元等之研修及現代化應用。

5. 「知、行、愛、恆」（指文殊、普賢、觀音、地藏等四菩薩之代表觀念）、「四維八德」（指禮、義、廉、恥；忠、孝、仁、愛、信、義、和、平）、「三達五常」（指智、仁、勇；仁、義、禮、智、信）、「五武德」（指智、信、仁、勇、嚴）、「七情六欲」、「清淨圓覺」之研修及現代化應用。

6. 「真、善、美」、「福、祿、壽、喜」、「離苦得樂」、「智慧成就，功德成就」、「立功、立德、立言」三不朽，以及「良知」(Good Knowledge)、「良能」(Good Ability)、「良心」(Good Conscience)「三良專業經理人」(Three-Good Professional Managers) 之研修及應用。

7.「扶傾濟弱」,「興滅國、繼絕世」(參《論語・堯曰第二十》)之胸襟
修練。

8.「藝文傳志」、「詩、詞、歌、賦、琴、棋、書、畫」與「禮、樂、射、
御、書、數」六藝等允文允武之修練。

社會環境「重在族群和諧溝通」

一國的社會環境影響企業的行銷策略及員工的社會生涯關係。企業是社
會的一個次級組織體,深受社會環境形態的影響。評估一國社會環境之優劣,
可從下列八個次級因素著手:

1. 社會階級 (Official People Classes):帝王、公、侯、伯、子、男;士、
農、工、商四民;貴族、公卿與布衣平民;主人與奴隸。

2.「三教九流」(Old Social Classes):「儒釋道」三教。一流皇帝、二流
官、三僧、四道、五流醫、六工、七匠、八流娼、九流士子、十流丐
(去掉一流皇帝,即留九流)。

3.「六教十六流」(New Social Classes):「儒、釋、道、穆、基、主」六
教。「士、農、工、商」、「兵、學、醫、卜」、「游、俠、僧、道」、
「黨、閥、妓、丐」十六流。

4. 宗法組織 (Family Groups):家祠、宗族、村族、宗親會、同鄉會、神
廟會、禮拜會。

5. 社團法人組織 (Social Groups):同學會、扶輪社、獅子會、青商會、
各專業協進會及學會、農工商公會及工人工會等等。

6. 財團法人組織 (Financial Groups):各目的別教育基金會、文化基金會、
研究院、慈善會、體育會、醫學會等等。

7. 政黨法人組織 (Party Groups):各黨派別政治團體。

8. 學校、宗教法人組織 (School Groups):各民間學校團體法人、各宗教
團體法人。

教育環境「重在配合未來發展需要」，尤重「企業領袖」及「政治領袖」培植

◆ 政治領袖培植五步驟

一國的教育環境影響全國人民的精神文明素質，以及員工的專業技術及管理技術。「科教興國」、「中興在人才」等，都是說明教育環境的優劣會影響其他七個環境，最為重要。評估一國教育環境之優劣，可從下列八個次級因素著手：

1. 基礎教育 (Basic Education)：幼稚園、小學、初中、高中教育。
2. 謀生技術 (Occupation-Skill Education)：職業教育、專科教育、補習教育、成人技藝職業訓練。
3. 高等教育 (Higher Education)：大學學士班、碩士班、博士班教育。
4. 專業教育 (Professional Education)：商、貿、法、醫、工程等專業學院之教育。
5. 科學研究 (Scientific Research Education)：科學院博士後研究。
6. 年輕領袖培育 (Young Leadership Education)：研討會、研習營、國際考察營、服務營。
7. 企業管理才能發展（將帥班）(Business Leadership Education)：MBA、EMBA、Mini-EMBA、DBA-in Practices、Mini-DBA。
8. 政治領袖才能發展 (Political Leadership Education) 特別重要，有五步驟：學而優則商，商而優則學，再學而優則仕，仕而優則立法代議，立法代議優則政治領袖（鄉鎮長、縣長、地級市長（中共）、省長（中共）、部長、總統）。

教育是百年樹人的工作，教育水平及種類，提供政府官員及企業員工的新血輪來源，其優劣影響國家未來強弱。現在沒有良好的教育環境，將來（20 年、30 年後）就不會有良好的政治環境，投資於改善教育環境，是幫助企業未來競爭力的大投資。所以管仲才說「一年樹穀，十年樹木，百年樹

人」，尤其培養國家、企業領袖人才，是真的「慎終」目標 (Ends)，也要「追遠」(Long Term) 努力，才能達成長期人才目標。

3.3 塑造良好的「管理環境」是高階主管的重責

3.3.1 陳氏整體管理模式——「傳播」、「環境」、「實務」、「績效」四因果關係

影響一國經濟發展水平的主要因素，以哈一麥模式的「企管人才」和法一李模式的「總體環境」來解釋，都具有很有力的說服效用，但是都不完整，所以本人在 1968 年至 1973 年於美國密西根大學攻讀企管博士學位做論文時，發展一個比較完整的第三模式，把哈一麥及法一李的看法都包括在內，並增加許多因素，稱為「陳氏整體管理模式」(T. K. Chen's Integrated Management Model)。此模式認為一國的「經濟發展」水平高低 (Economic Development)，受該國企業「經營績效」(Management Performance) 優劣之影響；而一國企業「經營績效」之優劣程度，受其公司「管理實務」現代化程度 (Management Practice) 之影響；而一個公司「管理實務」現代化程度，又受其公司高階主管所塑造之「管理環境」優劣 (Management Environments) 之影響；而一個公司之「管理環境」優劣程度，又受該公司高階人員接受「管理教育傳播」(Management Transfer) 深淺程度之影響（見圖 3–11）。

從圖 3–11 的四因果關係中可清楚看出，要國家「經濟富強」，就要層層往上追求，力求企業「經營績效好」、「管理實務現代化」、「管理環境好」，以及永續學習「管理知識傳播」之深遠。此模式經實際調查研究，證明相關程度高，又經 30 多年之傳播及試用，也顯現其邏輯及實驗操作之可行性。

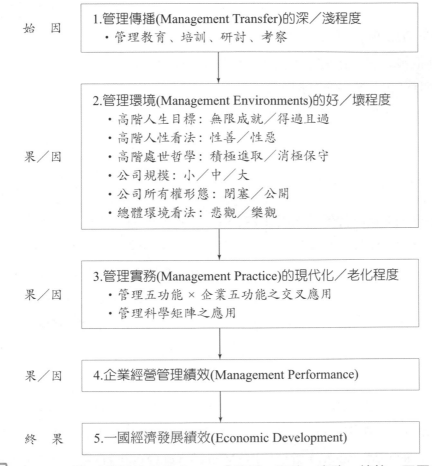

始　因

1.管理傳播(Management Transfer)的深／淺程度
・管理教育、培訓、研討、考察

果／因

2.管理環境(Management Environments)的好／壞程度
・高階人生目標：無限成就／得過且過
・高階人性看法：性善／性惡
・高階處世哲學：積極進取／消極保守
・公司規模：小／中／大
・公司所有權形態：閉塞／公開
・總體環境看法：悲觀／樂觀

果／因

3.管理實務(Management Practice)的現代化／老化程度
・管理五功能 × 企業五功能之交叉應用
・管理科學矩陣之應用

果／因

4.企業經營管理績效(Management Performance)

終　果

5.一國經濟發展績效(Economic Development)

圖 3-11　陳氏整體管理模式──「傳播、環境、實務、績效」四因果關係
(T. K. Chen's Integrated Management Model)

3.3.2　「永續知識」大威力，「曠野觀天」立第一

廣及「三十三天」與「十八層地獄」

「管理傳播」(Management Transfer) 是指和企業經營管理有關知識的傳授、傳播與交流，「管理知識」甚廣，包括上知「天文」，下知「地理」，中知「人、鬼、神」之知識，從高的一端傳播擴散到低的一端。「管理傳播」和

「空氣傳播」(Air Transfer)、「熱力傳播」(Heat Transfer)、「電力傳播」(Electric Transfer)、酸甜苦辣「流體傳播」(Liquid Transfer) 一樣，由高濃一端傳向低淡一端。企業經營的知識，浩如煙海，有高達廣大宇宙「三十三天」(佛學裡「天」有三十三層，第三十三天叫「非想非非想天」)，低達「十八層地獄」的各種大小不一之專業知識，有人群動態相處之軟性「人性知識」(Human Skills)，有觀念、創新、智謀之「決策知識」(Decision Skills)。

曠野觀天，五因而異

各種知識與時代俱進，因「時」、「地」、「人」、「事」、「物」而異其實用性及有效性，所以能掌握知識的人，最具有權威影響力；掌握系統性、廣大性、深入性、時機性知識及情報的人，如同森林中之「猛獅」(Information Knowledge is Like Lion)，最有威力，古云「知識是權威」(Knowledge is Power)，已是長期持久的說法。有知識的人，才能凌空看事，曠野觀天，一覽無遺，既客觀又詳盡。一個國家及一個公司的強弱，就是繫於該國及該公司擁有多少具有此種高密度管理傳播知識的人才。

「管理傳播」的具體衡量就是「管理人才教育」(Management Talent's Education)。在作法上有「管理發展」(Management Development)、管理教育(Management Education)、管理研討 (Management Seminar) 等等，都是屬於管理才能（不是作業技術才能）的發展培育（見表 3–2）。

表 3-2 管理傳播方法

公司管理發展	Work Shops, Meetings, Rotations, Promotions, Seminars
學校管理教育	BBA, MBA, DBA, EMBA
社會管理教育	Mini-BBA, Mini-EMBA, Mini-EDBA, Seminars, Conferences

長期性的發展培育稱「教育」，短期性的發展培育叫研討、研習、訓練。管理教育在大學裡有企管學士 (BBA)、企管碩士 (MBA)、企管博士 (DBA) 以及在職高級主管 EMBA，這些都是有學位 (Degree) 的教育課程，受教育之人

數有教育部規定限制。另外，在社會上，有企業經理協會、管理科學學會，有多種顧問公司，也在辦理沒有學位的管理進修班，有 Mini-BBA（100 小時）、Mini-EMBA（200 小時）、Mini-EDBA（300 小時），及 20 小時、30 小時之專題研習班。

對公司最高主管人員而言，最好的管理傳播工具就是參加國際性研討會及國際考察，以收「他山之石可以攻錯」之效用。其次就是參加中華民國企業經理協進會的 Mini-EMBA 高階主管進修計劃，再來才是報考大學企管研究所之正式 EMBA 學位班。

學「知識」可以「變化氣質」

學了新知識，會自行變化氣質，改變對人、對事的看法，會有更廣大、更積極、更博愛的「圓覺觀」。所以清初雍正在未就皇帝之位前（44 歲之前），當「富貴閒人」時，向張家（章嘉）大師求教力學禪宗，直指人生心性，擴大視野，攻破「三關」（禪宗修行破三關指破本參關、破重關、破牢關），從「密室觀天」、「隙孔觀天」、「井底觀天」、「庭中觀天」到「曠野觀天」（見圖 3–12）。終能在 13 年在位時間（44 歲到 57 歲），力挽其父康熙帝位 61 年的頹勢，奠立其子乾隆 60 年盛世之基。雍正「力學」變化「氣質」，於《悅心集》中收錄悟性極高之「醒世歌」（見表 3–3），表明拋棄私人物欲，為塑造振興國力之大環境而盡心盡力的大公心意。

高階主管人員接受好的管理「知識」傳播，才能改變「氣質」，塑造好的「管理環境」，供眾多中基層幹部去發揮現代化的「管理實務」，培植包括好的管理「人才」(Talents) 和建立好的管理「制度」(Systems) 兩大關鍵要素。

1.密室觀天法	身處密室，自我幻想，未見一物；密室不見光線，不見外物，只能閉目幻想，自我稱大，可蓋天蓋地，唯我獨尊，但終究如泡影，不切實際

2.隙孔觀天法	略有進步，稍見外物，未見全景；隙孔見物，只見一點，未見整體，如同瞎子摸象，零碎不全

3.井底觀天法	更有進步，如進井底，已見天空浮雲，惟局限方圓；井口方圓，範圍狹小，天光浮雲，來物可見，不來無見，依然陷於被動

4.庭中觀天法	更有進步，如立中庭，已見片天，雖尚有遮攔，天井庭院，雖大猶小，人在庭中，屋樹環繞，難見外物

5.曠野觀天法	有大進步，如立曠野，山河大地，一覽無遺，曠野無樹，無阻無礙，人立山頭，接近天日，格局乃大，接近圓覺清淨

圖 3-12　人生圓覺「觀天法門」演進

表 3-3　雍正「醒世歌」（浮生是空）——《悅心集》摘錄

1.南來北往走西東，看得浮生總是空	指東、南、西、北四方
2.天也空，地也空，人生杳杳在其中	指天、地、人三才
3.日也空，月也空，來來往往有何功	指日、月二輪
4.田也空，地也空，換了多少主人翁	指田、地恆產，生不帶來，死不帶去
5.金也空，銀也空，死後何曾在手中	指金、銀財寶動產，死也帶不走
6.妻也空，子也空，黃泉路上不相逢	指妻、子親人，死時也不同行
7.權也空，勢也空，荒郊野外土一封	指權、勢外表，死後即空
8.酒也空，財也空，人生浮華一陣風	指酒、財薰人，只是一陣風，過後即空

註：7.和 8.未見於《悅心集》，是另外收錄的。

3.3.3 好管理「環境」是員工好的「舞臺」

人受「環境」制約，善善相因，惡惡相果

一個公司高階主管人員，尤其是掌權的董事長、總裁及總經理，如同一個國家的總統及行政院長，他們的思想行為、價值觀念、處世態度、對人對事的看法、作法，以及對大環境的信心等等所塑造出來的綜合環境，對全公司人員（或全國人民）的思想行為，都會構成良好或惡劣的不可控制的管理環境因素。環境的影響力量很大，會主宰他們的行為表現。

人如同其他生物一樣，生活在環境裡，受環境的優劣影響而盛衰。好的環境有好的影響，壞的環境有壞的影響。企業的大多數中基層幹部和所有的非主管人員（即技術作業人員），若處於保守 (Conservative)、消極 (Passive)、自私 (Selfish)、短視 (Short Sight) 的高階領導所造成的管理環境下，想要如何積極進取、大公、博愛、遠程發展，也是心有餘而力不足。反之，若處於積極進取 (Aggressive)、大公 (Fairness)、博愛 (Love)、創新 (Innovation)、學習 (Learning) 的高階領導所形成的管理環境下，員工想偷懶、想得過且過、想苟且偷生也很難。所以有人說「生死有命，富貴在天」，「天」和「命」就是指環境性不可控制之力量。

好主管，好環境，就是「貴人」與「幸福」

所以有人說，給員工一個良好的管理環境，就等於是給英雄們一個好用武之舞臺，比給他枝枝節節的小恩惠為佳，他們就會自動自發做出良好的表現。高階主管的「最大職責」就是營造一個「良好管理環境」，就是選擇一個「上戰略」，來保證部屬會有好的管理實務及管理績效 (The top management's chief responsibility is to build a good management environment. To build a good management environment is a right strategic decision more powerful than many tactical operational favorableness)。

「環境」(Environments) 兩字代表「不可控制因素」(Uncontrollable Factors)，對他人行為有影響的力量，但有不同層次的意思。總經理的價值偏好 (Value Preference)，是下級經理的「環境」，但卻不是上級董事長的環境；經理的工作目標 (Objectives) 是下級課長的「環境」，卻不是上級總經理的環境；天氣冷暖陰晴是下級「人們」的環境，但卻不是上級「上天」、「上帝」的環境；「教授」的課程要求是「學生」的環境，卻不是上級「校長」的環境。換言之，上級主管的思想及行為，就是下級部屬的「環境」。對下級而言，好的主管就是好的「環境」。人生一生工作幾十年，若能遇到幾個好主管，得到好的工作環境，就是終生的「貴人」與「幸福」，可能就是成功的基石。

在企業公司裡，高階主管所形成的「環境」，比法瑪 (Farmer) 及李奇門 (Richman) 兩位教授所提的「總體環境」（政、經、法、技、人、文、社、教等人文八卦）還廣，因為真正會影響一個企業內經理人員決策、作業及制度的不可控制因素，除最高人員對總體大環境的信心看法外，還有五個因素，即高階人生追求目標 (Top Life Goal)、高階人性看法 (Top View on Human Nature)、高階處世哲學 (Top Management Philosophy)、公司規模 (Company Size) 及公司所有權開閉方式 (Ownership Pattern)，一共有六大因素組成「管理環境」，這六因素也稱六大變數 (Key Variables)（見表 3-4）。

表 3-4　公司「管理環境」的六大組成因素

1.高階管理者的「人生追求目標」	「無限成就」或「有限成就」
2.高階管理者對部屬的「人性看法」	性「善」或性「惡」
3.高階管理者作人做事的「處世哲學」	「積極進取」或「消極退步」（十二種）
4.公司規模	「大」或「小」
5.公司「所有權」開閉方式	「公開」或「閉塞」
6.高階管理者對「總體大環境」的信心看法	「樂觀」或「悲觀」

3.3.4 偉大企業家人生目標：追求「無限成就」,「造福人群」(道德慈悲)

享受「無限成就」,至死方休

「管理環境」的第一個組織因素是高階人員（指公司的董事長、總經理、總裁，現代國家的總統、總理，帝國的皇帝、首相）的「人生目標」(Life Goal)。如果高階經營者的人生目標是追求「無限成就」(Endless Achivement)，在創造一個事業並經營成功後，繼續再創造新事業並經營成功，永不厭倦，忘掉年齡的漸增（如同孔子說自己：學不厭，教不倦，不知老之將至！），依然如同年輕人，活力十足；以創造一連串事業，並經營成功，創造廣大就業機會，貢獻國家，造福人群，達成「功德兩成就」的積極慈善事業為目的。他們不是貪圖物欲享受，而是在享受創造「助人為快樂之本」的「無限成就感」(Enjoyment of Achievement Feeling)。若得如此偉大企業家或政治家，其所塑造的管理環境就會良好，他們公司中基層管理實務現代化以及獲得高等管理績效的機率一定很高。日本經營之神松下幸之助（95歲），臺灣經營之神王永慶（93歲），都是工作到至死方休。他們堅持「做到死，不要等到死」的積極觀念。

但社會上也有很多刻苦成家的企業家，雖經營稍有成績，並有些許財富積蓄，終生已可衣食無缺，就放棄創業的冒險精神，認為錢已夠自己享用了，年齡50歲、60歲也大了，就停下步伐，坐著享受物欲及色欲之福，不再勞心勞力。但也不從高位退休，不讓第二代人員有充分權責去創業，終讓整個公司的成長停頓下來，沒有新創意、新改良，眼睜睜等著別人超越過去；然後再來埋怨別人太積極，說別人壞話，正是應了所謂「不進步就是落伍」的警語（新光集團吳火獅的名言）。這種「得過且過」(Get-By) 的高階人生目標，就不會為公司創造良好的管理環境，連帶會負面地影響管理實務的現代化及管理績效。

「做到死」比「等到死」有意義（人生天年 130 歲）

追求無限成就的高階主管，在工作上不圖安逸空閒，而圖忙碌有意義。一天要忙 12 小時，連續忙碌，不刻意去放長假休息也沒有關係，只要睡眠夠、營養夠、運動夠，雖每天工作 12 小時也不會嫌勞累，身體也不會敗壞，反而有成就感。人生天年雖有 130 歲（指新陳代謝一次 2.5 年，一生細胞可再生 50 次，$2.5 \times 50 = 125 \pm 5 = 130 \sim 120$），但真正壽命只有 80、90 歲，終究要死亡，人寧可有意義地忙碌「做到死」，也不要空閒數日子「等到死」。「做到死」比「等到死」有意義。

大企業家和小企業家的差別，不在於本身刻苦與否，而是在於是否擁有追求「無限成就」或「得過且過」過一生之人生目標的差異。偉大的企業家創造及經營一連串的大事業，提供廣大就業機會，安定社會治安，貢獻國家稅收，提供創新產品給顧客享受，他們就是最大的「慈善家」。

像王永慶先生（已於 2008 年 10 月 15 日去世，享年 93 歲），在高齡 90 歲時，依然追求無限成就，除了經營大規模紡織、塑膠事業，還繼續做大規模石油化工事業，醫療、醫藥事業，大學教育事業，鋼鐵事業，生技事業等等。在臺灣、美國、中國大陸、越南，先知先覺，領先同業，其活力及企圖心不讓年輕人及中年人，他是「大企業家」的最佳榜樣，是中國人的「國寶」，是企業界的「導師」，是經營之「神」。另外，像許多地區性及華僑企業家，只謀個人及家族終身溫飽，稍有成就就打住，「得過且過」，毫無為廣大社會大眾開創就業機會的雄心，所以一旦面臨外來競爭壓力或金融危機，就困難重重，難以過關，也是必然之結局。

3.3.5 「性善」或「性惡」人性論，影響信任心與管理授權

高階人員對部屬「性善」和「性惡」的看法，會影響他對部屬的信任心、授權程度以及所採取防患防弊之嚴格程度。高等人才者若被看為「惡人」，則

永無發揮才幹的機會。低等人才若被看為「善人」，則尚有學習上進的機會。約 2,300 年前，中國古代孟子（孟軻）主張人類「性本善」（性善說），而荀子（荀卿）主張人類「性本惡」（性惡說）。荀子晚孟子 36 年出生，也是儒家名人，兩人齊名。從此「性善說」與「性惡說」公說公有理，婆說婆有理。美國學者馬格列哥 (Douglas McGregor) 在 1960 年 《企業的人性面》 (*The Human Side of Enterprise*) 一書也有 Theory-X （X- 理論性惡） 及 Theory-Y（Y- 理論性善）的說法，呼應古賢荀子性惡及孟子性善的學說。

高階人員對部屬持有「性善」看法者，其管理「環境」好；持有「性惡」看法者，其管理「環境」不好。事實上，一個人在一段時間內，沒有百分之百完美，也沒有百分之百邪惡。同一人在同一時段有「善」，有長處，也有「惡」，有短處。一個人在一生漫長的時間內，也可能在某一段時間能力差一些，但其他時段能力改進了。所以主管看部下，不可一概而論，「只專看短處」，不看長處，否則入目皆是短處，人人皆為不可用之兵，皆應淘汰，長此以往，終將變成「孤家寡人」、「光棍將軍」。在無人可用的情況下，也談不上建立群策群力的現代化制度，如此一來，就注定是個「失敗」的將軍，無法成大事。

成功的主管，「看人看長處」，「用人用長處」，把部屬看成好人，訓練他，給他責任目標，給他職權，教導他、糾正他、協助他、鼓勵他、支持他、幫助他完成目標，使他有「成就感」，久而久之，就會造就出可信任的好人才。這種人性看法所塑造的管理環境，容易促使中層基層幹部實踐現代化的管理制度，產生好的績效。同樣地，企業經理人員也應培養「截長補短」的能力；多多利用本公司的強處，少用或不用本公司的弱處。像臺灣這個小島，就應該多多利用經營企業的強點，不用軍事政治鬥爭的弱點。

像奇異 (GE) 公司前董事長傑克‧威爾許 (Jack Welch) ，在 1981 年至 2000 年之 20 年在位期間，就是最會選人及用人的高級主管，他說要利用部屬 「長處」，並 「指導」 (Direct) 他、「糾正」 (Correct) 他、「鼓勵」 (Encourage) 他，還要「支持」(Support) 他創新及達成目標，所以奇異公司一

直是世界上以「好管理」(Good Management) 出名的「金像獎公司」(Most Admired Corporation)。

3.4　建立積極進取的十二種「管理哲學」

3.4.1　「打蛇打七寸」，高階哲學改變牽動公司全身

第三個構成公司中基層幹部管理環境的重要因素，就是高階主管人員的做事作人處世「哲學」(Philosophy) 思想。「積極進取」(Aggressive and Liberal) 的管理思想比「消極保守」(Regressive and Conservative) 的管理思想，更能為員工塑造一個好舞臺，供部屬發揮「現代化管理」(Management Modernization) 的威力。

從「頭」開始改善，不是從「尾」開始：風吹草偃

高階主管是公司的「頭」，公司所有的改變、改善都要從「頭」開始，不是從員工的「尾」開始。「打蛇要打七寸」，不是「打尾巴」。高階主管若有積極進取的處世做事作人的思想，就代表「頭」好，「尾巴」就會跟著好。此乃「君子之德，風；小人之德，草；風吹草偃」之謂也。世上只有風吹草動之「易」事，沒有草吹風動之「難」事。由高階人員開始改進，來感化下階人員跟隨改進，最容易、最和諧；反之，則大災大難矣。從「頭」開始改善，就是用「四兩」撥「千斤」之「風」，來撥「千斤」之草，因方向「對」，所以是「易」事。反之，若從「尾」改善，就是用「草」（千斤重）來撥「風」（四兩輕），必定困難重重，因方向錯誤，所以很難。由此也可知「方向」比「重量」重要。

「積極進取」勝過「消極保守」

在評估一個公司高階主管經營「管理哲學」到底是「積極進取」或「消極保守」時，可從時間面 (Time)、速度面 (Speed)、變化面 (Change)、目標面

(Objective) 等等著手。事實上，一個人的思想領域是無限大，思想方向 360 度，思想速度比光速還快，很難用完整的名詞來界定管理哲學的固定範疇。但為了方便，就個人經驗，舉出十二種比較常見，並有影響作用的積極進取哲學供大家參照，以應付 21 世紀數位神經網路時代 (Cyber Age, Speed of Thought) 的挑戰（見表 3–5），它們是：目標、系統、時間、變化、速度、客觀、權威、價值、服務、精進、直接、苦練。

表 3-5　積極進取的十二種管理哲學

管理哲學	英　文	本	末
1.目標哲學	Objective Philosophy	目標	手續、手段
2.系統哲學	Systems Philosophy	系統、整體	局部、零碎
3.時間哲學	Time Philosophy	瞻望未來	留戀過去
4.變化哲學	Change Philosophy	歡迎變化	抗拒變化
5.速度哲學	Speed Philosophy	快速	緩慢
6.客觀哲學	Objectivity Philosophy	客觀事實	主觀雄辯
7.權威哲學	Authority Philosophy	知識	官位
8.價值哲學	Value Philosophy	經濟價值	實體價值
9.服務哲學	Services Philosophy	布施服務	自私自利
10.精進哲學	Advance Philosophy	謙虛精進	驕傲懶散
11.直接哲學	Directness Philosophy	直指心性	繁文縟節
12.苦練哲學	Hardship Philosophy	苦行磨練	溫室花朵

3.4.2　第一「目標」哲學：「目標」掛帥，「手續」讓步
(Objectives as Commander over Procedures)

「目標」在英文有很多意思，如 Objectives, Ends, Goals, Purposes, Missions, Visions, Targets 等等，都是指「理想境界」(Ideal State)，是所有行為動作的最高指導「方向」(Direction) 及程度 (Degree)，凡是與「目標」相牴觸的「手段」、「手續」、「程序」、「規則」、「細則」(Means, Tools, Procedures, Regulations, Rules)，就應該讓步、失效。當初設定手段、手續、程序、規則、

細則，只是用來方便達成該時目標的工具；它們是進門的敲門磚，只是用來打開門的工具，而不是進門的目標，所以門開之後，磚就應該放下。公司追求的是某一時空的「目標」，不是無時空限制的「手續」或「手段」。

追求效益最大，不是成本最大

「目標」代表「效益」(Benefits)，「手段」代表「成本」(Costs)，我們追求的是「效益最大」，不是追求成本最大。若「目標」與「手續」衝突時，手續就應讓步。若手續與手續之間有爭議時，高級主管應拿出「目標」來當作「尚方寶劍」或「照妖鏡」，判斷哪一個手續或手段，最有利於目標的達成。略舉臺灣選舉為例，假使你的「目標」是「執政」（贏得絕對大多數民心）時，就應該放棄令人民憂心的「意識形態之主張」，因該主張屬於「手段」。若不如此，而故意含糊了「目標」與「手續」的主帥與附從地位，就會勞而無功；假使明確了目標與手段的主帥與附從地位，就會成功。當一個人追求目標，沒有他人競爭時，就以目標掛帥為準。但當兩個人或兩個人以上互相競爭，追求目標時，則應公平競爭，遵守已經規定之遊戲規則及程序手續，宣揚政策目標之優越性，此乃「程序正義」之謂，與「目標掛帥，手續讓步」之說法不同。

用「目標管理」，不是「手段管理」

彼得・杜拉克 (Peter Drucker) 大師在 1954 年《管理實踐》(*The Practice of Management*) 一書中，首次提出「目標管理」一詞，從此「目標管理」流行於企業管理界。「目標管理」有「哲學面意義」及「技術作業面意義」，前者是上層之觀念性理念，「意指一切行為以追求目標為最高原則」，適用於每一個人。後者為公司在做年度計劃時，要把公司大目標依組織層次，分授下級單位主管，並責成寫出行動方案 (Action Programs)，形成公司「目標責任體系」（由上而下）及「手段方案體系」（由下而上）之詳細規劃方法。

人人都應該有「目標」

「目標管理」（Management by Objectives ；簡稱 MBO） 的哲學效用很大，它告訴我們「不要把手段誤當成目標」，也告訴我們「人人都需要有目標」，當作努力的方向。但世上絕大多數的人，都常常在紅塵萬丈的經濟科技競爭中，迷失了方向，忘掉了原來目標，而只在「手段」、「手續」、「離苦得樂」目標的大海中打滾，終至勞而無功。佛學所說的「諸法皆空」（目標不變，方法常變），「佛法八萬四千」，皆指「方法」、「手段」眾多，皆可變化，但成佛的「目標」不變，即「離苦得樂」之目標不變，而達到「離苦得樂」目標的法門很多，任人選用。

各級主管以達成各級「目標」為使命，至於為方便於達成目標的手續手段規定，若已過時而不適用者，皆應勇敢的使之廢棄，使之讓步，不可使之妨礙目標的達成，此乃企業經理人員有異於政府機關或官僚僵化組織人員之第一管理哲學。官僚們的哲學思想是「死板固守手續規定，目標不達也沒關係，由笨得要死的老百姓去埋單」，是太可怕的官僚哲學。又常美其名為「依法（惡法）行政」，「惡法也是法」，「惡果由百姓去埋單」等等，不知良心何處去了。

3.4.3 第二「系統」哲學：「系統」治本觀念統率「局部」治標觀念
(Systems Concept Governing Partial Concept)

「系統」就是「整體」（點、線、面、體）

一個人從「整體系統」(Integrated Systems) 立場來看事物的概念，與從「局部零件」(Parts) 立場來看事物的概念，大不相同。古人有云：「只見木，不見林」、「不識廬山真面目，只緣身在此山中」、「明察秋毫，不見輿薪」、「密室觀天，而非曠野觀天」等等，都是在提醒我們看事物、看問題時，應該跳高一個層次，才能看清楚該問題的「整個面目」(Total Picture)，找到根

治（治本）的辦法；否則只在低窪打滾，只看到手或腳或頭，碰到兩難，常頭痛醫頭，腳痛醫腳（治標），副作用問題延伸到他方，治絲益棼，得不償失，甚至「偷雞不著蝕把米」，花了大成本，卻空忙一場。

「效果」高於「效率」

(Effectiveness Higher than Efficiency)

高階主管應該用「系統方法」(Systems Approach) 來統率「局部方法」(Partial Approach)，追求一高層次的「效果」(Effectiveness)，而非低層次的「效率」(Efficiency)，追求「功勞」利益 (Benefits)，而非追求「苦勞」成本 (Costs) 的處世做事哲學，會給部屬塑造現代化管理的好環境。

「目標掛帥」和「系統治本」觀念同樣重要，並能互相通用。有「系統」觀念、會看「大局」的人，會很容易用「目標」在含糊的手續、手段困擾中，撥亂反正，生有慧眼，洞察入微，不會被部屬所提點點滴滴之煩言所欺惑。反之，沒有系統觀念的人，很容易陷入混亂的手續、手段困陣中，迷了心竅，做錯了決定尚不自知。前已提及，MIT 教授彼得・聖吉 (Peter Senge) 在其《第五項修練》(*The Fifth Discipline*) 一書中，就曾指出「永續學習性」經理人員 (Continueous Learning Managers) 的第五個條件，也是最重要的條件，就是「系統思考」(Systems Thinkings)。彼得・聖吉的五項修練為：1.自我超越 (Self-Mastery)；2.精進心智 (Mental Module)；3.共同願景 (Shared-Vision)；4.團隊共修 (Team Learning)；5.系統思考 (Systems Thinkings)。

3.4.4 第三「時間」哲學：瞻望「未來」，而非留戀「過去」

(Looking Forward Future rather than Past)

「往者已矣，來者方可追」

積極進取的人對「時間」(Time) 的處理，是瞻望「未來」(Future-

Oriented)，而消極保守的人，則是留戀「過去」(Past-Oriented)。企業的最高主管若是遇事則尋找「蕭規曹隨」(指漢高祖劉邦的宰相蕭何所定的規章，繼承者曹參只敢跟隨，不敢更改)，若無過去的「蕭規」可隨，則束手無策，必定給部下帶來很不好的環境束縛。事實上，「過去」已過去 (Past is Past)，再如何留戀，也不可能再回來。有云：「逝者如斯，不舍晝夜」，都是說過去的日子再美好 (The Good Old Days)，也是過去了。又如「往者已矣，來者方可追」，就是要我們「向前看」(「未來導向」)，不要「向後看」(「過去導向」)。過去的規定手續或慣例若是已「過時」(Obsoleteness) 無用了，就讓它們退休死亡，不要留著妨礙新目標的達成。

📊 企業界不流行「惡法也是法」

企業經理將帥千萬不要拿「惡法也是法」來害自己。過去的惡法，就不是未來的好法，應勇敢地跨過舊法，朝向新的未來前進。在政府組織結構裡，因無第二家政府與之競爭，不怕人民反抗。所以對「時間」的未來敏感性很低，以致不論新事、舊事，事事要依舊法行事，以致明知舊法、舊規已過時、不適用，已成為「惡法」，但也要認定「惡法」也是「法」，非以無效用的手段規定，來妨礙新目標的達成不可，此乃企業經營者以「瞻望未來」，勝過行政官僚者「留戀過去」之處。考其原因，乃因政府機構拿人民繳納的稅金過活，做事再緩慢、再浪費、再無效，只是人民倒楣，再繳更多稅金而已，絕不會傷害到政府官員的薪資福利。他們「有恃無恐」造成無效，鼓勵官僚留戀「過去」，積「非」成「是」，甚為可怕。中國歷史上，改朝換代、商鞅變法、王安石變法、武則天用酷吏清除舊官僚、毛澤東發動文化革命，都和消除「過去」有關，雖然成敗不一，但看未來之思想相同。

「留戀過去」、「墨守成規」、「不敢創新除舊」的人，最常存在於政府機構、各級公營事業及老化的民營家族事業裡。而熱心於「瞻望未來」之高級主管人員，最常出現於動態成長 (Dynamic Growth) 之新興企業，並將「棄舊」(Discarding)、「創新」(Innovation)、「改善」(Improvement) 表現於有力之

長期策劃、中短期規劃、組織改造、責任中心建立、製程重新設計，以及嚴明獎懲制度之上。像傑克・威爾許 (Jack Welch) 於 1981 年（40 歲）接手整頓挽救百年老公司奇異（GE，創立於 1878 年），就是樹立瞻望「未來」，放棄「過去」的魄力，關閉所有不能在同行業列名第一或第二之事業部 (Divisions)，並繼續創立或買入有希望之新事業。到 1999 年，花 210 億美元購買 108 家公司，遣散 10 萬人以上之員工，造就當年威震環球的新奇異公司。在 2000 年《財富》(Fortune) 雜誌上，其銷售額（1,116 億美元）排名全球 500 大的第九名，但利潤額（107 億美元）排名第一，股票市值 4,000 多億美元，也是全球第一名。超過所有新舊產業的公司。百年老店，歷久長青，就是瞻望「未來」之功。到 2013 年，奇異公司排名全球 500 大公司之第二十四名，銷售 1,469 億美元，利潤 136 億美元，董事長換由伊梅特 (Immelt) 擔任，依然是優良大企業。

3.4.5 第四「變化」哲學：「歡迎」變化，而不是「抗拒」變化

(Welcoming Changes rather than Resisting Changes)

沒有「變化」就不會有「新景象」、「新成長」

在西方世界流行一句話，令人印象深刻，那就是：「世上唯一不變的東西就是變」(The only one thing not change is change)。在中國古訓，也有「苟日新，日日新，又日新」的銘言，「新」(New) 就是「變化」的結果。「歡迎變化」，不抗拒變化，甚至「主動尋求變化」的高階主管，必會給中下階部屬營造良好的積極進取的管理環境。

在日常經營管理作業 (Management Operations) 過程中，或在公司產品線 (Product Lines) 或目標市場 (Target Markets) 方面，有所突破進步時，一定都要引起「變化」。沒有「變化」就不會有「新景象」。個人的成長、企業的成長、國家的成長，都是從變化中得來。「歡迎變化」(Welcome Change)、勇於

變化、主動發起變化的人，一定比反抗變化 (Resist Change, Against Change)、避免變化、昧於變化的人容易成功。事實上，潮流在變化、環境在變化、競爭者在變化、顧客在變化，企業豈可不「以變化來應付變化」(Change to Change) 呢？

懼怕冒險及懼怕失敗所以「抗拒變化」

但是社會上有很多人不喜歡變化、不喜歡改進、不喜歡創新等活動，所以導致落伍、退步、淘汰。他們抗拒變化的心理就是懼怕「風險」(Risk)，懼怕「失敗」(Failure)。「現況」已知、已習慣，但變化導致之新情況，則未知 (Unknown)，不確定 (Uncertain)、不熟悉，那些沒魄力、無積極進取心的人，怕失敗，所以不去變化，甚至抗拒變化，並用整肅去消滅那些引起變化的創新革新，造成歷史上、政治上很多悲劇。1890 年代，日本明治天皇（德川幕府繳回政權後）維新，不怕失敗，引進革新成功，國力大張。清末慈禧太后挾持光緒皇帝，害怕失敗，抗拒維新，導致清朝滅亡，就是兩大對照例子。

「多做多對」與「不做不對」

「抗拒變化」的人，乃是典型奉行「不做不錯，少做少錯，多做多錯」的消極保守哲學者。他們以「錯」(Mistake) 多少，作為評審行為表現的傳統價值觀，「錯」愈少或「不錯」，則代表好，愈優先升官。反之，「歡迎變化」的人，乃是奉行「不做不錯也不對，少做少錯也少對，多做多錯也多對」的新哲學。他們以「對」(Right) 多少，作為評審行為表現的標準，「對」愈多，則愈好，愈優先提升。鼓勵員工部屬勇於任事，自動創新，歡迎改進，歡迎變化，就要建立「多做多對，少做少對，不做不對」的不怕風險的積極進取哲學（見表 3–6）。

表 3-6 「對」「錯」升官表

	做	錯	對	升官
甲	10件（多做）	3件（多錯）	7件（多對）大進步	多做多對升官[1]
乙	5件（少做）	1件（少錯）	4件（少對）少進步	
丙	0件（不做）	0件（不錯）	0件（不對）不進步	不做不錯升官[2]

註：1.積極哲學：「對」標準，甲升官（多做多對）。

2.消極哲學：「錯」標準，丙升官（不做不錯）。

　　21 世紀是科技變化快，產品週期短，顧客喜愛改變難測的大挑戰時代，所以「瞻望未來」，「歡迎變化」、「尋求變化」、「適應變化」乃是今後企業主管人員應付競爭的哲學。「變化」哲學的建立，會成為企業文化內容，影響員工思想及行為，乃是建立「新」管理制度（系統化、目標掛帥化、電腦化、網際網路化）、尋求「新」市場、開發「新」產品、改變「新」組織、吸引「新」人才、引用「新」技術、激發「新」構思等等的重要思考泉源，甚為重要。成功的百年老店，須有歷久常新，持續不斷變化的機能，才能突破重重困境，歷險如夷。古云：「周雖舊邦，其命維新」。周朝有 800 年（西元前 1059 年至西元前 256 年），西周由周天子主政 300 年；東周 500 年，分為春秋 250 年，由五霸主政，戰國 250 年由七雄分立。最後歸於一統，由秦之嬴政主政，號稱「秦始皇帝」。周朝由周公姬旦制禮作樂，建立中華文化之基礎，延續至今，因提倡「苟日新，日日新，又日新」之創新精神所致。

3.4.6 第五「速度」哲學：「快速」行動以爭求「時效」
(High Speed Action to Obtain Effectiveness)

　　21 世紀以知識掛帥的經濟時代稱「知識經濟」(Knowledge Economy)，或「人才經濟」(Talent Economy)，已經不是農業經濟時代，以「土地」(Land) 掛帥，也不是工業經濟時代，以「機器設備」資本財 (Capital Goods)

掛帥。企業與企業之間的競爭制勝要訣，不是農業、工業經濟時代，以「大」規模打勝 「小」 規模 (Scale) ，而是以 「快速」 行動打勝 「緩慢」 行動 (Speed)。與「歡迎變化」哲學相關的積極進取哲學，就是「快速行動」(Fast Action) 的速度哲學 (Speed Philosophy)。 2,500 年前，《孫子兵法》上也說：「兵聞拙速，未睹巧之久也」及「兵之情主速」。以「快」打「慢」乃是古今制勝要訣之一 ， 尤其在 21 世紀的知識經濟及 「虛擬經濟」 (Virtual Economy)，更為突出。

大家都知道，宇宙間唯一「不變」的東西就是「變化」本身。在長期之內，沒有任何人能夠阻止世事變遷，包括生物及非生物在內，有時連人自己的變遷也控制不了，所以從時間來說，「變化」不是「有」或「無」的問題，而是「快」或「慢」的問題。

一分鐘經理

事情經過「系統」分析，以「目標」為導向，知道一定要「變化」，那麼就 「快」 變化，不要拖延。積極進取的高階主管，常常是「一分鐘經理」(One Minute Manager)，在很短時間，就果敢下決定「要做」或「不要做」，不拖延誤事，不浪費資源。快速、主動執行變化，就是俗語說的「喝敬酒」；緩慢、被動執行變化，就是俗語說的「喝罰酒」；既然「喝酒」是遲早推託不掉的事，為何不早喝呢？不喝敬酒就得喝罰酒，多不划算！

喝敬酒，成功；喝罰酒，失敗。舉二例以明之，第一例，滿清末年，列強欺凌中國，民眾要求維新變化，實行「君主立憲」，民情激昂，已成不可避免之事，但是慈禧太后，無知又自私，「抗拒變化」不成之後，又以成立各省諮議局之 9 年方案來拖延，孫中山等革命分子等不及，爆發十次流血革命及武昌起義，最終把滿清從根本推翻了。對清廷而言，不喝「敬酒」（主動君主立憲），結果被迫喝「罰酒」（被推翻），終結 290 年政權，損失多大？

第二例 ， 臺灣海峽兩岸共產黨及國民黨內戰未了 ， 分離 63 年 (1949–2012)，大陸要求統一，實施「一國兩制」，50 年不變（鄧小平生前主張）。

臺灣執政者反抗統一，甚至「不統、不獨、不戰」，暗想分裂、巧言拖延，但是大陸與臺灣間隔離太近，武力相差太大，無可比擬，「和平統一」或「開仗勝負」是遲早要發生的事，不是早喝「敬酒」（和平統一），就是慢喝「罰酒」（打仗屈服）。快速變化是「雙利」，緩慢變化是「雙害」。何況，臺灣小島內銷市場太小，天然資源缺乏，種種成本高昂，經濟發展面臨「後有追兵，前無去路」之兩難困境，民間企業紛紛自謀生路，跨海西進，臺灣政府落得孤單。分裂獨立就是「孤獨」，將是全球村的孤兒，豈可兒戲視之。好在 2010年 6 月議定兩岸經濟合作架構協議 (ECFA)，2011 年實施，已有突破僵局之進展，朝向「統合」方向邁進。

　　高階主管的「快速」變化哲學，是有利於部屬推動管理現代化的管理環境，會帶來成功。反之，「緩慢」行動的主管，必會陷公司於競爭失敗之中。緩慢行動的哲學，只適用於靜態性的農村經濟時代，不適用於動態性之工商經濟時代，尤其 21 世紀網際網路 (Internet) 的電腦通訊化時代。高階主管的消極保守哲學，會失去主動良機，會摧毀員工士氣，處於「挨打無還手」之境遇，成為可憐的失敗者。

3.4.7　第六「客觀」哲學：讓「客觀事實」勝過「主觀雄辯」

(Factual Objectivity over Theoretical Subjectivity)

無「客觀事實」之「雄辯、玄談」會誤大事

　　高階主管在做「決策」(Decision-Making) 時，重視「客觀事實」(Objectivity, Facts) 的數據分析，超過見仁或見智之「主觀辯論」(Subjectivity, Argument) 之分析者，是會正向影響部屬的管理行為。在沒有客觀事據時，人們都會依照有利於自己「偏好」(Preference) 的理由來自圓其說，變成「官大學問大，理由充足，壓倒一切」的主觀雄辯者，鼓勵反抗科學性追求事實之精神，不利於現代化有效經營。

做任何決策，都牽涉到各種「交替手段」(Alternative Course of Action) 的投入成本及產出效益 (Costs-Benefits)，若無「客觀事實」數據，評估比較各手段「投入－產出」之「成本－效益分析」，就會落於空口說白話的「雄辯」或「玄談」(Arguments)，既浪費時間，也易墮落於錯誤陷阱；公司員工若深受上級影響，養成勇於、樂於雄辯、詭辯等不務實之性格，則公司危矣。古有明訓，「為政不在多言」；「多言數窮，不如守中」(《老子》)；有很多事，「可做不可說，可說不可做」。要真做，就不要事前多說，招來反對；不要真做，就可以事前大張旗鼓，宣揚辯論，一定破局。

情況緊急時，要用經驗性判斷

當然在時間緊迫情況下做決策，因無法蒐集事實資料供作參考，主管人員也要勇敢、冒險、果斷地做經驗性之價值判斷 (Experienced Value Judgment)，不能等候蒐集資料，而錯過時效。至於何時應讓「事實勝於雄辯」，何時應「果斷地價值判斷」，高階主管及中下層主管在日常都應有所訓練。在一般情況下，以「事實」為重；在緊急情況下，以「經驗性判斷」為宜，但絕不可習慣於憑直覺 (Intuitive) 做決定。愈重大的決策事件，愈需要冷靜，做系統性事實數據性分析，才會提高決策的品質。在國家而言，有時公共建設之投資方案，規模巨大，政府官員及議會議員無足夠知識、事據、經驗等來做決策，則常委託世界最著名的專家顧問公司來做分析及建議。花錢買「情報」知識，而確保政策「成功」，雖貴一些也屬「保險」費用 (3–5%)。換言之，專家知識有價值及價格，必須學習借用，不可「夜郎自大」，裝不知以為知。

3.4.8　第七「權威」哲學：「知識才是權威」，「官大學問不一定大」
(Knowledge is Authority; Position is not Knowledge)

如果高階主管人員認為自己的官位高，掌握人事、財務大權，就可以用

「官大學問也大」的心態來發揮影響他人思想與行動之權威，不論自己的決策是否經過理智分析，是否根據事實數據，此種高傲的高階人員就是「落後保守」的人，不能為中下階部屬建立現代化管理的優良環境。反之，高階人員若能體認世事變化無窮，若不持續吸收新知識，來改變自己的氣質及聰明才智，雖居高位，也不能影響他人思想及行為，有這種謙虛體認的人就是擁有「積極進取」哲學的人，必能為部屬建立良好的管理環境。

官大不好學，學問小

在政府機關及家族企業裡，高階人員常因封閉不進德修業，故步自封，與知識隔離，或被狹窄的、偏見的意識形態所迷蔽，但卻常誤以為自己「官大，就是學問大、權威大」，可以隨意發號施令，要求部下做這、做那，但下級不服，陽奉陰違，最後執行成果不佳。

在競爭劇烈的企業界裡，所謂影響他人思想及行為的「權威」(Authority)，不是來自「官位」(Position) 大小，而是來自「觀念知識」與實際「情況情報」(Knowledge and Information)。知識愈新、愈高、情報愈新、愈準確者，就是「權威人士」。地位雖低，但知識高的人 (Low Position High Knowledge)，其真正的影響力權威，常高於「位高學問小」(High Position Low Knowledge) 之輩。高階主管若重視知識的權威性作用，會給中基層部屬營造良好的管理環境，甚有助益於業績的提高。

3.4.9 第八「價值」哲學：「經濟」價值重於「實體」價值

(Economic Value over Physical Value)

一般沒有「系統」觀念的人，常只看重事物的「實體價值」(Physical Value)，不看重摸不到、看不到的「虛體性價值」(Virtual Value)。只有具有積極進取性哲學的人員，具有「大系統」觀念，會看重一件事物的「前因」、「本體」及「後果」之經濟活動鏈 (Economic Activity Chain) 的所有「有形」

及「無形」價值。換句話說,他不只看到「色」(有形) 的價值,也看到「空」(無形) 的價值。公司高階主管的「價值」觀念是把「有形」與「無形」、「長期」及「短期」的所有經濟價值都計算在內的話,就是能營造良好管理環境的人,讓部屬能發揮現代化的管理實務作法。

只看重「實體」價值的人,常是只見「局部」(Partial),不見「整體」(Whole);只見「木」(Tree),不見「林」(Forest);只見「軀體」(Body),不見「靈魂」(Soul);只見「現實」(Effect),不見「義理」(Cause);只見「機器」(Machine),不見「維修」(Maintenance)、不見「品質」(Quality) 的短視凡夫俗子。具有宏觀 (Broad Concept)、遠見 (Long View)、深入 (In Depth) 洞察力的人,一定是把所有「色」、「空」價值皆納入控制的智慧人士;高階主管系統性、全盤性的價值觀念,必會影響全體公司員工的決策品質。所謂「未有上好仁,而下不好義者也;未有好義,其事不終者也」(《大學》)。公司全體員工的日常作業決策品質,若能因考慮有形及無形之經濟價值而提高,則全面水漲,在水上的船 (指公司績效),自然隨之漲高。所謂「水漲船高」,「眾好上佳」,乃是最自然之法則也。

🏃 3.4.10 第九「服務」哲學:以「布施服務」替代「自私自利」

(Giving Services over Selfish)

現代化的企業經營應是 「顧客為導向」(Customer Orientation),以追求「顧客滿意」 (Customer Satisfaction) 為目標的謙虛有禮的 「服務人生」(Service Life);而不是傲慢、官僚、唯我獨尊、不恤下情、追求短期財貨操作價值的「自私自利人生」(Selfish Life)。

📈 人人都是顧客,人人都是服務者

積極進取的高階主管把投資經營企業、把追求成長、不斷創新、再投資、再成長之系列艱難活動,當作在做積極性的慈善事業一樣,以「布施助人」、

「服務眾生」為終極目標。在這種機構裡，公司中基層主管就會有一個很好的工作環境，人人謙虛、客氣、有禮節、有慈悲道德心。人人把對方當作服務對象的「顧客」看待，所以「人人是顧客」(Everybody is Customer)、「人人是服務者」(Everybody is Server)，一片祥和，一片滿意及效率。反之，眼光短視、態度傲慢、作風暴戾、耍威風、揮霍、作威作福、目無他人、以犧牲顧客利益來追求自私自利之消極保守高階主管，勢必造成惡劣的管理環境，其部屬難以發揮現代化的管理才能，公司終究要被淘汰。

📈 「財散人聚，財聚人散」

《大學》有云：「仁者以財發身，不仁者以身發財」(財散人聚，財聚人散)，乃此之謂也。有布施慈悲的人，會犧牲短期財貨，來換取終身名譽成就(亦即「以利換名」，好事也)；自私自利的人，會犧牲終身名譽成就，來換取短期財貨(亦即「以名換利」，壞事也)，而財貨在人死時也帶不走，在不名譽時，也會消失如煙散(註：參考表 3-3 雍正「醒世歌」(浮生是空)——《悅心集》摘錄)。

🏃 3.4.11 第十「精進」哲學：「謙虛精進」，而不是「驕傲懶散」
(Humble Progression rather than Proud Idleness)

古云「虛心求教」、「禮賢下士」，是指心懷謙虛，永不滿足，永不自負、自傲的人，他的心靈才有空位，讓新知識、好知識進來居住，成為他自己知識智慧的一部分。一個公司的高階主管若擁有「學海無涯」、「不進則退」、「三日不讀書便覺面目可憎」、「日行萬步，日讀萬字」的觀念，他必是「與時俱進」(Progression with Time)、不懈不怠的積極好主管。只有謙虛的人，才會在畢業之後，日日自修，精進不已，並以「讀書求知」、「考察求知」、「訪友求知」，來豐富自己的人生。世上只有真正有知識的人，才會重視知識的價值、善用良才、善待良才、營造良好的生態環境，讓良才發揮潛力，真

正貢獻公司及社會國家。

📈 謙虛精進，「吹毛用了急須磨」

一個看不起知識的人，不管他有沒有學位；一個不肯持續進修，驕傲懶散的憨子，不管他短期的際遇有多幸運，都不可能營造良好的工作環境，讓部下心悅誠服發揮才幹。世界科技在進步，社會在變遷，企業在競爭，凡是不能虛懷若谷、持續進修不懈，與時俱進的高階主管，一定會成為公司生存與成長的障礙，「領導」變成「誤導」。唯有精進，才能突破現狀，才能「更上層樓」。懶散只能用盡稟賦，陷於窮途末路。禪宗臨濟義玄禪師有云：「吹毛用了急須磨」，指即使有好的知識如同削鐵如泥的寶劍，一經使用之後，也要趕快補充知識，也要趕快再磨劍，再精進，保持最佳銳利狀態，不敢偷懶，不敢夜郎自大（註：義玄禪師的偈語是「沿流不止問如何？真照無邊說似他。離相離名人不稟，吹毛用了急須磨。」）。

🏃 3.4.12 第十一「直接」哲學：「直指心性」，而不是「繁文縟節」
(Directness over Indirectness)

禪宗佛學講究「不著文字，直指心性」，積極進取的最高主管也是講究乾脆利落，直講終究之目標及方法，不必繞圈講花言巧語，講冠冕堂皇的裝飾用辭。包裝用語只掩藏真心真意，開門見山才能見要害真章。一個公司的高階主管若能直指心性，不著繁文縟節，必可營造良好的管理環境，讓部屬發揮生產力及貢獻力。反之，一個消極保守的高階主管，凡事諉諾，講求豪華掩飾，喜愛繁文縟節，不厭浪費與虛偽，則必誤導部下，以「浪費」為「效率」，以「繁縟」為「本質」；「文過其質」，過分修飾，勢必排除賢人良才，致公司於虛偽糜爛之境界。

「意誠心正」，「遁辭知其所窮」

企業行銷應直接和顧客往來，不宜經手中間繁雜層次之通路，「變暢通為不通」。處理問題，也應直指目標，不宜受繁雜脫序之手段、手續所阻礙，此皆「直指心性」的引用。與他人談判合作，也要以「誠」(Honesty) 為上策，為對方設想，直指心性。不可老說一些饒舌巧語，故設虛境。當意不「誠」時，心就不「正」，所說空言空語，會被對方看出「遁辭知其所窮」（《孟子‧公孫丑上》），終告失敗。臺灣海峽兩岸狀態之處理，也應直指心性，開門誠議，不可虛偽假意，拖延時間，犧牲人民的時間、稅金及機會。（註：孟子知言，曾曰：「詖辭知其所蔽，淫辭知其所陷，邪辭知其所離，遁辭知其所窮。」）

3.4.13 第十二「苦練」哲學：「苦行磨練」，而不是「溫室花朵」

(Work Hard and Smart rather than Easy and Lazy)

「苦、勞、餓、空、亂」五考驗

一個積極進取的高階主管，必定看重苦修、苦行的功夫，也必然禁得起艱苦的磨練。《孟子》有云「天將降大任於斯人也，必先苦其心志，勞其筋骨，餓其體膚，空乏其身，行拂亂其所為」。其意指能禁得起「苦」、「勞」、「餓」、「空」、「亂」五種考驗的人，才有資格成為大任務的擔當者。從苦行中走過來的人，不怕風吹雨打太陽曬，能成為主管人員，因為企業的有效經營本身，就是天下最艱苦的事，絕非「溫室花朵」出身的人所能勝任。企業高階主管持有苦修、苦行、有「吃得苦中苦，方為人上人」之觀念者，必定會營造良好的工作環境，成為企業文化的核心影響力，讓部屬充分發揮現代化的管理才能，面對「競爭」、「生存」、「成長」、「創新」、「再競爭」的考驗。

以上十二種高階管理哲學，是決定「管理環境」好或壞的重要因素。這

些哲學的積極進取性，不僅影響團體績效的成敗，也影響個人終生的榮枯，人人必須學習之、擁抱之，與之共生死。

3.5 經濟「規模」、「公開」所有權及對環境的「信心」

3.5.1 「經濟規模」也影響管理環境

影響公司管理環境好或壞的因素，除了上述有關高階主管「人生目標」之遠大性，「人性看法」之性善或性惡分野，以及「處世哲學」（亦稱管理哲學）之積極或消極性之外，還受公司規模大小的影響。

「溫室花朵」最怕風吹雨打太陽曬

「管理」是發揮「群力」的凝聚力，人數愈多，「管理」就愈重要，人數愈少，「管理」就愈顯不出其優越性。所以員工人數在 1,000 人以上的「大」型公司，比人數 500 人左右的「中」型公司，更比人數 100 人以下的「小」型公司，更容易形成一個適用現代化管理實務制度化的好管理環境。當然員工人數達到萬人或 10 萬人以上之多角化、多國化的大集團企業，更是管理現代化的好園地。反言之，員工人數 10 人左右的家庭企業，都是兄、弟、姐、妹、親戚成員，家長權威即代表主管權威，不必用現代化管理作法，就可運作，求得平安小康。但它若不走現代化管理作法，也永遠長不大，或長大了就很快敗亡了。公營的大型企業，生來就大，以無競爭性之政府獨佔官僚心理在運作，雖不必走現代化有效經營途徑，也可以生存成長，但若一旦取消政府保護，失去獨佔地位，面對市場競爭，也就很快如同溫室花朵碰到風吹雨打太陽曬，馬上枯萎。

管理規模威力大

當然，大型的公營企業與微小型民營企業，如果兩者同樣走現代化有效

經營管理途徑，大型的企業一定比小型企業容易展現良好的績效，因為大型企業有行銷、採購、生產、研發、人資、培訓、財務、會計、資訊、企劃、控制、認股、上市等等「成本」(Costs) 上及「機動調整」(Flexibility) 上的「經濟規模」(Scale of Economy) 優點，這個銷產規模的經濟性，不僅展現在銷售 (Sales) 量值及市場佔有率 (Market Share) 上，也展現在研發創新 (R&D Innovation) 速度及垂直整合 (Vertical Integration) 與水平整合 (Horizontal Integration) 能力上，再加上策略規劃、目標管理、責任中心、成果獎懲掛鉤管理，就可形成「管理規模」(Scale of Management)，其優勢更大。

所以說公司規模大小，也是中下層主管人員實施現代化管理的一個環境性因素。企業規模太小，想利用現代化管理，其「實質成本」(Actual Costs) 會太高。但企業規模一大了，不知用現代化管理，其損失的「機會成本」(Opportunity Costs) 也會很高。真正的解決方法是微小企業要力爭長大，成為夠規模，足以採用現代化管理制度，而不致使管理成本太高，抵消提高產銷效率之好處。

👟 3.5.2 所有權「公開上市」優於閉塞不上市

📈 「公司治理」及「社會責任」

公司所有權若是「公開上市」(Listed in Stock Market)，則公司的經營管理實務及績效，包括作業制度及決策內容，就必須遵守政府為保護公眾股東利益所制訂之法規，也必須接受股東及社會公眾的查核，實施「公司治理」(Corporate Governance) 及「社會責任」(Social Responsibility)，所以不易藏汙納垢，假公濟私，反而必須正派經營，健全體質，求新、求變、求成長，為股東及社會謀求最大利益。所以「公開式之股權」(Open Ownership) 對部屬實施現代化管理是一個重要的良好管理環境。

相反地，「閉塞式之股權」(Closed Ownership)，因無社會大眾股東，所以不必擔心他們隨時隨地前來查核，自然容有不正派經營之餘地，容有假公

濟私、藏汙納垢之可能，因而高階主管也就不很在意是否實施現代化管理制度及作法。很多家庭式小企業、家族式中企業，以及政府獨營之國營大企業，也常因股權閉塞式，不必接受「陽光照射」（意指社會大眾、股東及政府上市規定），而成為陰暗、陰溼、發霉、發酵之處，隨意管理 (Random Management)、假公濟私 (Cheating Management)、五鬼搬運 (Stealing Management) 之現象難以根除。所以閉塞式所有權之環境，不利於管理現代化之實施。

📈 「包裝上市」賺「資本利得」，而非「紅利」

有很多人把公司股權「包裝上市」(Package Listing)，當作融資、籌資、集資的手段，其背後目標是炒高股價、出脫股票，賺取投機賭博性之「資本利得」(Capital Gain)，而不是居心於營造一個有公眾監督壓力之良好環境，逼迫上下員工走上健全經營體質之道，賺取合理「淨值投資報酬率」(Return on Equity；簡稱 ROE) 高於「資金成本」(Cost of Capital；簡稱 COC) 之正規投資「分紅」(Dividend)。股權公開上市的目的，若是在於賺取投機性之「資本利得」，而非投資性之「分紅」，則對現代化管理之實施助益不大，「投機利得」(Speculation Gain) 是賭博遊戲，有起有伏，會贏也會輸，機運一半對一半。「投資分紅」(Investment Dividend) 則是實幹苦幹的成果，依賴「路遙知馬力」，「馬拉松賽跑」的扎實艱苦功夫，比較安穩可靠，也是國家經濟社會發展的真正支柱。

🏃 3.5.3 樂觀的總體環境看法優於悲觀的看法

在上述「法一李」環境模式中，已對人文八大總體環境（政治、經濟、法律、技術、人口、文化、社會、教育）的內容加以說明。總體環境之優劣會影響企業經營績效，並進而影響一國經濟績效表現。但是在運作時，環境的優劣是經由高階主管的主觀評估看法，認為「樂觀」（有利）或「悲觀」（不利），而影響其是否積極改善管理實務作法。一個認為大環境不利於企業

經營的高階主管，可能想撤退投資，或得過且過，常常不會再熱心於改善管理現代化。反之，一個認為大環境有利於企業經營的高階主管，就會有熱心及毅力來改善管理現代化的作法。

總體環境是好是壞，本有專家的客觀評估。但是同一大環境，對不同高階主管而言，可能會有樂觀或悲觀看法，也是常態。專家的客觀評估可能影響高階主管的主觀看法，也可能不影響其看法。對公司中下階主管人員的作業而言，高階主管對大環境的主觀看法，才是真正的管理環境，「樂觀」(Optimistic) 的看法就是「好的管理環境」，「悲觀」(Pessimistic) 的看法就是「不好的管理環境」。

3.5.4　好舞臺才能演好武藝

依照上述「陳氏整體管理模式」，高階主管所營造的「管理環境」，是中下階主管表演現代化管理實務的舞臺。高階人員的重責就是營造「好舞臺」(Good Platform)，讓部下去演「好武藝」(Good Performance)。高階主管的人生目標、人性看法、處世哲學、公司規模、所有權形態，以及大環境看法等六大項因素，綜合構成一個公司的「管理環境」，也就是一個公司的「管理文化」或「企業文化」(Corporate Culture) 的塑造者，其好或壞，將深深影響全公司員工的現代化或老代化的管理實務行為，也就是全公司員工的武藝表演之優劣。

「管理實務」就是指企業經年累月，從最高主管到最低作業員，所實地勞心勞力的系列活動，用以來達成「顧客滿意」及「合理利潤」的最高經營目標。這個貫穿全公司的全盤性活動由「企業功能體系」活動 (Business Function Systems) 及「管理功能體系」活動 (Management Function Systems) 所組成，包括主管人員三大類能力要求：⑴專業能力 (Special Skills)；⑵人性能力 (Human Skills)；⑶觀念決策能力 (Conceptual-Decision Skills)。這是將帥人員，包括企業經理級、企業總經理級、企業總裁級及董事長級人員所要學習的另一段大功夫——企業「有效經營」方法論。

「企業將帥」建設性，「軍事將帥」消耗性

一個國家培養強大陣容的有效經營的「企業將帥」(Business Commanders)，比建立陣容強大的「軍事將帥」(Military Commanders) 還重要，因為企業將帥率領幹部員工，經營農、工、商萬萬千千的企業，產生經濟貢獻力，而軍事將帥率領士卒作戰，消耗經濟力。軍事將帥愈多，國家愈貧窮；企業將帥愈多，國家愈富強。現代的經濟是無國界、國際化、自由化、虛擬化、知識化的經濟，要打敗一個國家，不必用海、陸、空軍，只要用金融經濟及資訊科技，就可以瓦解其民心士氣，不戰而屈人之兵，1997 年美國透過虛擬金融戰，短時間瓦解泰國、印尼、馬來西亞、韓國的經濟，並威脅香港、臺灣、中國大陸的經濟，就是最佳例子。1990 年美國用美元及日元匯率變化，就瓦解日本 30 多年來之世界貿易優勢，使之陷於 20 多年泡沫破滅困境。

在進入詳細討論第 5 章企業功能體系及第 6 章管理體系之雙重 (5 × 5 = 25) 的「雙重五指山」有效管理作法時，有必要在第 4 章把管理知識的發展歷程做一扼要介紹，才能使大家對有效經營之企業將帥功夫，有一個系統的基礎，才不會陷入「丈二金剛摸不著頭腦」的迷陣。

管理知識的發展歷程
(Development of Management Knowledge)

4.1 「管理」與「技術」及「作人」與「做事」之關聯

「企業將帥之道」優於「武力將帥之道」

「國家發展靠經濟」，不是靠勾心鬥角的「政治鬥爭」，也不是靠窮兵黷武的「軍事獨裁」；「經濟發展靠企業」，不是靠「苛稅繁刑」，不是靠「揮霍貪墨」；「企業發展靠管理」，不是靠「單打獨鬥」，也不是靠「守株待兔」。這是社會學家觀察數千百年來，世界上所有國家社會榮枯興敗的結論，也將成為人生的真理之一。國家管理是「帝王之術」，集團軍事管理是「武力將帥之道」，集團企業及個別企業的管理是「企業將帥之道」。

管理講求「群力」，技術講求「個力」

前已提及，「管理」(Management) 的英文意思是「泛指經由他人力量去完成工作目標的系列活動」；是「管」人去「理」事的方法。能「管人」去處理事務的人，就必須是眾人之上的「領導者」(Leader)，就必須會「作人」(Be an Able Man)，能得到部屬服從。處理事務就是「做事」(Doing Things)，聽從指揮命令去做事的人，就必須擁有操作技術 (Technical Skills)。所以「管理」是講求凝聚「群力」(Group Power) 的方法，是「人上人」的才能；「技術」是講求提高「個力」(Individual Power) 的方法，是「人下人」的才能。

「群力」的發揮必須有好的「個力」為基礎，但是數個好的「個力」，不一定自然形成一個好的「群力」，若無好的「管理」，可能成為「一盤散沙」，

或是「互相對抗」的力量 (Contrary Power)。所以企業管理、經濟管理、社會管理、軍事管理、政府管理，以至於國家管理，都要講求發揮「個力技術」及「群力團結」的管理方法。一個好工匠、好木匠、好鐵匠、好醫術者、好工程師、好科研者、好會計師、好建築師、好律師、好武藝者……，若無經驗及意願學習發揮群力的才能，雖被推選當領袖職位者，也不一定會管理好該職位的責任要求，成為好的管理者。俗云：「好人不一定是好經理」。

會「做事」，也會「作人」，才是好管理者

一個好的管理者，其本身必須先是一個會「做事」的技術擁有者，同時也必須是一個會團結眾人力量的會「作人」的人。「作人」與「做事」成為「管理」與「技術」的互換字。先有「技術」（有一技之長），會「做事」，再會「作人」（會處理上級、平行及下級人際關係），才能成為好的「管理」者。所以一個好的「管理者」(Manager)，必須擁有三個能力：⑴做事的「專業技能」(Special Skills)；⑵作人的「人性技能」(Human Skills)；⑶做主管的「觀念決策技能」(Conceptual and Decision-making Skills)。有關這些觀念在前面都曾提過，因為太平常，也太重要，所以重提一次。

4.1.1　《論語》教人「作人」與「做事」功夫

《論語》是中國儒家四書之一，是 2,500 多年前（孔子出生於西元前 551 年），孔子教育三千弟子「做事」與「作人」的學問方法，孔子因時、地、人、事、物之異而施教，宋朝開國宰相趙普說：「半部《論語》可以治天下」，有人說「另外半部可以成聖人」，可見其功用。這是一本學管理的人必須研讀的寶藏。我的老師，國學大師南懷瑾教授把《論語》重新解讀，化一萬一千字為五十多萬字，定名《論語別裁》（臺北：老古文化事業公司），從 1975 年 4 月 1 日至 1976 年 3 月 16 日，在《青年戰士報》慈湖版發表，從此洛陽紙貴，風行海峽兩岸，迄今依然暢銷，成為有深度經營管理實踐者及學者的重要案頭參考書。愈高級的領袖人物，愈需要詳讀細嚼《論語別裁》。南老師已

於前 (2012) 年 9 月 29 日在吳江太湖大學堂去世，享年 95 歲，我則常被邀請去代他向中國大陸企業界人士講解《論語別裁》的要義。

「作人」及「做事」是每一個人從「生」到「死」之間所從事的兩件大事。在一個人年輕時，當別人的基層部下、低級人員謀職以求生時，「做事」的技術本領比「作人」的藝術才能重要。在他年壯時，當年輕部屬的中層上司領導人，同時也當資深年長領導者的下屬，成為社會企業的中間及中堅幹部時，「作人」的藝術才能漸形重要，和「做事」的技術才能同等重要。在他年長、資深時，當更多人的高層領導，成為企業集團或國家社會機構的領航員、舵手時，「作人」的藝術才能要比「做事」的技術才能重要。換言之，當一個人漸漸從「人下人」的技術操作員往上升等，成為「人上人」的管理人員時，他「作人」的才能漸重，「做事」的才能漸輕。但無論如何，企業有效經營的管理者，既要會「作人」（管眾人去做事），又要會「做事」（眾人會做事以賺錢）。企業有效經營，既要「技術」，更要「管理」（見圖 4-1）。

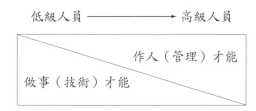

图 4-1　職級升遷和「管理」與「技術」、「作人」與「做事」之關係變化

岳飛、文天祥及郭子儀

中國歷史上有三位大名人，北宋末、南宋初，精忠報國名將岳飛會做事（每仗必勝），不會作人（無法與宋高宗趙構和睦），終被秦檜藉機害死。南宋末狀元宰相文天祥會作人（散盡家財起兵救國），不會做事（每仗必敗），終被元兵擒拿，著〈正氣歌〉死於獄中。只有唐朝武狀元郭子儀會做事（每仗必勝），又會作人（打勝仗後就辭兵權），被封為「汾陽王」及「並肩王」，

八子八婿大善終。所以以有效經營之企業將帥自居的我們，必須學郭子儀，而不是學岳飛或文天祥（見表 4–1）。

表 4-1　歷史三名人的「作人」與「做事」的學問功夫

歷史名人	岳　飛	文天祥	郭子儀
作人成功	×	✓	✓
做事成功	✓	×	✓

4.1.2　何謂「管理」(Management)？管理者是「導演」，不是「演員」

管理是「眾人本位」，是「導演」

　　如上所述所謂「管理」(Management) 是泛指上級「主管」人員 (Superior) 想辦法，使用各種手段，經由「他人」（指部屬，Subordinates）的「力量」（體力及腦力），來完成工作「目標」之「系列」性活動。在這裡特別強調，經由「他人」力量來完成目標才叫「管理」，那麼經由「自己」的力量來完成目標叫什麼？叫作技術 (Technical)，所以技術是「個人本位」，管理是「眾人本位」。像電影拍攝工作，拍攝場有一大堆人，誰是經理人呢？是那個「導演」(Director)。當整個影片拍完後上演，在螢幕上可能看不到他出現，但他在幕後做計劃、組織、用人、指導、控制的「系列」管理工作，經由明星演員及其他人員的力量，把片子拍好。在影片中，這人是男明星，那人是女明星；這個是主要演員，那個是次要演員，整個影片演得很生動，票房價值很高，既「叫好」（顧客滿意）又「叫座」（合理利潤），品質高，銷售大，群眾「滿意」，利潤很大，實現了「利人」、「利己」和「利社會」的三大目標，這就是管理人員（導演）的成功。正如 2000 年李安導演「臥虎藏龍」，叫好又叫座，打入西方市場，得了奧斯卡四座金像獎，演員周潤發、楊紫瓊等等表演出色，轟動一時，其總功勞第一名歸於幕後導演（管理者）的李安。

2012 年李安又拍「少年 PI」，也是「又叫好」、「又叫座」，也得了金像獎，這都是「好經理」、「好導演」的證明。

4.1.3 企業有 3 層目標：私目標、公目標、社會目標

實現工作「目標」，是指什麼人的目標呢？是指幾個目標呢？整體而言，管理人員要完成的目標有 3 層次：「利己」的私目標（個人目標）、「利人」的公目標（公司目標），以及「利社會」的社會目標（公眾目標）。一時要完成一個目標沒有什麼了不起，只有同時要完成三個目標才了不起，才算成功。

那麼什麼是「私」目標呢？指員工個人的薪資、地位、福利及進修。什麼是「公」目標呢？指公司目標，包括顧客滿意、合理利潤、股東分到高報酬率、股價升值、公司名望很好。什麼是「社會」目標呢？指研究發展新產品、新技術、技術移轉，提供就業機會，繳納稅捐，創造外匯，做慈善事業，防治汙染、保護大環境等等。經理人員要同時一下子達到三個層次目標是比較困難的。只滿足一個目標，失去兩個目標，比較容易做到，但不是理想境界。

有效經營的經理人員要同時完成三個目標，這不只是「一箭雙鵰」、「一石二鳥」，而是要「一箭三鵰」、「一石三鳥」，就要靠經理人員的傑出「技術能力」、「人性能力」及「觀念決策能力」。所以說，好經理人員是不容易找到，是有必要長期去好好培養的。

培養經理人員的管理能力有兩套系統，第一套是有關企業「做事」系統 (Business Systems) 的行銷、生產、研究發展、人事及財會（財務會計）、採購、資訊等功能。第二套是有關管理「作人」系統 (Management Systems) 的計劃、組織、用人、指導及控制等功能。這兩套系統的工作就是「管理」部屬去「做事」的「系列活動」(Series of Actions)。這兩套能力就叫作「企業」能力與「管理」能力，也叫作「做事」與「作人」能力。

4.1.4 精緻的領導藝術
(Sophisticated Leadership Arts)

📈 管理是精緻領袖藝術，管理是「水泥」

「管理」也是促使一個人成為「成功領袖」(Successful Leader) 的精緻藝術。「管理」是「凝聚力」(Crystallized Power)、「團結力」的代表。它能夠把眾多部屬力量集合一體，領導朝向同一目標方向努力，就如同鋼筋混凝土裡的「水泥」(Cement)，雖然其分量不多，但能把細砂、碎石及鋼筋凝成比石頭還堅固的力量。所以「管理」也可稱為「水泥」(Management is Cement)。「管理」也是使一個普通凡人成為一個成功領袖人士的「精緻」藝術 (Sophisticated Arts)。「精緻」是指精精細細、細細緻緻，不是粗粗糙糙、魯魯莽莽。「管理」要能凝聚，要有領導百人、千人、萬人，甚至十萬人、百萬人的複雜腦力及體力，達成「利人、利己、利社會」的三目標，絕不是隨隨便便的金錢投資工作而已。它一定是包括「有形」與「無形」、「目前」與「未來」、「身體」與「心理」、「局部」與「整體」、「靜態」與「動態」的知識與行動。

📈 暴發戶不是成功領袖

有時候我們會碰到一些不學又無術的投資暴發戶，雖然他在一時間湊巧當上一個企業的領導人，但言語粗魯、膚淺，行為驕傲、揮霍、跋扈，品行惡劣、嫖賭，心理自卑、狂妄，是屬於短時間霸王型人物，絕對得不到部屬長期的心悅誠服。此種投機暴發戶對部屬毫無凝聚力及團結力，遲早要遇難崩潰，所以絕不是我們所稱的成功領袖人物。例如在 1997 年亞洲金融風暴及 2008 年世界金融海嘯後，有許多無根柢的暴發戶式企業人士紛紛潰敗，就非我們所稱的成功領袖。此外，2013 年 10 月至 11 月臺灣發生「假油」食品安全系列事件，令社會大眾不安，那些販售假油的無品德暴發戶也不是成功的領袖。

「觀念」、「原則」、「技巧」及「決策智慧」

精緻的領袖藝術包括系統性的「管理觀念」(Management Concepts)、「管理原則」(Management Principles)、「管理技巧」(Management Techniques)，以及因時、地、人、事、物而制宜的「決策智慧」(Decision-Making Wisdom) 等 4 層知識、智慧。何者為觀念？何者為原則？何者為技巧？譬如說「投入—產出」(Inputs-Outputs) 是一種觀念，「成本—效益」(Costs-Benefits) 也是一種觀念，都是管理者無限思考源泉的靈魂，到處都可以應用。又如「顧客導向」(Customer-Orientation) 的觀念，以及「系統哲學」(Systems Philosophy) 的觀念等等，也都很有威力（見圖 4–2）。

精緻領袖藝術
- 管理觀念：積極、樂觀
- 管理原則：系統、正確
- 管理技巧：與時俱進、數量化
- 管理決策：因時、地、人、事、物而制宜

圖 4-2　精緻的領袖藝術

管理「原則」比「觀念」低一層。管理原則有很多，譬如「定大計」、「設組織」、「明用人」、「勤指導」、「嚴賞罰」，是顛撲不破的管理五原則；「絕對的權威，絕對的腐化」也是一個大原則；「近親（亂倫）繁殖，品質下降」，「雜交繁殖（異界交流），提高品質」也是大原則。其中有兩個比較諷刺的是「彼得原理」(Peter Principle) 及「柏金森定律」(Parkinson's Law)，提供大家警惕。

彼得原理（無能地位）

「彼得原理」由勞倫斯•彼得 (Laurence J. Peter) 在 1968 年所創，也叫作「提升到無能地位」(Promotion to the Deficiency) 現象。當一個人大學畢業以後，在機構裡面工作，2 年之內，做得很好，被升到班長；3 年之後，做得

很好，升到課長；4 年之後，又做得很好，再升到經理，然後幹得不好，就停在那個職位很久，那就是他「無能」(Deficiency) 的地方。所以當您看到一個人長久不再晉升，就代表他已「江郎才盡」，可以被解僱或退休了。假使他還有潛力的話，他一定移動前進，不會長久待在一個凍結的職務上。同理，假使一個機構長久不成長，職位不變動，就是「彼得原理」在發生作用，整個機構都處在「無能」境界，可以被裁撤。

柏金森定律（光耀即死亡）

「柏金森定律」由諾斯古德・柏金森 (Cyril Northcote Parkinson) 在 1958 年提出，也叫「光耀之日，衰亡之時」現象。當一個小機構、小企業的上下都很刻苦耐勞，團結一致，業務開始成長。上者以身作則，下者心悅誠服，開發市場，提高品質，克勤克勞，又開源又節流時，企業一直在健康成長，成為大企業。此時，上者開始得意忘形，鳥盡弓藏。當公司上下開始鬆懈、揮霍、蓋大樓，裝潢富麗堂皇，門面漂亮，買豪華汽車，人人打高爾夫球，安逸享受，浮誇膨脹等等的時候，這個企業結構就開始走下坡，走近滅亡之日了。最後「看他樓起了，看他樓塌了」；「光耀之日，衰亡之時」。當一個人什麼都美好的時候，就開始肥胖了，肥胖之後，就走向疾病死亡。

企業「生於憂患，死於安樂」

孟子說：「生於憂患，死於安樂」。個人、企業與國家都一樣，一安樂，放鬆士氣，柏金森定律就起作用了。好像大規模養雞一樣，不敢讓雞太肥，母雞養得太肥胖，不會生蛋；公雞養得太肥胖，不工作（不交配），兩者皆沒有用。所以養種雞要讓吃飼料 1 天，餓 1 天，不能讓牠太肥胖。人也是一樣，不能太肥胖。機構也一樣，管理人員及幕僚的總數只能有十分之一，十分之九應是一線行銷、研究、操作人員；若反過來，十分之九是管理及幕僚人員在後面納涼，十分之一是直線行銷、操作人員在前面辛勞，這個機構就太肥胖了，一定很快死亡。柏金森定律是柏金森觀察英國海軍歷年增加人員費用，

戰鬥力卻大幅下降後，提出的理論，可以應用到政府機構及企業機構。

管理技巧成套 (CRM-ERP-SCM) 可用

管理「技巧」又比管理「原則」低一層，屬於計算性工具。像會計計算、銷售預測計算、統計相關分析、電腦計算程式、採購成本計算等等，都是技巧性工具。管理技巧很多，已經成為「數量方法」(Quantitative Methods) 派的狹義「管理科學」(Management Science in Narrow Sense) 之主流內容。尤其資訊科技 (Information Technology) 發達，電腦－電訊 (C and C) 結合之管理工具，如「企業資源規劃」(ERP)、「供應鏈管理」(SCM)、「顧客關係管理」(CRM)、「網際網路」(Internet, Intranet, Extranet) 等等，更是層出不窮，對高階決策及日常作業 (Decisions and Operations) 幫助很大。

管理「觀念」、「原則」、「技巧」都有規範可循，屬於廣義「管理科學」(Management Science in Broad Sense) 的客觀部分，但管理決策的「內容」(Contents of Decision-Makings) 就千變萬化，在各行各業因時、地、人、事、物（五因）而異。儘管決策的理智思考程序（「斷」－「圖」－「方」－「慮」－「評」－「選」－「測」）七步驟也是屬於管理原則，但決策內涵捉摸不定，屬於「廣義科學」的主觀部分。「斷」指「診斷」根因；「圖」指釐清「意圖」；「方」指可用之「方策」、「對策」；「慮」指「考慮」因素；「評」指「評定分數」；「選」指選擇「較佳」對策；「測」指付諸執行之前要「檢測」、試驗一番。這七步，決策過程可用於有形事物之選擇，也可用於無形感性之決定，甚為有用（詳細說明可參考陳定國著《現代企業管理》，臺北：三民書局）。

🏃 4.1.5 做官三要訣之惡劣觀念真要不得

領袖要「創新」及「除舊布新」

主管人員遇事，到底應「多做」還是「不做」呢？「領袖」在中國的文字

意義上，是指衣裳的「領子」及「袖子」，都是拿衣裳的要害重點。在英語文字裡，「領袖」(Leader) 是指領先的人，兩意義相同，都是指人群之「王」。企業的主管人員就是該群人員的領袖，扮演領先者的角色，所以勇於「創新」(Innovation) 及引導「除舊布新」(Deletion and Addition) 是領袖能力的要訣之一。

做官惡習「哼哈」即可

中國官場長久以來流傳「多做多錯、少做少錯、不做不錯」的惡劣觀念，真要不得。其意是指假使你要做「官」不做「事」的話，最好不做不錯就可以。國學大師南懷瑾老師說得好，「官」字屋下兩個口，串在一起，表示做官很簡單，只要遇事「哼哈」就可以。哼有口，哈也有口，凡事哼哈，兩口串在一起，就成就「官」字。不做絕對不錯，可保官位，而讓別人去多做多錯，會丟官位，自己就可以從底下直升上來，官運亨通。

這種令人作嘔、無效率、吃死老百姓納稅錢的官場文化，為何會形成呢？因為官場作為，無市場競爭，不怕政府倒閉，所以凡事強調「錯」，不強調「對」，「不做錯」就是好，就可以按資排隊論輩升官。前面表 3-6 就有舉例來說明這個管理上的惡習必須去除。

部下無罪，主管大罪

當然，表 3-6「對」「錯」升官表的怪現象好像對，又好像不對，似是而非呀！太無道理。怎麼不做事的人會先升官呢？大家會說是：「對啊，因為那個主管強調『少錯』，所以最保險、釜底抽薪的對付方法是『不做』。」很明顯的，部下不做不錯的文化，是主管錯誤的管理觀念所造成的。所以部下無罪，主管大罪。《論語‧堯曰》篇：「萬方有罪，罪在朕躬」；「百姓有過，在予一人」。

主管應容許部下做錯

您如果是一個賢明的主管（明君、明主），您就會看出來勝敗之道。您如果強調以「錯」為重要，「錯」愈少愈好，所有人都會走表 3–6 中丙的路，那樣對部下好，但對機構不好，雖有利於「私目標」，但不利於「公目標」及「社會目標」。「明主」應強調，以「對」為重點，「對」愈多愈好。事實上，多做會多錯，也會多對。在機構裡，主管應容許部下創新、學習，做錯沒有關係，只是下一次改過就好，古云「君子不憚改」。做錯、改過 (Trial, Error and Correction) 是學習過程。孟子在〈生死銘〉中也說「人恆過，然後能改」。因此，公司最高主管應讓所有部屬知道：「不怕做錯，只怕不改」，「人非聖賢，孰能無過，知過必改，善莫大焉」！

多做「對」升官，以後人人會多做對

英明的主管要明確以文字告訴部屬，本公司晉升獎賞的原則，以做「對」（創新）多少為標準，不是以「錯」多少為標準。這樣，就會把傳統的錯誤觀念及風氣扭轉過來了。前面說過，甲做十件，錯三件，對七件；乙做五件，錯一件，對四件；丙做零件，錯零件，對零件。我們如果強調「對」多少的話，第一年甲升官，第二年丙和丁也都會學習甲，多做多對，也會升官。全公司員工都跟著走甲的路。當您在上面怎麼想（君子之德，風），下面部屬就會跟著怎麼做（小人之德，草，風吹草偃）。這是一個很高明的決策及領導技巧。領袖就是以身作則，以「身教」做給部下跟隨的人。

4.1.6 「作人三寶」──慈、儉、不敢為天下先

慈愛部屬第一

成功主管人員要學郭子儀會「作人」以及會「做事」。最高級的「作人」哲學是「謙沖」的老子哲學。老子，李耳，是古代最有名的哲學家，生於西

元前 560 年，比孔子年長 9 歲。史載，孔子曾由子路陪伴，從山東到洛陽去拜訪老子求教，稱讚老子如「神龍，見首不見尾」。老子所寫的五千字《道德經》，是中國文化寶貝之一。前面曾提及，老子說：「我有三寶，一曰慈（慈愛），二曰儉（節儉不浪費），三曰不敢為天下先（不居功驕傲跋扈）。」所謂「慈愛」是指管理人員本身對部屬要仁慈，有愛心，不可妒才、殘暴以取樂。

節儉不是「吝嗇」

所謂「節儉」指節制、儉樸，但也不是「吝嗇」，吝嗇是指任何錢都不花。管理人員對花錢要有節制，要有目標，應該花錢去達成時，再大的錢也要花，像在楚漢相爭最後階段，陳平要劉邦花四萬金，去離間項羽和范增、鍾離昧的密切關係，若當時劉邦不肯花這筆錢，那麼結局將被改寫。反之，若管理人員無目標，則不應該花的錢，再小也要節省。花錢是不是節儉，可以從「投入」成本與「產出」效益的比較中得知。一般而言，主管人員平日不應隨意揮霍，不擺豪華場面，而應盡量為公司節省成本，不引導部下做玩物喪志、吃喝嫖賭之事，給部下一個好榜樣，贏得民心。「得民心者，得天下」，得部屬心者，可以「萬眾一心」，無堅不摧。

「不敢為天下先」就是讓別人佔便宜

所謂「不敢為天下先」，是指管理人員有什麼大的成功，尤其是同輩或部屬努力得到的成功，不第一個先搶來放在自己的名下，居功誇耀，把同輩或部屬拋得遠遠的，自己再向上級邀功。反過來，在自己管理範圍內有什麼可以誇耀的功勞，首先要把部屬朋友捧出來，說這是張三、李四、王五的功勞，都是他們努力得到的。管理人員和部屬的關係，有如船與水，「水漲船高」，部屬有功勞，主管自然也有功勞，主管把部屬抬高，也等於抬高自己，但從外面看來，部屬會很高興，很誠服您，甚至您的上級及同輩都會佩服您，說您會「作人」，會領導部屬。在佛學上來說，會「捨」的人才會「得」。在社會上說，給朋友佔便宜好處，朋友才會長期擁護您；給朋友方便、便宜、好

處，就是給自己方便、便宜、好處。水漲船自然高。

如果部屬有功勞，搶來放在自己身上；部屬有過錯，都推諉到部屬身上。把功勞搶在前面，那就是「為天下先」了。若是如此，您這個主管人員的「作人」功夫就有問題，就不是一個好主管。在任何機構裡面，早晚都會有爭鬥、猜忌。當主管的人員，要千萬小心，不要稍微有點地位，別人給您一點尊敬，您馬上陶醉飄飄，浮華、驕傲、驕慢、擺臭架子起來，以為自己是「天下第一」了。在佛學裡面，講求去除「五害」，離苦得樂。在五害「貪、嗔、癡、慢、疑」中，「慢」字就是指「為天下先」（自傲自慢）。當主管的人應去掉這個毛病才能當得成功。

漢文帝最會利用作人「三寶」

歷史上有名的西漢「文景之治」39 年中的劉恆（漢文帝，漢高祖劉邦的庶出幼子），就是最會用老子「作人三寶」的方法來統治天下的高人。歷史上有名大臣，有名將軍，也都是用「作人三寶」來收買人心。現代的泰國皇帝蒲美蓬也是用中國古訓「慈、儉、不敢為天下先」來收買人心的高人。

泰皇比日本天皇更會收買人心

您們知不知道，目前泰皇比日本天皇還要神氣。依憲法，他不干涉政治，但他身體健康時，天天走出皇宮，在鄉間田裡、在山間森林裡走動，探訪民苦，救濟貧窮，手拿地圖，頸掛照相機，身穿軍服，腳穿雨靴。如果某個水利工程造得不好，他就說，我捐 10 萬泰銖去修好。橋壞了，捐錢築個橋吧。這些錢是由他私房錢捐的，不是用政府預算給的。出 10 萬泰銖他出得起，如果出 1,000 萬泰銖、1 億泰銖，他自己出不起，只有讓政府收稅來做了。泰皇就是用老子「作人三寶」來鞏固目前世界上民主運動高漲中，少數之一的王位。從管理效率上說，這也是「低投入高產出」的高明決策啊（一笑）。

🏃 4.1.7　「做事三寶」──道、儒、法三家功夫

　　成功主管人員之「做事」哲學，也是扎實的中國哲學，即是「做事三寶」：「內用黃老（道家），外示儒術（儒家），落實於韓非（法家）」。在上面已講過，主管人員要學郭子儀，要會做事，也會作人。作人哲學用「作人三寶」，上面已經講過了。做事的哲學用「做事三寶」，現在來說明。

📈 黃老謙沖，儒術倫理，韓非法家制度化

　　所謂「內用黃老」，是指主管的內心，要學道家的黃帝及老子的謙沖作人哲學。所謂「外示儒術」，是指主管在管理中小型企業機構時，要學儒家有組織結構，有處事程序，如同五倫（天、地、君、親、師）、十義（父慈子孝，夫和妻順，兄友弟恭，朋義友信，君敬臣忠），有明確的上、下、左、右、前、後的關係。所謂「落實於韓非」，是指企業機構的員工人數多於百人、千人、萬人，甚至十萬人、百萬人，其上下左右之作人、做事關係，已經不能只用道家及儒家的思想方法來有效處理，所以要用「法家」韓非的主張，用明文的企劃、組織、用人及各種管理作業制度，用嚴明的賞罰規律，用明確的目標責任授權中心體制等等，來規範部屬行為，團結一致，發揮群力，以達目標。依照今日的中型、中大型、大型的企業規模而言，幾乎個個都要「落實於韓非」，以制度化來管理。「制度化」又指「文字化」、「合理化」及「電腦化」三程度。

　　所謂「內用黃老」的進一步解釋，是指主管人員的內心，要懷著黃帝老子道家所主張的謙虛為懷（謙受益、滿招損），崇尚自然不虛偽的思想，不要心懷奸計鬼胎，口蜜腹劍，口是心非，偽善實奸。

📈 「六倫十義」是儒家核心

　　所謂「外示儒術」的進一步解釋，是指主管人員率領部屬 5 人、10 人、甚至 50 人，要以儒家仁恕倫理之秩序，來指揮領導。孔孟儒家主張用「天」、

「地」、「君」、「親」、「師」（五倫），加「友」（六倫）及十義之相互平等對待秩序，來處理人與人之間的複雜義利關係。另外還有所謂仁、義、禮、智、信「五常」，所謂忠、孝、仁、愛、信、義、和、平「八德」，所謂禮、義、廉、恥「四維」等等前已提及之思想，皆是儒家的重要思想行為。今日經濟社會已經進入高科技、快通訊的地球村自由經濟時代，金錢物欲紅塵萬丈，道德行為失控，更加需要大力提倡儒家經典文化來淨化及平衡失控的科學物質文明。

韓非集法家之大成（法、勢、術）

所謂「落實於韓非」的韓非（生於西元前 280 年，晚孟子 92 年生，晚孔子 271 年生），是戰國末年韓國的公子，和李斯一同拜荀子為師。韓非是富家公子，心懷大志，學習「帝王之術」。李斯是窮家子弟，學習「謀生之術」，戲稱「倉廩老鼠術」。兩人學成之後，韓非歸國，李斯到秦國謀生，為秦王嬴政（即後來的秦始皇帝）工作。秦國出兵要滅六國，統一中國。韓非不得已受韓王之命，懷著「九死一生」的機率到秦國，想遊說秦王政，懇求止兵滅韓。

秦王政初不見韓非，韓非曾寫〈說難〉（指當外交官，遊說別人很艱難），求同學李斯引見秦王。秦王終見韓非後，被韓非的才幹吸引，交談論「帝王治國」之術，甚歡，連續三天三夜。韓非進「賞罰」兩柄論（即有氣派地嚴掌賞罰兩權柄），法律制度規定嚴明，執行有術、有方法等等之法家思想，融合「法、勢、術」三論，震撼秦王嬴政。秦王政欲留韓非任事，韓非拒絕而被囚於獄中，終恐被辱殺而飲鴆自殺。韓非死後，李斯卻用韓非法家思想三十篇，助秦王滅六國，於西元前 221 年統一天下，行中央集權郡縣制，結束中國歷史上封建分裂制度。

所以「落實於韓非」是指大規模企業機構之管理，一定還要用法家嚴明制度化之方法（法治），不可只用儒家社會倫理秩序之方法，及道家謙沖虛懷之自由方法而已（人治）。在中國法家思想裡，商鞅「重法」，慎到「重勢」，

申不害「重術」，韓非兼具「法勢術」大成。從此「利、威、名」、「法、勢、術」成為帝王領袖之重心，甚至 21 世紀大規模的多國性集團公司，也是要用韓非集「法、勢、術」三論大成之方法。

「制度化管理」 (Systems Management) 不僅是指文件上的書面規定 (Written Documents)，還指作業程序 (Procedures)、資料表格 (Charts)、定義說明 (Explanations) 的 「合理化」 (Rationalization) 及操作上的 「電腦化」 (Computerization) 及電訊化 (Tele-communication)。公司內部管理，從市場調研、行銷、生產、研發、技術、銷售，到財務、會計、人事、採購、資訊、工程增建、貨品人員錢財進出作業流程等等，都要寫成書面文件（即「書面化」），再檢討，看哪些是多餘或不足的，一一改正，付諸實施。過了一月、一季、半年再來檢查改正（即「合理化」），最後將所有作業程序連線化輸入網際網路的電腦中，不用人力抄寫更改（指「電腦電訊化」），每天動態變化，就來源發生處即打入數字（稱「就源輸入」），自動加減乘除，隨時檢索即得結果。所以王永慶先生的台塑集團會計結帳可以做到次月第 1 天就可完成公司損益表、資產負債表及成本分析表等，號稱「一日結帳」。這一套「落實於韓非」的企業制度化管理作業，說似簡單，實作不易，要下真功夫才行。

現在（21 世紀）的企業講求全球化經營，規模大，產品多，市場跨國、跨區，人員眾多，若不用法家的明確制度化管理，確實難以確保不浪費、不耽擱時效。亞洲的華人企業家經營小規模的家族企業，用道家、儒家的「人治」來治理，都可以很有效率，但當企業規模大時，就難以應付，結果常常中了「柏金森定律」的厄運（看他樓起了，看他樓塌了）！

4.1.8 「儒家四書」——千年作人、做事成功之經典

中國「儒家四書」的《大學》、《中庸》、《孟子》、《論語》，號稱儒家經典四書。其中，《大學》一書提出成功主管人員「個人修養」（所謂「內聖」）的努力方向為：⑴格物；⑵致知；⑶誠意；⑷正心；⑸修身。也提出「管理群人」（所謂「外王」）的努力方向為：⑹齊家；⑺治國；⑻平天下。在中國儒

家思想裡，先求個人技術（內聖）之修練，再求管理能力（外王）之修練，先「內」後「外」，和先「技術」後「管理」的晉級程序相符合（見圖4–3）。

技術(Technical)人員
個人技術能力：格物、致知、誠意、正心、修身 ----------- 內　聖

晉
級

管理(Management)人員
群體管理能力：齊家、治國、平天下 ----------- 外　王

圖 4-3　「大學」對「技術能力」及「管理能力」之定位

《論語》以仁、信、忠、恕，教人作人、做事的道理

《論語》一書是後世記錄至聖先師孔夫子和弟子們間日常問答「作人」與「做事」的學問方法。以「仁」、「信」、「忠」、「恕」為基礎，也就是現代企業管理上的「管理功能」（作人）及「企業功能」（做事）的基本原理（註：請參考南懷瑾大師的《論語別裁》，臺北：老古文化事業公司）。

《大學》以「四綱、六次第、八目」出名

《大學》（由孔子最小弟子曾參所著）一書教世人如何做一個成功的大人（君子）。《大學》有「四綱」、「六次第」、「八目」，甚為出名。

1. 四綱（目標）是：大學之「道」（道德、方法），「在明明德」（設定明晰的好目標），「在親民」（顧客及人民導向），「在止於至善」（追求到最佳境界）。

2. 六次第（步驟）是：止、定、靜、安、慮、得（指知「止」而後有「定」，「定」而後能「靜」，「靜」而後能「安」，「安」而後能「慮」，「慮」而後能「得」。物有本末，事有終始，知所先後，則近道矣）（指接近大學之「道」矣）。

3. 八目是「格、致、誠、正、修、齊、治、平」。「格物」、「致知」是指

物理、化學、生物、機械、電機等等分析。「誠意」、「正心」是指道德公民修養。「修身」是指心理及身體之修練。「齊家」是指領導 500 人五代同堂之大家庭。「治國」是指管理一個州、府、縣等小國家。「平天下」是指治理一個大國家（註：請參考南懷瑾大師之《原本大學微言》，臺北：老古文化事業公司）。

《中庸》以不偏不倚、不易不變教人誠、德

《中庸》一書是曾參（曾子）的學生、孔子的孫子、子鯉的兒子——孔伋（字子思）所寫的傳授孔門心法讀書報告，授給學生孟子。講不偏不倚謂之「中」、不易不變謂之「庸」的平衡，是作人、做事方法。提倡「誠者物之始也」，「不誠無物」，「博學、審問、慎思、明辨、篤行」；認為「好學近乎知，力行近乎仁，知恥近乎勇」；追求「致廣大而盡精微，極高明而道中庸」；預測「大德必得其位，必得其祿，必得其名，必得其壽」。

《孟子》認為國家和企業都是「生於憂患，死於安樂」

《孟子》一書是後世記錄孟子和學生、孟子和列國君王談論作人、做事之方法。孟子（子思的學生）是一位很有魄力的儒家學者，發揚光大孔子學說，被尊稱為「亞聖」（僅次於「至聖」孔子之名位）。他主張「賢者在位（當主管），能者任職（當非主管）」，他認為「徒善不足以為政，徒法不能以自行」，要有計劃、方案、執行、追蹤、獎懲才能成事。他認為國家和企業都是「生於憂患，死於安樂」，哀兵必勝，驕兵必敗。他也認為天時不如地利，地利不如人和，所以人才最重要。

以上僅略說「作人三寶」（慈、儉、不先）、「做事三寶」（黃老、儒術、韓非）以及「四書經典」對各級主管人員，尤其對高級領袖人員，修練內聖、外王功夫的作用，也顯現中國文化對現代管理學的基礎，有很深的理論貢獻。

4.2 世界管理知識與東西融合
(East-West Management Knowledge Combination)

現代所用的管理知識甚為龐大綜合，包括中外古今之管理觀念 (Concepts)、管理原則 (Principles)、管理技巧 (Techniques) 及管理決策藝術 (Decision-Makings Arts)。然因西方經濟發展起源於 1750 年代機器代替人工的「工業革命」(Industrial Revolution)，直到今日（2014 年），歐美各國經濟發展依然高於亞洲、非洲、南美洲，所以時人常把經濟發展背後動力 (Backing Power) 的企業管理知識，當作是起源於西方文化。

事實不然，中國 3,000 多年來，也有企業管理知識，只因發展速度、企業規模及數目不及歐美，系統化整理的功夫也不及西方，所以現在各大學管理學院所教的管理知識，都以西方知識為主。本節只簡略介紹西方管理知識之發展順序，以及一些東方管理思想，供大家一目了然，給企業將帥身分的總經理們，在應用管理技巧時心有所本，增強信心。

4.2.1 現代管理知識十三派定於一尊
(Modern Management with 13 Schools of Thoughts)

哲學 (Philosophy)

管理思想起源於「哲學」(Philosophy)，「哲學」亦稱「愛知」，乃是最廣泛西方的學問，為各種學問之基礎，專門討論為人處事之觀念與方法、人與人之間的關係、人與天地萬物之關係，以及人與鬼神之關係。所以今日西方大學的博士學位都稱「哲學博士」，後面再掛以專修學科。譬如「企管博士」就叫「企業管理哲學博士」 (Doctor of Philosophy (Ph.D) in Business Administration)。因「企業」是人的結合體，運用最多種專門學問及資源，來從事萬種產品及勞務之銷產謀利活動，和哲學密切相關。

廣義「哲學」的知識，能夠被「證明」 (Verified) 的就叫「科學」

(Science)，包括自然科學及人文科學，不能被證明的就叫「宗教」(Religion)（見圖 4-4）。人類生活愈複雜、愈變化，哲學理論就愈多，成為「科學」的也愈多，但依然有很大部分是在無法解釋明白的「宗教」範疇之內。企業管理知識最高層部分，叫作「管理哲學」(Management Philosophy)，意指最高主管人員作人處事的理念觀點，影響深遠。

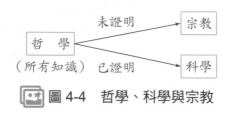

圖 4-4　哲學、科學與宗教

經濟學和行銷學 (Economics and Marketing)

「經濟學」(Economics)，指「經」國「濟」民之學，是使國家致富及人民豐裕的方法，純物質主義 (Materialism) 範圍，沒有精神面，專講萬物之「需求」、「生產」、「採購」、「供應」、「分配行銷」及「價格」、「成本」、「效率」、「數量」等等。它也是從哲學中引出來的學問，人人要有經濟常識，人生才不會吃虧。

「管理經濟學」(Managerial Economics)，就是由經濟學引出來的一支，專講「廠商」(Firm) 管理所需之供、產、銷、人、財、物之成本、價格、數量、利潤、效率之觀念，是企業將帥必知的知識。而農產品的生產及分配 (Production and Distribution) 是現代行銷學 (Marketing) 的始祖，開始於 1900年，發展於 1950 年代及 1960 年代，持續到今天，以追求「顧客滿意」(Customer Satisfaction) 為最高企業經營目標。今日的企業經理若無行銷導向、顧客導向、競爭導向、市場導向、環境導向等等的觀念，他絕不會成功。21世紀，企業全球化之後，公司的銷產活動發生分離，有的公司專門從事品牌行銷，把生產活動「外包」給別個公司去做代工 (OEM) 生產。

會計學 (Accounting)

「會計學」(Accounting) 也是從「經濟學」中引出來的專門記錄金錢與財物出入及買賣盈虧的方法。後來又引出供主管日常營運決策參考的「管理會計學」(Management Accounting)、「成本會計學」(Cost Accounting)、「審計學」(Auditing)、「稅務會計學」(Tax Accounting)、「人性會計學」(Human Accounting)、「經濟活動會計學」(Economic Activity Accounting)，以及各種產業別會計學。會計學提供企業經營活動的資料訊息、情報 (Data and Information)，供作決策之參考基礎，所以它是企業的「神經」系統 (Nerve System)，企業會計資訊若不通暢，等於企業身體癱瘓。會計的資訊功能，因電子計算機（電腦）及通訊技術 (C&C) 結合之進步，已演化為「資訊科技」（Information Technology；簡稱 IT），進入網際網路 (Internet) 時代。「會計電腦化」趨勢愈來愈厲害，「電腦資訊」也成立一個新企業功能 (New Business Function)，幫助全公司無紙化、自動化、知識管理化。

公司理財與銀行貨幣學

(Corporate Finance and Money and Banking)

「公司理財」與「銀行貨幣」(Corporate Finance and Money and Banking) 也是從「經濟學」中引出來。在國家而言，是講求貨幣供給需求、利率、物價及銀行借貸運作、外匯操作、企業信用授予等等；在企業而言，則講求銀行資金往來融通、資本市場資金籌措及避險、顧客信用授予、現金及資產管理控制。在目前則更演變為銀行債權市場、證券資本市場、債券市場及金融期貨市場、金融衍生性商品之利用（認購權、對沖等等）。

財務 (Finance) 是企業的「血液」系統 (Blood System)，企業缺血正如個人缺血一樣，代表生命有限。全球化國際企業的財務金融管理比國內企業複雜廣泛，所需要的知識及技術也新穎，已經不是古老家族企業老板娘兼管掌櫃之時代可比擬。

科學管理 (Scientific Management)

「科學管理」（Scientific Management；簡稱 SM），由 1875 年美國工人、工頭、工程師出身之泰勒先生 (Frederick Taylor) 用「動作時間研究」(Time and Motion Study)，以提高生產力 (Productivity)，分享勞資雙方 (Gain Sharing)，所演變而成之運動。在 1912 年，泰勒先生在美國國會正式演講他 20 幾年來所創，用以提高生產力的「科學管理方法」，因而被尊稱為「科學管理之父」。該「科學管理」方法包括「工作方法科學化」(Methods)、「人才選訓科學化」(Trainings)、「人－機工作配合科學化」(Man-Machines)，及「直線幕僚責任配合科學化」(Line-Staff) 等四科學方法，形成企業界的一陣「科學管理旋風」，提高美國的國力，一直應用到今日每一個工廠。

「科學管理」是一種「心智革命」(Mental Revolution)，利用人的「智力」來提高生產力，並由資本主與工人分享成果，而不用人的「體力」來做勞資鬥爭耗費時間，使美國工業在 20 世紀，100 年內提高生產力 50 倍，國力大增，成為世界上經濟及武力盟主及霸主（依管理大師彼得‧杜拉克 (Peter Drucker) 之言）。目前各行業的「工廠管理」(Factory Management)、「工業工程」(Industrial Engineering；簡稱 IE)、「工業管理」(Industrial Management)、「生產作業管理」(Production-Operations Management)、「專業計劃管理」(Project Management；簡稱 PM)、「品質管理」(Quality Management；簡稱 QM)、「作業研究」(Operations Research；簡稱 OR) 等等，都源自泰勒的「科學管理」精神。當然，19 世紀是「供不應求」的時代，提高有形體之生產力，高於提高精神面無形體生產力，所以在 1930 年代後，有「人群關係」(Human Relations；簡稱 HR) 學說來補「科學管理」(SM) 之不足。

管理原則 (Principles of Management)

「管理原則」(Principles of Management)，來自法國大公司管理者費堯

(Henri Fayol) 教授於 1916 年提出的 「工業及一般管理」 (Industrial and General Management)。他指出，任何大公司的管理除了銷售、生產、採購、人事、財會等有形作業功能外，都還要計劃、組織、用人、指導（包括協調合作）、控制等五大無形的管理功能，這五大管理功能就是「一般」（或稱通用）管理。

後來的 「管理程序論」 (Management Process)、「正式組織論」 (Formal Organization)、「企劃預算控制論」(Planning-Programming-Budgeting System)、「領導統御論」(Leading and Commanding)、「目標管理論」（Management by Objective；簡稱 MBO） 等等，皆從此中導出。連目前最常提到的 「團隊組織」 (Team)、「任務組織」 (Task)、「扁平式組織」 (Flat Organization)、「網狀溝通」 (Network Communication) 等等，也都是從此原則演化出來。

人群關係 (Human Relations)

人群關係 (Human Relations) 指企業管理不僅要有嚴格機械式的科學管理方法，也要有寬鬆軟性之人性管理方法。 人性管理是美國在 1929 年至 1932 年大蕭條經濟恐慌時期，由梅友 (Mayo) 教授在奇異電器公司霍桑工廠實驗研究 (Hawthorne Plant Study) 提出的。 在企業內的員工表現 (Employee Performance)、人群關係、人性管理等，都與個人行為 (Individual Behavior)、組織行為 (Organization Behavior)、群體行為 (Group Behavior)、心理學 (Psychology)、社會學 (Sociology)、人類學 (Anthropology)、行為科學 (Behavior Science) 等有密切關係。 目前常用的 「員工伙伴說」 (Worker-Associate)、「知識員工說」 (Knowledge Worker)、「學習型組織」 (Learning Organization)、「創新力發展」 (Innovation Development)、「個人發展」 (Individual Development)、「組織發展」 (Organizational Development) 等等，都從此發展而出。

數量方法 (Quantitative Methods)，狹義「管理科學」

「數量方法」(Quantitative Methods)，是指企業管理中的「分析計劃與控制」(Analysis-Planning-and-Controlling；簡稱 APC) 功能，需要用很多的數量計算技巧，包括決策分析 (Decision Analysis)、相關預測分析 (Correlation-Forecasting Analysis)、電腦計算分析 (Computing Analysis)、會計學、統計學 (Statistics)、運籌學 (Operations Research；簡稱 OR，或作業研究學)、多變數分析 (Multivariate Analysis)、模擬學 (Simulation)、電腦連線決策模式 (Computerized On-Line Decision Models) 等等。這些數量技巧很多，形成一個小派別，叫作狹義的「管理科學」，最近的有線及無線資訊網路科技、電腦科技 (Computerization)、通訊一電腦 (C-C Internet) 科技，也可說是數量方法的演化。

理智決策過程 (Rational Decision-Making Process)

「理智決策過程」(Rational Decision-Making Process)，是指以往「黑箱式」(Black-Box)（不透明）的決策思考過程，也可用理智來分析。卡內基 (Andrew Carnegie) 是美國的鋼鐵大王，在他創辦的「卡內基—米倫」大學 (Carnegie-Millon University) 中任教的賽蒙 (Herbert Simon) 博士，首先研究人在機構內的行政決策過程、目標設定過程、交替方案、思考過程等等，有所成就，因而獲得諾貝爾經濟學獎 (Nobel Prize of Economics)。

決策思考過程是主管人員天天要面對的大事，要在眾多方法中，選取「投入成本最少，產出效益最大」的對策。所以後來有「決策理論」(Decision-Theory)、「決策樹」(Decision-Tree)、「決策矩陣」(Decision-Matrix)、「系統分析」(System Analyses)、博奕及競賽理論 (Game Theory) 等等新演化。

電子資料處理 (Electronic Data Processing)

「電子資料處理」(Electronic Data Processing；簡稱 EDP) 及電腦

(Computer) 應用，在 1970 年代提出而風行至今，成為企業的「內務大臣」。電腦取代算盤、計算尺、機器式計算機、打字機、印刷機、檔案簿等等。電腦加上電訊 （無線及有線），成為 C-C (Computerization and Communication) 之世界網際網路（中國大陸稱互聯網），使遠處辦公如在眼前，此皆要拜美國電話電報公司 (AT&T)、IBM、蘋果 (Apple)、微軟 (Microsoft) 等公司的曠世功勞。

EDP 是電腦化管理作業系統 (Computerized Management Operations Systems) 及電腦化管理情報系統 (Computerized Management Information Systems) 之由來的骨幹。這兩者是目前電腦科學技術進步最具體的表現，能大量儲存資訊 (Storage)、快速計算 (Computing)、快速檢索 (Retrieval)、快速分析 (Analysis)、快速傳遞 (Transfer) 資料情報，包括電子信箱 (E-Mail)，國際電子網際網路 （World Wide Web；簡稱 WWW）、電子資料交換 （Electronic Data Interchange；簡稱 EDI） 及雲端計算 (Cloud Computing) 等等。

在目前，企業應用電腦及通訊結合的資訊科技，已發展出採購方面的快速「供應鏈管理」（Supply Chain Management；簡稱 SCM），發展出企業內各部門資源充分運用之「企業資源規劃」（Enterprise Resources Planning；簡稱 ERP），也發展出快速服務行銷的 「顧客關係管理」 （Customer Relations Management；簡稱 CRM） 等等套裝軟體程式。

SCM + ERP + CRM（供、產、銷）若無全球網際網路 (Internet) 之平臺，只能萎縮成單一企業集團內姐妹公司的電腦化管理情報系統 (Intranet)。但有了網際網路之平臺後，其功效百倍增大，把全球各角落的供應商及客戶買賣關係縮影在電腦線上作業，不必遠來遠去奔波勞碌。中小型企業因規模太小，未能有自己的電腦中心，若能集合眾多企業共同用「雲端運作」之中心電腦，也可以得到電子化的優點。

自動化控制 (Automatic Control)

「自動化控制」（Automatic Control；簡稱 AC），是指生產操作工作，由

人力、獸力變為機械化 (Mechanization)，再演進為自動化 (Automation)。包括機器人 (Robot) 與電腦輔助設計（Computer-Aided Design；簡稱 CAD）、電腦輔助製造 （Computer-Aided Manufacturing；簡稱 CAM）、彈性製造系統（Flexible Manufacturing Systems；簡稱 FMS）、自動倉儲 (Automatic Warehousing)、無人工廠 (No-man Factory) 等等。

機器人之利用是 1978 年開始普及，當時日本曾一度經濟衰退，小工廠嫌工人成本太貴，又難以管理，開始運用機器人來替代工人，既能減低成本，又能提高效率，使得經濟回升。工廠使用機器人比使用自然人好，因它不會請假、不會要求加薪、不會鬧情緒、不會拒絕加班、不會怠工，更不會罷工。在美國，汽車聯合工會 (United Auto Union) 每年定期罷工，要求提高工資福利待遇，令管理者頭痛不已。所以公司盡量朝向工廠自動化投資，以機器人、流水線或無人工廠等方式來替代工人。

我們知道增加工資的幅度有一最大原則，就是工資 (Wage) 提高的速度不可超過生產力 (Productivity) 提高的速度。但是工會常常不理會此原則，要求愈高，致使工廠倒閉。所以「自動化」(Automation) 及「工廠外移」(Foreign Investment) 常常是用來應付勞工政治情緒的替代方法。勞工愈鬧情緒，愈要求超額工資、福利、假期，愈使工廠經營條件惡化，愈促使工廠加速外移，愈傷害到勞工就業機會，得不償失，作孽自斃。美國通用汽車 (GM) 在 2008 年金融海嘯之災難中破產改組，其根因就是歷年來汽車工會要求超額工資及福利制度所致，而豐田汽車 (TOYOTA Motor) 因無工會制度，所以可以免受超額工資制度之害，而成為世界第一大汽車公司。

系統方法 (Systems Approach)

「系統方法」(Systems Approach) 是一個非常重要的管理方法。系統方法是指決策時要想大體系 (System)，想整體 (Whole)，不是只想局部 (Part) 或零碎 (Piece Meal)。要想整套相關聯 (Inter-related) 的方法，要想終極治本 (Final) 的方法，不是治標、治末的方法。要想大禹治水（疏導）的方法，不

是想大禹之父（鯀）的治水（圍堵）方法。想局部、想短期、想鋸箭等法，都是推卸責任，不僅不能「解決問題」(Problem Solving)，反而還會「創造問題」(Problem Creating)。

「系統哲學」(Systems Philosophy)、「系統管理」(Systems Management)、「系統分析」(Systems Analysis) 以及「系統工程」(Systems Engineering)，都是屬於「系統方法」的特別現象。譬如把系統方法用到哲學分析，就叫「系統哲學」；把系統方法用到管理分析，就叫「系統管理」；把系統方法用到物理、化學、機械、人文等等各種分析，就叫「系統分析」；把系統方法用到各種工程設計及施工方面，就叫「系統工程」。

廣義管理科學 (Management Science)

廣義的「管理科學」(Management Science) 是指「管理」觀念、「管理」原則、「管理」技巧、「管理」決策方法等已成有條理、有組織、可學習的知識。前曾提及，「管理」雖然是無形的凝聚力，是管「人」去做「事」的方法，而非管「物」去做事的方法。它包括企業五功能之行銷、生產（包括委外採購）、研發、人事、財會（包括資訊）及管理五功能之計劃、組織、用人、指導、控制等兩套系統交叉所形成的「管理矩陣」(Management Matrix)。矩陣內每一方格都有「決策」(Decision-Making)、「協調」(Coordination)、「資源運用」(Resource Utilization) 及「動態管理」(Dynamic Management) 之「系統思考」(Systems Thinking) 工作。有關「管理矩陣」的詳細說明，就是本書後半部的重心所在。

西方管理思想源自哲學、經濟學。從 250 年前第一次工業革命開始，大量生產，勞資分流，發生勞資利益衝突。125 年前，開始「科學管理」（亦稱第二次工業革命），倡導提高生產力、勞資利益分享，消除共產主義的流行。「人群關係」提出企業的人性面管理，提高人性的尊嚴及貢獻。「管理原則」提出完密統合管理及行銷顧客導向觀念，突破生產滯銷的困難。「公司綜合化」(Conglomerate) 走入多角化及多國化經營。「數量方法」及「電子資料處

理」（電腦）與電訊網路化，完全改變人們的辦公室工作方式。而到今日，經濟自由化（法規放鬆）及企業全球化（根伸全球），使競爭重組，大小企業走入全球競爭行列。演化萬千，衍生無端，但是「有效經營」(Effective Management) 的目標（指「顧客滿意」與「合理利潤」），永遠是管理方法革新潮流中的舵手，也是企業將帥身分之總經理、總裁人員必須牢牢謹記之心法。

4.2.2　中國古代管理思想活用於今朝
(Old Chinese Management Thoughts in Today)

◆「士」十中取一，是精英

中國古代帝王封「邦」建「國」（簡稱「封建」）時期，帝王將人民分為士、農、工、商四級。十中取一為「士」，作為帝王、貴族的臣僚，治理國家，成為王公貴族與庶民中間的一個新階級。武者為武士，文者為文士。皇帝之下設宰相（總理）、大將軍、御史大夫。宰相率領六部尚書（相、部長），分別為禮（教育）、戶（財政）、吏（人事）、兵（國防）、刑（司法）、工（建設）。

◆ 農民土地是帝王的大財產

「農」民與田地連成一體，是帝王收稅、納租、徭役的主要對象，也是帝王的「財產」，所謂「普天之下，莫非國土；率土之濱，莫非王臣」（《詩經・小雅・北山》），故在經濟上稱「農」為「本」。「工」匠規模甚小，機動性低，不起作用。「商」人則到處行走江湖，買廉賣昂 (Buying Cheap, Selling Dear)，賺取差額利潤，甚少交稅服役，不受政府喜歡，故稱「商」為「末」。

中國帝王一向重「農」輕「商」，重「本」輕「末」。很少「本末兼重」，更從未「重末輕本」，所以在 4,000、5,000 年歷史中「工」與「商」未受重視，工商管理思想及學術處於不發達之困境。在經商方面，司馬遷《史記・貨殖列傳》，是記載歷史上著名商人的最佳文獻，但比起政治方面的歷史文獻，則是小巫見大巫，不可比擬了。

在治理國家「政事」（即眾人之事）方面，在如何當優秀「帝王」及當優秀「大臣」方面，中國有很豐富的寶藏。現在選擇一些和我們講「有效經營」相關的片語給大家參考。

「管」理者是有學問之官員

「管理」是指有學問、胸有成「竹」的官員（竹＋官＝「管」），治理群眾事務（「理」也），所以「管理」是「結合群力，達致目標」之事。有效的管理有「化無為有」、「化小為大」的威力。管理不是指「個人技術」發揮之事，而是指發揮「群體力量」之事。「馬上打天下」，是指發揮個人技術力之武藝；「馬下治天下」，是指發揮群力之管理。

得民心者得天下

歷代明君行「仁道」，以「得民心」、「親民」為主。周文王姬昌，周武王姬發，在姜尚（子牙）協助之下，行「王道」，得商紂王朝「三分天下有其二」之民心，終以少勝多，打敗商紂之「霸道」。此「得民心」即是現代「市場導向」、「顧客導向」之企業管理觀念，凡能掌握顧客行為之變化，並獲得顧客滿意之公司，就能成功。

李世民與大臣「共治」天下

唐代太宗李世民14歲就在馬上打天下，27歲從高祖李淵手裡得帝位，其有效之建國治國盛況，號稱「貞觀之治」。他不殺功臣，不行獨裁，與大臣「共治」天下。平定匈奴，被周鄰稱為「天可汗」。「可汗」是王，「天可汗」是王中之王。其治國要律有三，為「定大計」（長期計劃）、「明用人」（選用大臣，用人唯賢）、「嚴賞罰」（功過分明，信賞必罰，不因人而異），也就是現代管理五功能（計劃、組織、用人、指導、控制）中的第一、第三、第五三大功能。本書即在「定大計」、「明用人」、「嚴賞罰」之基礎上，加上「設組織」及「勤指導」而成管理五功能體系。

「天行健」與「地勢坤」

中國《易經》本來只有伏羲先天內八卦，後來周文王姬昌再加外八卦，內外各八卦，衍化六十四卦，說明世間各種情境循環變化之天地人情世故變遷（見表 4–2）。

表 4-2　《易經》六十四卦名稱順序

1.乾	2.坤	3.屯	4.蒙	5.需	6.訟	7.師	8.比
9.小畜	10.履	11.泰	12.否	13.同人	14.大有	15.謙	16.豫
17.隨	18.蠱	19.臨	20.觀	21.噬嗑	22.賁	23.剝	24.復
25.无妄	26.大畜	27.頤	28.大過	29.坎	30.離	31.咸	32.恆
33.遯	34.大壯	35.晉	36.明夷	37.家人	38.睽	39.蹇	40.解
41.損	42.益	43.夬	44.姤	45.萃	46.升	47.困	48.井
49.革	50.鼎	51.震	52.艮	53.漸	54.歸妹	55.豐	56.旅
57.巽	58.兌	59.渙	60.節	61.中孚	62.小過	63.既濟	64.未濟

資料來源：姬昌，《全本周易》。第一卦（乾）到第三十卦（離）為上經；第三十一卦（咸）到第六十四卦（未濟）為下經。

《易經》第一乾卦說「天行健，君子以自強不息」，第二坤卦說「地勢坤，君子以厚德載物」。〈商銘〉也說「苟日新，日日新，又日新」。這些都是講求創新發明、主動改善、自強不息、服務群眾、厚待顧客的觀念。北京清華大學的校訓取乾、坤二卦之要義，稱「自強不息（乾）」及「厚德載物（坤）」。現代企業經營的過程方法是「自強」，企業經營的終點目標是「厚德」，完全符合周文王（姬昌）把「先天」吉凶占卜八卦，創造改為「後天」作人做事道德政治之六十四卦之原意。

君臣、父子的對等關係

儒家原講求五倫，即天、地、君、親、師，第六倫（友倫）係後來加上者，其中有「君君、臣臣、父父、子子」之上下對等倫理關係。當君敬臣，

則臣忠君；當父愛子，則子孝父；若君不君，則臣可不臣；若父不父，則子可不子。這說明上司必須尊重部下之「人性關係」，上級不可殘暴屬下，以求自私自利。否則必定暴虐自斃，自食惡果。此乃指李老子《道德經》所說，「一曰慈，二曰儉，三曰不敢為天下先」之作人「三寶」之第一寶（慈）道理。

商場如戰場，孫武講求「道、天、地、將、法」五要

孫武為助伍子胥勸吳王闔廬出兵滅楚，而精研戰史，親勘戰場，而做《孫子兵法》。《孫子兵法》講求戰場要訣十三篇六千多字，最適用於商場競爭之用，即所謂「商場如戰場」。孫子首重計劃（〈始計〉第一篇），所以戰前必須核計敵我雙方之「五要」：「道、天、地、將、法」，其中「道」指上下目標及理念一致；「天」指時間及時機；「地」指地點及市場；「將」指幹部及團隊；「法」指制度及法規。這五要，依順序，若不勝其一，不可隨便用兵開戰，而應設法講和，以保實力，以圖後謀。

《孫子兵法》亦說「知己知彼」才可能「百戰不殆」。「知己」是指自我「投入一產出分析」，「知彼」是指「環境分析」、「顧客分析」、「供應分析」及「競爭分析」。此種說法比美國哈佛大學教授麥可‧波特 (Michael Porter) 之競爭策略分析 (Competitive Strategy, 1980) 早 2,000 多年。

孫子亦說用兵應「用勢（指群體氣勢），不用人（指個人力量）」；「上兵伐謀（指計劃、策略），其次伐交（指朋友關係），其次伐兵（指出兵野外），其下攻城（指開戰攻城）」；「攻心為上，攻城為下」、「不戰而屈人之兵」（指策略聯盟、併購、和平共存、沉默合作），以及「兵不血刃」（指求全勝，非求殘勝）等等銘言，皆可用於商場競爭。《孫子兵法》是中國書籍在國際軍事及企業經營上最常被外國翻譯閱讀的一本。

《六韜》與《三略》（姜子牙與黃石公）

《六韜》是周朝太公望姜尚子牙所寫的兵書。姜子牙助周文王姬昌及周

武王姬發父子，以少勝多滅商紂王，百計百從建殊功，建立西周、東周800年。《三略》是秦黃石公所撰的兵法，用以傳張良，助劉邦打敗項羽，建立西漢。這兩本兵法書與《孫子兵法》相較，各有所長。其中，《孫子兵法》以戰略為主；黃石公《三略》以政略為主；姜子牙《六韜》則戰略及戰術兼具。茲將《六韜》、《三略》的要義闡述如下：

　　1. 文韜——講用人之要訣，建立人才團隊。

　　2. 武韜——講不戰而勝之法則。

　　3. 龍韜——講勝敗決定於戰鬥之前的布局準備功夫。

　　4. 虎韜——講一旦開戰必勝之攻擊戰略方法。

　　5. 豹韜——講戰鬥中臨機應變的戰術方法。

　　6. 犬韜——講兩軍僵持，出其不意之奇兵制勝戰鬥方法。

　　（以上為姜子牙《六韜》）

　　7. 上略——講以柔克剛之原理原則。

　　8. 中略——講人盡其才之團隊人才招募使用方法。

　　9. 下略——講戰備應從平時開始做起的方法。

　　（以上為黃石公《三略》）

「管子」是中國商人之始祖

　　歷史上作為相國，使弱國變強國者首推周之姜尚子牙，次推齊國管仲（夷吾）。姜太公《六韜》滅商扶周，並在分封濱海齊國（今山東臨淄）後，使齊國文治武強凡二十六世。至大夫田成子篡位，改姜齊為田齊。齊桓公小白曾與公子糾爭齊王位，得勝後，不計前仇用鮑叔牙之建議，留用公子糾之舊部管仲為相。管仲助桓公治國41年，九會諸侯一匡天下，使齊國稱霸諸侯，「尊王（周王室）攘夷」，為民謀福，為國興利。「管鮑之交」萬世留名，《管仲》一書八十六篇（現存七十六篇），亦開企業管理之始祖，現摘數則如下：

　　1.「禮、義、廉、恥，國之四維，四維不張，國乃滅亡」：指一國甚至一企業組織體，必須先講求禮、義、廉、恥之道德紀律，使成為企業文

化，維繫繁榮不墜。

2. 「倉廩實則知禮節，衣食足則知榮辱」：指員工之物質報償必須先於精神報償；當物質需求滿足後，精神需求才產生激勵驅動之作用，此與西方「兩因素理論」(Herzberg, Two-Factor Theory) 相似並領先 2,000 多年。

3. 「一年樹穀，十年樹木，百年樹人」：指人才教育、訓練、發展等工作，是百年性之工作，不可一日停頓。「事在人為」，事不在金錢、機器、設備來為。人才在「天、地、人」三才中，是居中運用天時地利之主角。尤其在知識創新為主要生產力來源的 21 世紀，管仲「百年樹人」的主張，更顯清澈動人。

〈貨殖列傳〉司馬遷記中國古企業家

前曾提及，漢武帝劉徹王朝時，司馬遷寫《史記》，把西漢以前的工商業名人，編入《史記》列傳第六十九篇〈貨殖列傳〉，成為一傳。把白圭、猗頓、子貢、計然、范蠡（陶朱公）等人的經商要點，簡略的寫入歷史。

在古中國，以「士、農、工、商」來分天下人民，商為四民之末，不被帝王所重視，和今日國家建設以經濟為主，經濟發展以企業為命，企業經營以管理為根之情況，有 180 度之區別。有興趣者，可查閱《史記·貨殖列傳》，文章不長，約 8 頁五千多字，可回味古中國之商人管理思想。

4.2.3 西方各國管理知識之興起
(Management Development in Western Countries)

羅馬天主教廷管理三要素，歷久不衰

天主教風行於歐美，由羅馬教皇統一管理教義，指派各國總主教、地區主教、各教會神父，井井有條。其財產及社會影響力，可比擬一個獨立國家。其歷久不衰的道理精髓，有三大要素：

1. 「層次分明」之「組織指揮鏈」(Commanding Chain)，形成嚴密之全球性金字塔教會組織（基督教、佛教都無此嚴密組織）及目標責任網 (Hierarchical Organization and Responsibility Network)。

2. 分明的「直線幕僚」(Line and Staff) 分工配合制。凡事不由當地教會神父（直線）單獨一人決定，小事應先徵詢當地長老意見，大事應先呈報上級全體僧侶意見，再由主教、教皇下決定，傳達各地教會執行，此乃要求直線人員必須接受「強迫性」之幕僚諮詢功能 (Compulsory Consultation)。

3. 「幕僚超然獨立」(Super-Staff Appointment) 體系，即各地教會神父之幕僚顧問（長老），不能由該神父自行選任，而須由上級教會代為選定，以防「絕對權威，絕對腐化」之發生。在中國帝王時代，皇帝分封皇子諸王就國各地，並代為挑選各「國」之丞相（文）及將軍（武），有類似各地天主教堂之神父與長老團之神韻。但在中國，有諸王叛變之發生，而在西方，則無地區神父叛教之現象。

英國科學管理未成洪流思想

工業革命 (Industrial Revolution) 開始於 1750 年的瓦特 (Watt) 發明蒸汽機。但在瓦特死後，蒸汽機才應用於英國的紡織工業，漸成大規模之生產，紡織品價格下降，使用普及化，大量消費更推動大量生產，形成工業化經濟時代。在 200 多年間，英國主要的管理思想有四：(1)阿克萊特 (R. Arkwright) 發明「紡織廠系統管理方法」(Textile Plant Management)。(2)亞當・斯密 (Adam Smith) 提出「國富論」，認為國家富強之道是分工、合作、協調。(3)瓦特提出「蒸汽機廠管理法」(Steam Engine Plant Management)，瓦特本人發明蒸汽機以機械力代替人力、獸力，引起了工業革命，用人力生產者衰退，用機械力生產者興起，社會逐步分化為「有錢階層」與「無產階層」。有錢買機械力者，成為大量生產的資本家，愈來愈有錢，無錢買機械力者，只好靠勞力做工，社會上形成「資勞對抗」(Capitalist-Labor Conflict) 之社會主義及共

產主義兩種思潮。但在美國的勞工對抗資本家運動，則被泰勒先生之「科學管理」思想所替代而消失，直到今日共產主義未在美國風行。(4)巴貝奇 (Charles Babbage) 教授提出重視「供、產、銷」數字資料之工廠管理方法 (Data Management)。這些都可視為英國式之「科學管理」，但時不我與，未能蔚為世界潮流，而被美國後來居上，搶去國力發展機會。

美國「科學管理」崛起，提高生產力

美國泰勒 (F. Taylor) 在 1885 年試行「動作－時間研究」(Time-Motion Studies)，以提高勞工生產力；在 1890 年代提出「科學管理」(Scientific Management) 方法。他算是工廠學徒出身，根本沒想到為什麼勞工與資本家會有政治對抗及利益衝突之現象，但卻以「生產力」歪打正著，得以把美國的共產主義思想打垮於無形之中。

在「科學管理」方法開始形成洪流的初期，未有生產力共享之數字標準可循，首先赫爾胥 (Frederick Halsey) 提出「工作獎金」(Premium Plan) 制度，反對當時的「計時制」(Time Rate Systems) 與「計件制」(Piece Rate Systems)，認為這兩制不合理，他提出保護工人過去所得，對新超過「標準」之工人，才給予獎金，但不超過原所得之三分之一。但因「標準」也時時改進，實無「最佳」之固定標準可循，所以也不能真正讓勞資雙方心安理得的接受。

一直到泰勒經過實驗，提出「科學管理」用「動作－時間」研究及「獎工制度」(Wage and Incentive System)，形成大規模之生產力改進運動後，才得到真正的解決，也從此造就了美國國力領先世界各國至今之鞏固基礎。美國勞工生產力在 1890 年至 1990 年的 100 年內，提高 50 倍，領袖群倫，雖然日本、德國也曾學習美國之「科學管理」運動，提高國力，但因國家規模小於美國，所以在第一、第二次世界大戰，都處於戰敗國之勢。

泰勒先生原是萊德維爾鋼鐵廠的一個工人，後來又進伯利恆鋼鐵廠工作。他努力向上，白天上班當工人，晚上讀夜校，又進入新澤西州史蒂文斯理工

學院 (Stevens Institute) 進修機械工程學。晉升工頭，初當主管人員，領略與當工人不同的體驗，又因工作努力，再升任工程師，甚至做到造紙廠總經理及顧問工程師，更能體會工人與老闆雙方的心情。那時工人希望工作輕鬆，老闆給錢多；而老闆希望工人工作勤奮，給錢少，雙方立場不一樣，要求不同，互相衝突，難怪勞資關係緊張，罷工一觸即發。

他深知人人都愛錢，但一方多得，另一方就少得，真正解決之良方是提高生產力，保護雙方原有所得，把額外所得，依合理標準來分享，所以用科學方法的「動作研究」(Motion Studies) 及「時間研究」(Time Studies)，來訂合理之員工工作標準，再以之訂合理之工資 (Wage) 與獎金 (Incentive)，此即有名之「動作－時間研究」與「獎工制度」。此法很合理，工廠的生產力大為提高，勞資雙方都有新斬獲，很滿意。這種方法，有根據，有條理，可以人人學習應用，在短期間內，可以創造出很多具有老師傅技巧的新工人，其道理很科學，所以稱之為「科學管理」。

泰勒的「科學管理」有四個原則：

1. 「動作方法要科學」(Principle of Scientific Movements Methods)：工作方法要經分析，取優去蕪，合成最佳方法，依此方法操作，不可讓工人自己亂做。如同少林寺練徒法，每日清晨起床，做標準操課運動。

2. 「選擇及訓練要科學」 (Principle of Scientific Workers Selection and Training)：不可隨意用人，要嚴格選工人，也不可以讓新人不經訓練就上崗工作。如同少林寺選徒法，人人必須具備規定條件才可入選。

3. 「誠心合作與和諧的人－機配合科學」 (Principle of Man-Machine Cooperation and Harmony)：工廠經營既要勞工體力，也要資本主的機械設備配合，缺一不可。只有勞工體力，沒有機械設備（資本），也不會使工廠賺錢；只有機械設備（資本），沒有勞工體力，工廠也不會賺錢；人力 (Man) 與機械 (Machine) 的和諧配合，才可以提高生產力。「人－機配合」(Man-Machine Combination) 的比例變化，一直主宰 20 世紀的工業經濟生產力改進之靈魂。當人力比例減少，機械力比例提

高就會變成機械人工廠及無人工廠。

4. 發揮「前方與後方」、「直線與幕僚」配合最大效率的科學 (Principle of Great Efficiency)。首先要有幕僚周密的計劃，再由現場操作者按計劃執行，再由幕僚控制核對，糾正改進。主管人員在後方負責計劃控制工作，部屬在前方負責執行操作工作，直線與幕僚兩者工作分工，責任劃分，發揮最大合作效率。

泰勒推出「科學管理」觀念及實踐經驗之後，美國各個工廠慕名求教，仿效推動，成果奇佳，成為名噪一時的名人。在 1912 年，美國參眾兩院請他去國會演講「科學管理」推動情況，遂被喻為「科學管理之父」(The Father of Scientific Management)。經由「勞資」、「直線幕僚」之分工合作，以及管理活動科學化之後，去除以前老闆、經理、工人三者對管理活動的錯誤看法，彼此有錢出錢，有力出力，有知識出知識，共同提高生產力，讓大家共享成果，營造和諧安樂之社會。從此歐洲曾經流行一時的共產主義（主張勞工對抗資本家，消滅資本家）在美國不起作用。

「科學管理」的本質是一種「完整心態革命」(Complete Mental Revolution)，也是一種「知識為寶」(Knowledge is Treasure) 的觀念。在觀念上，資本家、勞工、政府官員、專業經理人員，都要深切瞭解提高生產力的來源，是人人善盡各自應有之職責，要互相合作，互相照應，不是一方欺負另一方。在科學管理的偉大精神號召下，世界各國隨著時代進展、科技發明、環境變化，以及企業經營的大型化、多角化、多國化，及合併化大趨勢，代有新思想、新技巧出籠，名辭雖有新穎之處，但「有效經營」(Effective Management) 的精神，依然是在「科學管理」及「管理科學」之範圍內。

艾默生十二效率原則橫亙古今

與泰勒同時期推動科學管理運動，提高生產力，由勞資雙方共享成果，消除共產主義勞資對立風暴的科學家有很多人，其中吉爾博斯 (F. Gilbreth) 夫婦發明「動作十七要素」(Seventeen Moving Elements)，用來合成最佳最省

173

力的技術操作方法。

甘特 (Henry Gantt) 發明項目時程計劃圖表法「甘特圖」(Gantt Chart)，後來演化為巨大工程項目之 「計劃評核術」 (Project Evaluation and Review Technique ；簡稱 PERT) 及 「要徑網狀法」 (Critical Path Method ；簡稱 CPM)。

艾默生 (Harrington Emerson) 更提出「效率十二原則」(Twelve Principles of Efficiency)，甚為合理可用，至今尚可奉為金科玉律，列明如下：

1. 工作目標明確 (Clear-Cut Objectives, Clearly Defined Ideals)：公司目標、單位目標以及個人目標要明確，要有數字及達成時間，此稱為「目標三要件」：明確、數量、時間。

2. 命令指示客觀 (Objectivity of Orders and Directives, Common Senses) ：上級對下級下達命令 (指臨時性目標) 或指示 (指手段性方法)，要「對事不對人」，要客觀不歧視，不可以有主觀意識形態。

3. 允許諮詢參考 (Participative Consultativeness, Competent Counsel)：目標內容及手段方法，容許同輩及鄰居集思廣益，不剛愎自用，不閉門造車。

4. 重視紀律與制度 (Disciplines and Systems, Discipline)：個人配合團體工作，不標新立異，不特立獨行，不自私自利，不懶散，不自滿，人人遵守組織的紀律，個個遵守工作方法。

5. 薪資賞罰公平 (Fairness of Payment and Penalty, The Fair Deal)：薪資依責任、能力、勞苦、貢獻程度而訂定，有功即獎，有過即罰，不搞大鍋飯、和稀泥、不分善惡勤懶之平頭式假平等。經理人員處事公平，應有同情心、想像力及正直感。

6. 資訊紀錄準確 (Accurate Data and Information, Reliable, Immediate and Adequate Records)：各種供應、生產、行銷、研發、人事、財會之活動，有文字及數字紀錄，統計會計分析準確、快速。

7. 生產排程早定 (Early Scheduling, Dispatching)：產品品種、數量、人

工、機器、原料、配件、動力、工具等等生產條件，事前皆應配合好，以應付開工流水線型之暢順生產作業。

8. 工作任務規定標準化 (Task-Standards, Standards and Schedules)：工作操作方法、單位間配合方法，都應有標準化規定，布告式說明。

9. 工作環境標準化 (Environment-Standards, Standardized Conditions)：工人操作之環境及配套條件，應有標準化規定。

10. 產品規格說明及操作標準化 (Product-Standards, Standardized Operations)：產品規格、零配件規格、品質水平等說明，以及現場操作之用人、用料、用時、用錢、用工具等，都要訂出標準。

11. 操作說明標準化 (Operation-Standards, Written Standard-Practice Instructions)：加工操作技巧，有標準化之說明，供訓練及參考。連同前三者標準化（職務、環境、產品）都要設定標準化之書面說明，製成手冊，供作訓練員工及改進之根據。

12. 獎勵效率及潛能之發揮 (Efficiency and Inventiveness, Efficiency-Reward)：超過工作數量、工作品質、成本及利潤等目標者，應有獎勵措施，以發揮更大潛在能力。

法國費堯的「通用管理」及「十四原則」成為今日廣義「管理科學」的基礎

◆「企業功能」及「管理功能」的劃分

企業工人技術性操作以「物」(Thing) 為對象，管理人員的管理性工作以「人」(People) 為對象。1916 年法國教授，也是公司總經理的費堯 (Henri Fayol, 1841–1925) 出版《一般及工業管理》(*General and Industrial Administration*)，也就是「現代總體管理」(Overall Management)、「通用管理」(General Management) 的原則，他把「企業功能」(Business Functions) 別工作分為四種：(1)「技術性作業」，指製造、品管、物管、維護、設計等工作；(2)「商業性作業」，指行銷及採購；(3)「財務性作業」，指資金取得、支

付與保管工作；(4)「會計性作業」，指收支活動資料之記帳、貨品盤存、財務報表、成本計算及分析。把「管理功能」(Management Functions) 別工作分為兩種：(1)「安全性作業」，指人員及商品安全保險；(2)「管理性作業」，指計劃、組織、用人、指揮、協調、控制等。費堯的 *General and Industrial Management* 和今日廣義「管理科學」很相像。

費堯的這個管理理論，比泰勒的工廠管理科學化理論更廣大、更完整，確實可以通用於各行各業。費堯是從高階總經理人員來看企業管理；泰勒是從基層操作人員來看工廠管理。一個是從上往下看 (Top-Down)，另一個是從下往上看 (Bottom-Up)。兩者加起來，就是完整的管理原則。

第一次世界大戰（1914 年至 1918 年）後，世界霸主從英國變成美國，但美國的公司到 1945 年才開始應用費堯的「通用管理」(General Management) 理論，從戰略性 (Strategic) 著手，即從大局著手，因直到第二次世界大戰結束（1940 年至 1944 年）後，才有人把費堯的著作翻譯成英文。泰勒的「科學管理」普遍用於公司工廠製造生產方面，費堯的「一般總管理」則普遍用於大公司、集團公司的行銷、生產、研發、人資、財會等方面的計劃、組織、用人、指導、控制等活動，成為「系統管理」(Systems Management) 的基礎，也是今日廣義「管理科學」的來源。

◆ 費堯「管理十四原則」

美國艾默生有「效率十二原則」，而法國費堯也提出「管理十四原則」(14 Principles of Management)，在歷史上及實用上同為有名及實用。費堯管理十四原則縷列如下：

1. 「分工」原則 (Division of Labor)──指把操作性工作專長「分工」及「專業化」(Specialization)，以提高「熟能生巧」之工作效率。

2. 「權力與責任對等」原則 (Authority Equal of Authority and Responsibility)──指先有「責任」才有「權力」，若無責任即不可有權力。「責任」及「權力」之重量應相等。一個公司的成功，是依賴更廣大的責任履行，不是靠更廣大的權力耗用。當公司各階層愈授權給

下級，依權責對等原則，則責任範圍愈廣大，可是權力總和卻不變，公司愈成功。

3. 「紀律」原則 (Discipline)──指維持紀律尊嚴，嚴懲不遵守規定之員工。

4. 「統一指揮權」原則 (Unity of Command)──指一個員工原則上由一位主管來指揮。

5. 「統一管理」原則 (Unity of Direction)──指一個公司或集團的同一目標之「產品事業部門」(Production Division) 或「地區事業部門」(Area Division)，應由同一位高級主管來負責管理（計劃、協調與控制）。

6. 「個人利益小於團體利益」原則 (Subordination of Individual Interests to the General Interest)──指不可以因私利而害公義；在公、私目標衝突時，則應先就公司目標，而放下私目標。換言之，應犧牲小我成全大我。

7. 「員工薪酬」原則 (Remuneration of Personnel)──指員工薪酬應包括公平待遇、績效獎勵及適度特別獎勵。

8. 「中央集權化管理」原則 (Centralization)──指決策權之中央集權化或地方分權化程度，應視工作複雜度及組織規模大小而調整。不論企業大小規模，計劃性決策可由「中央集權」或「中央地方均權」；執行性決策應由「地方分權」；但控制性決策，一定由「中央集權」，才不會變成一盤散沙。

9. 「階層連鎖」原則 (Scalar Chain)──指任何組織體除了有「垂直」階層式之指揮報告體系外，應再有「平行」單位之跳板式協調溝通鏈網存在，以加速機動性。

10. 「秩序」原則 (Order)──指任何人、事、物都應有其定位與順序，不可混亂。所謂「天地位，萬物育」。

11. 「公正」原則 (Equity)──指「合情」(Friendliness) 上再加「合理」(Justice)。

12. 「員工穩定」原則 (Stability of Tenure of Personnel)——指應在薪酬「待遇上」(Payment) 及工作「成就上」(Achievement) 留住能幹的好人才。

13. 「主動發起」原則 (Initiativeness)——指鼓勵機構內成員有主動發起創新改造之精神，鼓勵「多做多對，少做少對，不做不對」，而不是鼓勵「多做多錯，少做少錯，不做不錯」。

14. 「團隊精神」原則 (Spirit of Corps)——指高階主管應強化員工團隊同仇敵愾之「認同」精神 (Spirit of Identification)。

4.3 20 世紀美國環境變遷與管理發展大事 (Environment Changes and Management Developments in 20th Century)

　　20 世紀是美國國力大張的 100 年，美國也在兩次世界大戰後，正式成為世界超強「霸主」，主宰世界秩序及利益。而中國在滿清皇朝末期 100 年內政腐敗，國力衰退，列強侵侮，民窮國弱。在孫中山先生推翻滿清帝制（1911 年）之後的 100 年，中國依然紛擾，兩岸對耗機運，但卻正是美國努力建設的寶貴時機。一負一正，「失之毫釐，差之千里」，直到 2012 年，美國 GDP 14 兆美元、人均 GDP 50,000 美元、人口 3 億人；中國大陸 GDP 7 兆美元、人均 GDP 6,000 美元、人口 13 億人（參見世界銀行及國際貨幣基金 IMF 之統計），兩者實力相差甚大。為提供企業將帥瞭解此百年美國「民富國強」之根因，簡列出 20 世紀美國企業管理發展之大事記於下，「他山之石可以攻錯」，見賢思齊，砥礪迎頭趕上之雄心。

4.3.1 美國科學管理 (Scientific Management) 時代的管理發展（1900 年至 1931 年）

　　芝加哥大學 (Chicago University) 在 1898 年成立商學院；哈佛大學於 1908 年成立哈佛商學研究學院 (Harvard Business School)。寶島臺灣在 1964 年才成立政治大學企業管理研究所 MBA 班，落後約 60 年。中國大陸則於

1994 年才成立 MBA 學位班，又比臺灣落後 30 年。

1. 「美國管理學會」(AMA) 在 1922 年由人事專家組成，哈佛商學研究院也在 1922 年出版《哈佛商學評論》(*Harvard Business Review*；簡稱 *HBR*)，並成立出版社（1922 年）。

2. 科學管理 (Scientific Management) 及機械化 (Mechanization) 運動在 1922 年至 1927 年間發勢，促使美國工業成長迅速。今日臺灣大半企業已知工廠科學管理及機械化操作，但中國大陸企業 90% 尚待推行此一運動，1979 年「改革開放」引進之「三資」企業不在此內。

3. 美國政府在 1922 年開始嚴格限制移民。美國一向是移民大熔爐，移入各國精英，得益甚大。

4. 企業合併 (Mergers) 於 1924 年開始在美國盛行；在 1925 年至 1928 年間，美國股市投機風潮開始大興，創立泡沫經濟之先驅。75 年後（2000 年），併購及股市風潮才逐步吹向臺灣及中國大陸。2008 年美國因「次貸」衍生性金融，引爆金融海嘯，為害全球，餘波盪漾，直到 2013 年，世界經濟還在微步爬升中。

5. 美國通用汽車 (GM) 總裁史隆 (Alfred Sloan) 採用八大事業部組織結構 (Divisionalization)，並實施市場區隔化策略，在 1925 年超過福特汽車 (Ford Motor) 公司的銷售，成為世界第一大汽車廠，至 2008 年，讓位給日本豐田汽車 (TOYOTA) 公司。2000 年通用汽車也把世界第一大公司地位讓給埃克森美孚石油公司，2001 年則讓給沃爾瑪百貨 (Wal-Mart)，從此失去連續佔有 50 多年世界盟主地位。到 2012 年，世界公司第一名是皇家荷蘭殼牌石油公司 (Royal Dutch Shell)，第二名是沃爾瑪（依《財富》"Global 500" 2013 年 7 月之數字）。

6. 連鎖商店及營業授權 (Chain Stores and Franchising) 在 1927 年開始在美國風行，但在 1990 年，統一超商的 Seven-Eleven 便利店才在臺灣生根，好市多 (Costco)、家樂福 (Carrefour) 及大潤發量販店 (RT-Mart) 隨之扎根。到 2012 年，臺灣的大潤發量販店在中國大陸市場打敗美國

的沃爾瑪及法國的家樂福,顯示臺灣的管理配上中國大陸的市場規模,可以做出一番大事業。到 2014 年,在中國大陸市場,大潤發仍然位居第一位,其次為家樂福和沃爾瑪。

7. 在 1928 年至 1932 年美國股市因泡沫大操作而告大崩盤,美國經濟陷入「大蕭條」(Great Recession),成為歷史重大事件。日本也在 1990 年發生泡沫經濟破裂,股市大跌。臺灣自 2000 年民進黨開始執政以來,經濟成長及股市表現也不理想,至 2008 年政權再度更換,兩岸關係和平發展,經濟趨穩。

8. 美國企業經營在 1930 年開始紛紛失敗,倒閉累累。臺灣許多大企業也在 2000 年股市、房市大跌時,遭遇破產困境,至 2010 年房市及股市都已恢復。在 2013 年,美國經濟逐步回升。到 2014 年,臺灣尚茫茫然,朝野兩黨還在拉鋸,辯論是否和中國大陸在 6 月 21 日前簽訂「兩岸服務貿易協議」。

4.3.2 美國政府管制 (Government Regulation) 時代的管理發展（1931 年至 1946 年）

1. 在 1928 年至 1932 年間,美國經濟繼續大蕭條,企業繼續失敗倒閉,在 1931 年達到高峰。全世界各國在 1931 年紛紛提高關稅,本意在保護本國經濟,但卻雪上加霜。美國銀行也在 1932 年至 1933 年紛紛倒閉。

2. 在 1933 年至 1935 年美國政府成立 「國家復建管理局」 (National Recovery Administration);美國國會也在 1933 年通過證券法 (Security Act) 鞏固投資者信心。 在 1934 年通過銀行法 (Banking Act) 穩定金融體系,但亦限制銀行跨州經營。此項限制一直到 1999 年才為提高海外競爭力而取消。臺灣政府在 2001 年修正金融法規,允許銀行、證券、保險三行業合併及跨業經營。中國大陸在 2002 年才允許外國證券公司到大陸做股票上市承銷業務,但到 2013 年尚不許做經紀及投信業務。

3. 美國第一家超級市場 (Supermarket) 在 1932 年成立，播下零售商風火輪競爭的種子。至 2013 年超級市場、倉儲量販店、購物中心，以及超級商店，已經在臺灣及中國大陸播下第一輪種子，以後空間尚大。

4. 美國在 1935 年通過華諾 (Wagner) 法案，保護勞工工會組織及談判地位，確立勞工在生產事業權利與義務的合法地位。臺灣在 2000 年政黨輪替後，勞工地位大升，威脅企業經營，企業則紛紛出走投資於中國大陸及中南半島。中國大陸雖有企業工會存在，但基本上工會受共產黨控制，尚不敢胡作非為。直到 2010 年發生深圳富士康員工事件，中國大陸外資（日本）工廠工會，開始小型罷工。一般而言，工會罷工事件在臺灣及中國大陸並不嚴重，政府管制力量很大。

5. 美國「社會安全法」(Social Security Act) 在 1936 年通過，確立失業工人的救濟措施。但靜坐罷工也在 1936 年至 1937 年開始，揭開另一種勞資對抗的社會運動。到 2013 年，臺灣已建立失業保險及救助金制度，也有老人津貼及兒童醫療補助。中國大陸的社會安全保障制度更見完備。

6. 美國工業因科學管理之貢獻，在 1938 年至 1940 年間生產力加倍成長，美國國力大增，脫離 1928 年至 1932 年經濟泡沫危機，有信心打敗蠢蠢欲動之日本及德國等好戰者。

7. 在 1939 年至 1940 年間美國聯邦政府成立跨州之「田納西流域管理局」(TVA)，成為美國少有之國營事業有效管理之典範；美國貧富差距也因中產階級出現而開始縮小。臺灣及中國大陸至今在處理國營事業無效經營方面，還沒有一家比得上 TVA 之範例者，即「國有民營」方式。

8. 第二次世界大戰在 1939 年爆發（1939 年至 1945 年），美國政府又實施全面經濟企業控制，男人上戰場，全力對抗德、日、義；女人走進工廠與辦公室，填補男人之生產力地位。從此佔有一半人口之女性走入工廠及辦公室，使美國國力增強一倍，也造成今日兩性工作平等運

動之風行。

9. 美國在 1941 年至 1942 年通過「投資公司法案」(Investment Company Act)，可以設立「互助基金」(Mutual Funds)，為美國的企業資本市場 (Equity Market) 及社會大眾的直接投資 (Direct Investment) 打開大門，為企業注入豐富的企業血液，有利眾多新事業的創新及發展。1990 年的臺灣才開始有創投法及投信法。但在中國大陸，2013 年尚未有投信互助基金法及創投 (Venture Capital) 風險基金法。

10. 於 1943 年世界各國在南美布立頓森林大會 (Breton Woods Conference) 創立「世界銀行」(World Bank；簡稱 WB) 及「國際貨幣基金」(International Monetary Fund；簡稱 IMF)，為第二次世界大戰後之全球經濟秩序及經濟發展，提供長期基礎建設 (Long-Term Infrastructure) 投資及國際貿易基礎與外匯管理 (International Trade and Foreign Exchange) 的資金來源。臺灣在目前雖已不是世界銀行及國際貨幣基金的會員國，但經濟依然可以順利運作。中國大陸已是這兩家國際金融機構的重要會員，並扮演重要角色，如林毅夫擔任 WB 資深副總裁兼首席經濟學家、朱民出任 IMF 副總裁。

11. 可口可樂 (Coca-cola) 在 1943 年開始全球經營，首開企業全球化 (Globalization) 之範例。原來賣感冒糖漿飲料（可口可樂）的小生意，也可以賣到全世界，代表「美國文化」(American Culture) 到處宣揚國威，實在是了不起的作為，值得好好學習。

12. IBM 在 1946 年推出有加、減、乘、除功能之 IBM-603 通用性電腦 (General-Purpose Computer)，為 20 世紀辦公室及工廠管理自動化投下不可回轉的火花。「電腦化作業」已是今日所有企業必須走的大路。電腦與通訊結合之全球網際網路 (Internet, Intranet, Extranet)，在 21 世紀會淘汰所有的電腦文盲企業，尤其雲端計算 (Cloud Computing) 服務出現大中小型企業都可外包業務給雲端中心做。

🏃 4.3.3 行銷與多角化 (Marketing and Diversification) 時代的管理發展（1946 年至 1960 年）

1. 第二次世界大戰（1940 年至 1945 年）後，世界各國經濟破碎，唯有美國公司大幅成長及具有高度信心，推廣行銷觀念，進行多角化及多國化發展（1946 年至 1960 年）。在這段時期正值國民黨與共產黨爭奪大陸政權失敗，退守臺灣，重整旗鼓，準備「反攻大陸」，但直到 2013 年，中國大陸「改革開放」34 年，已成為世界第二大經濟體，正式超越日本，「反攻大陸」已淪為空談。

2. 美國國會在 1946 年通過「退伍軍人權力法案」(GI Bill of Rights)，大幅推動高等教育及社會中產階級之發展。臺灣從日本殖民統治下（1895 年至 1945 年）光復，社會經濟一片混亂，毫無建設計劃可言。

3. 美國「總統經濟顧問委員會」(Council of Economic Advisers) 在 1946 年推動凱恩斯主義 (Keynesian)，以消費來帶動經濟發展。

4. 美國在 1947 年推出「馬歇爾計劃」(Marshall Plan)，協助歐洲重建，帶來今日西歐各工業國家之繁榮。臺灣在 1947 年發生「二二八事件」，全省陷入恐怖陰影中，農、工、商業活動停頓，本省人民與大陸來臺國民黨統治階級形成對抗陣容，直到 2013 年民進黨與國民黨依然對立，承繼「二二八事件」66 年之對抗陰影。

5. 美國人民在戰時累積的儲蓄在 1947 年至 1950 年間轉為投資資金，刺激美國經濟高度成長。蔣介石所領導的國民黨軍隊在 1949 年撤退來臺，開始穩定臺灣金融危機，中國共產黨則正式統治中國大陸。

6. 世界工業國家在 1948 年成立「關稅暨貿易總協定」(General Agreement on Tariffs and Trade；簡稱 GATT) 促進世界貿易成長。

7. 美國高速公路大卡車運輸業 (Trucking) 在 1948 年，因啟用衛星導向儀，業務起飛，改變鐵路運輸業之生態環境，美國鐵路運輸業從此大幅跌落，並紛紛倒閉至今。

8. 美國在 1949 年通過謝凱法案 (Celler-Kefauver Act)，反對同一產業內廠家間之合併，以防止壟斷。

9. 1950 年南北韓戰爭爆發，美國與南韓軍隊從釜山反攻，把中國大陸與北韓軍隊打回鴨綠江邊，日本經濟因供應韓戰而得以復興。

10. 歐美殖民主義政府在 1950 年至 1953 年間做全球性撤退，被殖民之亞洲、非洲地區紛紛獨立成為國家。印度、巴基斯坦、馬來西亞、新加坡、印尼、菲律賓、越南等等出現新政權。

11. 美國在 1952 年成立「小企業局」(Small Business Administration)，對中小企業提出協助方案。臺灣開始接受美國 408 公法「剩餘農產品援助計劃」，成立「美援工業發展基金」，對臺灣工業經濟發展貢獻甚大，臺灣的美援直到 1965 年終止，政治大學 MBA 研究所在 1964 年開辦。臺灣政府到 1980 年代才開始協助中小企業，成立中小企業保證基金及中小企業處，比美國慢約 30 年。到 2013 年中國大陸尚未有類似機構。

12. 美國出生人口增加，在 1953 年至 1954 年開始城市擴大，朝向郊區發展，「都市－郊區」經濟形成，各型商店大為發達。中國大陸在 2013 年才計劃推動「城鎮結構調整」。

13. 美國家庭電視機 (Family TV) 在 1955 年開始風行，改變美國都市及偏遠地區之社會教育與娛樂生活，使美國人民之思想均勻性提高，加強移民國家「多元種族」(Multiple Races) 之國家認同感。

14. 在 1956 年，美國冷氣機 (Air Conditioner) 也開始風行，改善辦公室及工廠之工作環境，生產力也大為提高。

15. 寶鹼 (P&G) 公司在 1955 年開始推動「品牌行銷術」(Branding)，使家庭消費多采多姿。至今，品牌行銷術依然是世界各國企業成功公司的必要經營戰略。品牌行銷術的極度採用，到 1990 年代，產生「製造外包術」(Outsourcing)。

16. 美國州際高速公路系統 (Inter-State Highway System) 在 1956 年開始建設，形成今日美國國力之堅實基礎。臺灣及中國大陸之高速公路至今

依然在繼續修建中，但要追上美國之網絡性水平，尚需 50 年以上的功夫。

17. 蘇聯在 1959 年發射人造衛星 (Sputnik)，開創人類探索太空之無窮領域。

18. 受蘇聯衛星發射之刺激，美國政府在 1957 年也開始投入大量資金於太空及航空科研，美國太空總署 (NASA) 成立至今，一直都是航空及太空科技的研發總司令部。中國大陸在 2000 年以後，也急起直追，表現優越。

19. 歐洲各國在 1957 年開始談判成立共同市場 (European Common Market)，統一關稅。歷經 40 年才成立「歐洲聯盟」(EU)，會員 27 國，並統一貨幣歐元 (EURO)。

4.3.4 策略管理與社會變遷 (Strategy and Social Change) 時代之管理發展（1960 年至 1972 年）

1. 越南 (Vietnam War) 戰爭於 1965 年正式爆發，中國援助北越進攻南越，美國派兵援助南越，節節失利，進退兩難，開始陷入泥淖，美國國內於 1967 年推動消滅貧窮運動 (War on Poverty)。美國政府在 1969 年正式成立環保署 (EPA)，多面夾攻，招架力窮。美國政府在 1971 年又再採取「工資價格控制」(Wage and Price Control)。越南戰爭給臺灣經濟發展帶來好機會，其作用如同韓戰帶給日本經濟發展好機會一樣。

2. 美國人權運動 (Civil Rights Movement) 在 1962 年開動；美國在 1963 年至 1967 年流行「綜合企業」(Conglomerate) 及「合併收購」(M&A) 風潮。美國機構在 1966 年至 1968 年開始啟用大型電腦主機 (Main Frame Computer)；美國在 1967 年發生都市暴動 (Urban Riots)；美國青年在 1969 年至 1971 年發動青年運動 (Youth Move) 挑戰傳統政治經濟價值標準。在 1969 年美國企業公司利潤開始下降。在 1971 年至 1972 年美國企業生產力成長趨緩，日本企業則生產力開始提高，與美

國爭霸世界出口貿易。美國工資在 1971 年至 1973 年終結長期成長態勢,步入蕭條時期。臺灣在此時尚在「家庭客廳就是工廠」奮鬥時期,人人埋首苦幹,社會安定自信。

3. 麥當勞 (McDonald's) 在 1960 年流行營業授權連鎖經營 (Franchising);美國電話電報公司在 1962 年開始分散財務投資;IBM 在 1963 年創立以訓練為主之行銷技術;IBM「系統 360」(System 360) 組件增容設計在 1965 年啟用,從此改變新電腦世紀。美國在 1967 年發射無線電訊衛星 (Wireless Telecommunicaiton Satellite) 成功,世界進入全球通訊時代;手提數字計算機也在 1970 年啟用,蘋果牌個人電腦 (Apple PC) 開創 IBM 企業用電腦 (Industrial Computer) 以外的大世界市場。

4. 在 1960 年,歐美啟用噴射客機,擴大航空業務,縮短人類活動之空間距離,加上全球無線通訊,使國際企業之發展如魚得水。

4.3.5 競爭挑戰 (Competitive Challenge) 及企業重組 (Business Restructuring) 時代之管理發展(1972 年至 1988 年)

1. 美國環境保護運動 (Environmental Protection Movement) 在 1972 年開動,形成社會新壓力。中東石油輸出國家在 1973 年禁運出口,發生世界性石油供應危機,油價大漲,一桶原油從 2 美元漲為 34 美元,各國籌謀能源節用方法。美國在 1979 年發生三浬島核電廠事件。能源及環境保護至今成為企業經營的限制條件。

2. 在 1973 年至 1990 年間,日本及德國競爭力大為提升,挑戰美國的企業經營方法。在 1974 年,美國「消費者保護運動」(Consumer Protection Movement, Consumerism) 也開動,形成環保運動外的另一個企業經營壓力。在 1973 年至 1975 年間,美國經濟又發生停滯通貨膨脹 (Stagflation),挑戰經濟學家;而在 1975 年,又發生美國與蘇聯武器競賽 (Arms Race),對軍事工業廠家加添一個機會。

3. 美國航空事業在 1979 年解除控制規定,航空服務業開始普及。美國經濟在 1976 年開始走向 「服務導向型經濟」 (Service-Oriented Economy)。在 1978 年至 1985 年間,為對抗日、德競爭,美國政府放鬆對工業之控管規定。日本大量出口之工廠在 1983 年至 1987 年間,也被迫移植美國。美國通用汽車 (GM) 公司在 1981 年發生自 1921 年以來 60 年間的第一次虧損,震撼全球,動搖企業盟主之根基。美國電話電報 (AT&T) 公司在 1982 年也被迫分裂,企業帝國一一面臨考驗。

4. 日本豐田 (TOYOTA) 汽車公司自 1975 年起採 「瘦身型」 無存貨生產方式 (Lean Production),迎擊世界巨霸美國通用 (GM)、福特 (Ford)、克萊斯勒 (Chrysler) 等三大汽車公司。在 1975 年微軟 (Microsoft) 公司成立,賣 MS-DOS 給 IBM 公司,促使個人電腦 (PC) 在 1977 年開始普及。光纖 (Fiber Optics) 在 1977 年也開始流行使用。瑞士富豪汽車 (Volvo) 在 1978 年採用團隊管理。沃爾瑪 (Wal-Mart) 倉儲量販百貨在 1985 年大為興起,天天低價 (LPED),爭霸零售市場,在 2001 年成為世界最大企業,超過通用汽車公司及埃克森石油 (Exxon)。在 2010 年,世界 500 大公司,依然由沃爾瑪得冠,年營業額 4,600 多億美元。2012 年則退居第二位,由皇家荷蘭殼牌石油公司 (Royal Dutch Shell) 得第一位(依《財富》 "Global 500" 2013 年 7 月之數字)。

4.3.6 企業全球化 (Globalization) 及知識經濟 (Knowledge Economy) 時代之管理發展(1988 年至 2010 年)

1. 在 1988 年東西方陣營冷戰結束 (Cold War Ends) ,蘇聯政體分裂 (Soviet Bloc Breaks Up) ,共產主義在歐洲消失威力 (Communism Renowned) 。美國與英國政府聯手同意國防武器之科技研究成果可以讓民營使用,促使無線衛星電訊及電腦快速結合發展,得以成網際網路 (Internet) ,形成資訊科技 (Information Technology) 新產業。

2. 全球經濟在 1990 年開始自由化 (Liberalization)，各國政府進一步解除種種管制，亞洲及拉丁美洲新經濟國家一片繁榮。

3. 在 1990 年代企業女性經理明顯增加 (40%)；全球通膨在 1992 年開始緩和，亞洲及拉丁美洲各國繁榮，歐洲經濟同盟在 1992 年完成。在 1994 年美國股票處於牛市，而「北美自由貿易區」(NAFTA) 在 1994 年成立。在柯林頓 (Bill Clinton) 總統 8 年主政期間，美國經濟享有 10 年由資訊科技 (IT) 工業及金融工程業 （Financial Engineering ；簡稱 FE）主導的好時光。

4. 國際企業併購大流行 (Merger & Acquisition) 在 1991 年開始，美國中小企業大為普及繁榮；資訊科技國際網際網路 (Internet) 在 1994 年興起，各國風起雲湧，競相改變通訊之時空環境。

5. Benetton 名牌店供應網在 1988 年出現，開始 「名牌」 行銷術。在 1990 年 ，奇異公司 (GE) 開始採取無界限組織 (General Electric, Boundary-less Organization)；歐洲 ABB (Asea Brown Boveri) 多國企業在 1993 年跨國來美洲爭天下。

6. 美國大公司面對歐洲企業之競爭，在 1993 年開始減肥瘦身 (Corporate Downsizing)、改造組織結構 (Re-structuring)、改造製程 (Re-engineering)、扁平化階層 (Flat Organization) 等等救亡工作。

7. 從 1994 年開始，網際網路 (Internet, 1994)、內部聯網 (Intranet, 1996)，越界聯網 (Extranet, 1998) 普及各大企業，網上交易 B to B 及 B to C 開創傳統標購及銷售的另一通路。

8. 在 1990 年，亞洲市場，尤其中國大陸市場，如睡龍初醒，進入巨幅成長，紛紛以出口美歐市場為策略。但在 1997 年亞洲發生金融危機，泰國首當其衝，其次印尼、馬來西亞、菲律賓、南韓亦受衝擊，顯示企業經營的體質及功夫尚淺。

9. 日本經濟在 1990 年開始，因未能趕上資訊科技 (IT) 及金融工程 (FE) 列車，走入衰退，股市開始泡沫化。在 2000 年日本金融機構壞帳滾

大，日圓貶值。臺灣經濟在 2000 年亦陷入衰退。中國大陸經濟從 1979 年開始「改革開放」順利，從 1995 年開始世界各大公司紛紛湧進中國大陸，臺灣企業也大量移植中國大陸，尋求新市場及低廉成本。至 2013 年，世界 500 大公司幾乎個個進入中國大陸投資，對臺灣政府開放與中國大陸三通形成重大壓力，不得不解除意識形態之障礙，於 2010 年簽訂兩岸經濟合作框架協議 (ECFA)，接著談判服務貿易協定、貨物貿易協定、投資保護協定及政治軍事和平協定等等。

10. 美國電腦網路達康公司 (.com) 在 2000 年開始虛擬經濟泡沫破滅，網路科技相關公司之股票大跌，終止 10 年來之狂飆風潮。

11. 美國從 1988 年開始之「知識經濟」(Knowledge Economy) 風潮，在 2000 年由美國吹向臺灣，臺灣新政府也推出知識經濟發展方案，意圖力挽經濟衰退及企業西進中國大陸風潮的挑戰。在 2001 年 12 月，中國大陸及臺灣都成為「世界貿易組織」(WTO) 的成員，本地企業面對面和各國企業相競爭，優勝劣敗之命運正考驗各企業，懷有「有效經營」術之企業將帥，將如魚得水，未擁有者將如履深淵。

12. 美國在 2008 年 9 月發生金融海嘯，由次級房貸抵押 (Subprime Housing Mortgage) 為基礎的多層次衍生性 (Multiple Directives) 金融泡沫破裂，引發投資銀行倒閉、合併、改型，影響及於全球各國，至 2013 年，歐洲及美國經濟尚未從危機完全回復。

4.4 管理理論波濤萬丈 (The Tide of Management Theories)──各種思想都是提高生產力、利潤率、競爭力、市佔率的方法

任何實務個案的操作技術，不管威力多大，其背後都要有一套綜合歸納的理論基礎。一國企業廠家萬萬千千，時起時落，各種管理技術因時、地、人、事、物等「五因」而異其有效程度。五因變動，技術方法即應「審時度勢，經權致用」而變動，所以說「諸法空相」，唯「目標掛帥」不變易。在過

去 100 多年，美國管理理論波濤萬丈，各國企業將帥應靜觀演化，摘適而用，本節列出重要理論名稱，供企業將帥們走馬看花，玩味一番。

4.4.1　科學管理 (Scientific Management) 時代之理論（1901 年至 1932 年）

1. 泰勒的 「科學管理」 與 「機械化」 快速提高生產力 (*Scientific Management and Mechanization*, Frederic W. Taylor, 1912)。

2. 杜邦的 「分權管理」 思想，對付 「多角化」 發展 (*Decentralization, Dupont Multiple Division Structure to Cope with Diversification*, E. I. Dupont, 1924)。

3. 佛列的 「參與式管理」 思想以提高決策品質 (*Participatory Management*, Mary Porker Follett, 1907)。

4. 梅友的 「人群關係」 思想，強調員工互動、訓練及諮詢的重要性 (*Human Relations*, Elton Mayo, 1930)。

4.4.2　美國政府管制 (Government Regulation) 時代之理論（1932 年至 1946 年）

1. 柏利和敏思的「現代公司及私有財產」制度出現，指出股東已失去控制專業經理人的力量 (*The Modern Corporation and Private Property*, Berle and Means, 1933)。

2. 巴納德的 「高階主管的功能」，不是強壓部下而是合作及溝通 (*The Functions of the Executive*, Chester Barnard, 1938)。

3. 馬斯洛的 「人類欲望層次」 思想，解析人類行為，建立行為科學 (Behavioral Science)，提高企業人性面之管理效率 (*Hierarchy of Needs*, Abraham Maslow, 1942)。

4. 賽蒙的「行政管理之行為」，解析組織決策行為及決策的灰色前提，建立科學的決策過程，提高行政組織的決策品質 (*Administrative*

Behavior, Herbert Simon, 1947)。

🏃 4.4.3 行銷與多角化 (Marketing and Diversification) 時代之理論（1946 年至 1960 年）

1. 糾登 (Joel Dean) 的「廣告費用應花多少錢」才是最有效果修正往昔的隨意作法 (How Much to Spend on Advertising, Joel Dean, *HBR*, Jan.-Feb., 1951)。

2. 馬克威茲的 「財務布局投資分析」 可分散風險的集中 (*Portfolio Analysis*, Harry Mackowitz, 1949)。

3. 羅吉及陸斯利斯伯格教授利用心理學分析，以瞭解及改進意見溝通的「障礙與大門」 (Barriers and Gateways, Rogers and Roethlisberger, *HBR*, July-Aug., 1952)。

4. 彼得‧杜拉克的「公司目標」比搞社會關係更重要的「管理實踐論」大作，開創「目標管理」的哲學面及技術面 (*Practice of Management*, Peter Drucker, 1954)。

5. 利特提出收購不同行業，進行多角化的「綜合企業」，可以維持公司穩定成長 (*Conglomeration*, Royal Little, 1952)。

6. 凱斯提出 「有效行政管理者的技能」 是靠訓練 ，不是靠人格特性 (Skills of an Effective Administrator, Robert Katz, *HBR*, Jan.-Feb., 1955)。

7. 李維特教授指出公司產品線經營範圍界定太狹隘，會使最高主管患上「行銷短視病」 (Marketing Myopia, Theodor Levitt, *HBR*, July-Aug., 1960)。

8. 卡內基及福特基金會報告澄清「管理教育如何走向」的思想，促使美國企管學院充滿信心 (*Management Education*, Carnegie and Ford Foundation, 1960)。

4.4.4 企業戰略和社會變遷 (Strategy and Social Change) 時代之理論（1960 年至 1972 年）

1. 馬格列哥的「Y 理論」（性善之軟性管理）思想大為修正往昔企業管理機械面之缺點，使管理效率及生產力更為提高 (*Theory "Y"*, Douglas McGregor, 1960)。

2. 錢德勒教授的企業「戰略和結構」必須配合調整，使組織設計跟隨戰略才能提高競爭力量 (*Strategy and Structure*, Alfred Chandler, 1962)。

3. 賽德和馬曲指出「公司的行為理論」和個人的行為理論同樣重要，都是屬於管理的人性面改善依據 (*A Behavioral Theory of the Firm*, Cyert and March, 1964)。

4. 安德魯的「公司戰略的觀念」和國家戰略觀念一樣重要，都是最高主管人員的職責範圍 (*The Concept of Corporate Strategy*, Kenneth Andrews, 1965)。

5. 赫斯伯的「如何激勵員工（一忙除三害）？」乃是有效管理的最基礎性任務 (One More Time: How Do You Motivate Employees? Frederick Herzberg, *HBR*, Jan.-Feb., 1968)。

6. 勞倫斯和洛曲的「組織和環境」是兒子依附父母的關係，企業組織不能脫離大環境之變化而自我生存發展 (*The Organization and Environment*, Lawrance and Lorch, 1969)。

7. 亨利・敏茲伯指出很多「經理人員之工作」，太依賴直覺判斷及個人接觸是一大危險，必須改為依賴理智決策及客觀分析 (The Manager's Job, Henry Mintzberg, *HBR*, July-Aug., 1975)。

4.4.5 競爭挑戰及公司重組 (Competitive Challenge and Restructuring) 時代之理論（1972 年至 1987 年）

1. 健生及莫克林指出經理人只是股東的「代理者」，兩者利益雖不盡相同，但必須為股東福祉作最佳的服務 (*Agency Theory*, Jensen and Meckling, 1972)。

2. 肯特指出「公司裡男人和女人」的不平等現象必須改善，才能更加提高管理效率 (*Men and Women of the Corporation*, Resabeth Moss Kanter, 1977)。

3. 阿吉利斯指出學習及變革的心理障礙，會阻擋「組織的雙重學習圈」，所以必須去除此心理障礙 (Double-Loop Learning in Organizations, Chris Argyris, *HBR*, Sep.-Oct., 1977)。

4. 沙利斯尼克指出「保守的經理人和創新的領袖人」是天生現象，但應設法使更多經理人有創新勇氣 (Managers and Leaders, Abraham Zaleznik, *HBR*, May-June, 1977)。

5. 麥可‧波特提出五種「競爭力量如何塑造公司戰略」，必須詳加分析及利用 (How Competitive Forces Sharp Strategy, Michael Porter, *HBR*, March-April, 1979)。

6. 海亞斯及阿伯納斯指出因不重視營運及投資策略，而導致經濟衰退，必須好好「自我管理」(Managing Our Way to Economic Decline, Hayes and Abernathy, *HBR*, July-Aug., 1980)。

7. 彼德斯和華德門指出「追求卓越」之公司有許多可以自我學習之特色 (*In Search of Excellence*, Peters and Waterman, 1982)。

8. 迦門指出美國公司多年鬆散，輸給日本公司「生產線上的品質」(Quality on the Line, David Garvin, *HBR*, Sep.-Oct., 1988)。

9. 麥可‧波特解釋成本、差異及焦點是三大「競爭優勢」(*Competitive*

Advantage, Michael Porter, 1985)。

10.強森和卡普蘭指出傳統「會計失去要點」(*Relevance Lost*, Johnson and Kaplan, 1987)。

11.史瓦茲揭露應該重視 「女性管理者及生活新面貌」 (Management Women and the New Facts of Life, Felio Schwartz, *HBR*, Jan.-Feb., 1989)。

4.4.6 全球化及知識 (Globalization and Knowledge) 時代之理論（1987 年至 2010 年）

1.彼得‧聖吉提出永續學習型組織之「第五項修練」，重視經理人員之系統觀念（曠野觀天法）(*The Fifth Discipline*, Peter Senge, 1990)。

2.普哈拉與哈默兒認為把公司的力量集中在「公司的核心能力」上發展，其效果最大 (The Core Competence of the Corporation, Prahala and Hamel, *HBR*, May-June, 1990)。

3.卡普蘭和諾頓指出綜合衡量公司之財務及銷、產、發、人力資源等營運之「平衡記分卡」，才是反映真正經營績效 (The Balanced Scorecard, Kaplan and Norton, *HBR*, Jan.-Feb., 1992)。

4.韓第指「平衡公司的權力」，不要太集權，應多給予部屬在授權界限內的自主權 (Balancing Corporate Power, Charles Handy, *HBR*, Nov.-Dec., 1992)。

5.柯林與普拉斯認為最高領導者所設定的長遠願景及目標，會給予公司「長命術」(*Built to Last*, Collins and Porras, 1994)。

6.彼得‧杜拉克的「管理理論新典範」警告我們，說過去百年來管理假設下的七個管理原則都過時了，21 世紀的企業經理人員應該有新的管理理論新典範 (The New Management Paradigms, *Forbes*, Oct., 1999)。

7.日本大前研一說 21 世紀的新經濟將是一個「看不見的新大陸」，企業若要「如虎添翼」，迎戰新經濟，要健全本身「實體經濟」，善用「數

位科技」、「無國界」觀念，以及尋找附加價值高的「倍數」行業投資
(*The Invisible Continent*，大前研一，2000)。

8. 湯瑪‧史迪威認為 21 世紀的領袖不應只演「個人魅力」的獨角戲，仍
然要靠跟隨者的擁護 (Followership)；不要只用股票來操縱員工，善用
情緒智慧 (Emotional Intelligence) 依然很重要 ；在知識經濟及創新時
代，讓組織少許自由混亂但尚有次序，可以接受；顧客的不滿足欲望
才是公司的真正金礦，所以顧客 「關係行銷學」 (Relationship
Marketing) 是最新行銷術；產品可以死亡，但公司不能死亡，所以 IBM
要把電腦的 「硬體」（機器） 外包製造，而專注於軟體及服務
(Services)，以求公司長生，使 IBM 變成 IBS，M 指機器 Machine，S
指服務 Services (Breakthrough Ideas for Tomorrow's, Thomas A.
Stewart, *HBR*, Apr. 2003)。

9. 愛德華‧謝指明在 2010 年「進入中國是否太慢呢」？中國大陸雖是一
個崎嶇不平的市場，但您的競爭者早已進入，並搶得頭香。您的最大
錯誤就是還選擇不進去投資 (Is It Too Late to Enter China? Edward Tse,
HBR, Apr. 2010)。

企業將帥的方法論──管理科學矩陣圖

(Management Science Matrix—The Methodology of Business Commanders)

在第 3 章解釋「有效經營」(Effective Management) 的兩大目標（即「顧客滿意」及「合理利潤」）；在第 4 章介紹與達成此兩大目標有關的「手段」與「管理知識」；在本第 5 章則將這些知識簡化為「管理科學矩陣」(Management Science Matrix) 圖，並逐一展開說明兩個主要系統的詳細意思。這個矩陣圖是由兩個大系統當作「行」與「列」所構成的「行列式」。由「企業功能」系統當作水平的「行」，由「管理功能」系列當作垂直的「列」，企業將帥們若能謹記這個「企業」(Business) 與「管理」(Management) 的矩陣圖 (Matrix)，就等於掌握了企業兵法的「核心」。

5.1 管理科學矩陣圖

(Management Science Matrix)

企業將帥要怎樣做，才能同時達到「顧客滿意」及「合理利潤」的有效經營兩大目標呢？當談到有「目標」時，就要馬上想到「手段」方法，才是合格經理人員的健全思想，若是只講「目標」如何如何好，但卻不講明「手段」應如何做，則是一位空口說白話的「空心老倌」（騙子），不是合格的「專業經理人」(Professional Manager)。

達成有效經營目標的「手段」，就是要健全「企業功能體系」(Business Function Systems) 及健全「管理功能體系」(Management Function Systems)，進而善用「廣義」的「管理科學矩陣」(Management Science Matrix)。此處所謂「廣義」，是指「管理科學」(Management Science) 一詞，在學術派別上，另有其「狹義」的意義。在眾多企業管理「觀念」(Concept)、管理「原則」

(Principles)、管理技巧 (Techniques) 中，屬於「數量性方法」(Quantitative Methods) 者，稱為「狹義」管理科學，也叫「應用管理數學」(Applied Mathematics)。

但在企業管理中的觀念、原則、技巧中，有更多是屬於「非數量性方法」(Non-Quantitative Methods) 者，如組織設計、權責劃分、選才、用才、育才、留才、晉才、指揮、領導、溝通、協調、獎勵、糾正等等，就不能稱為狹義的管理科學。所以用「廣義」的管理科學來包括「數量性方法」及「非數量性方法」。這些方法都是「企業功能體系」及「管理功能體系」的「工具」(Tools)。凡是「工具」都是屬於「中性」的，非酸非鹼，任由能幹的經理人員操縱運用，就如同水，也是工具，能載舟也能覆舟，皆有可能，端視使用「工具」之人的能力而定。

5.1.1 認識企業功能系統的五官六識
(Five-Organs and Six-Senses of Business Systems)

企業五功能及企業八功能

「管理科學矩陣」是以「企業五功能」（行銷、生產、研發、人資、財會）當水平橫座標，以「管理五功能」（計劃、組織、用人、指導、控制）當垂直縱座標，所構成的一個 5×5 行列式，如圖 5-1 所示。企業五功能在 21 世紀「虛擬經濟」(Virtual Economy) 及「知識經濟」(Knowledge Economy) 裡，可以再細分為企業八功能，則為行銷、生產、採購（委外生產）、研發、人事、財務、會計及資訊。採購（委外生產）是從生產功能分出來，財務、會計、資訊則從財會功能分出來。在本章，為了縮小篇幅，所以仍然採取「企業五功能」來和「管理五功能」相對稱。

「企業」(Business) 二字是泛指「一群人為了共同目標，而聚集在一起（指『企』，人止謂之『企』），長時間從事一件工作（指『業』，業力、業農、業工，『業精於勤，荒於嬉』）」。所以所有農、工、商的銷產活動單位，都可

以稱為「企業」，都是指追求「顧客滿意」及「合理利潤」的人的組織體。

「企業」 法人和自然 「人」 (Human Being) 一樣 ， 是屬於有機體 (Organic)，有生命 (Life)，求生存 (Survival)、求成長 (Growth)。企業法人和自然人都有「五官」、「六識」（另有說法，人除有六識外，尚有第七莫那識、第八阿拉耶識）。自然人的五官就是「眼」、「耳」、「鼻」、「舌」、「身」等五個器官，每一個器官都有收集情報、反應、呈報、接受指揮的功能，形成「第一識」、「第二識」、「第三識」、「第四識」及「第五識」作用 (Functioning)，即「色」、「聲」、「香」、「味」、「觸」五識。再加上隱藏在腦殼內的「大腦」器官（即「意」）的「分別」指揮作用之第六識「法」，形成自然人的「五官」、「六識」。五官是從外面看得到的「器官」(Organ)，六識都是「作用」，雖看不到，但會有感覺 (Sense)。

企業功能 管理功能	1.行銷	2.生產	3.研發	4.人資	5.財會
1.計劃 (Planning)	◎→ ↓	→⊙→ ↓	→⊙→ ↓	→⊙→ ↓	→⊙ ↓
2.組織 (Organizing)	· ↓	· ↓	· ↓	· ↓	· ↓
3.用人 (Staffing)	· ↓	· ↓	· ↓	· ↓	· ↓
4.指導 (Directing)	· ↓	· ↓	· ↓	· ↓	· ↓
5.控制 (Controlling)	·	·	·	·	·

註： 1.◎──指市場（供需）及大環境的調查、分析、預測及行銷目標手段的計劃（策劃、規劃）。

2. ⊙──指生產、研究、人資、財會之目標及手段的計劃。

3. •──指決策、協調、資源使用之系統性思考。

圖 5-1　管理科學矩陣圖 (Management Science Matrix)

（由「企業五功能」與「管理五功能」交叉合成「管理科學矩陣圖」）

企業五官：銷、產、發、人、財（陽顯功能）

企業功能體系和人體系統一樣也有「五官」及「六識」，那就是「行銷」(Marketing) 器官、「生產」(Production) 器官、「研究發展」(R&D) 器官、「人資」(Personnel) 器官，或稱人力資源 (Human Resources)、「財會」(Finance and Accounting) 器官，簡稱為「銷、產、發、人、財」五個外人看得到的陽顯器官。

每一個器官都有其主管人員，發揮應有的功能作用。例如行銷官的作用是「顧客及競爭」；生產官的作用是「加工及採購」；研發官的作用是「未來及創新」；人資官的作用是「穩定軍心士氣及新血輪」；財會官的作用是「血液金錢及神經（資訊）」。五官五作用形成「五識」，再加上隱藏在公司頂層總部之「總經理」（General Manager；簡稱 GM）及董事會的主持全局、綜合判斷、企劃指揮控制之第六識，也形成企業的「五官」、「六識」。

5.1.2 管理功能體系的五官六識
(Five-Organs and Six-Senses of Management Systems)

「管理」就是「水泥」，發揮凝聚力

前曾一再提及，「管理」(Management) 泛指「上級主管人員（即人上人），經由下級部屬（即人下人）來完成工作目標（指公、私、社會三目標）之系列活動」。「管理」是發揮群力的「凝聚力」，就像鋼筋混凝土中的「水泥」(Cement)，用來凝聚細沙、碎石及鋼筋的力量，形成比石頭還堅固有力之建築材料。若沒有「水泥」的凝聚作用，細沙、碎石、鋼筋各自分離，形成一盤散沙；風吹沙散，石走，鋼筋孤立，毫無功用可言。一群技術人員若沒有管理的凝聚作用，就如同一盤散沙，毫無力量可言。所以「管理」就是「水泥」，力量甚大。沒有「水泥」、沒有「管理」，不會發揮凝聚力；人多，資源多，只是散沙而已，以前的「大」印度被「小」英國統治；以前的「大」

清帝國被列強分割，就是「散沙」無「水泥」的結局。

　　「管理」也是和「人」一樣，是有機體，有生命，會成長。如前所述，人有「五官」、「六識」，管理功能體系也有「五官」、「六識」，其中「五官」就是「計劃」(Planning) 器官、「組織」(Organizing) 器官、「用人」(Staffing) 器官、「指導」(Directing) 器官、「控制」(Controlling) 器官，簡稱為「計、組、用、指、控」五個外人看不到的陰密的功能「器官」(Organ)。每一器官都有其功能「作用」(Function)。例如計劃官的作用是「目標及手段」；組織官的作用是「結構及權責」；用人官的作用是「才幹及品德」；指導官的作用是「身教及言教」；控制官的作用是「回饋、糾正及獎懲」。五官五作用，形成五識。再加上「目標管理」（Management by Objective；簡稱 MBO）在各功能背後的綜合研判指揮作用，追求「顧客滿意、合理利潤」之第六識，也形成管理的「五官」、「六識」。茲將自然人、企業法人及管理系統三者之五官、六識對照如表 5–1。

表 5-1　自然人、企業法人及管理系統之五官、六識對照表

五官 (Five-Organs)	第一官	第二官	第三官	第四官	第五官	第六官 （外面看不到）
自然人	眼	耳	鼻	舌	身	（大腦） 意
企業法人	銷	產	發	人	財	總經理及董事會
管理系統	計	組	用	指	控	目標管理 (MBO)

六識 (Six-Senses)	第一識	第二識	第三識	第四識	第五識	第六識
自然人	色	聲	香	味	觸	法 （方法、主意）
企業法人	顧客及 競爭	加工及 採購	創新及 未來	士氣及 新血	資金及 資訊	企控指揮
管理系統	目標及 手段	結構及 權責	才幹及 品德	身教及 言教	回饋、糾 正及獎懲	顧客滿意及 合理利潤

5.1.3 建立「行銷導向」的完整企業五功能體系為第一要務
(Marketing-Oriented Complete Business Five-Function Systems)

要「完整」，不是「破碎」

在企業功能方面，現代化有效經營的第一作法，是建立以「行銷」、以「顧客」、「競爭」、「市場」為領導方向，所形成之「銷、產、發、人、財」之「完整」企業五功能體系 (Completed Marketing-Oriented Business Function Systems)。反之，若建立以「生產」、「採購」、「財務股市操作」為「導向」的企業功能體系，就是不知「客戶行銷」領先「生產製造」，不知「生產製造」領先「購料」，不知「企業」領先「炒股」的老舊、落伍、新潮不穩之「破碎體系」 (Fractured System)，不僅不會成功，反而一定失敗。若是有什麼人，想追求最有效的「無效經營之道」，就利用這些破碎的體系來經營企業就可以了（一笑）！

在這個現代完整的企業功能體系裡，「行銷」功能走第一是老大哥，當前線的第一前鋒，知己知彼，逢山開路，遇水架橋，開創市場。「生產」功能走第二，當二哥，為中鋒（當第二前鋒），以高品質低成本的產品，支援行銷第一前線。「技術」的研究發展功能配合銷售及生產，走第三，當三哥，為中衛，改良創新產品、原料、生產設備、生產製造過程、檢驗方法，支援生產（中鋒）及行銷（前鋒）。「人資」行政功能，服務全公司，走第四，為四弟，為後衛，使前鋒、中鋒、中衛作戰人員「無後顧之憂」，並培植新一代人才。「財會」功能配合整體，走第五，為五弟，為守門員，控制風險，供應全企業成本資訊、決策諮詢與金錢血液。

企業五功能之「完整」系統關係如同英式足球球賽（11 人）安排，前鋒（行銷），中鋒（生產），中衛（技術研發），後衛（人事行政）及守門員（財

務會計），定位有序，除了後衛及守門員外，其他人員，依情況優劣，向前（敵營）積極進攻推動，或向後（本營）撤退防禦，「動態移動」(Dynamic Movement)，或前或後，形成一體。企業有效動態經營，要像足球隊，全隊移動，不能像棒球隊，固守各壘包。

5.1.4 建立「計劃導向」的完整管理五功能體系為第二要務
(Planning-Oriented Complete Management Five-Function Systems)

管理五官：計、組、用、指、控（陰密功能）

在管理功能方面，現代有效經營的作法，是以「計劃」（包括策劃及規劃） 為導向之完整管理功能體系 (Completed Planning-Oriented Management Systems)。反之，若以「組織」、「用人」、「控制」 為「導向」的管理功能體系就是「無事設結構」、是「因人設事」、「不走路先煞車」的老舊、落伍、浪費、失敗的「破碎體系」，不僅不會成功，反而一定失敗。也是最有效的「無效經營之道」（再一笑）！

「好的開始」是「成功的一半」

在這個現代完整的管理功能體系裡，有如在團隊作戰時，「計劃」功能走第一，即 「定大計」，包括設定 5 年或 10 年中長期 「策略計劃」(Strategic Planning) 以及實施年度 「目標管理」、「參與管理」 (Management by Participation ； 簡稱 MBP)、「授權 （留責） 管理」 (Management by Delegation；簡稱 MBD)。

好「計劃」即是好的管理開始，是「成功的一半」走第一。「組織」功能緊跟計劃功能走第二，即「設組織」，因「事」(Jobs) 設「職位」(Positions)，因「職」設「結構」(Structure)，做好合作、協調、溝通、報告之「骨架結

構」及「神經系統」。「用人」功能配合「計劃」及「組織」功能走第三，即「明用人」，因職求人，因事所需尋求具有「才」、「品」、「學」、「精」、「力」五條件適當之賢能人才，使「賢」者任主管職位，使「能」者任部屬及幕僚職位（賢者在位，能者在職）。「指導」功能再配合前三功能走第四，是主管與緊接部屬「天天見面」(Day-to-Day) 的指揮領導工作，即「勤指導」。主管在「領導」(Leading) 時，在部屬「前面」，主管在「指揮」(Commanding) 時，在部屬「後面」。以身作則（即身教）時，在部屬前面。以書面及口頭的溝通、鼓勵來指揮（即言教）時，在部屬後面。

「君」、「親」、「師」、「友」之指導

主管人員對自己的部屬要「作之君」、「作之親」、「作之師」、「作之友」（即儒家君、親、師、友四倫），使部屬心悅誠服，獲得「萬眾一心」的認同感，朝向既定之目標努力。「控制」功能是殿後的管理工作，走第五，即「嚴賞罰」，實施「成果管理」(Management by Result；簡稱 MBR) 四步驟：⑴要求工作活動的資訊快速回饋 (Feedback)；⑵詳加比較分析 (Analysis)；⑶檢討成敗原因 (Review)；⑷施以獎懲及糾正 (Reward-Punish and Correct)。在糾正時，多用在運行中之汽車「方向盤」(Steering Control) 式之小控制，少用突然「煞車式」(Stop-Control) 之大控制。

「執行力」壓倒「企劃力」及「控制力」

在管理五功能中，「計劃」是事前用腦的決策功夫，佔主管人員工作時間不多約 5%。「組織」、「用人」、「指導」三者是「事中」執行功夫，佔時最多，佔主管人員工作時間約 90%，其中，「組織設計」佔時不多，約 2%，「用人」、「選才」佔時約 2%，「指導」最花時間，佔時約 86%。「控制」是「事後」考核糾正獎懲功夫，佔時約 5%。這些用時的比例很重要，在前面已稍提過。

「計劃」(Plan)—「執行」(Do)—「考核」(See) 的前、中、後連貫管理

活動，在中國古代亦稱「行政三聯制」，就是現代完整管理五功能（計、組、用、指、控）體系的另一個化身。主管人員應該把時間注重在「力行」（執行）上，才是管理要訣的精髓，所以在 1954 年彼得‧杜拉克寫《管理實踐》(*The Practice of Management*) 一書時，就直指管理的核心是「實踐」（力行、執行），不是說道理。但是在實際社會活動上，有很多人把很多時間（例如 90%）放在計劃、辯論、開會上，把很少時間（例如 10%）放在執行上，所以常常失去執行時機而失敗，形成所謂「坐而言一百」，不如「起而行一個」。有效管理的真正要訣在「實踐」(Practice)，在「執行」(Doing)，所以時間要佔 90% 以上，至於事前之計劃及事後之控制只各佔 5% 就夠了。這就是為什麼「執行力決定成功」從古至今一再被傳誦的原因（見圖 5–2）。

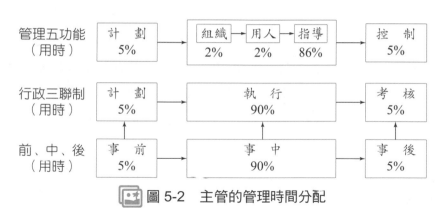

圖 5-2　主管的管理時間分配

5.1.5　縱橫兩座標形成管理科學「矩陣圖」
(The Formation of Management Matrix)

5×5「管理矩陣圖」就是「有效經營」手段

把企業功能體系「銷、產、發、人、財」的五個「做事」功能 (Doing Things)，當作橫座標，把管理功能體系「計、組、用、指、控」的五個「管人」功能 (Managing People)，當作縱座標。縱橫兩座標所畫出來的 5×5 概念

性「管理科學矩陣圖」（見前圖 5-1）就是企業將帥（總經理、總裁）可以通用於任何行業的「有效經營」（Effective Management）手段，用之以達成「顧客滿意」（Customer Satisfaction；簡稱 CS） 及 「合理利潤」（Reasonable Profit；簡稱 RP）之目標。其通用性如同《西遊記》小說裡，釋迦牟尼（悉達多） 的雙重「五指山」（Five Finger Mountain）。企業五功能體系是第一個「五指山」，管理五功能體系是第二個「五指山」，兩者可用來對付各色各樣的企業經營，不論是 365 行產業，或百千萬企業、公司、機構，甚至連以前的「三教九流」以及現在的「六教十六流」皆可適用。

前已提過，所謂三教指「釋、儒、道」；九流指「官、僧、道、醫、工、匠、娼、士子、丐」；六教指「釋、儒、道、穆、基、主」；十六流指「士農工商、兵學醫卜、游俠僧道、妓丐黨閥」。也可以克服具有千變萬化難以馴服的複雜度。百千產業之企業的經營管理複雜難度，就像孫悟空那樣心猿意馬，具有神通廣大，七十二變能力，大鬧地府、天宮、水晶宮之難以駕馭，但也難逃釋迦牟尼之佛法無邊的手掌心，被一個五指山壓住，何況「管理科學矩陣」具有雙重五指山呢！一切的企業管理問題，都涵蓋在行銷、生產、研發、人資、財會以及計劃、組織、用人、指導、控制的兩套系統十大要素範圍內，當你熟悉並掌握此兩大系統十大功能交叉所成之「管理科學矩陣圖」的要義，就可以胸有成竹，順暢處理各形各色的企業經營問題。

「企業功能」是外人看得到的「做事」陽顯功能

在 「企業」「管理」 兩大體系內 （在西方把 「體系」 稱 「系統」 (Systems)） 各有五個組成因素。「企業系統」 (Business Systems) 是外人從表面看得到的企業「做事」功夫，從公司組織結構圖就可以看出企業的工作分配，是明確的，是陽顯的，包括「行銷部」（或稱營銷部、業務部、銷售部、販賣部、市場部等等名稱），「生產部」（或稱工廠、車間、製造部、加工部、操作部等等名稱），「研發部」（或稱技術部、工程部、科技部、設計部、實驗室、研究室等等名稱），「人資部」（或稱人事部、行政部、總務部、庶務部、

服務部等等名稱),「財會部」(或稱財務室、會計室、主計室等等名稱)。「財會」功能在現代的大型企業,常再細分為「財務金融」功能 (Finance)、「會計」功能 (Accounting) 及「資訊」功能 (Information)。生產功能在全球化採購供應鏈趨勢下,則再細分為「生產」功能及「採購」或委外生產 (Purchasing or Outsourcing) 功能。如此一來,原來的「企業五功能」(銷、產、發、人、財) 要變化為「企業八功能」(銷、產、發、人、財、會、購、訊)。但為了方便中國式文化的應用,在管理科學矩陣裡,還是採用「雙重五指山」的五功能概念。此說明在前面已曾提過,在此再提一次,以免因簡而失義。

「管理功能」是外人看不到的「管人」陰密功能

「管理系統」 (Management Systems) 是外人從表面看不到的 「管人」(Managing People) 去做事的「作人」(Dealing People) 功夫。在實質上,管理是真正凝聚眾力,發揮群力的原始力量,透過「計劃」、「組織」、「用人」、「指導」、「控制」(見上,簡稱為「計、組、用、指、控」) 的作用,來有效運作 「人力資源」 (Manpower)、「財力資源」 (Money)、「物力資源」(Materials)、「機器力資源」(Machines)、「技術力資源」(Method)、「時間力資源」 (Time)、「情報資訊力資源」(Information) 等企業七力資源,若加上最原始之「土地力」(Land) 資源,則成八力資源,達到有效經營目標的無形超距凝聚力。它是「隱密」的,是「陰柔」的力量,只能感覺,無法看到。圖 5–3 指出以「企業管理矩陣」來運用「企業八力資源」之關聯。

圖 5-3 「企業管理矩陣」與「企業八力資源」之關係

5.1.6 「陰陽顯密十字訣」走遍天下無敵手
(The Powerful Ten-Key Words)

「兩目標」、「十手段」就是無限心法，走遍天下無敵手

把「企業」及「管理」兩個體系的十個重要組成因素叫成一個順口咒語，就是「陰陽顯密十字訣」:「銷、產、發、人、財，計、組、用、指、控」，這十字訣就是企業將帥有效經營管理的工具。請再回憶一下，企業有效經營的「目標」為「顧客滿意」及「合理利潤」；企業有效經營的「手段」是陰陽顯密十字訣:「銷、產、發、人、財，計、組、用、指、控」。運用這十八個字的「目標」及「手段」之咒語就可以「走遍天下無敵手」了。我們這些要學習企業將帥之術的人，一定要把這些字訣背念起來，在腦裡把它們構成「雙重五指山」的「管理科學矩陣圖」，隨時浮現，當作羅盤（指南針），對照萬事萬物，看出缺點及優點，以及改進方法，它是企業管理的無限心法。

「工程」是指大工作項目

在中國大陸的社會主義社會裡，很喜歡用「工程」兩個字來強調工作的重要性，什麼「菜籃子工程」、「希望工程」、「系統工程」、「長江三峽工程」、「扶貧工程」等等。事實上，「工程」兩字是指大的項目 (Project) 工作，不是例行 (Routine) 工作，「菜籃子工程」是指提供人民豐富的禽、畜、蛋、魚、豆、菜、油、乳等等民生食品，免於飢餓的大工作；「希望工程」是指提供邊遠貧困地區學齡小孩上小學校讀書，免於文盲，有未來希望的大工作；「系統工程」是泛指新而複雜性的大工作；「長江三峽工程」是指在長江三峽截江築壩，供發電、防洪、灌溉、運輸之超級大工作；「扶貧工程」是指扶助邊緣貧困地區人民，從事比較有生產力的工作，脫離「貧民」水平。

「工程」這兩字抄自工程學院 (Engineering College)，很有力量，很有說服力。我們若把「工程」兩字也用到「企業管理」的複雜而重要的工作，「企

業功能」系統就可稱為「企業工程」,「管理功能」系統就可稱為「管理工程」,那種由「企業系統」及「管理系統」所構成的「管理科學矩陣圖」(即「雙重五指山」),也可以成為企業工程及管理工程的組合體。

　　在 2000 年 6 月 10 日北京中國工程院 (與中國科學院齊名),就正式通過設立「管理」工程學門,將來企業管理學者,就有機會成為中國工程院的院士了。在臺灣,我們已經在 2002 年成功地籌設「中華企業研究院」學術基金會,以後也可以選拔表揚對國家社會有貢獻之企業實踐者及學術者,成為「中企院」院士。

5.2 系統觀念及企業管理矩陣
(Systems Concept and Management Science Matrix)

5.2.1 好系統三要件
(Three Elements in a Good Systems)

「曠野觀天」的大格局

　　在學習圖 5–1 之企業管理矩陣圖時,千萬要小心謹慎。第一個要點,不要搞錯位置 (Position) 及順序 (Order)。我在這裡所寫的都是很嚴肅的結構,不是含含糊糊,隨手塗鴉。這是「系統觀念」(Systems Concept) 的應用,具備「系統觀念」是 20 世紀以後,每一位有大格局的領袖人物所必須有的條件。前曾提及,沒有「曠野觀天」的大系統觀念者,是沒有資格當企業將帥及國家領袖。所謂「曠野觀天」是指站在高山上觀看天地萬物,一覽無遺之系統方法。有別於曠野觀天法門的小格局看法有「密室觀天」、「隙孔觀天」、「井底觀天」及「庭中觀天」。

「因素」、「目的」及「關係」三要件

所謂「系統」(Systems) 是「泛指一群具有共同目的、互相關聯的組合因素 (A Set of Interrelated Elements with Common Objective)」。成為好「系統」的東西一定有三個條件：(1)有個別的健全「因素」(Element)；(2)有共同的「目的」(Objective)；(3)有良好順序「關係」(Relations)。企業功能系統的共同「目的」是顧客滿意及合理利潤，它的組合「因素」是行銷、生產、研究發展、人資及財會。它們的「關係」(Relationship) 是行銷走第一；生產走第二；研究發展走第三；人資走第四；財會走第五。前面已提過，如同足球賽，行銷是前鋒、領軍，生產是中鋒，研發（技術）是中衛，人資是後衛，財會是守門員，「前、中、後」動作一致對敵。這是一個完美團隊的配合關係，後面的功能支持前面的功能。最前面的行銷功能則支援外在的市場顧客，達成目標。

行銷支援市場顧客

行銷部門面對「市場」。什麼叫作「市場」(Market)？凡是買賣「交易」(Buy and Sell, Transaction) 的地方就叫市場。誰是買者 (Buyers)？「顧客」。誰是賣者 (Sellers)？「我與競爭者」。買賣雙方用個比較學術性的名詞叫作「需求者」(Demanders) 及「供給者」(Suppliers)。供給者是同行廠商，包括本公司及競爭者 (Competitors)，所以有云：「同行是冤家」。競爭者又有同行的舊競爭者 (Existing Competitors) 與新入場競爭者 (New Entrants)，以及異行的潛在替代者 (Potential Competition) 三種。在企業經營裡面，「供需」這兩個字我們不常用，因需求者及供給者是經濟學常用名詞，比較文謅謅。在企管裡，我們常用「顧客」、「競爭者」、「供應商」等名詞，這樣比較直接貼切。這三個市場名詞構成五個存在體：(1)供應商；(2)顧客；(3)現有舊競爭者；(4)潛在及新入場競爭者；(5)本企業自己。這也是著名的哈佛大學麥可·波特 (Michael Porter) 教授所提到的市場「競爭優勢」(Competitive Advantages) 中的「五力分析」對象。

波特的「五力分析」就是認識市場「供需分析」

在管理五功能系統裡，它的共同「目標」也是顧客滿意及合理利潤，它的組成因素是計、組、用、指、控。它的順序關係，是「計劃」排成老大哥，走第一；「組織」是二哥，走第二；「用人」是三哥，走第三；「指導」是四哥，走第四；「控制」是五弟，走最後。這也是完美團隊的配合關係。「計劃」在事前，「組織」、「用人」、「指導」在事中，「控制」在事後，「前、中、後」動作一致對敵。這樣排下來，老大哥（計劃）面對的是外界大「環境」及「顧客」與「競爭者」（即廣義的「市場」），所以要設計「好產品，好價格」(Good Products and Good Prices)，討得顧客的歡心，讓顧客滿意，自動拿錢買您的產品（包括有形的商品及無形的勞務）。要設法使本公司的產品品質比競爭者高，成本及價格比競爭者低，還要能賺到合理利潤。如果老大哥（指計劃）不認識顧客，不認識競爭者，不認識供應商，也不認識自己（指不知彼、不知己），那怎麼能在競爭市場上，討得顧客的歡心，來打敗競爭者呢？孫武子的兵法十三篇裡，最常提到戰場「情報」，知顧客、競爭者及知自己是打仗競爭的必勝前提，所以麥可・波特把「五力分析」當作公司「競爭優勢」的核心工作，認識市場為第一工作。他在孫子去世 2,000 多年後，提出這個老觀念，竟然成為西方世界的出名教授，可知中國的古文化有多少寶貝可以挖掘出來用。

5.2.2 將「無形」力量滲入「有形」事務
(Putting Invisible Powers into the Visible Affairs)

行銷管理五步驟

就圖 5–1 企業管理「矩陣圖」的橫座標來看，「行銷」是「企業系統」(Business Systems) 的第一位因素，和縱座標的「管理系統」(Management Systems) 五因素交叉，就衍生有「行銷計劃」(Marketing Planning)、「行銷組

織」(Marketing Organizing)、「行銷用人」(Marketing Staffing)、「行銷指導」(Marketing Directing)、「行銷控制」(Marketing Controlling) 等五個步驟，這五步驟合起來就叫作「行銷管理」(Marketing Management)。

生產管理五步驟

依次類推，「生產」是企業系統第二位因素，和管理系統交叉，衍生有「生產計劃」(Production Planning)、「生產組織」(Production Organizing)、「生產用人」(Production Staffing)、「生產指導」(Production Directing)、「生產控制」(Production Controlling) 等五個步驟，合起來就叫作「生產管理」(Production Management)。

研發管理五步驟

「研究發展」（也叫技術工程，Research and Development；簡稱 R&D）是企業系統的第三位因素，和管理系統五因素交叉，衍生有「研發計劃」、「研發組織」、「研發用人」、「研發指導」、「研發控制」等五步驟，合起來就叫「研發管理」(R&D Management)。

人資管理五步驟

「人資」(Personnel or Human Resources) 是企業系統的第四位因素，與管理系統五因素交叉，衍生有「人資計劃」、「人資組織」、「人資用人」、「人資指導」、「人資控制」 等五步驟，合起來就叫「人資管理」(Personnel Management)。

財會管理五步驟

「財會」是企業系統的第五位因素，和管理系統五因素交叉，衍生有「財會計劃」、「財會組織」、「財會用人」、「財會指導」及「財會控制」等五個步驟，合起來就叫「財會管理」(F&A Management)，可再分為「財務管理」

(Financial Management)、「會計管理」(Accounting Management) 及 「資訊管理」(Information Management)。

把「無形力量」滲入「有形事物」

把管理五功能的「無形」力量 (Intangible Things)，滲入企業五功能的有形事物內，就是「管理科學矩陣圖」雙重五指山的真正用意。因之管理科學矩陣圖有 $5 \times 5 = 25$ 格的「企業」與「管理」活動存在。通常一般人隨口稱「企業管理」，有時只指行銷計劃，有時只指生產操作或生產控制，有時只指財務計劃或財務控制……，這些都是「企業管理」兩大系統所形成之「管理科學矩陣圖」的一小部分而已。真正的企業將帥是應學得 $5 \times 5 = 25$ 格的完整企業管理兩系統的知識，才算圓滿圓覺。

5.2.3 企業敗因處處可算出
(Causes of Business Failure Everywhere)

「盆景式」企業或「插花式」企業都是失敗者

任何一個小企業創立後，生存「時間」雖長久但「規模」（指銷售及利潤）不長大，就會如同「盆景式」企業，只會活不會長，因為它的根困在盆子內，伸不到外面泥土裡去吸收水分及營養。或像養到「石頭豬」一樣，只會吃料不長肉。甚至創立後不久就死亡，如同「插花式」企業，雖曾經新鮮光耀，但七天不到就枯萎。或是任何一個大企業（不論民營或國營），創立不久，突然死亡，或輝煌一陣後，由大變小，慢慢衰亡。類似此種無效經營的失敗原因很多，都可以從「管理科學矩陣圖」內，企業五功能系統與管理五功能系統中找到。善用管理科學矩陣圖，可以用它來預測（算命）任何一個大型、中型、小型企業失敗的命運。

失敗的第一原因，是不重視、甚至忽略、輕視、缺乏「行銷為第一功能」(Marketing as the First Function) 及「行銷導向」(Marketing-Orientation) 的經營

哲學 (Management Philosophy)。

不重視「行銷」及「研發」功能，大羅神仙也救不了

失敗的第二原因，是不重視、忽略、輕視、缺乏「研究發展為傳宗接代」功能 (R&D as the Regeneration Function)，遭受「不創新即死亡」(Innovate or Die) 的災難。更嚴重的第一、第二原因併發症，是同時缺乏或忽視「行銷」及「研究發展」兩大功能，必然回天乏術，大羅神仙也救不了。

一般人大都很短視，只看「有形」(Tangible)（即是「色」），不看「無形」(Intangible)（即是「空」），所以不會忽略「生產」及「財會」功能，但會忽略「行銷」及「研發」功能，甚至會把「生產」當作企業經營的一切，這就錯捧了「生產導向」(Production Orientation) 的經營哲學。或把典當鋪老帳房式的「財會」奉為神明，使財會不受限制，任意行事，超然獨立，領袖銷、產、發三功能，決定一切，這就錯捧了「財會導向」(Financial-Accounting Orientation) 的經營哲學。當一個公司不看市場顧客需求及競爭壓力，只盲目投資，生產愈多，存貨愈多，就得死得愈快。財會本是足球隊伍「守門員」的角色，卻拿去當「先鋒」使用，不打敗仗才奇怪。

把嚴管「手續」當「目標」追求，也是會失敗

失敗的第三原因，是把小額費用的嚴厲控制審查及層層手續審批，錯當作「目標管理」(MBO) 及「責任授權中心」(Responsibility Center)，失去決策的彈性時機及執行效率，造成「浪費比貪汙可怕」(Invisible Wasting more Harmful than Visible Corruption) 的嚴重內傷，終必坐吃山空，難逃敗運。「目標掛帥，手續讓步」才是成功的正途。

把「伙伴」當「奴才」用

失敗的第四原因，就是把員工「伙伴」當「奴才」用，當長工用，當傭兵用，並且用過即丟，不尊重人性，不愛惜人才，有歧視，失民心，使前鋒

「行銷」戰士及中鋒、中衛之「生產」、「研發」等中堅幹部,「皆有後顧之憂」,終至士氣喪失,勞而無功。

沒有計劃藍圖當根據,任意行走

失敗的第五原因,是沒有以系統性之調查、分析、預測 (Systematic Survey-Analysis Forecasting) 之專案投資計劃 (Investment Plans),專案產品開發計劃 (Product Development Plan),專案市場開拓計劃 (Market Development Plan),以及例行性之五年計劃 (Five-year Plan) 及年度目標管理計劃 (Annual Plan─MBO Programs) 等等,作為統率全軍作戰之指揮、領導及控制之藍圖依據,而頭腦空空,任意行走,當然會浪費、虧損,以致敗亡。

高階主管不長進、不讀書,被時代拋棄

失敗的第六原因,是公司最高層主管自認天縱英明,自認天帝永加照護,自認幸運之神長駐他家,因之不長進、不讀書、不學藝、不參加研討會、不吸收新知識。對公司營運隨性、隨意施加控制,改變計劃,自行破壞制度;迷信風水、面相、占卜問卦,不做理智決策,不願集思廣益,也不願建立與時俱進之作業制度,最後導致「江郎才盡」,「兵敗如山倒」。

「因人設事」,患上人事癌症

失敗的第七原因,就是因「人」設事;而非因「事」尋人,胡亂安置職位,隨意任用有血緣關係之親戚及有地緣關係之同鄉故人,甚至濫用無血緣、無地緣關係、無賢才的政黨軍團關係人員。一個公司用人不求「賢才」,而濫用「庸才」之親朋好友,讓他們霸佔重要職位,致使公司萬事由惡人為。普遍用人不淑,就是公司的人事癌症,必然走上必敗之道。

不用書面化制度管理(法治)

失敗的第八原因,是不用正式書面化管理制度 (Written Management

Systems)，更放棄「電腦化管理作業制度」及網際網路等資訊技術 (Information Technology)，不舉行定期性之「企劃控制檢討會」(Planning Controlling Review Meetings) 等之「法治」制度，而隨意下令，隨意更改原已定案之作業制度，讓部屬感到丈二金剛摸不著頭腦（亦即「人治」過頭）。一個動態性管理的公司，不可以百分之百「法治」，但也不可以百分之百「人治」。正常的比例是「法治」佔 80%，為中基層之例行業務，「人治」佔 20%，為高階反應環境變化之例外業務。換言之，法治（制度化）是例內管理，人治（對付環境變化）是例外管理。「例外管理」的情況不能太多，否則就變成「亂點管理」。

沒有「君、親、師、友」之指導

失敗的第九原因，是沒有作為員工榜樣之「作之君」、「作之親」、「作之師」、「作之友」之道，所任用之各級主管人員既不能「以身作則」領導部下，亦不能「指揮」命令部下，達不到「萬眾一心」的效果，反而造成「千萬將帥千萬心」之紛擾，使員工成為一盤散沙，工作效率隨風飄散，有成本，無效益，「人多吃倒山」而已。

未善用「賞罰」兩權柄

失敗的第十原因，是高階主管自行失落「賞罰兩柄」（借用韓非子向秦王政進言之語，曰治國要道賞罰兩權柄）。「獎賞」(Rewarding) 指增加部屬喜歡的東西，或減少部屬不喜歡的東西；「懲罰」(Punishing) 指減少部屬喜歡的東西，或增加部屬不喜歡的東西。賞罰若不依據事實的業績表現，或實施時間不夠快速，或數量不夠寬厚，甚至賞罰方向顛倒，造成對好人不好，對壞人好，或對好人雖好，但對壞人更好之乖離現象，會使員工寒心，不願冒險犯難，奮力奪取勝利。以上十點只是根據矩陣圖的要素，隨意舉出十個最常見的企業失敗原因，若再詳細分析，更可舉出一百個造成失敗的可能原因，企業經營要成功很困難，要失敗很容易，這也是講求企業將帥之道之所以可貴的地方。

5.2.4 「首、身、尾」動作一致,雙龍搶珠
(Head-Body-Tail Synchronization)

「雙龍搶珠」飛龍在天

在「管理科學矩陣圖」中,提出兩套系統觀念,第一套是企業系統,以「行銷導向」為龍頭,帶領「生產製造」、「研發技術」、「人資」、「財務會計」等依序而行之龍身及龍尾,「首、身、尾」三者應該動作一致。此順序關係錯不得,否則「系統」就不運作。第二套是管理系統,以「計劃導向」(Planning-Orientation)為龍頭,帶領「組織」、「用人」、「指導」、「控制」等依序而行之龍身及龍尾,也是應該「首、身、尾」三者動作一致。此順序關係也錯不得,否則「系統」也不運作。當兩套系統都能健全運作時,就是「雙龍搶珠」飛龍在天了。

「化無為有」及「化小為大」是積極慈善家

所以,誰能理解、能掌握、能有效運用,並長期堅持「管理科學矩陣圖」的真意,誰就能「化無為有」(從無中創出事業),「化小為大」(經營成功,事業壯大),在逆水中行舟,在不景氣中成長,既能「長生」不死,又能「長青」欣欣向榮,成為民富國強,富國強兵的貢獻者,成為社會上最大積極性的慈善家,能創造就業機會,使大家安居樂業,國泰民安,使大家貢獻多多,比一般社會上的救急、救難、濟貧、解痛的慈善機構更有貢獻。

5.2.5 「兵分兩路」讀矩陣
(One-Point Two-Way Path)

「行銷計劃」是龍頭的龍頭

再看「管理科學矩陣圖」,企業五功能與管理五功能兩者所交叉形成的

$5 \times 5 = 25$ 格，每一格都是一個重要的企業管理活動手段。

1. 左上端的第一行第一列「行銷計劃」是 25 格的龍頭的龍頭。「行銷計劃」做好之後，兵分兩路，向右走，用來指導「生產計劃」。向下走，用來指導「行銷組織」、「行銷用人」，一直往下，到「行銷指導」及「行銷控制」。行銷「計劃、組織、用人、指導、控制」五者合稱行銷「管理」。

2. 同樣的，第二行第一列「生產計劃」做好之後，也是兵分兩路，再向右走，用來指導「研究發展（工程技術）計劃」。向下走，用來指導「生產組織」、「生產用人」，一直往下，到「生產指導」及「生產控制」，完成生產「管理」。

3. 「研究發展計劃」（第三行第一列）做好之後，也是兵分兩路，再向右走，用來指導「人資計劃」。向下走，用來指導「研究發展組織」、「研究發展用人」，一直往下，到「研究發展指導」及「研究發展控制」，完成研究發展「管理」。

4. 「人資計劃」（第四行第一列）做好之後，也是兵分兩路，再往右走，用來指導「財會計劃」，向下走，用來指導「人資組織」、「人資用人」，一直往下，到「人資指導」及「人資控制」，完成人資「管理」。

5. 「財會計劃」（第五行第一列）做好之後，往下走，用來指導「財會組織」、「財會用人」，一直往下，到「財會指導」及「財會控制」，完成財會「管理」。五次「兵分兩路」完成 $5 \times 5 = 25$ 格管理科學矩陣圖的關係順序系統。換言之，管理科學矩陣圖強調第一列的「行銷計劃」、「生產計劃」、「研究發展計劃」、「人事計劃」、「財會計劃」的企業功能水平方向順序，也強調各企業功能內「計劃」、「組織」、「用人」、「指導」、「控制」的管理功能方向順序（有關「兵分兩路」閱讀法在本章 5.3.5 節有更詳細說明）。

5.2.6 賺「管理錢」，路遙知馬力
(Making Management-Money for Long-Run Competition)

經營企業如同跑「馬拉松」

什麼人在企業經營事務上，違反這兩個系統（指「企業功能」及「管理功能」的「共同目標」(Common Objectives)、「健全因素」(Sound Elements) 及「方向關係」(Right Relationships) 三要件），什麼人就會失敗，不管他是靠官商特權勾結關係（即指靠「政府」賺錢）、市場冒險新進機運（即指靠「機會」賺錢）、股票市場包裝操作（即指靠「印股票換鈔票」賺錢），都抵不過「人亡政息」、「機運來成功，機運去失敗」、「時來石換金，時去金換石」、「賭運來大賺，賭運去大虧，久賭必輸」等等鐵律的考驗。唯有「路遙知馬力」，講求點點滴滴「合理化」(Rationalization) 的有效經營管理，才能有耐力跑 50 公里「馬拉松」(Marathon) 長程競賽勝利，即指靠「管理」賺錢。

天下賺錢四途徑

綜觀天下企業賺錢法有四途：(1)賺「政府錢」(Government Money)，雖容易但不可靠，並且很危險，常犯法終結；(2)賺「市場機運錢」(Market Chance Money)，好機運發財，壞機運破財；(3)賺「管理錢」(Management Money)，靠點點滴滴合理化，要很勤奮，路遙知馬力；(4)賺「炒股票錢」(Stock Market Money)，賭運來衝破天，賭運去跌破地。

歷盡滄桑，看來看去，只有第(3)種錢（管理錢）才是真正企業有效經營所應賺的「苦錢」，也是「甜錢」，是最可靠的。當一個企業能賺第(3)種「管理錢」時，就立於不敗之地，他就有機會去賺第(1)種錢（政府錢）或去賺第(2)種錢（市場機運錢），或去賺第(4)種錢（炒股票錢）。賺第(3)種辛苦錢是錦上添花的「錦」，賺第(1)種、第(2)種及第(4)種錢是添花的「花」。世間事若能夠「錦上添花」最理想，退一步，有「錦」無「花」也不錯。但千萬不可有

「花」無「錦」，因花的生命短暫而不可靠。

5.2.7　管理靈魂在決策、協調及資源運用
(D-M, Coordination and R-Utilization the Core-Spirit of Management)

管理「三靈魂」處處存在

在矩陣圖 $5 \times 5 = 25$ 格內，每格都有一「點」，每一點都包括有「決策」(Decision-Making)、「協調」(Coordination) 及「資源運用」(Resources Utilization) 之系統性考慮。這種系統性考慮 (Systems Thinking) 就是管理的真正靈魂。

「決策」泛指「選擇一個對策（方法）來解決問題的用腦過程」(The Mental Process of Selecting One Alternative Course of Action to Solve Problem)。「協調」泛指「平行單位互相讓步協同步伐，調整次序關係的溝通過程」(The Communication Process of Mutual Adjustments of Action Order Relationships)。「資源運用」泛指「主管人員支配八力資源成本，來達成目標使命之計算過程」(The Calculation Process of Using Eight Resources to Reach Objectives)（較詳細說明請見本章 5.4 節）。「決策」、「協調」、「資源運用」都要利用「投入－產出」、「成本－效益」分析。本書在第 1 章曾以〈無限思考的源泉〉為題討論「投入－產出」(Inputs-Outputs) 及「成本－效益」(Costs-Benefits) 這兩個普羅大眾性大觀念，因為它們隨時隨地存在「企業」與「管理」兩大系統活動中。

坐擁浩瀚企業將帥知識 625 格

在矩陣圖 $5 \times 5 = 25$ 格企業五功能系統及管理五功能系統中，每一功能可再分為五個次級系統來討論，譬如在企業系統中，「行銷」功能可再分五個次級功能，「生產」功能也可再分五個次級功能，「研究發展」、「人資」、「財

會」功能依理下推。又如在管理系統中，計劃功能可再分五個次級功能，「組織」功能再分五個次級功能，「用人」、「指導」、「控制」功能依理下推。如此，這個矩陣圖 5×5 = 25 格，可以再細分為 5×5×5×5 = 625 格，但在圖上，因若再畫出 625 格，會太細小，看不清楚，所以不再畫出，只在這裡提一提，等大家在後面第 6 章、第 7 章詳細研討每一功能再細分次級功能時，就會知道。當你掌握此 625 格的典範知識及新技術工具，你就會成為一個坐擁浩瀚企業將帥知識的大能者。

5.3 善用「企業五指山」及「管理五指山」
(Better Use of Business and Management Functional Systems)

🏃 5.3.1 「行銷老大當領袖」是成功的第一步
(Marketing the Lead of Success)

📈 總經理充當最高行銷員，總統、首相都應該有「行銷第一」的哲學

現在讓我們逐一概略性說明有效經營的心法，依然用圖 5–1「管理科學矩陣圖」當作架構。從 20 世紀中葉至目前 21 世紀開始，在現代「行銷導向」(Marketing-Orientation)、「市場導向」 (Market-Orientation)、「顧客導向」(Customer-Orientation)、「競爭導向」(Competition-Orientation) 的經營哲學裡，讓行銷管理站在公司經營的第一線 ，由總經理充當最高行銷員 (Top Marketing Man)，帶領全公司各部門上下人員，支援行銷部人員，做好「行銷管理」工作，就是公司經營成功的第一要訣。這個第一要訣除應驗在各傳統經濟及新經濟的各行各業 「營利性」 之企業公司 (Profit-Seeking Business) 的總經理、總裁外，也應該應用到「非營利」事業 (Non-Profit Institution)，如大學校長、醫院院長、政府機關首長、慈善機構主持人，甚至包括一個國

家的總統、首相，都應該有「行銷第一」的哲學。

在行銷管理的工作中，第一要做「計劃」，即市場行銷計劃。在早期中國大陸的社會主義採取「計劃經濟」制度 (Planned Economy)，各企業就不是以市場行銷計劃為開頭，而是以「生產計劃」為開頭，把政府的分配命令當作市場銷售去路，所以企業和市場顧客脫節，注定要失敗。鄧小平看到這個致命傷，才在 1978 年大膽提出「改革開放」，要走市場經濟制度，就我從 1987 年進入中國大陸行走至今的個人觀察，「改革開放」至今（2014 年）走了 34 年，才改變中國大陸經濟企業有效經營作法約 10%，就已經成為世界第二經濟強國，人均所得達到 6,000 美元以上，約為美國的十分之一。

「知己知彼」的行銷情報

要做市場行銷計劃的第一件事，就是「知己知彼」，也就是市場情報知識的調查、分析、預測等研究，簡稱為「市場研究」(Market Research)。在設定公司未來 5 年期及 1 年期之銷產目標及策略手段（合稱「計劃」）之前，一定要先知道四大知識，即⑴市場上的主要「顧客行為」的趨勢；⑵主要「競爭者行為」趨勢；⑶政、經、法、技、人、文、社、教「大環境變化」趨勢；⑷「自己」的銷、產、發、人、財之能力趨勢等等。

通常這些寶貴的情報知識並不是乖乖放在那裡，等您免費去取用，而是不知所在，需要您花時間、花成本去「尋找再尋找」(Search and Search)，叫作「研究」(Research)。需要「研究」的東西，通常一般人都不知道，若是一般人都知道的事情，就不用做「研究」了，隨手翻出統計數字，眾人皆知的事，還需什麼研究呢？「研究」是專指「尋找不知道的東西」。通常「研究員」(Researcher)、資深研究員 (Senior Researcher) 等於教授 (Professor)、資深教授 (Senior Professor)、講座教授 (Chair Professor)，在國外是很崇高的，不是隨便的名銜。

🏃 5.3.2　市場研究三步驟：調查現況、分析因果、預測未來
(Three-Step Research: Investigation-Analysis-Forecasting)

市場研究做三件事情：⑴調查現況 (Survey or Investigation)；⑵分析因果 (Analysis)；⑶預測未來 (Forecasting)。

◆「市場調查」有別於「政治調查」

首先談「調查」。「調查」這兩個字有很深的意義，像早期蔣介石在中國大陸領導之國民黨政府，非常重視調查，以鞏固政權。它有兩個政治情報調查系統：⑴由戴笠主持之軍事委員會調查統計局（簡稱軍統局）；⑵由陳果夫、陳立夫主持之中央委員會調查統計局（簡稱中統局），軍統及中統互不隸屬，但都向蔣介石委員長主席報告並受其指揮節制。兩者都是很令人民害怕的恐怖單位。又像現在美國司法部調查局（Federal Bureau of Investigation；簡稱 FBI）、美國國務院的中央情報局（Central Intelligent Agency；簡稱 CIA）、臺灣司法部調查局、香港廉政公署等等，都是針對犯罪及政治陰謀的調查，很有權威性。而「市場調查」(Market Survey) 則是公司專對某特定產品行業之「供需市場」現狀資料的蒐集，沒有政治、軍事調查那樣有行政權威性，主要以「顧客」情況及「競爭者」情況為蒐集中心，查明他們的消費、購買及競爭行為。

📈 調查「現況」是市場研究的第一步

「市場調查」依所要資料取得來源分，有「初級資料」(Primary Data) 調查及「次級資料」(Secondary Data) 調查（如統計報告、雜誌、文章）。「初級資料」又稱「一手資料」或「原始資料」(First Hand Data)，其取得最困難、最寶貴，係專為自己的目的而蒐集；「次級資料」又稱二手資料，是別人為他們自己的目的而蒐集，但事後可供我們使用，取得成本及時間較低、快。

◆「觀察法」最客觀

市場原始資料調查又有四種方法。第一，觀察法 (Observation Method)。

調查員站在一邊,不問不講,只用眼睛觀察,看這些樣本人物的行為 5 天、10 天或 100 天,記錄下他們說什麼話,做什麼事。調查員只觀察樣本對象 (Sample Targets) 的行動,不會引起對方注意及反抗,其所得資料最客觀。

◆ 「當面訪問」的成本比「電話訪問」高

第二,當面訪問法 (Interview Method),指和樣本對象當面談話,面對面的問答,並記錄下答案在問卷上。「訪問」法比「觀察」法可以看出樣本對象的特異現象。觀察法能知道他們幹什麼 (What),但不知道他們為什麼這麼幹 (Why)。譬如您觀察到大家都喝礦泉水,不喝可樂,但不知為什麼如此做。您若面對面訪談他們「您為什麼喝礦泉水,不喝可樂?」他們可能回答「我也不知道原因,因大家喝礦泉水,我也跟著喝礦泉水」。有的可能回答說「我怕」,因為可樂是黑色的,喝下去黑色液體之後放出來的尿是白色的,黑色一定留在身上好可怕,所以可樂市場因為顏色問題變化很大。賣白色飲料的人打擊賣黑色飲料的人,就用這個方法。生意是千變萬化的,做生意的人,一定要瞭解客戶行為,才能設計出正確行銷策略。

第三,電話訪問法 (Telephone Interview Method)。指調查員打電話問對方幾個簡單問題,把答案記在問卷上。電話訪問不可長談,否則對方會感到厭煩。「當面訪問」比「電話訪問」成本高,但可以多問一些問題,得到多一些資料。

◆ 郵寄問卷最花設計功夫

第四,郵寄問卷法 (Questionnaire Method)。把「問題」(Question Items) 及可能答案種類 (Answer Alternatives) 設計完好,讓人一目了然,寄去家裡或辦公室,請要收集資料的樣本對象人物撥空填寫,再收回問卷。郵寄問卷可以多問一些問題,但問卷設計要用心,使問卷能「自我說明」(Self-Explain),才能提高回卷率。

初級資料調查的四種方法,其強弱、時間成本及可靠度不一,所以四者可以混合使用,但都是要用統計抽樣方法 (Statistical Sampling),把受訪者對象、特性、樣本大小及名單確定,才能進行實地調查訪問,以得到比較可靠

(Reliable) 的資料，來推測 (Inference) 群體的代表性情況。

◆ 全查與抽樣調查

用實際現場調查法 (Field Survey) 來進行一手原始資料的蒐集，叫作「調查研究」(Survey Research)，是社會科學研究中最科學的方法，比找二手（次級）資料，抄錄剪接之「圖書館式研究」(Library Research) 高一級。依受調查的對象（顧客、競爭者）人數多寡，有全查 (Census Survey) 及抽樣調查 (Sampling Survey) 兩類。「抽樣」調查是一種統計理論上比較深，作業程序比較複雜的方法。美國總統選舉或各國大小選舉，在事前常做「民意調查」(Opinion Survey)，就用這種抽樣調查方法，從「小樣本」(Small Sample) 來推測「大群體」(Big Population)。美國有 3 億多人口，就是只抽樣調查 1,000 多人的意見，來預測全體的走向。事前訪問樣本選民，再做群體推測，預測哪個黨會贏、哪個黨會輸，和事後的選舉結果對比，都很準確。

📈 分析因果是市場研究的第二步

市場研究的第二步是「分析因果」(Cause-Effect Analysis)。指實地調查後，若有五十種現象，個別百分比高低也算出來，就可以做統計分析。看各種現象之間的「關係」(Relationship) 是怎麼樣？這是要做「交叉」分析 (Cross-Analysis)，才能知道彼此有「因果關係」或有「湊巧關係」(Correlation or Association)。「交叉」分析可做兩項交叉、三項交叉、四項交叉。交叉項目愈多，提供的信息愈多，但計算也愈複雜，就要用數學 (Mathematic) 方法及計算機 (Computers) 來幫忙。但在交叉分析時，千萬不要「為數字而數字」，忘掉了原本要追尋的目標，就糟糕了。請謹記數字分析只是手段而已，不是目標。但因為有很多人偏愛「數字」科學，以玩弄數字為樂，鑽入牛角尖，忘了跑出來。

📈 預測未來是市場研究的第三步

市場研究的第三步是「預測未來」趨勢 (Forecasting the Future Trends)。

當顧客或競爭者「行為現象」好不好已經調查出來了,「因果關係」明白不明白的原因也找出來了,還要再預測未來趨勢會怎麼樣變化,能不能預測 2 年、5 年、10 年呢?若不能預測未來,則「行銷計劃」的下一步工作——「目標手段的計劃」,就做不下去了。

5.3.3 依「客觀」事實設定「主觀」目標及手段
(From Objectivity to Subjectivity)

從「客觀」預測到「主觀」目標

行銷計劃的第二件事就是依據上述調查、分析、預測(即研究)所得的「客觀數據」,來設定公司「主觀的」未來行銷「目標及策略手段」。例如,在未來 1 年至 5 年有哪幾種「產品」要推出市場銷售(亦即設定「產品種類」目標,Product Lines)?哪些「規格」要差異化(亦即「產品項目」目標,Product Items)?「現在客戶」及「潛在客戶」在哪裡(目標顧客,Target Customers)?有多少?目標顧客市場要再「區分」嗎(即市場區隔化,Market Segmentation)?區隔「價格」差多少?每一區隔數量有多少?要銷售多少「數量」及「金額」?大約要「賺」多少錢(亦即銷售及利潤目標)?市場「佔有率」要多大(亦即市場佔有率目標,Market Share)?等等目標,要一一設定下來。

有目標才能動員力量

所以「目標」一詞,是「泛指未來要實現的『理想境界』(Ideal State)」。有目標才能動員力量去追求達成,所以現代有效經營方法論中,最重要的「目標管理」(MOB)技術,就要從市場行銷部門開始做起。有了「行銷目標」,就要再設定「行銷手段」。「行銷手段」包括高階「行銷策略」(Marketing Strategies)及中階「行銷方案」(Marketing Programs)等大類的「目標一手段」設定功夫。至此,「市場研究」、「行銷目標」、「行銷策略」以及「行銷方案」

（要包括具體目標、步驟、授權方法、負責人、地點、時間、預算等等內容），都是「行銷計劃」的主要工作內容（見圖 5-4）。

1.市場 調查 (Survey)

2.資料 分析 (Analysis)

3.未來 預測 (Forecasting)

4.行銷 目標 (Objectives)

5.行銷 策略 (Strategies)

6.行銷 方案 (Programs)

7.行銷 預算 (Budgeting)

圖 5-4　行銷計劃內容與程序

5.3.4　4P 行銷策略是總經理的首要戰略
(4P is the Top Management's Top Strategic Weapon)

4P「陸海空聯勤」統一作戰就是 4P 行銷策略組合

一提到「行銷策略」就要談到「陸、海、空、聯勤」統一作戰的事情。軍隊打仗，可單獨用陸軍、海軍或空軍。但若能陸、海、空三軍，加上聯勤一起打，勝算必大。企業競爭也要用統一作戰方法，就是用 4P 行銷策略。「行銷策略」是一個統一作戰的配方組合 (Mix)，不是單一事件，所以「行銷策略」也叫「行銷策略組合」(Marketing Strategy-Mix)，包括產品策略（Product Strategy，如陸軍）、價格策略（Price Strategy，如海軍）、推廣策略（Promotion Strategy，如空軍）及配銷策略（Place Strategy，如聯勤）四者調配組合。

227

行銷 4P 策略組合觀念，是麥加錫 (McCarthy) 教授在 1946 年提出的經典名辭，至今通用，其後雖然有別人提出 5P、6P、7P、8P、9P 等等替代名辭，但終因畫蛇添足而不被捧為經典。

訂定「行銷策略組合」是總經理和行銷經理的重要責任

行銷四大策略中的每一個策略內，又有更詳細一套一套的活動事項（即行動方案）要做。訂定「行銷策略組合」是總經理和行銷經理的共同重要責任，訂「行銷方案」是行銷經理和行銷部門各課課長的共同重要責任。公司的目標從上面往下一層一層分配 (Top-Down)，而行動方案 (Programs) 是從下面往上面針對每一目標配合制訂 (Bottom-Up)，兩者歸結成一個集思廣益的完整「目標－手段」計劃體系 (Ends-Means Network)。

「目標－手段網」就是「目標責任網」

這個「目標－手段」體系也簡稱「目標責任網」(Objective-Responsibility Network)，就是最高主管用來統率組織內每一個人員的努力工作方向的工具。組織規模愈大，組織成員愈多，這個「目標－手段」網的作用就愈大。這裡所指的「手段」以「行動方案」（Action Program，或稱「工作計劃」）方式出現，方案中有(1)具體目標；(2)工作步驟；(3)技術方法；(4)時間；(5)人員；(6)地點；(7)預算等等的責任及授權規定。所以「目標網」大，「責任及授權網」也大。

5.3.5 行銷計劃是公司計劃的核心
(Marketing Planning is the Core of Corporate Planning)

行銷計劃是公司計劃的「先行計劃」

「行銷計劃」是「公司計劃」(Company Planning) 的核心，也是各部門計劃的先行計劃 (Earlier Planning of the Planning)，第一重要，所以在矩陣圖

上有兩個圓圈。當最高主管及行銷經理把「行銷計劃」做好後，才交給生產經理做「生產計劃」的根據。「生產計劃」做好後，再交給研發經理做「研發計劃」的根據。依此類推，給人資經理、財務經理、會計經理，直到財務會計計劃做好後，匯成以董事會為代表之「公司計劃」(Company Planning)。這個系統程序關係很重要，不可錯亂，否則會勞而無功。這種「順序關係」也是「系統觀念」三大要件之一。企業公司的計劃 (Company Planning) 如此循序而做，國家政府的計劃 (National Planning) 也應如此，所以我們才說「企業管理」方法乃是「將帥之道」及「帝王之術」。

📈 「供過於求」時代，行銷就當首位大哥

在各種企業功能部門的管理上，⑴要先有「計劃」，把目標及手段訂好；⑵要做「組織」設計，即組織結構及核決權限表的設定；⑶要「用人」；⑷要「指導」；⑸要「控制」，五功能接連而行。就行銷這部門來講，就是行銷計劃 → 行銷組織 → 行銷用人 → 行銷指導 → 行銷控制五個管理功能步驟連貫，才叫作完整的「行銷管理」。

行銷管理是公司有效經營的第一個重要地方，所以有云：「好的行銷，就是好的企業功能體系開動，是公司成功的一半」、「讓行銷老大當領袖」，就是正確的經營要訣。在第二次世界大戰（1939 年至 1945 年）以後，世界經濟變成「供過於求」的市場，尤其到 20 世紀末，科技發達，要蓋大工廠提高「供應」(Supply) 能力太容易，幾個月就可以做到，但要創造出等量的「需求」(Demand) 很困難，所以從此以後，都是「供過於求」的時代，行銷管理的首要地位必將延續下去。

「行銷計劃」做完後，就有了行銷目標，也有了行銷手段，然後要交棒給誰呢？「兵分兩路」一往右邊走，一往下面走。往右邊走時，就是把銷售目標交給「生產計劃」(Production Planning) 部門，因為生產部門也要設定各種各類「產品」的生產數量及成本目標和相關手段，同時也要設定原料配件「採購」或「委外」(Purchasing or Outsourcing) 生產之目標及手段。現代化作法

是公司計劃銷售什麼產品，工廠才生產什麼產品；計劃要銷售多少數量，就生產多少數量（但可以加減存貨水平，可以調整）；換言之，生產部門完全聽行銷部門的話，不可以自作主張，胡亂買料及開工生產，造成原料及成品囤積、壓貨、財務窒息。這是「銷一產」協調，不是「產一銷」協調重要差別之處。

採購計劃內容更詳細

「生產計劃」中，也應包括原物料、零配件，甚至半成品或成品之「採購計劃」(Purchasing Planning)，例如，製造一輛摩托車要用三百種原料配件，製造養雞飼料要用三十多種原料，製造電腦要用二十種以上原料，製造一輛汽車或飛機要用一千多種零配件等等，所以採購計劃的項目內容要比生產計劃的項目內容詳細。但是，採購什麼原料、什麼零配件、多少數量、什麼時間訂購、送達及使用、什麼價格等等，以及委外加工零配件、成品之項目、數量、時間、價格等等，都要配合「生產計劃」及「行銷計劃」的需求，採購部門不可以自作主張，否則也會「買非所用，屯積窒息」。尤其在 21 世紀網際網路電子商務流行的新時代，「供應鏈管理」(Supply Chain Management；簡稱 SCM) 更要配合顧客訂單需求（Customer Relationship Management；簡稱 CRM）及生產裝配（Enterprise Resources Planning；簡稱 ERP）的需求，不可當「獨行俠」採購者。

在矩陣圖上，當「行銷計劃」及「生產計劃」訂好後，都要往下走。在行銷部門要繼續往下走，就是做行銷「組織」、「用人」、「指導」、「控制」之連貫工作。同樣地，在生產部門的計劃做完後，要繼續往下做生產「組織」、「用人」、「指導」、「控制」等等連貫性工作。往下走，也就是上述「兵分兩路」的第二路，專指部門內部管理（計、組、用、指、控）連貫活動。

5.3.6 ESS 動態管理

「徒善不足以為政」，必須有執行力

公司 (Company) 及其各部門 (Departments) 每年都要做「計劃」，每年都要調整「組織」，每年都要調整「用人」。因為「組織結構」(Structure) 只不過是達成「計劃目標」(Planned Objectives) 的工具而已，計劃目標要因時修訂，組織結構也應隨之動態調整。但在中國大陸各國營企業及政府部門的很多組織結構，卻長久不變，變成僵固，直到朱鎔基在 1997 年當總理時，才開始大幅改動國務院組織結構 （以及很多政府機構及國營企業的傳統作法）。「目標」雖年有不同，「組織」及「用人」卻長期不變，形成「前動後不動」，造成執行無力，甚至不能執行之後果。古云「徒善不足以為政」，「徒法不能以自行」(《孟子·離婁上》篇)，致使計劃目標常告功虧一簣。這種僵固現象等於是把「尾巴」當「頭」看待，把「手段」(Means) 變成「目標」(Ends) 看待，等於把「責任」(Responsibility) 變成「權力」(Authority) 看待，實在是天大的誤解。

動態管理 E → S → S 聯動模式

真正「有效經營」的作法是，公司及部門的目標年年變，組織及用人也應跟著年年調適（變），這叫作 ESS 觀念，E 指「環境」(Environment)，S 指「策略」(Strategies)，另一個 S 指「組織人事」(Structure)。當環境 (Environment；簡寫成 E) 變，目標、策略、方案等計劃 (Strategies；簡寫成 S) 要跟著變，然後組織結構及人事 (Structure；簡寫成 S) 也要跟著走，這 ESS 也叫「動態管理」(Dynamic Management)，會使企業經久常新。

再講「生產計劃」的作用，當「生產計劃」做好後，有了具體生產目標及手段後，才移給研發部門去訂「研究發展計劃」(R&D Planning)，也是要包括訂出研發目標及手段。譬如行銷部門的目標若有八個產品要推出市場，

其中只有六個產品生產部門可以馬上做，兩個做不出，這兩個無法生產的產品，就要交給研究發展部門去設法創新，研發部門因此才有工作目標。

技術研發部門本身也不可隨便自己寫上工作目標，它要為生產、行銷、顧客服務；它不應該自己設定超然自我獨立的目標，絕不可以「為研究發展而研究發展」，把公司甚至國家寶貴資源，為自己的「象牙塔」興趣浪費掉。當研發部門做了計劃後，再往下走，著手做自己內部的「組織」、「用人」、「指導」、「控制」等連貫性管理工作。

楚漢相爭，蕭何功勞最大，在於使前線韓信「無後顧之憂」

把銷、產、發三個部門的計劃總和起來，就可以交給人資部門，由其設定「人力資源計劃」，訂明在未來 1 年、5 年要用多少人，要增減多少人，用什麼規格的人，將來的薪酬待遇、福利、獎勵及培訓發展怎麼樣，怎樣才能留住好人才、吸引好人才等等。人事部門根據這些「前鋒」、「中鋒」、「中衛」部門的需要，去做全公司的「人力資源計劃」(Man-Power Planning)，來配合支援前線作戰的他們，使他們「無後顧之憂」。在秦末楚漢相爭時，劉邦的陣容以少擊敗項羽的強大陣營，在論功行賞時，蕭何以源源不斷供給人員及糧草居功最大，就是說明人事（人力資源）支援步驟的重要性計劃。

當新市場 (New Market)、新產品 (New Product) 開發出來，甚至新事業 (New Business Division) 創作出來，人資部門就要預先聘用、培訓、安排所需用的高級技術、管理及操作人力。大家普遍都知道，採購部門是購買機器、設備、原料的有形東西；但是很少人知道，人資部門是在購買人才的無形的才幹知識；財務部門是在購買錢財；會計部門是在購買無形的情報資訊；銷售部門是在購買顧客的歡心與購買力，無形的衣食父母。換言之，我們都應知道各部門都是在用不同方式，購買某種寶貴資源，色空形體雖異，但其對企業成功的本質道理都相同。佛曰：「外相萬千，本性則一」。

當人資部門做好「人力資源計劃」之後，又兵分兩路，往下走，就又要做人資部門內部的「組織」、「用人」、「指導」、「控制」等連貫性管理工作。

往右走到了第五部門，就是財務、會計、資訊部門的計劃 (Financial and Accounting and Information Planning)。財務部門憑什麼基礎來做「財務計劃」（指財務目標及財務手段）呢？當然是根據前面銷、產、發、人四部門的計劃。如果沒有前面幾個計劃內容，財務部門根本無法做完整確實的資金需求供應流程之財務計劃，若是勉強作業，也一定是憑空捏造的財務數字。做好財務計劃後，也是兵分兩路，往下走是再做財務部門內部的「組織」、「用人」、「指導」、「控制」等連貫性管理工作。往右走，就是做好會計部門及電腦資訊部門的計劃（也包括目標及手段）。會計部門的計劃做好後，加上前面銷、產、發、人、財部門的目標，就可形成「公司計劃及預算」(Company Planning and Budgeting)。

會計計劃是壓陣者

會計資訊部門計劃做好，然後再調整會計資訊部門的「組織」、「用人」、「指導」及「控制」等等連貫性管理工作。至此，才形成整套、整個公司的「企業」、「管理」兩系統活動。大家若能記住前面的「管理科學矩陣圖」（見圖 5-1），就可以掌握錯綜複雜的各行各業之「企業」、「管理」工作。要做好完整的公司計劃，掌握「好的開始是成功的一半」的機會，就是要先掌握龍頭威力無限的行銷計劃的「發動機」及「掌心雷」角色。

請再謹記企業將帥要做好「公司計劃」的順序是：(1)行銷計劃；(2)生產計劃（包括採購、委外計劃）；(3)研發計劃；(4)人力計劃；(5)財會計劃（包括財務、會計資訊計劃），最後形成「全」公司計劃及預算。

也要謹記，總裁、總經理身分的企業將帥，在做好「公司計劃」之後，要以 ESS 觀念，調整公司組織、公司用人、公司指導及公司控制之機制作用，以「動態管理」(Dynamic Management) 心態來履行企業最高領導人之職責──顧客滿意及合理利潤。

相同地，公司總裁、總經理也要督導各部經理，做好部門計劃後，也要隨即調整部門組織、部門用人、部門指導、部門控制等機制，如此才能把「計

劃」化為「行動」，達到「成功」。

5.4 掌握管理的靈魂作業：決策、協調、資源運用的系統思考

(D-M, Coordination and R-Utilization the Core-Spirit of Management)

5.4.1 前面指導後面，後面支援前面

(Front-Lead and Back-Support)

前面「指導」後面，後面「支援」（不是牽制）前面

在「管理科學矩陣圖」（見圖 5–1）中，請注意縱座標「計劃」這一整列。在做「計劃」時，前面的功能部門是後面功能部門的「指導者」(Director)。但在「執行」起來時，後面則為前面的支援者 (Supporter)，環環相扣，不可以混亂，否則就破壞了「系統」作用，也就破了企業管理神秘力量之「功」。換句話說，也就破了人體血脈、神經、氣脈的暢順循環方向。

行銷計劃連貫外界

前面已提過「兵分兩路」的閱讀管理矩陣圖方法，各企業功能部門（銷、產、發、人、財）等做好計劃（指訂明 1 年及 5 年之目標及手段）後，就各自往內部下走，進行各自內部的「組織」、「用人」、「指導」、「控制」等連貫性管理工作。圖中第一列每一個圈（代表「計劃」），都有目標及手段，而在「行銷計劃」裡面，特別畫兩個圈，表示特別重要，它是公司連貫外界的地方，可與大環境 (Environment)、競爭者 (Competitors)、顧客 (Customers) 等接觸。

「決策」之選擇根據三種

在前面 5–2–7 節中，曾經在圖中行列交叉 $5 \times 5 = 25$ 之每一個格，都有一「點」，那就是隱藏管理的「靈魂」(Spirit of Management)，這個看不到的思考靈魂叫「決策」(Decision-Making)、「協調」(Coordination)，及「資源運用」(Resources-Utilization)，此在圖 5–1 管理矩陣圖下端已指明（再見圖 5–5）。行列式中 $5 \times 5 = 25$ 格，每格每一點都有決策選擇 (Decision Choice) 的思慮作用。如果有四個方法可以達到同一個目的，應該選擇哪一個方法才是對的？決策的準則就是選那個「最低成本投入，最大效益產出」(Minimum Inputs, Maximum Outputs) 的方法。這種決策考慮的思想過程又有一個觀念模式，叫「投入—產出」模式，即計算投入多少成本，產出多少效益的觀念。

「理智決策」選擇的根據有三：(1)「最低投入，最大產出」；(2)「同等投入，較大產出」；(3)「同等產出，較少投入」。這個決策思想的源泉（指「投入—產出」，「成本—效益」，「權力—責任」模式）在本書開始時，第 1 章〈無限的思考源泉〉中，就已經提過了，在此應用時再重提一次。

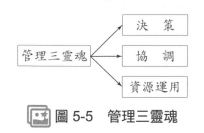

圖 5-5　管理三靈魂

5.4.2　藝術變科學
(Changes Arts into Science)

決策種類數不完

矩陣圖中，每一格每一點都有「決策」現象。譬如目標決策、產品市場

戰略決策、政策決策、併購決策、多國化與全球化決策、策略聯盟決策、組織結構決策、用人決策、指揮領導方式決策、激勵溝通方式決策、追蹤方式決策、獎懲方式決策、產品決策、技術決策、採購決策、品質決策、研發決策、薪資決策、訓練決策、福利決策、員工認股權決策、銀行借貸決策，以及發行股票、債券、全球存託憑證 (GDR)、臺灣存託憑證 (TDR)、美國存託憑證 (ADR)、可交換債券 (ECB) 等之決策，股利決策，員工分紅認股決策，電腦化決策，網路資訊化決策等等數不盡。

所謂「決策」(D-M) 乃泛指「用大腦思考對策以解決問題的理智思考過程」。「決策」 在 1945 年以前當作不可測知的 「藝術性」 思考黑箱 (Black Box) 行為，但在現代則將之透明分析，成為可以步驟化、理智化的「決策科學」(Decision-Making Science)。這個進展，是人類智慧開發的大成就。

理智決策七步驟

「理智決策」可分七步驟為：「斷、圖、方、慮、評、選、試」，即(1)對問題「診斷」(Diagnosis)，追查根因；(2)確定解決問題之最終「意圖」目標 (Purpose)；(3)尋找可用之「方案」對策 (Alternatives)；(4)「確定」考慮各方案之可能限制因素 (Consideration)；(5) 「評估」 比重優劣 (Weighing and Rating)；(6) 「選定」 較佳方案 (Choice)；(7)檢定 「試驗」 方案之可行性 (Testing) （有關此七步驟， 所涉之 「創造力」 (Creativities) 及 「計算力」 (Calculation)，可詳見陳定國著《現代企業管理》一書，臺北：三民書局，2003）。

「協調」，「君子有成人之美」

矩陣圖的每一格每一點也都有「協調」(Coordination) 現象，「協調」 是泛指「各平行單位在工作時，都要自動讓步；協同步驟，調整次序關係」。公司裡各部做事情不要樣樣都由上級下命令，那樣上級太勞累了，做事太無效了。反之，只要上級給下級的目標夠清楚確定，我們下級的人就應自動與平

行單位協調工作時間、地點、設備、人員、方法就行，如此，做事較快有效。各單位若不樹立「山頭主義」、不「自我本位」(Suboptimization)、不「千萬將帥千萬心」、不「爭權奪利」、不「推卸責任」，反而能虛懷若谷，體諒對方、能自動調整配合、能有「君子成人之美」、能「協助對方必感快樂」，就是「協調」的至高境界，效率必高。

5.4.3　善用企業八資源
(Better Use of Eight-Resources)

矩陣圖每一格每一點也都有「資源運用」現象，都牽涉資源投入及成品產出的「成本─效益」分析 (Costs-Benefits Analysis)。前面已經提過企業資源有八種（稱八力資源），即：人力資源、財力資源、原料（物力）資源、機器（機力）資源、技術（技力）資源、時間（時力）資源、情報（情力）資源，以及土地力資源。這些都是屬於「投入」(Inputs) 的條件，投入都可化為「成本」(Costs)。

多投入就是多用權力，多花成本

凡是「投入」也都是某種「權力」使用的結果。多用「權力」（指用人權、用錢權、做事權、交涉權、協調權），就多花「成本」。一般人都是喜歡爭權奪利，不喜歡多盡責任，就是在多花成本。「成本」包括「有形成本」(Tangible Costs) 及無形的「機會成本」(Opportunity Costs)。

凡是「產出」(Outputs) 都是「效益」(Benefits)，都是盡「責任」達成目標的結果。人人若多盡責任就會多得效益。當目標初訂，尚未執行達成，是屬於「目標」的形態。但目標經執行，並達成，就變成「成果」(Result)。「成果」就是「效益」。

如果要做一件事情（目標），有甲、乙、丙、丁四種方法（方案）：甲案投入 10 萬元，產出 15 萬元；乙案投入 10 萬元，產出 20 萬元；丙案投入 8 萬元，產出 15 萬元；丁案投入 7 萬元，產出 21 萬元。若問只有甲乙兩種方

法可用，應選哪一種？依「投入相同，產出愈高」原則，乙案就是應選的方法。如果只有甲與丙兩種方法可用，應選哪一種？依「產出相同，投入較少」原則，應選丙案。

佛法八萬四千，應選何法

若甲、乙、丙、丁四案可用，應選哪一種？依「投入最少，產出最多」原則，應選丁案。俗云：佛法八萬四千，應選何法？答案是「要選最少資源投入，最大成果產出」的方法。又云「條條大路通羅馬」，應選何路？答案是要選時間最少，成本最低，最安全的那條路（見表 5–2）。

表 5-2　資源運用比較表

單位：萬元

方　　法	投入（成本）	產出（效益）
甲　案	10	15
乙　案	10	20
丙　案	8	15
丁　案	7	21

「時間力資源」最容易被浪費

很多人把「時間」(Time) 看得很簡化，認為可用資源只限於人力 (Labor)、金錢 (Capital) 及土地 (Land)，其他都不是寶貴資源，所以浪費它們也無成本負擔，這是絕大錯誤、絕對落伍的狹窄看法。在上面，我把企業可用資源看為八種，即人力資源、財力資源、物力資源（即原料）、機力資源（即機器設備）、技力資源（即技術方法）、時間力資源、情報力資源（以上通稱七力），再加入土地力資源，則成八種。這是跨越農業經濟 (Agricultural Economy) 時代，跨越工業經濟 (Industrial Economy) 時代，進入商業經濟 (Commercial Economy) 及知識經濟 (Knowledge Economy) 時代的最新看法，把「有形」及「無形」資源都計算在決策分析成本之內。只有把資源看成八

種，好好利用，才不會浪費成本。謹記，在官僚式的中央、省、市、縣、鄉鎮政府、公立學校、公立醫院、國有企業機關、軍事機關等等，因看不到「無形」資源，尤其「時間」資源，造成無形的重大浪費，例如因官僚手續耽擱，因理念自私及落伍，而致拖延，錯過創新改良的時機，損失千萬億的機會利益。比有形的百千萬元貪汙更可怕（亦即「浪費比貪汙可怕」）。貪汙非常不好，已經犯罪，但貪汙是有形的，可以看到，譬如貪汙 50 萬元，雖很大，但比不肯負責任，發揮「不做不錯」的錯誤心態，在無形中浪費機會成本 500 萬元，或放棄機會利潤 1,000 萬元還少呢！貪汙看得到、查得到、有人抓，浪費看不到、查不到、無人問，看，有多可怕！

特別重視「無形資源」（技術、時間、情報）

陳氏「企業八資源」是我個人所創立的新觀念，在農業經濟時代，企業重視三資源，即「土地」(Land)、「勞力」(Labor) 及「資本」(Capital)，並以土地為生產力來源之首。在工業經濟時代，企業重視五資源，即「勞力」(Manpower)、「金錢」(Money)、「原料」(Materials)、「機器」(Machines) 及「技術方法」(Methods)，並以「機器設備」之資本財 (Capital Goods) 為生產力來源之首，但在商業經濟及知識經濟時代，企業應重視八資源，並以無形資源（腦力、技術、時間、情報）為首。此種觀念，前面曾經略為提過一次，但因它們與管理矩陣圖中每一格都有關係，所以現在要再進一步，把它們一一詳加說明，主要用意是在強調及鼓勵企業將帥，要告知上下員工，要看整個企業資源，不要浪費無形資源，有時容許手續上小小差錯，也不要因小耽擱而導致大浪費。

善用人力資源（腦力與體力）

「人力資源」(Manpower Resources) 泛指員工力量，又分成「腦力」資源 (Mental Power) 及「體力」資源 (Physical Power)。主管人員第一要重視「腦力」資源，因「萬事在人為」。錢財雖被稱為很重要，甚至有「萬事俱備，只

欠東風」之言，但錢財無「靈性」，需要人以腦力去運用。在知識經濟時代，公司員工以「知識員工」(Knowledge Workers) 居多，公司將帥開發公司的「腦礦智慧」資源，也叫「軟體資源」(Software Resources)，比開發其他資源重要。

在勞力密集時代 (Labor-Intensive)，公司多用體力即可賺錢；在資本密集時代 (Capital-Intensive)，公司多用錢力去買機器設備，即可賺錢；在知識經濟時代，公司必須多用腦力，少用體力，把多用體力的工作，移到勞力成本低廉的地方，如此公司才會賺大錢。因少用體力，在工廠及公司裡男女就業機會趨於平等，亦為人類一大進步。美國在第二次世界大戰時，男人上前線（打仗及軍需品生產），女人填後方（辦公室及民生品生產），全民動員，所以生產力大增，打勝仗又讓女人出頭天（美國女人在二次世界大戰顯露和男人一樣有生產力，所以女人也開始有選舉權及投票權），難怪成為世界霸主至今。

善用財力資源

◆ 財務有「爛頭寸」就是不善用資源

「財力資源」(Money Resources) 泛指金錢以及可變現為金錢之資源。有的公司沒有把金錢充分利用，讓它變成「爛頭寸」(Idle Money)。當這個單位很有錢，那個單位缺錢，兩個單位不相往來。很有錢的單位把錢放在銀行，向銀行收低利息。沒有錢的單位向銀行借錢，有時借不到，能借到也要付很高的利息成本，結果這家公司垮了，這就是浪費財力資源的現象。若兩者能統一調配使用，互相融通，以有餘濟不足，就可節省財務費用支出，而兩者皆能欣欣向榮。臺灣的台塑集團雖有大小公司一百多個，員工 100,000 人以上，但財務統一調度，由總管理處的「財務部」運作。各公司雖有成本會計處理單位，但電腦資訊也統一運作，由總管理處的「電腦資訊部」負責，如此雖有「千手千眼」各單位，但「大腦」只有一個，統合運用，就是此理。

自 1990 年代後，美國資訊科技（Information Technology；簡稱 IT）及財

務工程 (Financial Engineering；簡稱 FE) 發展，使財力資源之運用擴大領域，各種資本市場及衍生性產品，透過世界性網際網路的通訊，快速形成無形虛擬金融的廣泛經濟時代 (Virtual Economy)。 使企業直接向股民融資 (Direct Financing)，超過間接向銀行融資 (Indirect Financing)。也促使傳統銀行業轉型，朝向金融控股化，把銀行、證券及保險等三金融業合併經營。但是也要小心， 不要重蹈 2008 年美國投資銀行 (Investment Banking) 過分操作衍生性金融商品，發行過多的多層次結構債，而爆發金融海嘯之危機。

善用物力資源

「物力資源」(Material Resources) 泛指原料、材料、零件、配件、組件、半成品及成品。閒置原材料、半成品及成品於倉庫，很久不周轉，就是浪費成本的行為，不只凍結資金，浪費利息，還會使原料及成本過時 (Obsoleted)，失去功用及市場價值，或被偷竊遺失。

在新經濟裡，新材料科學使原料成本下降，品質提高。新的電腦電訊化的「供應鏈」(Supply Chain) 及顧客關係 (Customer Relationship) 之管理制度，也可大幅降低物料、半成品及成品的庫存，大幅降低物力成本，提升競爭力，皆為人類創新行為 (Human Innovations) 在物力方向的貢獻。

善用機力資源

「機力資源」 (Machine Resources) 泛指機器設備及建築物。 一臺用 300 萬美元買來的機器，如果稅則規定可以折舊 5 年，1 年要折 60 萬美元，一個月折 5 萬美元，一天將近 2,000 美元，1 小時約折 100 美元，若閒置或保養不良，停 1 小時不用，100 美元就全飛了。工廠建築物及課堂、演講廳、圖書館若不能全天候 24 小時使用，也會在無形中浪費很大成本，這些浪費比主管人員的薪酬大很多。

在中國大陸，工廠員工月薪差異很大，但平均不到人民幣 2,000 元。每浪費 1 小時就會損失 100 美元，約等於人民幣 630 元（2014 年美元對人民幣

匯率為 1:6.30），此種「無形浪費」在會計帳上不會顯示，主管人員也根本不知道。如果上級人員加您薪水人民幣幾百元，叫您把設備機器充分利用，不閒置浪費，公司會得到更多報酬，您也會高興得要命，但上級人員為何不這樣做呢？因「無知」或「無意」所致。

◆ 資源「用壞」比「放壞」有價值

前曾提及，現在臺灣很多公立及一些私立學校，在暑假、寒假、星期六、星期日、每天晚上不上課，但設備閒置不用，也不對公眾開放，就算是一種「浪費」，也是比貪汙可怕的壞現象。有很多人認為，只要不使用機器、設備、廠房、辦公室、教室、客房等等，就無損失，完好存在。事實上這是沒有經濟價值觀念的錯誤看法。這些東西有使用才有價值，沒有使用就沒有價值，若當天不用，價值就消失，不能累積保留。所以機器、設備等等，寧願設法低價「用壞」它們，也比將之「放壞」為好。

善用技術方法資源

「技術力資源」(Technology Resources)，泛指所有研發製造及行銷的獨特技術、步驟、配方、操作方法。只要比別人懂得一點高超的生產、銷售、管理方法，就叫核心技術，就應充分利用，就應該連鎖應用，把連鎖店開到 3,000 家以上，有如「善化三千」，擴大好效果，不要平白浪費（美國沃爾瑪 Wal-Mart 連鎖店在 2014 年已開到 7,000 家以上）。「方法」(Methods) 是指做事的步驟及操作技巧，總稱「技術」(Technology)。技術可以自己充分利用，也可以有償收取技術權利金 (Royalty)，轉移給別人用 (Technical Transfer)。

善用時間資源

「時間（時力）資源」(Time Resources)，泛指時間長度及成熟時機點 (Length and Maturity of Time)。人人一天都有 24 小時可以應用，在工業社會裡，「時間就是金錢」(Time is Money)。時間的成熟關鍵點就是「時機」(Timing)，「時機」一到，即當掌握，下決定而行動（所謂「把握當下」），否

則猶豫不決，優柔寡斷，時機稍縱即逝，永遠不再來臨。

◆ 「一忙除三害」

會利用時間，會掌握時機，常是成功經營者的特性之一。當你有時間，但沒有利用，就是「浪費」。每個人一天有 8 小時，甚至 12 小時可用來工作。一個公司有幾百，甚至幾千、幾萬員工，若不能天天充分就業，其「無形浪費」的損失就很巨大。反之，若能夠以「目標責任體系」，來使員工天天有意義忙碌者，就可賺錢（參考陳氏「一忙除三害論」之原理，即讓員工有目標，自行追求目標，日夜忙得沒有時間「說別人壞話」，公司一片祥和；忙得沒有時間「生病」，身體健康；忙得沒有時間「花錢」，不會感覺錢不夠用，不會營私舞弊，就是一件功德無量的大事）。

善用情報資訊資源

「情報（情力）資源」(Information Resources)，泛指可供理智決策使用之所有過去、現在、未來之資料 (Data) 及情報知識 (Knowledge)。資料信息 (Data) 經過整理就是情報 (Information)。市場情報 (Market Information)，指大環境變化情況、顧客行為、供應商行為、競爭者行為及本身供、產、銷行為情況，這四大類情報都是可供決策者賺錢的力量。

俗云：「商場如戰場」，打仗首先打情報，沒有快速 (Fast)、準確 (Accurate) 及充分 (Abundant) 的情報，就難以做出高品質的決策。《孫子兵法》講「始計」（第一篇）、講「用間」（第十三篇），都是講情報的蒐集與利用。國家如此，企業公司如此，個人也如此。經濟愈進步的國家，像美國、日本、德國，對情報訊息愈重視；經濟愈落伍的國家，如亞洲、非洲等窮地區，愈不重視知識、不重視情報資訊。這些重要道理，前面已略為提及。

◆ 不會用數字情報，企業不會大成功

且看經營無效的企業，都有通病，就是不利用數字訊息情報，採購、生產、銷售不記錄、不累計、不存檔（不論是人工化或電腦化）、不統計分析、不市場研究、不預測未來，不用它去做決策參考根據，隨隨便便，憑「天縱

英才」般的夜郎自大才能，拍腦袋就下決定，根本不做「投入一產出」分析或「可行性研究」的數據比較。有人說「官大學問大」，我不相信這句話。

◆ 不親民，「官大學問小」

我只知道「官大學問小」。因為高處不勝寒，地位愈高的人，若不親民，非顧客導向，不深入現場觀察，就離現實愈遠，情報資訊愈少，愈不準確，愈慢。再無互相制衡的報告系統，下級就會向上「報喜不報憂」，久而久之，就更會「官大學問小」。清朝雍正皇帝 44 歲才就帝位，深知「官大學問小」之弊病，所以建立有選擇性地方官員之「密奏」情報制度，以補充正規地方向中央報告制度之不足，效果很大。

因此，若企業欲防止此現象，應建立正規的「情報系統」(Information Systems)，包括「內部情報系統」(指各部門每日、每週、每月正規績效檢討分析報告) 及「外部情報系統」(指專案調查研究，定時行銷員、經銷商、企劃員之市場回饋報告)。「情報系統」應再電腦化 (Computerized)，使儲存、分析、檢索使用更快速方便，供各級管理者決策分析之用，則稱之為「電腦化管理情報系統」(Computerized Management Information Systems)，成為企業決策的腦中樞單位。電腦化情報系統是一大概念，在實質運用上，尚有分低階的作業支援性系統 (Operations Supporting Systems)，中階的管理情報性系統 (Management Information Systems)，高階的決策支援性系統 (Decision Supporting Systems)，以及更高階的環境戰略支援性系統 (Environments-Strategies Supporting Systems)。

21 世紀開始，世界最大公司美國沃爾瑪連鎖量販店 (Wal-Mart Chain Store) 擁有 8,500 多家大型倉儲式批發零售店，天天低價，就是以自有衛星通訊系統 (比美國國防部早用)，每天匯報各店商品周轉資訊，供中央操作採購及上架、下架之決策。另外各店總經理也採取「走動式管理」(Management by Walking Around) 方式，身歷其境 (現場)，長相左右 (與顧客)，蒐集第一手情報資訊，所以在 2010 年開始是《財富》(*Fortune*) 全球 500 大公司第一家，營業額 4,080 多億美元，遠超過第二名之荷商殼牌石油 (Royal Dutch

Shell) 之 2,851 億美元及第三名美國埃克森美孚石油公司 (Exxon Mobil) 之 2,847 億美元。（依據 *Fortune* 2013 年 7 月報導，在 2012 年，荷商殼牌石油第一名，銷售 4,800 億美元（因石油漲價）；沃爾瑪第二名，銷售 4,600 多億美元。）

5.4.4 「色」、「空」都是資源
(Tangible-Intangible All Resources)

無形資源及成本最容易被高官浪費掉，因不懂管理會計，粗心大意

任何一個「投入」涉及八大「資源」(Resource)，每一個資源的使用都代表「成本」(Cost)。不要以為只有現金 (Cash) 才是成本，不是現金就不是成本，實際上很多資源當初您已經買來了，現金已經付了，現在使用資源雖不必再支出現金，但要「分攤成本」(Cost Allocations)，另外還要計算「機會成本」(Opportunity Costs)。

人力資源中的「體力」是有形的，「腦力」及「才能」是無形的；財力資源中，銀行借債是有形的，向股東募得股本是無形的；物力資源中，周轉流動是有形的，呆滯閒置是無形的；機器力資源中，購買時花錢是有形的，停機閒放不用的浪費是無形的；技術力資源中，購買專利 (Patents) 而來的是有形的，自行研究發展的是無形的；時間力資源及情報資訊力兩者都是無形的資源；土地、廠房買來時，成本是有形的，空閒無用的浪費是無形的，對這些無形資源，不用它們，它們就每天浪費掉，也不會存貨起來等以後再給您用。所以不學「管理會計」的高官、高位者，常是最會浪費無形資源的人，最應該提醒他們。

很多人只知道「有形成本」(Tangible Costs)，沒有算到「無形成本」(Intangible Costs)，只看到少數的有形體的成本，沒有看到多數的無形體的成本。沒有看到就容易忘掉，這是「粗心大意」的失敗行為。賺錢或不賺的差

別，常常就在「粗心大意」中。

以「空」御「色」，以管理功能來運作企業功能

事實上，在企業管理裡面，做事的企業功能 (Business Functions) 為五個，即銷、產、發、人、財，這是「有形」的活動，但真正操縱銷、產、發、人、財的是管理功能 (Management Functions)，即計、組、用、指、控，這是「無形」的活動，也是產生無形成本的地方，若不能善用無形的功能來運作有形的功能，亦即不會以「空」御「色」，也是極大極大的損失。

「無形」在中國字稱為「空」，「有形」稱為「色」（色體有七個顏色，即紅、橙、黃、綠、藍、靛、紫）。「色」及「空」的資源都是成本，只重視「色」體，放棄「空」體，就是抓少數的資源，放棄多數的資源，等於「抓少放多」，等於「放棄麵包找餅乾」，非常愚蠢及可惜。佛家《般若心經》上有說：「色即是空」，「空即是色」，雖是佛學上的銘言，大家不一定信佛，但在企業經營的「成本─效益」計算上，色、空資源都要計算，以及以管理功能（空）來運作企業功能（色）的道理，更具意義。

5.4.5 「廣、深、遠」之三度空間整體觀念
(Broad-Deep-Long the Cubic Concept)

企業將帥要心胸「廣」、分析「深」、眼光「遠」

前面曾經提醒大家在讀「管理科學矩陣圖」時，要用「系統」(Systems) 的觀念，把「目標」、「因素」、「關係」三要件掌握住，前面也提過宇宙及人體種種「系統」項目。現在再詳細討論「系統」觀念，因為現在這個世界，就是一個「系統世界」(Systems World)，到處都有系統觀念存在。所以我們在看任何事物時，要用「系統」方法 (Systems Approach)，不要用「局部」方法 (Partial Approach)，要用「整體」觀念 (Integrated Concept)，不要用「零碎」觀念 (Fragmented Concept)。

所謂「系統」及「整體」就是又「廣」(Broad)、又「深」(Deep)、又「遠」(Long) 的三度空間觀念。看事物，胸懷要「廣」大，分析要「深」入，眼光要放「遠」，簡稱「廣、深、遠」三空間的「整體」觀念。「廣、深、遠」的對立就是「狹、淺、近」。一個大企業的將帥，一個大企業的「素王」，豈能是一個「狹、淺、近」器識修養的人呢？企業「素王」是指平民百姓之素民，經營事業成功，對社會國家貢獻很大，其影響力不亞於政治上之「人王」，或宗教上之「法王」，他是「素王」，司馬遷在《史記・貨殖列傳》中就如此稱讚他們。孔子雖不是企業「素王」，但是文化「素王」。

在現代企業經營知識裡，有很多有「系統」在內的新名詞，如系統哲學 (Systems Philosophy)、系統想法、企業系統、管理系統、系統工程 (Systems Engineering)、系統管理 (Systems Management)。行銷系統、生產系統、人資系統、財務系統、會計系統、採購系統、資訊系統、計劃系統、組織系統、用人系統、指揮系統、領導系統、報告系統、控制系統等等，都是與企業管理相關之名詞。

「系統」層層相套，顯出作用

「系統」英文叫 Systems。在本章開始介紹「管理科學矩陣圖」是由「企業功能系統」及「管理功能系統」所組成時，就曾對「系統」稍作解釋（見本章 5–2–1 節）。本處再行深加補充。如前所述，所謂「系統」是泛指一套具有共同目標的相互關聯組合因素 (A Systems is a Set of Interrelated Elements with Common Objectives)。「系統」不是一個單獨個體，而是層層相套的組合體。就像手錶上的齒輪一樣，是一個由許多層次齒輪所關聯的組合體，只有全系統好時，才能顯出手錶的計時功能。

宇宙進化，從單細胞系統、多細胞系統、植物系統到動物系統；從低級動物系統、高級動物系統、到個體人類系統；由個人心理精神系統、個人生理身體組織系統、家庭組織系統、社會組織系統、企業組織系統、國家組織系統、聯合國組織系統、神鬼宗教組織系統、太空系統、銀河系統到三千大

千銀河系統，這些大小不同之世界，都在「系統」層次關係下活動。

5.4.6 生存在系統的世界

有「系統」觀念才不會「抓小失大」

　　每一個大系統下有很多小系統，小系統下又有小小系統，若把大系統稱為「系統」，其組成因素就是二級或次級系統 (Sub-Systems)，二級系統的組成因素就是三級系統 (Sub-Sub-Systems)，以此類推下去。你要管理一個企業，就要瞭解企業一級系統、二級系統、三級系統等等這些觀念。想要經營一個綜合性大企業的人，必須能瞭解「系統」的觀念，才不會「因小失大」、「見樹不見林」、「抓末失本」、「抓零件失本車」、「抓餅乾失麵包」，成為失敗者。

　　「系統」現象存在於任何地方、任何時刻。這個世界，就是一個系統無所不在的世界。佛門本師釋迦牟尼更說這個宇宙是一個「三千大千世界」。我們人類所居住的這個世界，只是「小世界」；一千個小世界才是「中世界」；一千個中世界，才是一個「大世界」；一千個大世界才是「大千世界」。這個宇宙是由三千個大千世界組成。這個說法我們目前沒有科學能力去證明，所以只能當作「宗教」思想來處理。不過它卻給我們一個「系統」層次的大觀念。2010 年 8 月英國物理學家霍金就出書指出，宇宙很多個，自我生存，不是由「神」創造的。

　　「系統」已成為企業決策者「思考靈泉」的要素，埋在決策過程之中。做任何事都要有「系統」想法，看事情也要看「系統」，不要只看「局部」。理智決策要有「系統」想法，不可只用「局部」想法（但感情用事的決策就不一定有系統了）。企業將帥應該用上述所謂「深、廣、遠」三度空間之想法，來替代「狹、淺、近」想法。

5.4.7　再談好系統三要件
(Three Key Conditions for a Good System)

「系統」要好 (A Good Systems)，有三要件：⑴有共同「目標」；⑵有個別健全「因素」；⑶有順序「關係」（請見本章 5.2.1 節），以下再加強，詳加說明。

好「目標」也有三要件：好目標是好系統的第一個要件

好系統的第一個要件是共同「目標」(Objective) 要「明確」，要「合理」，要獲得「上下全體民心肯定」。所謂「道相同，相為謀；道不同，不相為謀」。高階主管要用「目標」來領導廣大部下，所以首先目標一定要定得好，此系統才有力量。前面已曾提過，好的「目標」也有三個要件：第一個要件是定義要「明確」(Clear-Cut)。例如：「生產力」目標是指一個人生產、銷售多少噸或賺多少利潤，不要只講「生產力」三個文字而已，而沒有數目字，含含糊糊，令部下猜測不定。我們在講課時，可以這樣含糊講「生產力」三個字，但真正在執行時就要講得更清楚，不能讓員工再生疑問。

我看中國大陸很多報紙講的名詞都很含糊，我看起來也都很糊塗，不知所云。像我這樣讀過很多書的人都糊塗，沒讀書的人不是更糊塗嗎？臺灣過去及中國大陸現在的報紙出版執照有管制，頁數又有限，篇幅很寶貴，如果寫出來的文章再含含糊糊，那不是浪費寶貴篇幅了嗎？現在臺灣的政府官員講話也很含糊，譬如說兩岸三通會傷害臺灣的「安全」，令人不知這個「安全」是指官員就業的安全？還是指企業發展的安全？或是人民發展前進希望的安全？講不清楚目標，等於打空炮彈，沒有作用。要記得，所有企業主管人員所用的名詞定義，都應很明確才好，讓自己及部下知道我們追求的目的到底是什麼，不可以用閃躲的巧語，令別人糊塗，浪費自己和別人的時間。孟子有說「詖辭，知其所蔽」。

好目標的第二個要件，要有「數量」(Quantity)。明確的目標也要有明確

數量，50 就是 50，100 就是 100，不要用「很多」或「很少」字樣來含糊別人。

好目標的第三個要件，要有「時間」。什麼時候達成，要明確界定，一天、三天、一週、一月、三月、半年等等，不要只說「盡快」完成，或者根本不說完成時間，讓「目標」像斷了線的風箏，永無實現的日子。

三要件再加獎懲規定更有驅動力

具有三要件之目標，已經很有力量，如果再加一要件，即突出「獎懲」(Reward and Punishment) 標準，這個目標就更好，更有力量。訂明達成多少數量目標要獎勵，多少數量要懲罰，如此目標才更有驅動力量。對高階的人，不一定用金錢來獎懲，但愈往低階的人愈要用金錢來獎懲。像做飼料養雞的人，原料多少噸投下去，收回來的成品要有多少（回收率），一百隻雞 1 年要生多少蛋（產蛋率），一百隻小雞養到大（二公斤）只容許死掉幾隻（存活率），一隻小雞在 49 天（七星期）吃了四公斤飼料，要長到二公斤（換肉率）。不可只用文字來說「好好做」，「做好」等等空炮彈打不死人的話。

如上所言，除了「目標好」之外，再加「獎懲作用」，達到的機會就更大。譬如，你這個員工負責管這個部門，你的目標績效比例達到多少時，我給你多少獎勵，達不到多少時，我要扣你多少錢。讓他感到「做對」和「做不對」都很有切膚之感。當然到了總經理、副總經理階段，訂目標就不一定這樣細了。他們是以整年的銷售額 (Sale)、利潤額 (Profit)、淨值報酬率 (ROE)、市場佔有率、生產力等等總體性目標績效來做獎懲的大要件。

系統組成因素要齊全及健全：好系統的第二個要件

以上是講好系統的第一個要件「目標」。現在要講好系統的第二個要件，是組成「因素」要齊全及健全。比如「企業系統」應有「銷、產、發、人、財」五個組成「因素」，若只有四個或三個就不齊全了，或少掉「銷」及「發」的因素，此企業就注定完蛋了。

同樣地，「管理系統」應有「計、組、用、指、控」五個組成「因素」。如果少掉一個「計」（指沒有計劃未來「目標及手段」的功能），等於此企業之「船」在海中失去舵手，無方向，好危險。甚至把「用人」因素弄掉，不講求「用人唯才」及「用主管唯賢」，忘掉「明用人」，只一味讓無能的親戚朋友進來，霸佔好位置，此企業必敗無疑，不必再辯論，無法求僥倖。企業用人「選賢與能，講信修睦」，迴避親友，自古以來就是一大明訓，誰犯此明訓誰倒楣。

◆ 用人不賢為企業內部管理致命傷

企業與國家「用人」都是個大事情，唐太宗「貞觀之治」盛世將近 23 年，人家問他為什麼做得這樣好，他說治國「定大計」、「明用人」、「嚴賞罰」而已。中國大陸及臺灣的國營企業失敗的原因很多，政企不分（把企業當衙門來辦）之外，缺乏市場「行銷」、創新「研發」、「計劃」及「目標責任」規則，沒有「用人」唯才、唯賢、唯能等，都是企業內部管理的致命傷。

系統之因素不僅要「齊全」，不可缺乏；同時每一個因素本身也要「健全」強壯。譬如一個足球隊要有前鋒（中前鋒、左、右翼前鋒）、中鋒、左、右中衛以及守門員等 11 員，同時每一隊員的個人技藝、體力及鬥志都要強盛，此球隊的因素條件才算好。又像一個人的容貌系統，不僅眼、耳、鼻、嘴、身（皮膚）五官要齊全，同時，每一官都要健康，眼要像眼，耳要像耳，鼻像鼻，嘴像嘴，皮膚像皮膚，都很健全、完整、健康，此人之容貌才好看。

系統的「順序」關係要理順：好系統的第三個要件

◆ 「生產功能」若做老大哥，等於「坐銷」不行銷

好系統的第三個要件是相互「關係」(Relationship) 要對。指組成因素間之「上下」、「左右」、「前後」順序關係要搭配「合適」(Appropriate)。誰走第一位，誰走第二位，誰走第三位要搞清楚。在企業功能系統裡「行銷」走第一位，「生產」走第二位，這個前後關係絕對是成敗的關鍵。如果「生產」做老大哥，「行銷」做小弟弟，此企業在 21 世紀必敗無疑，例如中國大陸國營

事業 40 多年來，所採取的「計劃經濟」(Planned Economy) 即是。

少了行銷這個老大哥，就像一個人少了眼睛功能。企業五個功能中拿掉「行銷」，由「生產」當老大，那就沒有辦法跟外界市場聯繫，等於「瞎眼開飛機」，其危險性百分之百。沒有市場行銷功能，企業只能「坐銷」(Sit to Sell)，等於「守株待兔」，等客戶自己上門，在目前競爭劇烈時代，機率太小了，怎麼能成功？

◆ **國營事業就不要行銷功能了嗎？**

有人說國營事業不需要行銷功能，只要靠政府來安排分配銷路、專利獨佔、特權審批，就可以賺錢了，請問「誰是政府」？政府也是人的組合體，政府官員跟您可能是同學，他也沒有三頭六臂，假使您都不懂行銷，他怎麼會懂行銷，替您去拉訂單、打市場呢？所以不要以為政府官員是十全十能的神仙。中國大陸的政府過去（改革開放以前）實施中央統一計劃、生產、分配，不需要各企業自行做行銷及採購而重疊浪費。本意原是很好，但缺點是中央得到的地方情報「不充分」、「不準確」、「不快速」，所以做出的計劃常不切實際，不能執行，若硬執行，後果更壞，最終只好不執行，或敷衍應付上級，再自行其是。

◆ **靠「政府官員」來替企業做「行銷」是「天方夜譚」**

做決策 (Decision-Making)，要靠情報 (Information)。情報很重要，所以《孫子兵法》第一篇〈始計〉就指出，打仗之前要利用情報來核計彼此之「道」、「天」、「地」、「將」、「法」，當您在這五方面的力量能夠超越對方，開仗才有勝算；否則不如求和不打，更有利。當然，您的競爭者也跟您一樣，也是比較計算這五個條件。所以說，光靠沒有知識情報的「政府官員」來指導企業做生意、做行銷，等於緣木求魚，天方夜譚，怎能成功呢？

🏃 5.4.8　孫子「用間」得情報

📈 孫武子最重視「用間」得情報做計劃基礎

　　《孫子兵法》是世界各國軍校、商家爭相學習作戰之方法，中國人自己不學習它，真是不得了的怪事，所謂「商場如戰場」，在戰場打仗的人，不知《孫子兵法》，還想打勝仗，豈不是荒唐嗎？所以要成為企業將帥的人，必須研讀《孫子兵法》。本處只先提《孫子兵法》重視「情報」當作決策基礎的例子，供大家參考。

　　《孫子兵法》第十三篇〈用間〉，是指用間諜打聽情報，此間諜有五種，即「因間」、「內間」、「反間」、「死間」及「生間」，不是普通的單一間諜。在現代，工商業、政治、軍事都有間諜，政府反壟斷獨佔也有間諜。美國司法部是維持美國商業公平競爭的單位，內部有一個「反托辣斯局」(Anti-Trust Division)，派出去的間諜都是律師身分者。假使某一行業 3 家公司的市場佔有率已經超過 50% 了，「反托辣斯局」就派出間諜去監視這 3 家公司的董事長、總經理、管採購的經理。他們走到哪裡，律師間諜就跟到哪裡，看這 3 家公司裡面有沒有互相勾結、陰謀聯合抬高價格，限制供量等等行為，抓到證據就提出告訴「陰謀壟斷」(Conspiracy of Monopoly)。現在美國國家安全局 (National Security Agency) 也利用反恐怖分子之藉口，用電子科技監聽全世界重要國家及人物之情報，引起一片譁然，也證明情報資訊之重要。

　　所以大公司的高級幹部什麼大會議都不敢隨便去參加。若參加，也不敢彼此交談，以免惹火上身，敗壞公司形象。美國百年多來有一個公司叫美國電話電報公司 (AT&T)，規模曾經很大，長久壟斷美國國內及國際電話系統，政府就叫它分裂成數個小公司，互相競爭，最後真的分裂為十八個地區小公司，不讓他們壟斷，分裂後之母公司仍叫 AT&T。美國以前也有個很大的百年石油公司，是洛克菲勒 (Rockefeller) 家族的標準石油公司 (Standard Oil)，勢力龐大，壟斷市場，美國司法部提出公訴，指控這個公司已經太大了，壟

斷市場之供給及價格，危害社會，要它分成六個獨立子公司。原來母公司在分裂後，叫新澤西標準石油公司 (Standard Oil New Jersey)，後來再改名叫埃克森 (Exxon)。分裂後的各子公司依然規模很大，但彼此間已有競爭。但最近埃克森又與美孚 (Mobil) 石油公司（原來子公司之一）合併，稱埃克森美孚 (Exxon Mobil)，以增強世界競爭力量。

最新的例子是美國微軟 (Microsoft) 公司，在 1975 年創立，到 2000 年其軟體已佔美國的 95%，因其市場佔有率太高，被十七個州政府及聯邦司法部控告壟斷，由地方法官判決應分裂為兩個獨立公司，一為軟體公司 (Software Company)，一為作業公司 (Operations Company)。此案後來因情況有變化，未成定局。在此種案件中，都有工業間諜提供情報的重大角色存在。

無「系統思考」的人必定是「失敗」的人

「系統」的「分工合作」(Systems Division and Cooperation) 作用大於「局部的分裂」(Partial Separation) 作用，這種現象常見於家庭、公司、公會、政府的管理，也常見於一個人內心的思想作用。無「系統思考」 (Systems Thinking) 的人，猶豫、無主張、矛盾、困擾、精神分裂、無效率、無自信，以致失敗終生、苦惱終生、埋怨終生。有「系統觀念」(Systems Concept) 的人果敢、有見解、有方向、清靜安慮、氣定神閒、一分鐘決定、有自信、持續成就、樂觀進取，是能成功的人。以下專提完整「企業」功能系統及完整「管理」功能系統的「順序」安排「關係」之道理。

5.5 「行銷導向」之完整「企業功能系統」的順序關係

(Relationship of Marketing-Oriented Integrated Business Function System)

「企業功能體系」是一個有力的「系統」觀念，它有共同「目標」（即

「顧客滿意」與「合理利潤」），有齊全健全的組成五「因素」（即銷、產、發、人、財），有順序安排合理的先後「關係」（即行銷第一），符合好系統三要件之要求，使「做事踏實」，「事竟有功」。

◆ 求「完整」必須以「行銷」為首

在此系統的五個功能因素裡面，是以行銷為「導向」(Orientation)，亦即以行銷作為「指導」整個企業航行「方向」的老大哥。「行銷導向」(Marketing-Oriented) 包括「顧客導向」(Customer-Oriented)、「競爭導向」(Competition-Oriented)、「市場導向」(Market-Oriented) 等觀念。行銷導向的作法，才是「完整」(Integrated) 的企業功能體系，符合「現代化」(Modern) 有效經營的理念和作法。美國《財富》 (*Fortune*) 雜誌世界上 500 大企業 (Global 500) 中的「金像獎」優秀企業 (Most Admired Corporation)，都是屬於此類。

◆ 若以「生產」或「採購」為導向，會被時代拋棄

反過來，若把「生產」(Production) 或「採購」(Purchasing) 作為引導企業航行的老大哥的話，這樣就是「破碎」(Fragmented) 的企業功能體系，屬於「老舊落伍」(Old, Lagged) 的無效經營的理念和方法，凡是成長緩慢的家族企業，或沒有利潤的國營大型企業都屬於此類。在 1970 年代至 1980 年代，凡是臺灣出名的大企業到 2014 年依然存在的不到 20%，其他 80% 都因沒有市場行銷導向，被顧客拋棄，被新競爭者打敗，被趕不上世界新知識潮流的「土」老闆所自我糟蹋掉。

若以「財務股市」操作為導向，也終必「久賭必輸」

企業系統若以「財務」（股市操作）為導向，就也是個破碎的企業功能體系，屬於「新潮不穩」(Instabilized) 之無效經營理念和作法。那些存心向銀行質押股票、抵押土地，借銀行債權，買新股權，掌握管理權，一當上董事長之後，再炒作自己的股票，升值，再去抵押借錢，脫離自己公司風險，再去買其他新股權，掌握管理權，再炒作、升值、質押等等之人，不在於平時

花時間、精力於點點滴滴合理化的管理實踐（即「平時不練身」），乃是一種投機想賺「資本利得」(Capital Gain) 的賭博行為。但俗云「久賭必輸」，雖順手時，賺錢如來潮，有如印股票，換鈔票；但逆手時，股價下跌，抽血護盤，虧本如退潮，頓成地雷股。此新潮股市作法絕對不可採用，有些年輕創業者，設立財務投資公司，自行操作或替人炒作股票，不務正業，也都屬於此類。

「有效經營」 (Effective Management) 的企業是講求「路遙知馬力」，跑 50 公里的馬拉松功夫，不取巧，不賭博，走「行銷導向」之路，以顧客為尊，穩紮穩打，賺長期「投資報酬」(Investment Dividend)。做到「逆水行舟」，「不景氣中成長」的必勝境界。以上三種導向之企業系統，只有「行銷導向」才是完整系統（見圖 5-6）。

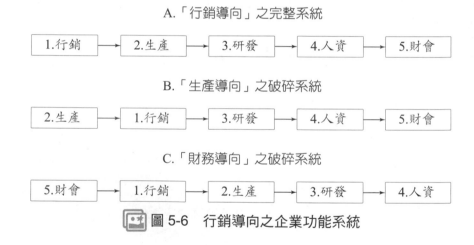

A.「行銷導向」之完整系統

| 1.行銷 | → | 2.生產 | → | 3.研發 | → | 4.人資 | → | 5.財會 |

B.「生產導向」之破碎系統

| 2.生產 | → | 1.行銷 | → | 3.研發 | → | 4.人資 | → | 5.財會 |

C.「財務導向」之破碎系統

| 5.財會 | → | 1.行銷 | → | 2.生產 | → | 3.研發 | → | 4.人資 |

圖 5-6　行銷導向之企業功能系統

5.5.1　「行銷走第一」，開創市場必先知己知彼

行銷走第一，知己知彼

「商場如戰場」、「知己知彼，百戰不殆」（《孫子兵法》）。「知己」是分析自己強點及弱點 (Strength and Weakness)，為 「內部情報系統」 (Internal Information Systems)。「知彼」是分析競爭、供應商及顧客行為，明瞭機會及

危險點 (Opportunity and Threat)，為「外部情報系統」(External Information Systems)。「知己知彼」就是預測「強、弱、危、機」分析 (SWOT Analysis)。

「知彼」為行銷研究第一件要事，俗稱為「顧客行為分析」、「供應行為分析」及「競爭行為分析」，統稱為「市場研究」(Market Research)，包括三步驟：調查、分析、預測。在前面談「行銷計劃」時已提過。「調查」就是蒐集情報「現況」；「分析」就是追查「因果」關係；「預測」就是預算「未來」，供作行銷目標與行銷手段「計劃」的基礎。對重要與潛在「顧客」(Customer Files) 及「供應商」(Supplier Files) 要「列檔」追蹤，對重要「競爭者」(Competitor Files) 也要列檔偵查，最少一定要抓出最重要的五個競爭者，排出名次，然後調查他的銷、產、發、人、財，計、組、用、指、控等十方面的全盤管理之情況。《孫子兵法》第一篇及第十三篇告訴我們「始計」、「用間」，可供參考。

情報供訂目標、策略、方案之用

知己知彼，有完備情報可用，才能設定銷、產及利潤「目標」數量，設定產品、價格、推廣、通路「戰略」，設定調研、推銷、廣告、報導、促銷、倉儲、運送、收款等行動「方案」，組織人力及設備資源，攻下市場，開拓疆域，獲致利潤及顧客忠誠。

5.5.2 「生產緊跟走第二」，支援行銷前線雖大猶小

生產「工廠」雖大；但本身沒有自己存在的目的，是以支援行銷前線為第一使命。工廠把產品種類、項目、品質、數量、成本、時間等數量目標，控制在規劃標準內，以便準時送達到行銷部門指定的客戶。所以生產功能在「生產規劃與控制」(Production Planning-Control)、「現場操作」(Field Operations)、「機器維護」(Maintenance)、「資材管理」(Material Management)、「品質管理」(Quality Management) 等方面，都要事前做縝密的規劃及控制，隨時配合行動。

📊 沒有「行銷」就沒有「生產」存在的價值

「沒有行銷就沒有生產存在的價值」(No Marketing, No Production)。不要以為工廠廠房很大、機器、工人很多、錢花很兇，就很威風，當成公司第一大功臣，那是把「花成本」當作「賺利潤」的顛倒思想。工廠的「有形成本」雖大，但其角色還是小，不可誇大，因它可被「採購」(Purchasing) 或「外包」(Outsourcing) 所替代。

早期（1980 年至 2000 年），我常看到中國大陸某企業的公司廣告說該廠廠長某某人怎麼樣、怎麼樣。我總感到怪怪的。「公司」跟「廠長」的名字有什麼關係呢？公司廣告應是把公司的名譽、公司的產品優點，廣泛告訴別人（顧客），不是宣傳某某廠長名字。廠長只不過是公司僱員之一，隨時可以更換，宣傳他個人名字，對公司有何益處呢？廣告應該「對事」不「對人」，公司的工廠不是廠長所有的，公司工廠可以永遠生存，但廠長可能一任換一任。廣告詞應只說公司，只說產品，不必說廠長或總經理姓名。

例如要廣告卜蜂正大飼料、台塑、中華汽車，只說正大公司、台塑公司、中華公司就好了，不要說什麼人、什麼人是董事長、總經理、廠長等等，因為個人只是一個工作人員，可換來換去。公司工廠要永續生存才重要；個人任期有限，不重要。總經理、廠長個人姓名若廣告出來，整個廣告作用就做死了。廣告若真要提個人名字，就提公司裡有貢獻工人的名字，別人才會尊敬廠長、總經理。標榜最低層的人，上級才顯得有風度，顧客及社會大眾才會有好感，達成廣告作用。中國大陸國營企業的「計劃經濟」(Planned Economy) 作法，最常把「生產」擺第一，把廠長當老闆，不重視行銷，等於把一個「瞎子」放在足球賽「前鋒」位置，此球賽必輸無疑。

🏃 5.5.3 「技術研究發展走第三」，是再生機能

技術部門的任務是用「研究發展」(Research and Development ；簡稱 R&D）方法來改良或創新「產品」(Products)、「原料」(Materials)、「製程」

（Precess）、「設備」（Equipment）、「檢驗方法」（Testing）、「產品生命週期」
（Product Life Cycle；簡稱 PLC）。研究發展可以創新公司的新生代，使公司
生命生生不息，綿綿不絕，宏圖大展，是公司的「再生機能」(Regeneration
Function)。但技術研發部門雖是高知識部門，卻不可以自我為本位，不可自
我獨立，一定以支援「行銷」及「生產」為使命，以科技知識來創造公司的
生產力及競爭力。中國大陸在「改革開放」（1978 年）後，政府最常以「科
學興國」、「發展才是硬道理」當口號標語，是正確的作法。

　　一個公司的銷售業務、生產和員工待遇都很好，但是只要沒有好的研究
發展技術部門，就會令人擔心了。當舊產品的生命週期掉下來時，怎麼辦呢？
公司是不是要馬上關門，或是要繼續虧本呢？所以這個企業第三功能很重要，
是「再生」(Regeneration) 功能，企業能再生才顯得有活力、有生氣、有未來
希望。

皇后無子，地位不保

　　古云：「不孝有三，無後為大」；現云：「無效有十，無新產品為大。」中
國文化之一就是媳婦過門來，一定要生男孩兒，以傳宗接代，媳婦的地位才
能鞏固，夫婦關係才能耐久。相同地，皇帝立皇后，皇后一定要生男兒，作
為太子，以接皇位，皇后將來才能「母以子貴」當皇太后，也才能在年輕時，
鞏固皇帝不敢更換皇后之心。若皇后無皇子，等於公司無研究創新產品，不
是皇后換人，就是皇位被篡。

5.5.4　「人事行政服務走第四」，使前線無後顧之憂

　　商場如戰場，前鋒之行銷部門、中鋒之生產及中衛之技術研究部門，雖
都在全心全意地打仗，但他們也常有「後顧之憂」，比如薪水、福利、保險、
衛生等等。這些與個人生存發展有關的要務，都要照顧好，使前線無後顧之
憂，全力以赴，殺敵制勝。此外，還要培育新一代人才，來補充前線將士的
消耗，照顧這一代及培育新一代人才，這都是人事行政部門的工作。

「人才」、「機器」和「產品」一樣會折舊 (Depreciation)，也需要維護 (Maintain) 及更新 (Upgrade)。「人才」因時代進步而落伍；「機器」因使用而折舊；「產品」因競爭及顧客口味變化而折壽，在在需要維護更新。買一個機器很簡單，但要培養一個人才很困難，要很久時間，所以春秋時齊國首相管仲才會說：「百年樹人」。因之有見識之企業將帥，絕不可以把「人」當作沒有會計「帳面價值」的資源，而忽略浪費之。企業有八資源，其中只有「人力」資源有靈性，會創新，其他七種資源（財力、原料、機器、技術、時間、情報、土地）都要靠「人」來操縱運作，包括最被一般凡人重視的「財力」資源，也是要靠人來運用。《易經》裡說，「天地生萬物，人為萬物之靈」。人也是萬物之一，但是是萬物之龍頭大哥。

機器會折舊，人才也會折舊

有的人認為大企業的管理，由中央控制財會為要；但這種想法，終究不如由中央控制人才聘用、訓練、調派為上。買一部機器容易，因為機器是沒有生命的，買錯了，可以重新買一部好的。買人才就不同了，人有靈魂，不能當機器無生命看待，弄錯了就不行，因為「請神容易送神難」。一個企業，尤其大企業的最高主管，日常忙碌，其他事可以不管，但對重要幹部人才，一定要親自掌握（掌握三階層內人才），「用人唯才」，迴避親友，才是制勝要訣。

美國奇異公司最重視人才

美國奇異公司 (GE) 本來是很有名的賺錢公司，到 1980 年代變成危機重重的航空母艦式企業，傑克・威爾許 (Jack Welch) 先生，在 1981 年，46 歲臨危接任董事長，負起重振百年老店的重大使命，經過 20 年努力，果然不辱使命，重振聲威。奇異有十個事業部 (Divisions)，每年業務量將近 2,000 億美元，淨利近 100 億美元。他說當董事長的唯一重要工作，就是「任派」約 500 位重要幹部，並「觀察」他們的管理才能、領導行為及業績表現，並給

予「支援」及「鼓勵」，但也「密切」評估他們的表現，做出獎勵行動。在傑克·威爾許當董事長的 20 年間 （1981 年至 2000 年），把奇異公司從下坡路拉到上坡路，成為世界市值最高，管理最受稱讚的公司 (Most Admired Corporation)。因他重視人才及管理，威爾許在 2000 年 66 歲退休時，大家都公認奇異公司是真正靠「人才」(Talent)、靠「管理」(Management) 來賺錢的公司，不是靠「運氣」或「猜測」來賺錢。到 2014 年，GE 公司依然瀟灑，是以「管理品質」出名的金像獎公司（最受稱讚公司）。

5.5.5 「財會配合整體走第五」，供應信息及血液

「一日結帳」電腦會計提供神經作用

企業的財會部門供應兩種資源：決策「情報」(Information) 及金融「血液」(Blood)。決策情報指成本會計及管理分析資料。會計如同一個人的神經系統，沒有資訊，等於沒有神經作用，如同「植物人」一樣。有的公司會計部門只做普通會計之流水帳及報表 (General Accounting) ，不做成本會計 (Cost Accounting)，不做管理會計 (Management Accounting)，也不做稅務會計 (Tax Accounting)，更不做人性會計 (Human Accounting)，只做流水帳算什麼會計？會計人員如果只做一般普通會計之流水帳，編報表，那這個會計人員將會如王永慶先生講的「明天就沒有工作了」。因為電腦普遍使用之後，實施「電腦化會計作業制度」(Computerized Accounting Systems)，資料已天天由高中畢業的小姑娘就發生交易來源處打入電腦 (「就源輸入」)，今天若是 8 月 31 日，只要把這個月的收入及成本資料輸入完畢，明天 9 月 1 日會計報表就出來了，哪裡還得用會計人員來日夜趕工結帳、調整、沖帳？

會計人員的真正工作不是做普通會計帳，而是用來做「單元」(Element) 成本、「單位」(Unit) 成本、「部門」(Department) 成本分析，供「成本中心」(Cost Center)、「利潤中心」(Profit Center) 計算績效之用；用來提供比較資訊 (Comparison of Information)，供各級主管人員做管理決策之用。在臺灣及中

國大陸的絕大多數公私企業,包括學校、醫院、政府等等,都還沒有把這些新觀念及新作法實地操作來,實在太可惜,應加緊改進。

當 ROE 大於 COC 時,借錢來發展新事業有利

財務部門提供企業營運及發展所需之金錢,如同人的血液系統。金錢就是企業的血液。我們不要以為某些集團一直在發展是他們會自己印鈔票。事實上,發展所需的錢都是向股東或銀行借來的。假使借入資金,利率成本10%,賺取回報15%,在這種情況下,借錢來投資新事業有什麼不好呢?在「淨值投資報酬率」(ROE) 大於「資金成本率」(COC) 的時候,事業愈做愈大,借錢愈多,利潤也就愈大。怕就怕好景不長,借利率10% 的資金成本來投資新事業,才賺淨值回報5%,等於虧5%,在此種情況下,事業愈做愈多,就愈糟糕。

「可行性研究」一定要客觀完整,才不會誤入歧途

有些人不主張向銀行借款來投資新事業而成長,常說這個人自己都沒有錢,還想辦新事業?我想這種保守人員大概大腦有問題,哪有大企業家經營事業,百分之百自己有剩餘錢才去發展的?假使機會好,他庫存的現金早就投資用光了,碰到新事業,機會好,當然要向銀行借款或向股東(特定股東或社會大眾股東)募資了。世界上大公司新投資發展所需的錢都是向銀行借、向股東籌、向市面上借的。世界的錢,世界人用,大企業的錢都是借來的。經營事業,不怕借錢,就怕賺不到錢去還人家。所以投資以前,先要算清楚,要把「可行性研究」(Feasibility Study) 做得完整客觀,不可含糊待事,害了後事。

財務部門的工作,除了負責與銀行建立關係 (Banking Relations),籌措公司營運及發展所需的資金外,尚須負責信用管理 (Credit Management)、保險管理 (Insurance Management)、資產管理 (Assets Management) 及現金收支管理 (Cash Management)。現金收支俗稱「出納」(Cashier),是財務部門最普通

的工作，正如普通記帳是會計部門最普通的工作一樣，不能當作財務會計部門的最主要工作。現金支出管理若有嚴格而合理的「核決權限表」(Authorization Chart)，進行內部控制 (Internal Control)，就可「自動管理」。

5.6 「計劃導向」之完整「管理功能體系」的順序關係
(Relationship of Planning-Oriented Integrated Management Function System)

◆ 加強「管人」去「做事」的群力及活力

　　把「企業五功能系統」（即有形的「做事」功能）健全之後，要再健全「管理五功能系統」（即無形的「管人」功能），加強「管人」去「做事」的群力及活力，使部屬能「萬眾一心」，凝聚一起，達成目標。北宋末年岳飛以會打仗聞名，「岳家軍」雖只有 10,000 人而已，但所向無敵，金兵雖多，聞風喪膽。岳飛百戰百勝，以少勝多，就是靠「運用之妙，存乎一心」，即「萬眾一心」之「一心」也。如果你管理五個人或一萬個人的公司，這些人的目標跟你的目標不一樣，即會導致「道不同不相為謀」的後果，他們只不過是「一盤散沙」而已，沒有力量，風一吹，沙即隨風飄散。前面曾一再提及，企業「管理」就是扮演沙、石及鋼筋中所要摻入之「水泥」角色，使成為鋼筋混凝土，發揮凝結作用，以一當十，所以我曾用俗語稱「管理」就是「水泥」(Management is Cement)。

◆ 「管理」就是扮演「凝結」作用

　　在管理五功能體系中，以「計劃」為導向（為大哥）的完整管理功能體系，才是現代化有效經營的理念和作法。現在大家會紛紛責備以往中國大陸僵硬「計劃經濟」之錯誤，但在「有效經營」立場上，我們並沒有排除「計劃」這個重要功能，不要以為國營企業過去「計劃經濟」的效果不好，所以現代企業管理就不要計劃，那就大錯特錯了。「管人」去「做事」，還是要計

劃第一。「計劃」是「設定未來工作目標及手段的思考決策過程」。把未來要做的「事」之目標先定好，再來定組織結構，然後再定職責，找人才，然後日日勤於指揮及領導，最後檢討控制糾正，以確保「目標」成功，這就是整個「前一中一後」一貫的管理精神。

◆ 應動態管理，「因事尋人」

　　假使公司以「組織」、「用人」或「控制」為管理系統的「導向」，做「龍頭老大哥」的話，就會變成破碎的管理系統，就會陷於因「人」設「事」的老舊落伍無效的作法。很多國營企業、政府部門都是長久犯這個錯誤。遷就舊有的不合理組織設計制度，而不是以每年「動態性」(Dynamic)「目標」來重定「組織」結構，再以新組織來重定「用人」安排。

　　反過來，若用「控制」來當老大哥，引導管理工作，也不對。控制只是「尾巴」功能，把尾巴當頭來用，當然不對了。「控制導向」的作法也是很多機構久犯而不知的破碎管理功能體系，屬於「不走路只煞車」的浪費資源的失敗作法。

◆ 「順序顛倒」等於「逆血攻心」

　　有人批評社會主義的「計劃經濟」久行無效，但「計劃經濟」以計劃目標為國家經濟建設活動之「龍頭」角色之設想本身沒有錯，只是它的作法有錯，錯在沒有真正以「市場競爭」情報及「顧客情況」來預測未來、設定目標策略、組織結構、再設定用人安排。也就是錯在管理系統的「程序關係」弄顛倒了。順序弄錯，等於逆血攻心，太危險了。

　　國家經濟建設，過去沒有系統性細部規劃作業，只在於粗糙宏觀計劃，然後就是宏觀控制，變成「一抓就死，一放就亂」。沒有把「計、組、用、指」四個功能先做好，只從第五個功能「控」做功夫，當然有問題，把「尾巴」（控制）當成頭（計劃）了，本末倒置。國家管理不可以「控制」為導向，企業管理更不可以「控制」為導向，因國家管理沒有競爭對手，還不至於馬上窒息死亡，但企業管理的競爭壓力太大了，本末倒置，一定失敗結局！

5.6.1 定大計、計劃 (Planning) 走第一──MBO-MBP-MBD

「參與式」目標設定法，集思廣益

在企業管理活動中，有一句名言，即力行「目標管理」，當作所有管理活動的中心，凡是違反「目標」的手段性活動或手續性規定皆應修正。上級人員的大目標通常叫「目標」(Objectives)，下級人員的細部目標通常叫「指標」(Indicator) 及「標準」(Standards)。兩者有高層與低層的區別，但訂定目標時都不能一個人獨自裁定，一定要有部屬「參與」(Participation)，亦即讓您的一級部下、二級部下共同參與意見，因為您一個人懂得太少，情報資訊有限，千萬不要誤信「官大學問大」，所以要大家「集思廣益」，以提高目標決策的「品質」(Quality)，提高部屬之認同感 (Identification) 及士氣 (Morale)，此即「民主參與」的計劃（包括大方向的策劃及細部作業的規劃）方式。

「目標體系」從上而下，「手段體系」從下而上

企業管理在訂定「目標」及「手段」時，應是很民主的。訂定「目標體系」時，從上而下，層層展開。訂定「手段（方案）體系」時，由下而上，層層歸納，兩者都要部屬參與，此謂「參與管理」(Participation Management)，但在定了目標及手段後，「執行」起來時，紀律一定要很嚴明，不能再民主自由了，否則會變成散沙一片了。

上級的「手段」變成下級的「目標」

部屬「參與」決定目標及手段之後，上級「分配」手段性目標，給下級去做（執行）。上級的「手段」變成了下級的「目標」。下級有了「目標」，就要再訂「手段」（即執行方案），努力去達成「目標」，不可偷懶空廢目標。

五權授予

但要讓馬兒跑，也就要給馬兒吃草。所以上級還要實施「授權管理」(Delegation Management)，把執行方案所需要的「用人權」、「用錢權」、「做事權」、「交涉權」、「協調權」，都要依做事「項目」(Items)、職位「層次」(Position) 或「數量」(Quantity) 大小，授予部下。五種權力的授予，可依「提 (Propose)、審 (Screen)、核 (Approve)」三級制來定明，形成「核決權限表」(Authorization Chart)，當作「授權管理」的書面依據。

「權力」(Power Authority) 是為配合執行工作項目「責任」(Responsibility) 而授予，沒有「責任」就沒有「權力」。公司「目標」的達成，不是在於「權力」的使用，而是在於「責任」的完成。

「目標管理」、「參與管理」與「授權管理」相關聯

「授權」(Delegation of Authority) 不是毫無節制，而是透過「提、審、核」三級審核制，首先由第一層提議，「提」(Propose)，由第二層上級審查，「審」(Screen)，若審查不通過，打回去，請第一層再提議，但第二層自己不可提議。最後，由第三層上級再核定，「核」(Approve)。若第二層審查通過之事，但第三層不核准，則打回去，請再由第一層提議，再由第二層審查。但第三層不核准之案件，也不可以自己提議及審查。嚴守三者分際職責，才可避免最高主管「一手包辦」，一手拍，一腳踢之「絕對權力，絕對腐化」之大弊病。

「提審核」三級制，嚴守分際，避免「絕對權力，絕對腐化」

因權力使用屬於動用資源，等於花用成本之行為，所以不可亂用，否則會把成本加重，若轉嫁給價格，會使客戶負擔加重，無法競爭，不利經營。很多人喜歡講求「權力」，不喜歡講求「責任」，形成一般所謂的「爭權奪利」

現象，這是極大的錯誤行為。「權力」只是「責任」的手段，是達成目標責任的「工具」。目標責任若不能達成，就不能用一分一毫的權力。如果人人忘掉目標，只會濫用權力，公司很快就完蛋了。

「權力」只是達成「責任目標」之工具，沒有責任，就沒有權力

有的人一旦當上主管，就忙於動用權力，甚至越權、擅權、揮霍浪費、貪汙牟私，以為企業的用人權、用錢權是上帝平白送給他花用的。他大概是頭暈了吧！事業是股東投資的，是顧客擁護的，全體員工依其生活、生存，是屬於公眾的，不是主管個人的。

主管是代理者，應盡「善良管理人」之責

主管人員只不過是個做事的代理者 (Agent)，應盡「善良管理人」(Good Manager) 之打工仔而已。員工是在為達到目標，盡到「責任」才去用「權」。如果不能達到目標，盡到責任，「權」最好不要去用。很多人不懂管理，把應盡的「責任」當成「權力」，到處揮霍、濫用、囂張、擅權，最後被紀律部門抓走，害了自己，也害了公司股東、員工及很多與公司利害相關的人。

權責雖相當，但上級授權「留責」

上級對下級分配手段性目標「責任」，也應同時授給相配套的「權力」，使下級「有責有權」，「權責相當」。但上級「授權」是「留責」的，不是授權即授責或「卸責」。上級把權力授到底下一層、兩層，「責任」自然和「權力」同生到下級，但上級「責任」依然要留在上面，所以愈往下授權，責任範圍愈擴大，請見表 5–3「授權留責擴責表」。

在部下做錯時，上面還是要負責受罰，不能躲開。所謂「士卒犯錯，罪及主帥」。雖然軍長授權給師長、旅長、團長、營長，甚至連長，連裡發生過

錯，除了連長受責罰外，其上級，以至軍長是脫不了責任的。因為是「授權留責」。軍長授權給底下，以至連長，是為了方便連長執行目標，並不是已授權了，軍長就可以推掉目標責任。「責任」是「目標」，「授權」只不過是「手段」而已。如果軍長授權又授責，底下發生過錯，軍長不受懲罰，誰都要當軍長，又威風又可以罵人，有高薪又有車子，天天不回家吃飯，又不要負責任，誰不願當長官？

表 5-3　授權留責擴責表

	權力 = 責任		授　權	留　權	留　責
1.董事長	100	100	90	10	100
2.總經理	90	90	80	10	90
3.副總經理	80	80	70	10	80
4.經理	70	70	60	10	70
5.副理	60	60	50	10	60
6.課長	50	50	40	10	50
7.組長	40	40	30	10	40
8.班長	30	30	20	10	30
9.作業員	20	20	—	20	20
總　　計				100	540

當長官要承擔風險及吸收風險

事實上，當長官的人，第一個要件就是要「承擔風險」(Risk-Taking) 及「吸收風險」(Risk-Absorption)，擔當責任，接受懲罰。一層一層的高級主管，就是一層一層的風險擔當者及風險吸收者。企業或機構是靠層層責任擔當者及風險吸收者，才敢創新，才敢辦大事業。

5.6.2 設組織——動態組織 (Organizing) 緊跟目標策略走第二

因「事」設「職」，因「職」設「組織結構」

「因事設職」指以「目標」(Ends) 及「手段」(Means) 的要求，來設定做事的「職務」(Jobs) 及「職位」(Positions)。再把各「職位」依「水平分組」(Horizontal Grouping) 及「垂直分組」(Vertical Grouping)，形成「結構組織」(Structural Organization)，做好眾人合作 (Cooperation)、「協調」(Coordination)、「溝通」(Communication) 及「報告」(Reporting) 之「骨架」(Frame Work) 及「神經網絡」(Nerve Network)。

人的骨架好，神經脈絡跟著骨架走，血肉長在骨架上，就成就好的人體；若骨架設計歪了，神經網絡受壓迫，血肉長錯位，身體運作就不靈活，目標也無法達成。等以後要再重新調整骨架，成本就太高了，所以一開始設計組織骨架時就要設計好。

組織要跟計劃目標調整

但企業的組織職位骨架要跟每年的計劃目標走，目標變動，組織也跟著變動。「組織」本身也不是「管理」的最終目標，它也是執行計劃目標的「工具」而已。政府管理和企業管理最常見的毛病，就是「目標」每年變動，但「組織」結構長久不變，形成「事」與「職」分離的狀況，神經與骨架脫離，運作效果當然不好。

5.6.3 明用人 (Staffing)——用人配合組織走第三

古時「賢人」是「才」、「品」、「學」三者兼具

明君之道 「因職求人」、「因事尋良才」。 組織結構的每個 「職位」

(Position) 有其「責任」(Responsibilities) 目標（統稱「職責」）及「才能規格」(Quality Specification) 要求，換言之，職位組織系統設定好之後，方能以之來求才用人。至於什麼樣的「人」才是「人才」？廣泛言之，能夠達成「職位目標」的人，才算是「人才」。孔子有弟子三千，賢者七十二。《論語》中說，有人問孔子，你的弟子中哪個人最好。孔子說我的弟子很多，才能各有不一，不過我可以舉一個例子講一講。像子路（仲由）的特性是「果」（指果斷），做事有才幹，有魄力，一定把目標達成，是大將之才；像子貢（端木賜）的特性是「達」（指曠達），心胸廣大，能容納各類人，品德很好，是宰相之才；像冉求的特性是「藝」（指六藝），禮、樂、射、御、書、數六藝全會，學問好，文武全才，是輔佐帝王之才。

但是世上很少人是「才」、「品」、「學」三全的。我們通常把能達到事業目標的能力叫作「才幹」，有才幹的人不一定有高深學識，也不一定有很好的品德。相同地，有品德的人，不一定做事能幹，也不一定學識高深。有學識的人，也不一定品德好及工作能幹。當然一個人若能才、品、學三者兼備最好。若不能三者齊備，則退求其次，求二者具備，再其次，則只求其一，此時，求「才」於創業衝鋒時，求「品」於守業發展時，求「學」於創業與守業時當幕僚。

企業將帥要求「才」、「品」、「學」、「精」、「力」五修練

事實上，在今日劇烈競爭的企業界，要能「有效經營」的人，只齊備才幹（果）、品德（達）、學術（藝）這三個條件還不夠，還要加上兩個「精」和「力」。

「精」是指百折不撓的堅毅「精神」，是指被打倒了再站起來。因為做事業不可能總是次次成功，若一次失敗就摧毀士氣，自暴自棄，哪能成功。經營企業的人一定要有不怕失敗的精神，失敗了再來，此種打不敗的堅毅精神簡稱為「精」。

練「《達摩易筋經》甩手術」可得健康體力

至於「力」指健康「體力」。經營企業是世界上最艱苦的事情，企業規模愈來愈大，身體折舊愈快，要當企業將帥的人，若沒有一個健康的身體，根本撐不下去。所以我以前在臺灣大學商學研究所「企業經理進修計畫」培訓廣大企業經理時（1979 年至 1983 年，每期五班 250 人，六個月一期），開學之時，首先教他們「《達摩易筋經》甩手術」，一天甩五百個至一千個，練筋骨，又練氣功。天天做，不間斷，持續 10 年、20 年，可以練成金剛不壞之身。具有「才、品、學、精、力」五條件的人，才是完美的企業將帥人才。但五者不可兼得時，在草創打天下時代，用人唯「才」（能力）。在天下平定之後，用人唯「德」（品德）。而「精」、「力」與「學」則愈兼具愈好。

5.6.4 勤指導 (Directing)——天天面對面，身教與言教走第四

先身教（領導），後言教（指揮）

「指導」(Directing) 指「指揮」(Commanding) 及「領導」(Leading)。「指揮」是指主管在後面，發號施令，部屬在前面遵令執行，是屬於「言教」(Teaching) 範圍，用嘴巴講，或用文件下達命令。「領導」是指主管在前面先做，給後面的部屬看、學做，是屬於「身教」(Demonstration) 的範圍。

當主管面對部屬，首先要用「身教」，讓部屬心服你的能力及智慧，然後再用「言教」，以節省時間及擴大效果。因為樣樣身教示範，很花時間，很花成本。譬如作為一個游泳教練，自己首先要會游泳才行，再做給學生看，才能真正教會別人安全游泳。相同地，作為一個企業管理教練、教授，也首先自己要會經營事業及會賺錢，做給學生看及學。一個沒有經營過企業的人，就去教別人經營企業的方法，是很危險，因為沒有經驗過，哪知所教、所講的對或不對呢？

企業教授要自己先會經營好事業才可以教別人

管理工作的第四步是「勤指導」，是屬於上司與下屬之間「天天面對面」的工作 (Day-to-Day and Face-to-Face)，例如總經理對經理們，經理對課長們，課長對課員們，班長對班員們，上下之間，天天見面，時時身教、言教，就是執行企業目標，達成企業目標的最重要活動。最高主管時常親近部屬，勤政愛民，也叫作「身臨其境」、「長相左右」的「走動式」(Management by Walking Around) 指導管理。

君、親、師、友的關懷

上級「勤指導」，對部屬要有「作之君」(Be Superior)、「作之親」(Be Parents)、「作之師」(Be Teacher)、「作之友」(Be Friend) 之風範。主管對緊接部屬的管理，是天天見面的工作。前已提及，中國儒家有五倫：天、地、君、親、師。「君」以前是指皇帝、諸侯王，現在指主管。上級只做部下的「君」還不夠，還要做部屬的「親」。「親」指父母親對子女的慈愛與關懷；還要做部屬的「師」，老師有「傳道、授業、解惑」的責任（韓愈）。主管人員本來就是部屬的老師，主管人員自己如果學問太差的話，要做人家的老師，人家會不服、不敬的。上級指派您當主管，您什麼都不行，部屬就更不會「心」悅「誠」服。要做他人的老師，學問一定要比他人高，所以主管人員要時時進修，閱讀雜誌，參加研討會，使自己的知識與時俱進，擁有「良知」，才夠資格當部屬的老師。

主管還要做部屬之「友」，在中國文化對朋友有「通財」之宜，有「兩肋插刀」之義，這是我加上去的另外一倫。主管人員若能「作之君、作之親、作之師、作之友」四者兼備，才能使部下「萬眾一心」。否則，部屬憑什麼對您心悅誠服呢？您既沒有專業技術，德又不能服人，憑黨政軍親朋關係，糊里糊塗當上主管，部屬若不心悅誠服，可以陽奉陰違，不真正貢獻出他的聰明才智，對他個人及公司也都不利。

5.6.5 嚴賞罰——控制 (Controlling) 是殿後工作走第五

管理五功能 POSDC

在「管理」活動上，「計劃」是屬於「事前」的活動，「組織」、「用人」、「指導」三者都是執行，是屬於「事中」的活動，「控制」是收集情報，比較目標及成果差距，分析優劣成敗原因，糾正改進，施以賞罰，是屬於「事後」的檢討活動。「計、組、用、指、控」五者，英文叫 POSDC，是「管理五功能」的體系，如果在傳統上講，叫「行政三聯制」，前面是「計劃」，中間是「執行」，最後是「考核」（即檢討控制），英文叫 Plan-Do-See。在日本品管大師戴明 (Deming) 把品質管理四步驟叫做 PDCA，其中 P 是 Plan 計劃，D 是 Do 執行，C 是 Check 核對，A 是 Action 改進行動。三套觀念意思相同。

在管理系統五個步驟的時間比重，不是平均分配的，而是有輕重之分。一年 365 天，計劃用時 5%，執行用時 90%，檢討、改進、控制用時 5%。檢討改進之後，接著「再計劃」(Re-planning)，再組織、再用人、再指導、再控制，形成「管理循環」(Management Cycle)。

「計、組、用、指、控」的時間分配為 5%、2%、2%、86%、5%

管理工作著重在 「實踐執行」 (90%)，執行的時間再劃分，組織只用 2%，用人只用 2%，但指導則用 86%。「組織」結構設定，跟「計劃」一樣很重要，但只佔 2% 時間就夠了，「用人」也重要，但也只佔 2% 時間，因不可能一年到頭一再變動計劃，一再變動組織，一再更換人。而真正花在指揮領導的時間應佔 86%。 前已提及 ，這也是為什麼彼得・杜拉克 (Peter Drucker) 在 1954 年寫《管理實踐》(*The Practice of Management*) 一書時，一再強調管理的真功夫在於「實踐」(Management is Practice)，不在於討論計劃及檢討改正的嘴皮功夫或紙上功夫。

以勝敗論英雄，「成果管理」

員工好不好，看「績效成果」(Performance Results) 好不好而定。員工的賞罰也是看績效成果而定，此叫「成果管理」(Management by Results；簡稱 MBR)。員工執行工作之後的賞罰標準，不是看原訂目標的高低，而是看執行後真正的「成果」、「成績」、「績效」、「表現」(Performance) 的高低，而要「以勝敗成果論英雄」。企業經營和軍隊打仗一樣很現實，完全以「成敗」論英雄。「成果管理」(MBR) 與前面提到的「目標管理」(MBO)、「參與管理」(MBP)、「授權管理」(MBD) 相互關聯，都是重要名詞。MBO 是事前功夫；MBP 是事前及事中功夫；MBD 是事中功夫；MBR 是事後功夫。

要發揮控制的功夫，首先要有報告回送，資訊回饋 (Information Feedback)，再經過比較分析 (Comparison and Analysis)，檢討成敗原因 (Review Causes)，看是不是「人」的原因或「環境」的原因，使成果符合、超過或不及目標，然後再採取對「人」的賞罰，或對「事」的糾正措施 (Corrective Action)（見圖 5-7）。

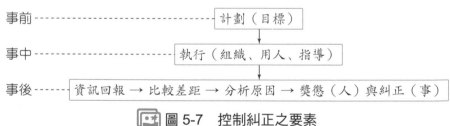

圖 5-7　控制糾正之要素

糾正方式有兩種，一種是「方向盤式」的小控制 (Steering Control)，比如開車子不要撞到行人，用方向盤來控制，車不停，還繼續走，等於公司不停頓，天天繼續運行。(1)每週由總經理主持，經理們參加之「公司經營檢討會」(Company Management Review Meeting)；(2)由經理主持，課長們參加之「部門檢討會」(Department Review Meeting)；(3)每半個月重要幹部提一頁之「個人工作計劃檢討報告」(Biweekly Plan-Review Sheet)；(4)每個月提出公司

財會及績效分析檢討報告 (Monthly Performance Review)；⑸每三個月 （每季）由總經理向集團總部綜合匯報「銷、產、發、人、財、計、組、用、指、控」之總體經營管理情況 (Seasonally Total Management Report)。

　　成功的企業集團就是用這樣「方向盤式」之檢討控制在運作，除非萬不得已，才用第二種「緊急煞車式控制」(Stop-Control)。在高速公路上不能隨便緊急煞車，即使是新車也一樣，會遭受大震盪，傷害五臟六腑。汽車緊急煞車等於公司運轉平時不做小控制，等到犯了大錯才緊急停頓，大控制、大煞車，這會把公司搞壞。以前中國大陸的國營企業「一抓就死」，就是常用煞車式的大控制，很傷汽車（很傷企業及國家）。緊急煞車式之控制，盡量一生一次也不用，所以應該平時多用「方向盤式」的調整，來控制公司企業的執行成果，使之符合目標，確保目標的最終達成。

　　本章先用凌空檢視的立場，來引導企業將帥閱讀及利用「管理科學矩陣圖」之方法。以下兩大章則以身歷其境的立場，來快速學習企業「銷、產、發、人、財」五功能，及管理「計、組、用、指、控」五功能所構成之十字訣的各個功能的內部要點（每功能再細分五個次級功能），真正進入企業管理的詳細「方法論」（以前討論者皆屬「目標論」）。

第 6 章

企業「做事」五字訣：「銷、產、發、人、財」企業五功能的發揮

6.1 企業五功能 (MPRHF) 第一套企管武藝
(Business Five-Function Systems)

　　「企業五功能體系」是「有效經營」的第一套手段，用來達成「顧客滿意」及「合理利潤」兩大目標。依照「系統」觀念 (Systems Concept) 來講，這個「企業系統」(Business Systems) 含有五個組成因素 (Elements)，即行銷 (Marketing) 功能、生產 (Productions) 功能（包括採購、委外託製）、研究發展 (R&D) 功能、人力資源／人事 (HR/Personnel) 功能、財會資 (Finance-Accounting-Information) 功能，簡稱為「銷、產、發、人、財」五字訣。每一個企業功能，又各成一個「子系統」或稱「二級系統」(Sub-Systems)，每一個二級系統又各含有五個組成因素，即「三級系統」(Sub-Sub-Systems)。所以此「企業」系統 (Systems)，含有五個二級系統 (5 Sub-Systems)，二十五個三級系統 (5 × 5 = 25 Sub-Sub-Systems)（見表 6-1）。現在逐一說明，讓有意成為企業將帥的專業經理人員 (Professional Managers)，深入掌握企業少林第一套武藝。

表 6-1　第一套企業武藝：企業五功能系統（銷、產、發、人、財）

一級系統	二級系統	三級系統
企業功能體系	1. 銷：行銷系統 (RSAAD) ↓	1-1　行銷調研計劃 (Research) 系統
		1-2　人員推銷 (Sales) 系統
		1-3　經銷代理 (Agent) 系統
		1-4　廣告促銷 (Advertising) 系統
		1-5　儲運送達 (Delivery) 系統

2.產：生產系統 (POMQM)	2-1	生產計劃 (Production Planning) 系統
	2-2	現場操作 (Operations) 系統
	2-3	資材管理 (Materials) 系統
	2-4	品質管制 (Quality) 系統
	2-5	設備維護 (Maintenance) 系統
3.發：研究發展系統 (PMPET)	3-1	新產品 (Products) 研發
	3-2	新原料 (Materials) 研發
	3-3	新製程 (Process) 研發
	3-4	新設備 (Equipment) 研發
	3-5	新檢驗 (Testing) 研發
4.人：人力資源系統 (RTSPS)	4-1	人才招募（求才）Recruitment
	4-2	人才培育（育才）Training
	4-3	人才挽留（留才）Salaries
	4-4	人才晉用（用才）Placement
	4-5	人才服務（服才）Services
5.財：財務會計資訊系統		
5-1. 財務分系統 (FCIAC)	5-1	融資 (Financing) 理財
	5-2	信用 (Credit) 管理
	5-3	保險 (Insurance) 管理
	5-4	資產 (Assets) 管理
	5-5	現金 (Cash) 管理
5-2. 會計分系統 (GCMTI)	5-6	帳務會計 (General Accounting)
	5-7	成本會計 (Cost Accounting)
	5-8	管理會計 (Management Accounting)
	5-9	稅務會計 (Tax Accounting)
	5-10	內部控制 (Internal Control)
5-3. 資訊分系統 (APDPO)	5-11	資訊需求分析 (Systems Analysis)
	5-12	資訊系統規劃 (Systems Planning)
	5-13	資訊軟體程式設計 (Software Design)
	5-14	資訊硬體設備購置 (Hardware Purchasing)
	5-15	資訊系統運作 (Systems Operations)

🏃 6.1.1 「行銷」五功夫：研、推、經、廣、送 (RSAAD)

譬如「行銷系統」(Marketing Systems) 本身是「企業系統」的第一個「子系統」或稱「二級系統」，它本身又含有「行銷調研」(Marketing Research)、「推銷」 (Sales)、「經銷」 (Agent)、「廣告」 (Advertising) 及 「送達」(Delivery) 等五個重要因素，簡稱為「研、推、經、廣、送」(RSAAD)，以提供符合「顧客滿意」之「量大」(Big Quantity)、「質佳」(Good Quality)、「價適」(Right Price) 之產品銷售為責任目標。

🏃 6.1.2 「生產」五功夫：計、操、材、質、修 (POMQM)

「生產系統」(Production Systems) 也是「企業系統」的第二個「子系統」或稱「二級系統」，它又含有「生產計劃」(Production Planning)、「現場操作」(Field Operations)、「資材管理」(Material Management)、「品質管制」(Quality Control) 及 「設備維修」 (Equipment Maintenance) 等五個重要因素，簡稱為「計、操、材、質、修」(POMQM)，以提供行銷部門所需之「如質」(Right Quality)、「如量」 (Right Quantity)、「如本」 (Right Costs)、「如時」 (Right Time) 之產品為責任目標。

🏃 6.1.3 「研發」五功夫：品、料、製、備、檢 (PMPET)

「研究發展系統」(R&D Systems) 是「企業系統」的第三個「子系統」或稱 「二級系統」，它又含有 「新產品」 (New Products)、「新原料」 (New Materials)、「新製程」(New Process)、「新設備」(New Equipment)、「新檢驗」(New Testing) 等五個重要因素，簡稱為「品、料、製、備、檢」(PMPET)，以提供符合企業銷產活動的第二代新生命來源。「好行銷」 搭配 「好技術研發」， 則天下行得 ， 暢行無阻 (Good Marketing with Good R&D is Certain to Success)，是企業必勝的第一秘訣。現代的虛擬組織 (Virtual Organization)、虛擬經濟 (Virtual Economy) 及知識經濟 (Knowledge Economy) 等等新現象，

就是「行銷」與「技術」二者密切搭配的衍生物。二者合一，企業成功；二者分離，企業失敗。切記，勿忘！！

6.1.4　「人資」五功夫：求、育、留、用、服 (RTSPS)

「人事系統」或稱「人力資源系統」(Personnel or Human Resources Systems) 是「企業系統」的第四個「子系統」或稱「二級系統」，它又含有「求才」(Recruitment)、「育才」(Training)、「留才」(Salary-Benefits)、「用才」(Placement) 及「服才」(Services) 等五個重要因素，簡稱為「求、育、留、用、服」(RTSPS)，以提供符合行銷、生產、研發以及財會資各部門所需之人才及安定前方軍心，使商場「前線作戰無後顧之憂」為責任目標 (Forward Fighting without Worrying about Homework)。

「財務」五功夫：融、信、保、資、金 (FCIAC)

現代集團公司的財務、會計、電腦資訊三功能，本來都屬於企業財務功能。後來因業務增繁，所以「管錢不管帳」分為財務及會計。再後來，因電腦化，會計的資訊功能，又分開獨立為電腦資訊部門，所以大公司集團的組織，有財務、會計、資訊三部門。

「財務會計資訊系統」(Finance-Accounting-Information Systems) 是「企業系統」的第五個「子系統」或稱「二級系統」。在較大企業，財會資系統又劃分為財務系統 (Financial Systems)、會計系統 (Accounting Systems) 及資訊電腦系統 (Information Systems) 三個子系統，所謂「管錢」（財務）不「管帳」（會計）、「管帳」（會計）不「管錢」（財務）。又會計的電腦資訊應擴大服務全公司，不應只服務財務、會計部門而已，其應服務範圍甚至包括公司的上游供應商及下游的客戶經銷商。

「財務系統」又含有「融資」(Corporate Financing)、「信用控制」(Credit Control)、「保險管理」(Insurance Management)、「資產管理」(Assets Management) 及「現金管理」(Cash Management) 等五個重要因素，簡稱為

「融、信、保、資、金」(FCIAC)，以提供「快速」(Fast)、「充足」(Abundant)、「低成本」(Low-Cost) 之企業「資金血液」(Capital Blood) 為責任目標。

「會計」五功夫：帳、成、管、稅、內 (GCMTI)

「會計系統」也含有「帳務會計」(General Accounting)、「成本會計」(Cost Accounting)、「管理會計」(Management Accounting)、「稅務會計」(Tax Accounting) 及「內部控制」(Internal Control) 等五個重要因素，簡稱為「帳、成、管、稅、內」(GCMTI)，以提供「準確」(Accurate)、「充分」(Enough)、「快速」(Fast) 之管理決策資訊 (Information) 為責任目標。

「資訊」五功夫：析、規、軟、硬、運 (APDPO)

資訊情報的提供原是會計功能之一，後因電腦化作用擴大範圍，成為公司內外運作自動化之工具，所以獨立為一部門。「資訊系統」(Information System) 也含有五個重要因素，即各部門資訊「需求分析」(Systems Analysis)、資訊系統規劃 (Systems Planning)、資訊軟體程式設計 (Software Design)、資訊硬體設備購置 (Hardware Purchasing) 及資訊系統運作 (Systems Operation)，簡稱為「析、規、軟、硬、運」(APDPO)，以提供各部門所需之「準確」、「充分」、「快速」之即時內外情報為責任目標。

「企業」五功能是陽明顯露看得到的「做事」功能（號稱「陽顯功夫」），另外第 7 章要談的「管理」五功能是陰隱秘密，外人看不到的管人去做事的「作人」功能（號稱「陰密功夫」）。每一陽顯或陰密功能又可劃分為五個次級功能，所以在「企業系統」內，有二十五 (= 5×5) 個子題必須注意，在「管理系統」內，也有二十五 (= 5×5) 個子題必須注意。若每一個子題做好，就對企業經營成功有所貢獻，若每一個子題做不好，都可能成為企業經營失敗的要害。所以若有人問企業成功因素在哪裡？企業失敗因素在哪裡？答案是都在「企業」、「管理」雙重五指山 (5×5) 之矩陣裡。

現在我們要進入比較細緻的說明階段，首先針對「企業」系統的二十五個子題，做重要列點式說明，等到第 7 章，再針對「管理」系統的二十五個子題，逐一扼要說明，以構成一個企業將帥總經理人員所必須具備的全盤「企業」、「管理」雙重五指山矩陣圖知識，作為「有效總經理學」的核心。

6.2 「行銷」功能的發揮：從「坐銷」、「推銷」到「拉銷」
(Exercise of Marketing Function: Sit to Sell → Push to Sell → Pull to Sell)

「行銷」(Marketing) 就是中國人的做「生意」；會做「生意」，公司才會「成功」；生意昂然，才能「生生不息」。在學術言，「行銷」是「泛指研究及發掘顧客欲望、設計，提供合適產品及服務，並暢銷給顧客，謀取滿意及利潤之相關企業活動。」

「行銷」功能是「企業系統」的龍頭第一功能，有云：「好的開始是成功的一半」；換言之，行銷功能做好，企業就成功一半，因為行銷就是企業的開始功能。任何一個企業，其行銷功能的五個次級工作若做好，就掌握二分之一的成功機會；反之，任何一個企業，其行銷功能五個次級工作若做不好，就注定二分之一的失敗機會。此話當真，並非危言聳聽。行銷的五個次級工作是研調、推銷、經銷、廣告、儲運 (RSAAD)。

放眼天下，哪位不懂得或無興趣於行銷的人當上企業最高領導者，該企業必定走下坡，以至消失。反之，由行銷能力高強的人當最高領導者，企業必然興旺。很多企業的老闆若是只有興趣埋首於實驗研究工作，或工廠的細微操作工作，而不理睬外面客戶及競爭者變化，久之，其事業一定衰敗，被別人拋棄。

古人云：「會做生意的兒子很難生」，「會做官的兒子隨便生」，即是指有「行銷」本能的可貴之處。幾乎歷史上的成功企業名人，都是會做生意的行

銷人。

6.2.1　坐銷：「酒好不怕巷子深」，是失敗的開始
(Waiting is the Start of Failure)

　　企業的行銷功能在政府的國有國營企業及在老舊的私人家族企業，常被忽略及看不起，因為他們是「生產導向」(Production-Orientation) 的經營者，認為埋頭「生產」第一重要，其他不重要。認為「酒好不怕巷子深」、「好貨客戶自然來」、「守株也可以待兔」。

　　產品生產後放在倉庫，「坐等」客戶前來買，這是「坐銷」作法，大家皆知，「守株待兔」的作法，成功機會不大。若有競爭者出現，「坐銷法」(Wait or Sit to Sell) 將把企業帶往死路。所以在 1924 年，美國經濟開始進入「推銷」時代，來替代以往的「坐銷」歲月。臺灣企業在 1970 年代前也是專門做「廠內交貨」的生意。中國大陸在 1995 年以前，國營事業「廠長責任制」時，也是把行銷工作推給「政府」去分配。那時物資缺乏，實行配給制度，買米要米票，買布要布票，買肉要肉票……，所以廠長不必做行銷工作。

　　很多在「經濟起飛」及「改革開放」20 年前的臺灣及中國大陸的政府機關、公立學校、老式私人企業及機構等等，都是陶醉在「坐銷」的官僚「巷子」裡，難怪該時國家經濟困難重重，日薄西山，人民感到前途無望。

6.2.2　「系統行銷」才是真正「拉銷」法
(Systems Marketing is Real Pull to Sell)

　　在「坐銷」演進到「推銷」時代，工廠生產產品囤放在倉庫後，派推銷員 (Salesmen, Sales Engineers) 到客戶家去說服溝通 (Communication and Persuasion)，大展舌燦蓮花之「推銷術」(Salesmanship)，同時也利用鋪天蓋地的「廣告術」(Advertising) 來幫忙溝通意見。

　　積極的「推銷」比消極的「坐銷」有效。但若顧客的真正需求欲望 (Needs) 未被發掘，「推銷」也不能真正做到讓顧客滿意的境界。若再有其他

競爭者出現，則「推銷」成功的把握也不大。

所以 1955 年，「市場研究」(Market Research) 及「行銷研究」(Marketing Research) 在美國開始出現，先研究「顧客需求」及「購買行為」(Customer Buying Behavior)，作為公司「產品計劃」(Product Planning) 及「產品設計」(Product Design) 的根據，然後開始真正製造生產 (Manufacturing and Production)，最後再派人推銷、做廣告，把顧客真正「拉」到公司來。從此「拉銷」(Pull to Sell) 時代替代「推銷」(Push to Sell) 時代。

總之，現代的行銷功能，是以顧客為導向的整體「系統行銷法」(Systems Marketing)，不是「自我生產」為導向的破碎銷售法。請見圖 6–1 系統行銷法各步驟：1.行銷研究；2.產品計劃；3.產品發展設計；4.製造生產；5.訂價、推銷、經銷、報導、廣告、網路推廣；6.成交、送達、付款；7.服務、客訴、退貨；8.滿意、重購、忠誠、友誼、伙伴；9.市場研究。

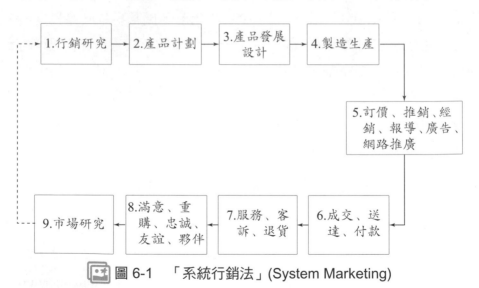

圖 6-1　「系統行銷法」(System Marketing)

6.2.3 行銷研究及行銷計劃為第一步工作
(First Step of Marketing is Marketing Research and Marketing Planning)

「MR + 4P + CS」 行銷系統三次第法 (Three-Step Method of Marketing Systems)

前面在講利用「管理科學矩陣圖」（圖 5–1）當手段工具，來達成「有效經營」目標時，曾經舉左上角「行銷計劃」(Marketing Planning) 作為企業五功能部門管理活動中，「雙龍搶珠」、「計劃的計劃」(Planning of the Planning) 的核心地位。

「行銷計劃」的兩大工作，就是「行銷研究」及設定「行銷目標與策略手段」。在行銷管理學上，把廣義行銷活動的範圍訂為 MR + 4P + CS （見圖 6–2）。「行銷研究」包括「市場研究」及顧客與競爭行為分析，範圍比「市場研究」為廣及深。

MR + 4P + CS 也叫「行銷系統三次第法」。MR（行銷研究）是第一步事前的「計劃」功夫；4P（產品、價格、推薦及通路策略）是第二步事中的「執行」功夫；CS（顧客滿意）是第三步事後的「服務」功夫。三步連貫，功德圓滿。圖 6–2 有十一個工作，第 1 到第 4 是行銷研究 (MR) 的工作。第 5 到第 9 是 4P 策略執行工作。第 10 到第 11 是事後顧客滿意 (CS) 的工作。

想成為企業將帥的人，一定要謹記「MR + 4P + CS」，這三個行銷系統概念性英文簡寫名詞。未來在與他人交談企業經驗時，隨口拋出這些概念，別人就會特別看得起您。

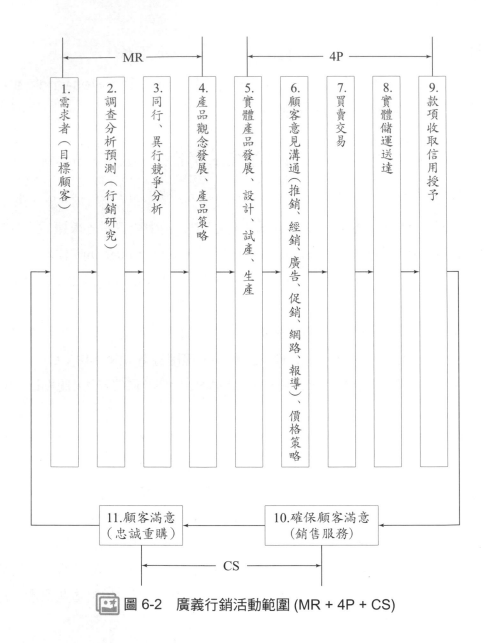

圖 6-2　廣義行銷活動範圍 (MR + 4P + CS)

「行銷研究」負責蒐集情報 (Market Research for Information)

「市場研究」是情報工作，因必須能「知己知彼」，方能「百戰不殆」。「知己」是指蒐集、整理、分析、檢索公司內部有關某一產品之銷售紀錄、銷售變化、顧客檔案、競爭檔案、生產成本行為、利潤分析等等。公司若有十種產品，就要有十套內部情報資料。「知彼」是指蒐集、整理、分析、預測公司外部「總體大環境」變化趨勢、「供應商」之供應行為、「目標顧客」之需求行為，及「競爭對手」之供給行為（包括產品、價格、推廣、通路、技術、管理）。「競爭對手」又包括三種，即同業現有競爭者 (Existing Competitors)、同業新進競爭者 (New Entrants) 及異業潛在代替者 (Potential Substitute Competitors)。

「外部」情報資料 (External Information) 之蒐集遠比「內部」情報資料 (Internal Information) 之蒐集為困難，除了硬性規定要求推銷人員，亦稱「業務代表」或「銷售工程師」(Sales Representative or Sales Engineer) 每日填報「訪問調查報告」(Visiting Reports) 外，公司企劃部 (Company Planning Department) 或行銷企劃課 (Marketing Planning Section) 也要自行設立研究專案，進行調查、分析、預測工作，與推銷人員回饋之資料核對及修正，以進行「強、弱、機、危」(SWOT) 分析，設定公司整體未來 1 年至 5 年的「行銷目標」(Marketing Objective)，包括產品「種類」(Product Lines) 目標、「項目」(Product Items) 目標、「數量」(Sales Quantity) 目標、「地區」(Area Quota) 目標、「價格」(Price Level) 目標、「收入」(Sales Revenue) 目標、「利潤」(Sales Profit) 目標、「銷售生產力」(Sale Productivity) 目標及「市場佔有率」(Market Shares) 目標等等。公司在未訂定各種形式目標之前，一定要先蒐集、分析、預測情報。若沒有「充分」、「準確」、「快速」的情報做依據，就憑「空」設定各種目標，一定會因行不通而失敗。

有了未來 5 年及 1 年之行銷「目標」(Objectives) 之後，就要再規劃「行銷策略組合」(Marketing Strategies Mix) 及「行銷執行方案」(Marketing

Action Programs) 等手段，以完成總經理（代表公司）及行銷經理（代表部門）之完整計劃書。行銷計劃書設定後，也就會成為公司其他部門，如生產（含採購、委外）、研發、人資、財會、資訊等等設定計劃之依據（見圖 6-3）。

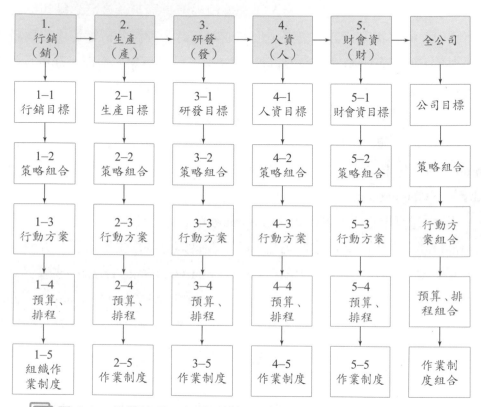

圖 6-3　行銷管理、行銷計劃、行銷目標及其他部門目標之關係

「行銷策略」4P 組合 (Marketing Strategy 4P-Mix) 及「行銷執行方案」都是用來達成目標的武器工具。先由總裁、總經理訂「目標」及「策略」，再由經理、課長級人員負責執行「方案」，大家必須謹記這三個重要名詞：「目標」、「策略」、「方案」。若不知此三名詞的層次關係，就無資格當企業管理領導人員。「目標」是「理想點」；「策略」是「方向、路線」；「方案」是「行動速度」（包括理想點、路線方向、步驟、方法、時間、開始點、人員、資源、成本效益等等之考慮）。

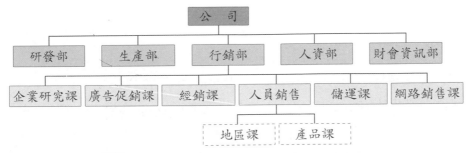「行銷計劃」是行銷功能及全公司計劃的第一步

行銷功能可再分為五個次級功能，即(1)行銷計劃；(2)人員推銷；(3)經銷；(4)廣告；(5)儲運（見圖 6–4）。

公　　司

研發部　生產部　行銷部　人資部　財會資訊部

企業研究課　廣告促銷課　經銷課　人員銷售　儲運課　網路銷售課

地區課　產品課

圖 6-4　普通公司行銷功能及推銷組織

有目標、策略及執行方案，才能訂出行銷收入及支出預算 (Marketing Budget)。依此目標 → 策略 → 方案 → 預算的計劃擬訂程序，由行銷部門移向生產部門、研究發展部門，及於人資部門，最後到達財會資訊部門，歸結成為定案之「公司計劃－預算」書 (Company Plan-Budget)。所以說，行銷部門的調查研究及計劃工作 (Research and Planning) 是行銷管理 (Marketing Management) 工作的第一步，也是全公司計劃 (Company Planning) 的第一步，其重要性非同小可。企業機構的行銷計劃，就是軍事機構的作戰計劃。運籌帷幄，決戰千里，就是首先靠作戰計劃（行銷計劃）的紙上作業，包括大「策劃」及細「規劃」活動。

在組織結構上，「行銷研究」及「行銷計劃」（指設定目標及 4P 策略與方案之規劃預算），通常放在「行銷企劃課」，有時提高層次，放在公司「策略行銷」部 (Strategic Marketing)，作為行銷副總經理兼行銷經理的第一個幕僚智庫 (Think Tank)，負責運籌帷幄，決勝於千里之外的大腦工作。有很多「坐銷」及「推銷」導向的老舊公司，都不知道「行銷研究」及「行銷計劃」的重要性，所以在組織結構上也找不到它們的地位，難怪這些公司終究要被

市場競爭及顧客變化所淘汰。

6.2.4 人員推銷（直銷）為行銷管理第二步工作
(Second Step is Personal Selling)

推銷九件事，是公司直轄步兵 (Nine-Factors of Personal Selling, the Company Army)

有了行銷目標 (Objectives)、策略 (Strategies and Policies)、方案 (Action Programs) 及預算 (Budgets) 之後，就要付諸執行 (Implementation)，以達致銷售及利潤目標。執行的單位有四種：(1)公司自己僱用的推銷人員 (Salesmen)；(2)不屬於公司僱用範圍的經銷商、代理商 (Dealers and Agencies)；(3)網路、廣告及促銷人員 (Internet, Advertising and Sales Promotion)；(4)倉儲送達後勤服務人員 (Logistics)。推銷及經銷都是前方「直線」人員 (Line People)，網路、廣告、推廣及儲運都是後方幕僚人員 (Staff People)。

「推銷」，顧名思義就是推銷員把貨品「推」到客戶「面」前，請客戶「買」，也就是我「賣」（銷售）。我是主動者，客戶是被動者。這比「坐銷」要進步了。推銷人員的主要作用是「面對面」(Face-to-Face) 和客戶做九件事：(1)溝通說服 (Communication Persuasion)；(2)創造訂單 (Order Creation)；(3)收取訂單 (Order Collection)；(4)填滿訂單 (Order Delivery)；(5)收取貨款 (Payment Collection)；(6)售後服務 (After Services)；(7)確保滿意 (Ensure Satisfaction)；(8)調查市場 (Market Survey)；(9)回饋信息 (Information Feedback)。所以推銷人員列為行銷的「直線作業人員」(Line Operations People)。推銷人員的能力、品質及表現，直接影響到公司的銷售成績。

推銷人員做「直銷」工作，是公司的步兵，派到戰場上進行肉博戰，攻城掠地，收取戰利品。推銷人員是一個通稱，傳統公司稱為「業務員」，新式公司稱為「業務代表」或「銷售工程師」或「客戶專員」(Account Executive) 或「理財專員」(Financial Advisor) 等等。工廠推銷員可面對「中間商」（批

發商、零售商)、「機關大用戶」、「工廠使用者」、「國外進口商」及「消費者」。前四者為 B2B（企業對企業），第五者為 B2C（企業對消費者）。

產品別或地區別之銷售課 (Product-Wise or Market-Wise Sale Units)

在組織結構上，推銷人員隸屬於行銷部 (Marketing Department) 的「銷售課」或「營業課」(Sales Section)。產品種類較多的公司，可以依產品別，設立多個「產品別銷售課」(Product-Sales Section)；市場地域涵蓋廣闊的公司，可以依地區別，設立多個「地區銷售課」(Market-Sales Section)。

若產品種類又多、地域又廣闊的大規模公司，則在公司第一層組織結構上，可能就要先設立具有「利潤」責任中心 (Profit-Centers) 性質的「產品事業部」(Product Divisions)，先把行銷及生產兩功能，歸屬在一個獨立核算盈虧責任的「產品事業部」(Division) 之下，再來劃分第二層次的組織——「行銷處」及「生產處」。在行銷處及生產處之下，再設各功能性之「課」，如同一個普通規模之公司組織一樣。所以若有九類產品就有九個「產品事業部」，轄九個產品工廠及行銷處。在九個產品行銷處下，再設立數個市場地區別之營業課或銷售課。營業課或銷售課內有推銷員、業務代表，業務工程師等等直線「作戰部隊」（見圖 6-4 及圖 6-5）。

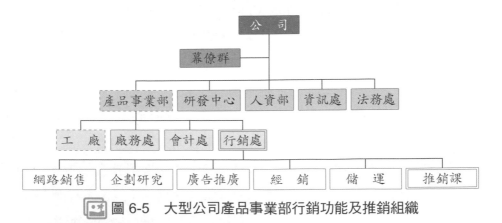

圖 6-5　大型公司產品事業部行銷功能及推銷組織

此種「多產品」「多地區」(Multiple-Products Multiple Markets) 之集團式大公司組織，以利潤中心式之「產品事業部」制度來運作，已有多年歷史，從美國奇異 (GE) 公司、通用汽車 (GM) 公司，到日本豐田 (TOYOTA) 公司，新力 (SONY) 公司，到臺灣的台塑企業 (Formosa Plastics Group)，泰國的卜蜂企業 (Charoen Pokphand Group) 等等皆是。可是到了 21 世紀，電子電訊高科技所組成的新經濟產業，因變化快速，競爭劇烈，企業組織改造，把以前傳統產業慣用的垂直整合 (Vertical Integration)，改為垂直分工 (Vertical Specialization and Division)，所以日本新力公司在 2000 年 10 月，宣布從 2000 年起，逐步取消「產品事業部」制度，讓每一產品生產工廠擁有自己的行銷功能，自行創業接訂單，恢復到中小企業時代，每一小工廠成為一個企業五功能（銷產發人財）齊全的小公司，提升彈性機動能力。世界名牌公司為了減低生產製造的繁雜及降低勞工成本，在 21 世紀開始，也紛紛採行「生產外包」及「品牌行銷自作」之新經營模式，更加強行銷功能之分量。

「推銷術」要求嚴格 (Salesmanship has Strict Requirements)

美國公司大量使用推銷人員是從 1930 年代經濟大蕭條後開始，通稱為「推銷員」(Salesman)，幫忙公司把工廠因盲目生產所囤積的貨品「推」給客戶，成為一時英雄。推銷員以拉客戶、收訂單為主要使命，其所需的儀表 (Appearance)、口才 (Communication Ability)、產品知識 (Product Knowledge)、價格調動 (Price Adjustment) 之授權程度、人際人脈關係 (Human Relations) 以及品德學術 (Ethical and Schooling) 水平等等要求大為提高，稱為「推銷術」(Salesmanship)。當時學得高超的「推銷術」，就是年輕人的「登龍術」；高級推銷員以銷售業績比例獲取高額獎金，收入豐富，常有超過公司總經理者，號稱「推銷大王」(King of Salesmen)，但也不是人人皆可擔當。

工業性產品 (Industrial Goods) 及新興經濟產業的推銷員，需要比較高深的工程知識及教育水平，所以工業產品的推銷員又稱為「銷售工程師」(Sales Engineer)。而高級推銷員又稱為公司「業務代表」(Sales Representative)。

　　工業性產品推銷員 (Industrial Salesman) 比消費產品推銷員 (Consumer Salesman) 的水平要求較高，薪津成本也比較高。銀行，尤其投資銀行 (Investment Bank) 的放款推銷員更稱為「客戶專員或經理」（Account Executive；簡稱 A/E），是職位很高級的人員，他們通常和借款公司的總裁、總經理或財務長、財務經理往來，所以銀行 A/E 的名片抬頭印有 Vice President (VP) 者，是指很資深的批發式放款推銷員，權限大，專門和大客戶談大筆資金之買賣融通，動輒幾千萬、幾億美元。證券公司的推銷員叫作「理財專員」(Financial Advisor)，必須擁有各種新式財務工程、財務衍生品之專業知識，為顧客提供最佳的財產管理建議，已非一般憑私人關係拉訂單、買賣股票、送回扣之泛泛之輩的業務員可以比擬了。

總經理是公司最高推銷員 (Chairman or General Manager is Top Marketing Man)

　　公司真正最高級的推銷員就是董事長及總裁／總經理，其次是行銷副總裁／副總經理（若有此職位時），再其次是行銷經理，再其次是銷售課或營業課長，再其次是各地區的負責推銷員、銷售工程師、業務代表、櫃檯人員等等。愈高層的推銷人員就是「創造訂單者」(Order Creator)，愈低級的人員就是「填滿訂單者」(Order Deliver)，中間的人員是「收取訂單者」(Order Collector)。以高層人脈關係，創造訂單於無形，才是最高招的推銷術，所以公司的高級主管們，雖然沒有掛「行銷」、「推銷」之名銜，但卻是公司責任最大、最重要的「推銷員」，因他們佔用公司寶貴資源，不能不盡責。

對推銷人員要實施「目標管理」(Marketing MBO for Salesmen)

　　對推銷人員的管理是最複雜的工作之一，因為推銷人員一旦走出公司大門出外訪問客戶，等於小鳥放出籠，所謂「將在外，君命有所不受」，難以控制其行為，所以對推銷人員的管理要實行自我控制之「目標管理」（Management by Objectives；簡稱 MBO），針對每一個推銷人員，依地區

「市場潛力」(Market Potential)、「競爭壓力」(Competition Pressure)、「人員能力」（Ability，指新手或舊手），以及行銷「資源預算」等四項因素，設定每一位推銷人員的個別銷售目標及利潤目標，即「配額」(Quota) 目標。上級主管每月依上旬、中旬、下旬三次核對目標與實績，並進行檢討改進追蹤，不可鬆懈。管理推銷人員正如管理陸軍野戰部隊一樣，講求嚴整紀律及徹底執行（見圖 6–6）。

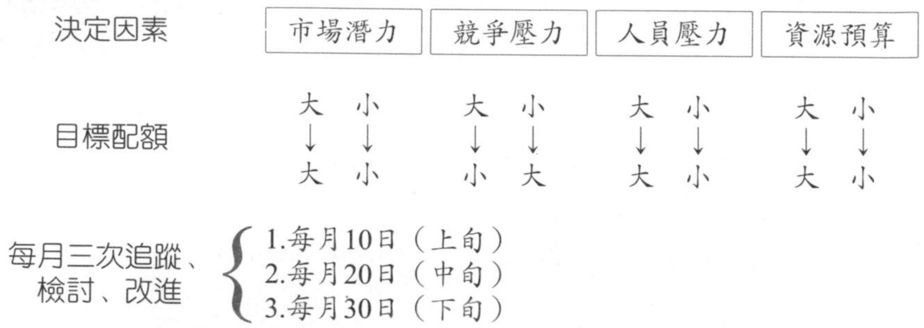

決定因素	市場潛力	競爭壓力	人員壓力	資源預算
目標配額	大　小 ↓　↓ 大　小	大　小 ↓　↓ 小　大	大　小 ↓　↓ 大　小	大　小 ↓　↓ 大　小

每月三次追蹤、檢討、改進　{ 1.每月10日（上旬）
2.每月20日（中旬）
3.每月30日（下旬）

圖 6-6　推銷員個別目標配額之設定及追蹤法

推銷員變動薪資制比較有效 (Variable Salary-Wage System)

推銷員的薪酬待遇可採「百分之百固定制」(100% Fixed)、「百分之百浮動獎金制」(100% Variable) 或「局部固定，其餘浮動獎金制」(Partial Fixed Other Variable) 等三種，三種中以第三種的「浮動」薪資制度比較有激勵性。當銷售利潤成績超過原定目標後，就不怕推銷人員在額外多賺的利潤成績裡拿獎金，這是「小魚釣大魚」的賺錢道理。有很多公司的高級主管不知道，或捨不得用「目標管理」的方法（一方面給推銷員「責任壓力」，同時另一方面也給「獎金激勵」），反而很小氣，又要「馬兒跑」，又要「馬兒不吃草」，致使前線「步兵」無心無力衝鋒陷陣，作戰無力，使前方「戰將」變成後方文書「幕僚」，軟綿綿，失去戰機及戰力，公司注定要失敗。

6.2.5 代理經銷（間銷）為行銷管理第三步工作
(Third Step is Middleman Agencies)

「子弟兵」不夠用才僱用「外籍兵團」(Priority to Use Owned Student-Army)

「代理商」(Agent) 或「經銷商」(Dealer) 都是公司用契約合同方式僱來商場作戰的「外籍兵團」，俗稱為「傭兵」，和公司自有的推銷員「子弟兵」身分有異。公司使用代理經銷的理由，一定是自己直接推銷人員不夠用、成本太高、地區不熟悉或客戶分布太遼闊。「代理商」是代理銷售，收取佣金 (Commission)，不擁有產品所有權 (Ownership)，不冒價格波動及銷售不出之風險，但賺取賣出與買進之價差或一定比例之佣金。至於「經銷商」，則買進產品，擁有產品，再行出售，賺取進出間之「價差」，因擁有產品所有權，所以冒有賣不出去或價格變動之風險。若一個地區只指定一個代理商或經銷商，則該被指定（或稱被授權）者稱地區「總代理」(Exclusive Agent) 或「總經銷」(Exclusive Dealer)。在「總代理」或「總經銷」之下，可以再設立次一級的「代理」或「經銷」商。

◆ 經銷代理及直效行銷人員都是「外籍兵團」

通常一家公司在其「自有推銷員」(Self-Owned) 能力所及之市場範圍以外，才設立「外來」(Outside) 代理經銷商，用以補足自有推銷能力不足之處。經銷代理商之「家數」及「地域分布」，必須配合公司自有之「門市部」、「營業所」、「分公司」之安排，才不會造成自有推銷員和代理經銷商之推銷員的重疊衝突及浪費資源。

有的消費品公司不用經銷代理制度，而用無店面之「多層次直效行銷人員」(Multiple Direct Selling People)，把店面成本及廣告成本節省下來，給直銷人員當獎金之用，這些多層次直銷人員也是「外籍兵團」。

在組織結構上，代理經銷的管理由「經銷課」(Middlemen Section) 負責。

「銷售課」是「直接銷售單位」(Direct-Selling Unit)，管理自有之推銷人員；「經銷課」是「間接銷售單位」(Indirect-Selling Unit)，管理外面之代理商及經銷商。有時以「銷售課」為主，「經銷課」為輔；有時則以「經銷課」為主，「銷售課」為輔，端視公司行銷策略重心而定。

◆ 經銷商代理商家數之決定方法

設立經銷商代理商的家數，也是要配合行銷通路 (Channel of Distribution) 的策略。代理經銷商家數愈多時，「涵蓋市場」面積愈大 (Market Coverage)，愈可避免競爭者「侵入」(Invasion) 市場範圍，搶走顧客；但公司對經銷商的接觸、溝通、控制的「成本」也愈大 (Cost and Control)，而經銷商與經銷商之間的互相「競爭」(Competition)，如削價、相忌也愈大；反之，亦然。所以在決定代理經銷商之家數時，要平衡優劣點，取得對公司銷售目標及利潤目標最有貢獻之家數，太多家經銷代理商時，每家業務量吃不飽，因而心有旁鶩；太少家時，恐市場涵蓋力不夠，被別人侵入。

愈專門性、高技術之「工業產品」(Industrial Goods)，在本國市場愈不用經銷代理，而愈多用自有之業務代表、銷售工程師，並配合使用電子網路商務 (E-Commerce)。在國外市場則常用總經銷、總代理。反之，愈普遍性、低技術性之「消費產品」(Consumption Goods)，在本國市場愈用經銷、代理，配合強力之廣告促銷活動及電子網路商務，愈少用自有之推銷員。在國外市場，也是要用總代理、總經銷，再由他們去設立下層次的經銷、代理網，以及進行廣告促銷活動。

◆ 電子商務市場大為崛起

在 21 世紀全球網際網路 （互聯網，Internet） 時代，電子商務 (E-Commerce) 的搭配使用，使 B2B（企業對企業，Business to Business）之利用趨於普及化。大小消費品公司，甚至大型通路商公司（如百貨公司、量販店）等，也漸漸使用 B2C（企業對消費者，Business to Consumer），開發自有的特定市場。尤其「電子付款」（第三方付款）合法化後，無店的電子商務市場機會大為崛起。

📈 對經銷代理商也要實施目標管理 (MBO for Middlemen)

　　公司行銷部對經銷商代理商的管理，也要像管理銷售人員一樣，實施「目標管理」，設定責任目標及佣金獎金標準，每月檢討、追蹤、輔導、改善。對經銷代理之訓練和對推銷員訓練一樣重要，兩者都是公司前線作戰的軍隊，一為「子弟兵」（推銷員）、一為「傭兵」（經銷代理商及其業務人員），都不可以忽視。當多用「子弟兵」時，就少用「傭兵」；當少用「子弟兵」時，就得多用「傭兵」。但「子弟兵」和「傭兵」可以互補使用，不可以放任，使之互相衝突，廝殺價格，害了公司利益。

🏃 6.2.6　廣告促銷（拉銷）為行銷管理第四步工作
(Fourth Step is Advertising)

📈 「廣告術」和「推銷術」同時共榮活躍 (Coexistence of Salesmenship and Advertising)

◆「有學有術」勝過「不學無術」

　　「廣告」（Advertising；簡稱 Ad.）是用「平面媒體」（如報紙、雜誌、郵寄說明、招牌）及「立體媒體」(Media)（如廣播、電視、網際網路、電影），把「公司形象」(Company Image)、「產品優點」(Product Advantages)，用信息符號，廣泛告訴潛在顧客的「意見溝通說服方式」(Communication Persuasion)。當公司在大量推銷大量生產不同產品時，廣告活動也大量繁榮起來，所以「推銷術」(Salesmanship) 和「廣告術」(Ad. Work) 成為行銷管理工作的兩個首要「技術」(Skills)。若對「顧客行為」(Customer Behavior) 有深入研究分析，再動用有效之「推銷術」及「廣告術」，就是「有學有術」；若對顧客行為不瞭解，只盲目用「推銷術」及「廣告術」，就是「不學有術」；若不瞭解顧客行為，又不用推銷術及廣告術，就是「不學無術」了。三者的後果，是大不相同的，所謂第一流、第二流及第三流的經營者就是如此分別的。

用自己的推銷員或用經銷商或他們僱用之推銷員，來對客戶說服溝通，以獲取訂單的方法叫作「人員推銷」(Personal Selling)；用媒體廣告（包括網路行銷）來說服溝通，獲取訂單的方法，叫作「非人員推銷」(Non-personal Selling)。所以多花錢在「人員推銷」上，就應少花錢在「非人員推銷」上；少花錢在「人員推銷」上，就要多花錢在「非人員推銷」上。所謂此長彼消，彼長此消。在一個公司的推廣（推銷廣告）費用預算一定的情況下，總經理就要決定要用多少在「人員推銷」預算上，用多少在「廣告預算」上，用多少在電子「網路行銷」上。這種決定也是屬於公司行銷戰略性決定，很重要。

多用廣告、網路「拉銷」，則少用人員「推銷」；少用廣告、網路拉銷，則多用人員推銷

用人員來推銷，面對面 (Face to Face)，以一對一 (One to One)，溝通說服效果大 (Good Communization)，但單位成本也高 (High Cost)，用廣告及電子網路來推銷，實際上是用「信息」來「拉銷」，因媒體非人，不能推東西來就顧客，只能「拉」顧客來「就」東西，不能面對面，但能以一對無數，溝通說服效果小 (Bad Communization)，但單位成本也低 (Low Cost)。所以人員「推銷」及廣告與網路「拉銷」各有利弊，多用或少用，視顧客人數多寡 (Quantity)、顧客密集度大小 (Density)、產品買賣價值高低 (Item Value)、推銷人員成本與廣告網路成本 (Cost) 而定。

一般通例，普及性消費產品 (Consumer Goods)，如化妝品、洗滌品、成藥品、飲料品、電器品、食品、衣服等等，「食、衣、住、行、用、育、樂」七大民生用品，面對消費者（Business to Consumer；簡稱 B2C）都要重用廣告及網路拉銷法，輕用人員推銷法。相反地，專門性的工業原料、工業產品或製成消費品的原料、機器設備等等工業產品 (Industrial Goods)，面對企業機構（Business to Business；簡稱 B2B），都要重用人員推銷法，輕用廣告及網路拉銷法。不管重用或輕用，兩者都要用，不可百分之百不用。比如明年銷售目標 100 億元，總推廣費用預算 5%，即 5 億元，其中人員推銷法又佔

80%，即 4 億元，廣告及網路拉銷法佔 20%，即 1 億元，兩者合計 5 億元。

在平面媒體或立體媒體上做「公司形象」(Corporate Image) 或「產品優點」(Product Advantage) 的廣告，簡稱「公司廣告」或「產品廣告」，不帶有展示、折扣、贈品、贈獎之特定作者，稱為「純廣告」(Pure Ad.)。若「廣告」帶有展示、折扣、贈品、贈獎之作用者，則稱「促銷廣告」(Sales Promotion Ad.)。

◆ 花錢叫「廣告」，不花錢叫「報導」

登廣告及在網路上刊登信息，都是「毛遂自薦」法，一定要花錢；可以花錢說自己的優點，但不可花錢說別人的缺點，否則會被告訴賠償，這是廣告戒律之一。不花錢，在報紙電視上刊登本公司的良性消息者，不叫廣告，而叫「報導」(Publicity)，或公共關係（Public Relations；簡稱 PR）。那是最有說服力的溝通說服法，一般公司非有特定新發明、新貢獻時，媒體不肯做免費的「報導」，因媒體若隨意替某公司多做「報導」，會降低它本身的公正立場，妨礙它的發行量及廣告費率。若要媒體多「報導」本公司的形象，公司就要先多做研發創新，多對社會做公益慈善活動，也是要花錢，但性質不一樣。直接廣告是「老王賣瓜，自賣自誇」，可信度不大。公益報導，是第三者發言，可信度較大。

📈 促銷廣告是犧牲打 (Sale Promotion is Loss-Leader)

◆ 「促銷」是短期戰，「廣告」是長期戰

在媒體上做帶有展示、折扣、贈品、贈獎作用之「促銷廣告」，雖可大大幫忙銷售量，但屬於短期性刺激，引起顧客興趣注意，製造「知名度」。一年僅可做數次，但不可天天做，否則會失去信服力，也會花費太多，導致虧損，得不償失。有的廠商或商店長期在做 Bargain Sell（廉價清倉），效用就不大，因顧客見多了，就不相信。

長期性「純廣告」和短期性「促銷廣告」的預算也要劃分，才不會迷失目標。現在的大量販店（亦稱倉儲購物中心），如臺灣的「大潤發」(RT-

Mart)、法國的「家樂福」(Carrefour)、美國的「沃爾瑪百貨」(Wal-Mart)、德國的「麥德隆」(Matro) 等，都以折扣低價為號召，所以打出「天天低價」(Low Price Everyday；簡稱 LPED) 的促銷廣告，乃是通用之「促銷廣告」法。這些新式零售大通路商在本質上叫「折扣店」(Discount Store)，和市區大百貨公司高級店有區隔，但也會跨線競爭。

◆「轟炸戰」及「砲兵戰」應先於「步兵戰」

人員推銷是「步兵」作戰，廣告、促銷、報導則是「砲兵」及「空軍轟炸」作戰。步兵作戰之前若先有砲兵及空軍協助，其作戰成果一定比自己肉博作戰為佳。所以絕大多數的公司，都會分配預算，用廣告「拉銷法」等來支援人員及經銷「推銷法」，或用人員「推銷法」來補充廣告「拉銷法」，交互使用。那些既不做推銷，也不做拉銷的「營利」公司，一定遲早倒閉。那些不做推銷及拉銷的「非營利」事業機構，同樣會業績不振，苟延殘喘。

◆ 廣告主辦者、廣告商、廣告製造公司及媒體必須密切合作

「廣告課」是負責公司廣告拉銷活動的主辦者，但是廣告信息的「創意」(Idea Creation)、「製作」(Production)、廣告媒體的「選用」(Media Selection)、廣告「時間」的播出 (Scheduling)、廣告效果的「衡量」(Measurement) 等等，都是專業性的創作 (Creative) 活動，除非公司規模大得可以自設廣告公司，否則都要委託外界獨立的廣告商 (Advertising Agency) 及廣告製作公司 (Advertising Production Company) 來負責，所以廣告商、廣告製造公司以及媒體事業（電視、廣播、報紙、雜誌、DM、網路入口商等等），又成為公司行銷活動的外圍支援體系，四者都要密切合作，銷售效果才會好。

人人被推銷、被拉銷 (Everyone is Customer)

◆ 逃不掉的廣義行銷社會

今日的社會生活，已經脫不了廣告信息 (Ad. Message) 的衝擊，電視 (Television)、廣播 (Radio)、報紙 (Newspapers)、雜誌 (Magazines)、直接郵寄品 (Direct Mail；簡稱 DM)、看板 (Bill Board)、招貼 (Poster)、霓虹燈

(Neon)、網際網路廣告 (Network Ad.)、自我日記部落格 (Blog)、社交臉書 (Facebook) 等等，已是人類文化育樂生活主要媒體，而這些媒體又靠廣告費用的收入來支持，企業廠商為了銷售自己的產品，又不能不用媒體來播放說服溝通的信息，所以說這個社會已經是「廣義行銷」的社會了，人人逃不了「被推銷」和「被拉銷」的壓力，逃不了被不良政治新聞、社會新聞、暴力色情性新聞，以及不良之電影、MTV、電視劇、座談叩應節目等等的騷擾，和被誇大不實之八卦、狗仔報導所威脅。

但假如沒有廣告活動，廠商生意蕭條，失業員工增多，媒體也會消失，多采多姿的信息傳播跟著消失，人類文化、藝術、教育、知識傳播也將遲緩不前，人類生活也必歸靜寂、落寞。身處於紅塵萬丈的廣告汙染社會，又要保持心靈的安寧寂靜，實在是現代人的大考驗之一，必須修練成「清靜圓覺」，才能解脫。

6.2.7 儲運送達後勤支援為第五步行銷工作
(Fifth Step is Warehousing and Transportation)

實體交接應配合所有權交易 （物流配合權流） (Physical Flow to Support Ownership Flow)

◆ **五步作業：研究計劃、推銷、經銷、廣告、送達**

從情報作業的「行銷研究」，到書面（或沙盤）作業的「行銷計劃」，包括：⑴設定行銷「目標」（即產品種類、項目目標、產品銷售量值目標、利潤目標、市場佔有率目標）；⑵設定行銷「策略」（即產品組合、價格組合、推廣組合、通路組合等 4P 組合策略）；⑶設定行銷「方案」與「預算」等，是行銷管理第一步工作。以下還有四步工作。

◆ **四如運交：如時、如量、如質、如主**

再到現場作業的人員推銷（第二步工作），以及代理經銷推銷（第三步工作），再到廣告（拉銷）等四大步工作。到此時，公司的「訂單」(Orders) 可

能已經創造了，也已經收取了，但是貨品是否能「如時」(Right Time)、「如量」(Right Amount)、「如質」(Right Quality) 的送達給「正確貨主」(Right Customer)？還要看倉儲及運輸服務的配合 （第五步工作）。倉儲及運輸 (Warehousing and Transportation) 雖然是後勤配合活動，但因為涉及實體貨品的移動 (Physical Distribution)，體積、重量、距離、時間、包裝、裝卸、安全、保險、押匯、融資等等因素都必須考慮。

推銷、拉銷是涉及貨品「所有權」及金錢「所有權」之交換活動（簡稱為資訊流、說服流、權流及金流），而儲運送達是涉及「實體」(Physical) 的交接 （簡稱物流）。所有權交易 (Ownership Transaction) 完成，而實體交接 (Physical Transaction) 不完成，整個買賣也不算完成。

◆ 節省成本的「黑色大陸」

實體交接（物流）花費成本甚大，但常常不被主管人員所注意。行銷部門的成品儲運，如同生產採購部門的原料、零配件儲運一樣，都是管理上的「黑色大陸」(Black Continent)，常被忽略，但也是削減成本的好對象。從日本在 1970 年代開始「降低成本」(Cost Down) 及「提高品質」(Quality Up) 運動之後，到 1990 年代美國發展網際網路 (Internet) 之資訊技術 （Information Technology；簡稱 IT），大廠之採購及儲運活動被革命為 「供應鏈管理」（Supply Chain Management；簡稱 SCM），物流才得到真正的重視。在 20 世紀後期電子企業 (E-Business) 開始發達，年輕人在網路上開虛擬商店大盛，但都因物流的成本問題，使網際網路商店「達康公司」(.com) 夭折累累，曾連帶影響美國科技股票指數下跌，號稱「網路泡沫化」。但到 21 世紀初葉，幾乎所有大的實體公司，也都裝設了網路虛擬公司，「實虛」兩者相配合，如同實體老虎添上翅膀，比純粹虛擬公司在老鼠上添翅膀成螃蝠有力量。所以「虛實」兼用，「如虎添翼」(Brick and Click)，威力無窮。

「無存貨」　的送達服務是最高境界 (Zero-Stock is the High of Delivery)

儲運後勤工作在組織結構上，屬於「儲運課」。在大的公司，配合各地營業所、門市部、分公司、經銷商、代理商等等網絡，設有 「中央倉儲」 (Central Warehousing)、「地區倉儲」 (Regional Warehousing)、「配銷中心」 （Distribution Center ；簡稱 DC），對客戶提供最佳的實體送達 (Physical Delivery) 服務。除了「自動倉儲」(Automatic Warehousing) 設施之外，還有運輸設施如鐵路專用線、專用碼頭、專用卡車隊、航空貨運隊等等，都是大成本發生的地方，也是應該注意節省成本的地方。

最好的「生產」與「行銷」配合方案，是「無存貨」(Zero-Stock) 的送達，成品從工廠生產線出來，經過品質檢驗合格，就直接裝上火車、卡車、輪船、飛機，送到客戶家門，完成「門對門」(Door-to-Door) 的送達，節省成品入倉庫、裝卸、搬運、保管、保險、被偷盜、損壞、過時囤積等等有形及無形成本。對公司客戶之成品「無存貨」服務，在現在網際網路之電子商務 (E-Commerce, Business to Business, Business to Consumer) 時代 ，已經演化為電腦化之 「顧客關係管理」 （Customer Relationship Management ；簡稱 CRM）。相同的道理，對於公司原料、配件、零件的「採購」(Purchasing) 倉儲運送管理及外包 (Outsourcing)，也是透過 JIT (Just-in-Time) 之時間規劃，做到「原料」與「成品」無存貨之管理。網際網路 (Internet) 之「電子企業」 （E-Business，包括 SCM-ERP-CRM）已在這方面給大廠商提供空前的貢獻。

以上「行銷管理」系統的五個次級功能系統（行銷研究、推銷、經銷、廣告、儲運），已是進入專業知識範圍，但也都需要管理（指計劃、組織、用人、指導、控制），才能做到「有效經營」所追求的「顧客滿意」、「合理利潤」兩大目標的地步。

6.3 「生產」功能的發揮：從「人力」、「獸力」、「機械力」、「自動化」無人工廠管理，到「委外」虛擬化製造

(Exercise of Production Function: from Labor Power, Animal Power, Machine Power, Robot No-Man Factory to Virtual Outsourcing Manufacturing)

6.3.1 生產支援行銷有「四如」要求
(Production's Four "Rights" to Support Marketing)

生產使命：如時、如量、如質、如本（四如）支援行銷

生產功能是企業系統的第二個功能，用來支援第一個功能的行銷活動。行銷功能要能創造訂單、收取訂單，生產功能就要能「如時」(Right Time)、「如量」(Right Quantity)、「如質」(Right Quality)、「如本」(Right Cost) 地把訂單填滿及交貨 (Order Fulfillment and Delivery)，讓財務部門收到貨款，賺取利潤，同時讓客戶滿意。

「生產」就是「加工」變化

所謂「生產」(Production) 是「泛指改變物品『形狀』(Form) 及『內容』(Content)，以提高效用價值 (Utility Value) 的物理加工變化 (Physical Change)、化學加工變化 (Chemical Change) 或生物加工變化 (Biological Change)」，所以「生產」也叫「加工」(Processing) 活動。

在未加工變化之前，物品的「市場價值」(Market Value) 低，經過加工變

化形狀及內容後，其市場價值就提高了，譬如把樹木變成家具或紙張；把鐵砂變成機械或手錶；把矽砂變成電子積體電路；把礦石變成金剛鑽或黃金；把麥變成麵包或餅乾；把米變成米果；把棉花變成美麗的衣服；把黃豆變成氨基酸；把化學原料變成西藥品；把植物變成中藥品；把動物植物變成佳餚；把新生新手訓練成技術師傅；用細菌來處理廢物；改變基因提高生產品質及數量等等，都是加工生產的活動，也叫「製造」(Manufacturing) 活動，更有將之「作業」加工活動 (Operation)。

6.3.2 改變形狀、內容、時間、地點及所有權，都可提高價值
(Changes of Form, Content, Time, Place and Ownership can Increase Value)

生產及行銷都會創造效用價值

「生產」功能可以改變物品「形狀」及「內容」而提高物品市場價值及經濟效用；「行銷」功能可以改變物品供應的「時間」(Time)、「所有權」(Ownership) 及「地點」(Place)，而提高物品的市場價值及經濟效用。兩個功能的操作性質雖然不同，但是創造市場價值經濟效用的作用都相同。生產加工的程序愈多層，物品的「附加價值」(Value-Added) 就愈大，國民所得水平也愈高。凡是世界上列名為富強康樂的國家，其企業內體系的「行銷」和「生產」兩功能的加工程序都很多、很繁榮、很先進。

人力、獸力、機械力、自動化，各有適用場

對物品的形狀及內容進行物理、生物或化學變化的加工製造 (Processing or Manufacturing) 過程，通常要使用「動力」(Power)。動力的最初來源是「人力」(Man Power) 操作，後來借用「獸力」(Animal Power) 來幫忙人力之不足。人力及獸力是農業經濟時代的生產力主要來源之一。

在第一次工業革命（1750 年）後，又利用「機械力」(Machine Power) 來替代人力或獸力，成為「機械化」(Mechanization) 時代，機械要用大資本購買，所以在工業經濟時代（1850 年），「資本財」（Capital Goods，指機器設備）成為主要生產力的來源之一。當電子電腦通訊高度發達後（1990 年），工廠的生產操作更進步到「自動化」(Automation) 或「機械人化」(Robotlization) 階段，甚至有「無人工廠」(No Man Factory) 全自動化的生產線，所以生產活動之動力來源，依「人」與「機」之配合比率而有不同。人力用愈多，就是勞力密集工業；機械力用愈多，就是資本密集工業，都以「成本」與「效率」做考慮點。

6.3.3　自動化生產時代已無勞資對立、壓榨之可能
(Automation has no Labor-Capitalist Conflict)

21 世紀的工廠生產管理，已經不是 150 年前資本主剝削勞工、壓榨勞工的「勞資對立」(Labor-Capitalist Conflict) 時代。現代企業已進入「智慧工廠」(Intelligent Factory)、「智慧辦公室」(Intelligent Office) 時代，員工人人知識高、倫理格調高、專業技術在身，已經不是出賣苦力的苦哈哈之輩。新世紀的企業活動，將會變成「工作目標管理化」(MBO)、「上司下屬平等化」(Equality)、「上班地點家庭化」(Family-Office)、「上班時間彈性化」(Flexibility of Office Time)，所以在生產管理上，也要有新認識及新方法。

如果現時代的政府「勞動基準法」，仍然用 150 年前的生產動力條件來制訂，一定是落伍過時的作法，不但不能保護勞動員工的利益，也會增加廠商經營的成本，不利生產力及競爭力的提升，促使廠商遷移他地，到勞力成本較低廉之外地。當公司經營困難而倒閉關閉時，最後受傷害者以勞動員工為最大，所以 21 世紀的勞工保護及基準法規，一定要用新思維來重新訂定，首先讓廠商能競爭及生存，其次求創新、轉型，脫離競爭之「紅海」，走入欣欣向榮之「藍海」，使員工保有就業機會。反之，若廠商無競爭力而倒閉，工人也無就業機會，工人的幸福也失去。

6.3.4 生產功能是花大錢，不是賺大錢的功能
(Production Uses Big Money)

生產功能耗用最大資源

「生產」功能也叫作「製造加工」功能。在企業體裡，生產部門使用最大的土地面積，最大的廠房建築物，最多的高價值機器設備，最多的人力資源，最多的原材料，最多的燃料動力、水、電力，以及花最多的人工成本及維護折舊成本。換言之，生產功能是耗用最多寶貴資源、「花大錢」的功能，假使它所製造加工出來的成品不能順利銷售給客戶，收回貨款，並賺取利潤的話，生產功能就是拖垮公司的罪人。

花大錢不一定賺大錢

所以我們在討論企業功能體系時，要抱有「花大錢不一定賺大錢」的戒懼心理。並僅記「生產本身無目的」，「生產以配合行銷，以支援行銷為目的」的準則。在老舊時代以生產為導向的社會主義公營事業裡，以及 21 世紀的政府機構與公立大學、醫院等等因依賴擁有市場供給之「壟斷」(Monopoly) 地位，不知以市場顧客利益為念，不重視市場行銷，只知道埋頭生產，所以常常花下大成本，製造很多顧客不需要的產品，囤積倉庫，成為賣不出去的無市場價值的 「存貨」。雖有虛假帳面價值 (Book Value)，但無公平市場價值 (Fair Market Value)，不能兌現成現金，造成生產愈多，虧損愈大，死亡愈快的悲戚現象。尤其在 21 世紀裡的高科技電子電腦電訊產業，可以蓋工廠，增產能，花千億元新臺幣資本，在半年內完工，但卻無法在半年內同時增加龐大的市場需求量，來吸收產能。所以生產者不以行銷為目的，常會以虧損結局。

健全的生產功能系統有五個次級要素 ： 即生產計劃與控制 (Production Planning-Control)、現場操作 (Field Operations)、資材管制 (Material Control)、

品質管制 (Quality Control) 及維護保養 (Maintenance)，簡稱「計操資質護」(POMQM)（見圖 6–7），現在逐一說明其要點。

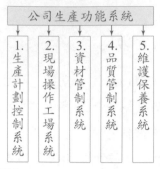

圖 6-7　生產功能系統

6.3.5　生產計劃與控制是生產功能第一步工作 (PPC)
(First Step is Production-Planning and Control)

新公司新建廠，「流動資金」變「沉入成本」，是重大決策

◆ 建廠把「現金」變成「沉入成本」

　　「生產計劃與控制」（Production-Planning and Control；簡稱 PPC）是生產功能的第一步工作，正如行銷研究與行銷計劃是行銷功能的第一步工作一樣重要。一個新工廠生產計劃的起始工作就是⑴「選擇廠址」(Plant Location)；⑵「設計廠房」(Plant Building)；⑶「選擇製造流程」布置 (Plant Processing Layout)；⑷「選擇加工機器設備」(Machinery and Equipment)；⑸「選擇加工夾具及工具」(Tooling and Tools)；⑹「施工興建廠房」(Construction)；⑺「安裝設備」(Installation)；⑻「試運轉」(Test-Run) 等等，是屬於「工廠建設」的範圍，要投入廣大的固定成本，把「流動現金」(Working Capital) 變成固定資產的「沉入成本」(Sank Cost)，是極為重大的投資決策。假使此建廠步驟錯誤，固定資產再搬移，黃金價格的好機器將會變

成廢鐵，價值下降 95% 以上，等於把一匹「活馬」當「死馬」論斤處理。

◆「建廠錯誤」等於「自我摧毀」

建廠是很重要的決策，其原因為：⑴假使「廠址」選錯，將不利於原料供給，可能離供應地太遠，運送時間太長及成本太高，也不利於市場銷售；可能離客戶太遠，失去客戶，就是注定終身背大包袱到死。⑵假使「廠房」設計錯誤，採光、採氣、採水不易，就要多花電力成本去改善。⑶假使配件製造「流程」(Process) 不順，成品「裝配線」(Assembly Line) 不能借重力原理，不能如小溪匯大河般順暢 (Stream Line)，也要多花原料配件搬運成本 (Material Handling Costs)。⑷假使加工「機器設備」(Equipment) 選擇錯誤，不僅會浪費加工原料、加工時間、加工人力，也會降低品質，妨礙產品銷售。⑸假使加工「工具夾具」(Tooling) 選擇配備不良，也會降低工人的作業品質及增加工作意外傷害危險。有很多工廠在建立的時候，沒有周詳設計規劃，隨意為之，從開始就埋下無止無盡自我摧毀 (Self-Destruction) 的額外成本之瘤，成為市場競爭的絆腳石。建廠錯誤等於「先天缺陷」，再多的「後天努力」也很難補足。

生產供應行銷，是連續繁重任務，絞盡腦汁 (Continuous Production is Heavy Repetitive Duty)

◆ 生產供應是連續不斷的操作

建設工廠只是「一次性」的投資工作，但工廠生產配合市場行銷需要，供應「如時」、「如量」、「如質」、「如本」之好產品，才是「連續性」的繁重工作，更需要精細的每月、每週、每日、每時的生產規劃，指揮現場操作，控制進度及成本，做到上述行銷儲運功能所說的「無存貨」、「門對門」(Door-to-Door) 的送達服務。

◆ 生產命令及工作派遣

第一步「生產計劃與控制」的具體工作，是依據行銷部門的「訂單」(Sales Order) 內容及成品倉庫的存貨水平與安全存量要求 (Inventory Level)，

發出「生產命令」(Production Order) 及「工作派遣單」(Job Dispatch Sheet)，寫明眾多產品的規格、圖樣、數量、品質、機器分配、人力要求、原料分配、工具夾具分配、時間要求等等，在每週及每日開始工作之前，發給現場操作單位 (Field Operation Units) 主管，如廠長、車間主任、組長、班長，讓他們根據「派遣單」內容，領料，領具，接機，依圖樣規格進行實際加工操作。使工廠裡人人有工作，機器個個開動，在忙碌中有順序，原料順利進廠，成品順利出廠，周而復始，錢財就會滾滾而來。

電腦化及看板化生管工作 (Computerized and Station Poster Operations)

◆ 銷售訂單 → 生產命令 → 工作派遣單 → 現場操作表

生產計劃與控制在組織結構上，可屬於「生管課」(Production-Planning and Control Section)，也可以屬於「工程師室」或「銷產協調室」。這是「銷售訂單」變成「生產命令」，「生產命令」變成「工作派遣單」，「工作派遣單」變成「現場操作表」的靈魂轉換站，非常專門複雜，也非常重要。在現代電腦普遍應用的時期，工廠的「生產計劃及控制」，也已經進入「電腦化作業」及「工作站看板作業」時代，每一部機器的工作「時程安排」（排程，Scheduling）及每一條生產線的「任務安排」(Task Assignment)，都可以由電腦按「訂單」要求及「存貨」水平之要求，做最佳之調度安排。若有緊急情況發生（如客戶要求提前交貨），可以在電腦上做調度模擬，做出最佳命令之變更。

◆ 「多樣少量」比「少樣多量」工廠賺錢多

在「多樣少量」產品之工廠，其生產計劃與控制的任務比「多量少樣」產品之工廠為重，但能供給市場客戶「多樣少量」產品的企業，其競爭力及利潤力都比較高。換言之，能夠做到「嚴以律己，寬以待人」的工廠，賺錢的機會就比較高。「少量多樣」的自動化生產線就要有「彈性製造系統」（Flexible Manafacturing System；簡稱 FMS）電腦化技術。

6.3.6 現場車間操作聲勢壯大是生產功能第二步工作
(Second Step is Field Operations)

勞資差別來自勤儉與否

◆ 勤又儉成資本家，不勤不儉成苦力者

現場車間是「人－機」配合之操作場所 (Field Man-Machine Operations)，是企業經營的最原始活動。在第一次工業革命（1750 年）之前，沒有蒸汽機推動機器之機器力，所有的生產活動都全靠人力，誰家若有獸力（如牛、馬）幫忙，就是幸運的「資本家」了。那些百分之百靠人力來改變產品形狀及內容，以提高價值的苦力工作者，都是老式小規模的企業，生產力低，產量少，供不應求，能產即能賣，沒有滯銷問題，誰能「勤又儉」，就能累積財富，購買機器，從事生意，誰就成為資本家老闆 (Capitalist)。誰能勤，但不能儉，或誰既不能勤又不能儉，誰就成為貧窮的苦力勞動者 (Labor)。所以「勞」、「資」階級的出現，也具有能否勤又儉的概念。

◆「人」與「機」都可提高生產力

到了第一次工業革命之後，瓦特所發明的蒸汽機，可以提供機械力，從事生產操作，首先應用於紡織業，由是有「人－機」配合 (Man-Machine Combination) 的操作方法。當機器力用愈多，人力用愈少，生產操作方法就趨向「機械化」(Mechanization)。在機械化時代，僱主需要資本購買機器，需要維護修理機器，雖總成本增加，但生產量也大，單位成本會下降，若銷售順暢時，利潤跟著增加，資本也愈累積愈多，生產力也會提高。

◆「工人知識化」及「知識電腦化」時代

到了 1885 年第二次工業革命，科學管理 (Scientific Management) 發生後，「人－機」配合中之「人」的生產力，經由工人「選拔科學化」(Scientifi Selection)、「訓練科學化」(Scientific Training)、「工作方法科學化」(Scier Methods) 及幕僚與直線「配合科學化」(Scientific Coordination) 的途徑

提高。到近代，定點操作「機械化」(Work-Station Mechanization)，更走入工作站與工作站間材料搬運機械化時代 (Material-Handling Mechanization)，甚至變成整個生產操作「自動化」(Automation)，「人」在生產操作的成分愈來愈小，但「人」的作用由「苦力」變成「智力」(Physical Power to Mental Power)，「人」被資本主操縱壓榨的機會愈來愈小。到了「工人知識化」(All Knowledge Workers) 及「知識電腦化」(All Knowledge Computerization) 的 21 世紀，員工不僅不受資本主操縱壓迫，資本主還反過來要受員工的牽制。

「勞力」密集變成「智力」密集 (Labor-Intensive to Intelligent-Intensive)

◆ 智力密集企業就是技術密集企業

「人一機」配合之程度應多大才好，應視「人工成本」（直接成本）與「機器資本財成本」（間接成本）之比較而定。當人工成本便宜，則多用人力來操作，此工廠就變成「勞力密集」(Labor Intensive) 企業。當「機器成本」便宜時，則多用機器（資本財）來操作，此工廠就變成「資本密集」(Capital Intensive) 企業。自從機器操作、裝配、進料、檢驗、包裝逐漸自動化之後，工廠現場操作「人一機」配合的程度從 80%-20% → 70%-30% → 60%-40% → 50%-50% 走向 20%-80% → 10%-90% → 5%-95% → 0%-100%。從「勞力密集」演變成「資本密集」，甚至「智力（技術）密集」操作方式。

到 20 世紀末及 21 世紀開始的美國高科技產業，已開始只負責「創新」(Innovation)、「設計」(Design)、「企劃」(Planning) 及「行銷」(Marketing)，不自己做「工廠」(Manufacturing) 製造生產，完全委託外廠或外國工廠 (Outsourcing) 生產，把外廠或外國工廠當作自己的虛擬生產功能組織 (Virtual Production Organization)。公司不從事生產加工活動，把花大資金、管麻煩工人之工作，委託給比較低度經濟發展的國家去做，加速國際分工程度，也加速了知識創新經濟時代的管理協調任務。美國公司把「製造」工作外包給臺灣公司做，臺灣公司又移到中國大陸設廠承包製造工作，使中國大陸在 30 年

內（1980 年至 2010 年）成為「世界製造工廠」，就是「智力」工作與「勞力」工作國際分工後的後果。

機器用愈多，聲勢愈壯大 (More Machines, More Noisy)

◆ 機器不是人，容易管理

當機器用得愈多，人力用得愈少，車間操作聲勢愈壯大，人事關係愈簡化，現場操作管理變得愈簡單容易，因為機器不是人，它們沒有脾氣、沒有喜、怒、哀、懼、愛、惡、欲，不會鉤心鬥角，不會要求加薪水、加福利、提高人權，不會拒絕加班工作，不會到廁所半小時不出來，更不會集體罷工。所以當機器設備，甚至機器人 (Robot)，生產規模愈大，售價愈低，工廠購買機器替代人工的趨勢愈烈。在臺灣，勞力密集型的輕工業，因工資愈高及勞動限制條件愈嚴，使工廠負擔重，漸漸沒有生存能力，只好外移中國大陸或東南亞地區等勞力充沛、人工便宜的地方。這是生存競爭的自然現象，不是「愛國或不愛國」的政治現象。

◆ 不用「體力、苦力」，要用「腦力、智慧」

但無論成本如何變化，「人」在現場操作中，雖不一定提供勞力、苦力的敲、打、切、割、鑽、翻、搬、磨、塗的工作，但總需要用人的「智慧」(Mental Intelligent) 來控制機器的開、關、快、慢、潤滑、修護等工作。「人—機」配合的基本操作形態還是存在。

◆ 工人及機器依各種「標準」作業，站站下移

現場操作是「生產」功能的直線 (Line) 工作，紙面作業的生產計劃再好，也要靠現場操作來完成。車間工作有車間主任 (Supervisor)；工作組有組長 (Leader)；工作班有領班 (Foreman)。機器設備、工具夾具、吊桿、叉車都是依生產線或裝配線來配備。工作人員則被分派來使用機器，運用技術方法，針對原料加工，在品質標準 (Quality Standard)、用料標準 (Material Standard)、用時標準 (Time Standard)、數量標準 (Quantity Standard) 要求下，完成本工作站 (Work Station) 之使命，再依製造流程，移交下一個工作站，順游而行，做

成成品。

工廠操作「自主管理」來自「透明管理」(Transparent Management Helps Self-Management)

◆ 車間主任、組長、班長都有「計、組、用、指、控」之管理責任

車間（亦稱工場）主任對組長或領班（或稱班長），領班對班員的管理，除了依照生產命令、工作派遣單內容來指派、安排、調配「人、機、料、具」(Man, Machine, Material, Tool) 外，尚應在組織用人、意見溝通、激勵、指揮、領導、獎懲、糾正等方面給予緊密的日日 (Day-to-Day)「面對面」(Face-to-Face) 督導，以提高士氣。

◆「自主管理」依靠「看板管理」及透明之「資訊管理」

每一工作班成為一個工作小團隊 (Work Team)，對工作量、工作程序、工作圖樣、領料用料、完工統計、品檢合格率等等，做出看板公布（即「看板管理」），每日、每週、每月有比較數字，供全體員工完全透明瞭解自己的工作績效、工作缺點、應改進之處，這叫作「自主管理」(Self-Management)。好的現場操作管理，就是好的現場「自主管理」，其團結力最強，生產力最高。而好的「自主管理」則來自透明的資訊管理 (Information Management)，讓員工人人知道整個工作班的優劣現狀，刺激「當家作主」的改進心與參與感。

6.3.7 資材管制大用資金是生產功能第三步工作
(Third Step is Material Management)

原材料與零配件都是資金的化身，不可浪費 (Material and Parts are All Money)

◆ 買少會「停工待料」，浪費大成本

現場車間操作是以「原料加工」為工作對象，假使沒有「如質」、「如

量」、「如時」、「如本」之原料、零配件，可供車間加工，雖然有好的第一步生產計劃，也不能完成「生產支援行銷」的最終使命。一些管理不良的工廠，時常發生所謂「停工待料」，乃是很大的損失，既無法如期交貨，有害顧客關係，招致索賠，也會浪費工廠的諸種成本，如人工工資、機器廠房折舊費、利息、員工士氣等等。

◆ 買多會「囤積窒息」，積壓資金

相反的，假使擔心「停工待料」的狀況發生，而購買儲存過多的原料、零配件，也會帶來很大的損失，如(1)囤積購料資金及利息；(2)倉儲空間及人力成本；(3)保險防盜成本；(4)過時不用廢棄損失等等。所以原材料零配件的「採購」(Purchasing)、「運送」(Transportation)、「倉儲」(Storage)、「保管」(Management) 等四大管理，成為生產管理功能中資材管制的重要因素。因原材料、零配件都是資金的化身，所以稱為「資材」。一個產品的成本結構中，資材成本常佔一半以上，像火力發電廠，最高可能佔 80% 至 90%，像飼料廠的原料成本也要佔 70% 以上，像製造整廠機器設備工廠，已是屬於「技術密集」的企業，其資材成本也要佔 40% 以上，所以「資材」是耗費大筆資金的部門。

原材料管理比成品管理更繁瑣，要 ABC 重點管理 (ABC Material Management)

◆ 資材管理是源頭，成品管理是下游

資材種類的多寡，常依公司產銷成品種類的多寡而成倍數增加，譬如，一輛汽車由三千個零配件組成；一輛摩托車由三百個零配件組成；養雞、養豬的完全配方飼料由三十多種原料配料組成；一臺電腦由一百個零配件組成。所以原料的管理比成品的管理更繁瑣，很多企業不加注意，使它淪為管理的「死角」或「黑色大陸」，浪費成本無人知道。

◆ MRP-1、MRP-2 及 ERP 之進化

針對原料種類繁多的特性，現代資材管理，講求「重點 ABC 分類管

理」、「製造需求計劃」(Material Requirement Planning；簡稱 MRP)、「製造需求採購計劃」(Material Requirement Purchasing Planning；簡稱 MRP-2) 及電腦化作業，以至整個工廠及公司各部門整體作業制度電腦化之「企業資源規劃」(Enterprise Resources Planning；簡稱 ERP)。

原材料重點分類管理之前，是要預先編號 (Coding) 及歸類 (Classification)。資材的編號方便記帳及實物存放、領、發、盤點，也方便電腦化作業及自動倉庫管理 (Automatic Warehousing)。資材編號歸類後，依其項目價值 (Item Value) 及對生產的重要性 (Importance)，歸為「項少值高」(Less Items High Value) 之 A 類（緊要），「項中值中」(Middle Items Middle Value) 之 B 類（次要），及「項多值低」(More Items Low Value) 之 C 類（再次要）。A 類資材由總經理經常監管注意；B 類由生產經理經常監管注意；C 類由資材課長經常監管注意。A 類出異常，全廠會停頓；B 類出異常，車間會停頓；C 類出異常，作業班會停頓。ABC 管理起先是應用於工廠生產的資材管理方面，但其重點作用（即戰略作用）的意義，已延伸到顧客管理及員工管理方面。

◆ 「經濟採購量」及「安全存量」依銷產情況而定

「資材」之安全存量 (Safety Inventory Quantity)、經濟採購數量 (Economic Order Quantity) 及時間，必須配合成品銷售量、製造數量及成品安全存貨數量而設定，但有時也要觀察世界性或國內性市場供需平衡或不平衡之情況，而做機動調整，有時在市場供貨可能短缺時，雖安全存量及銷售需求不大，也要例外決策，大量採購，以防市場價漲貨缺。

企業賺錢首從採購中節省成本 (Making Money from Material Purchasing)

資材採購常被視為員工賺取「回佣」(Rebate Commission) 的肥差事，也是敗壞員工紀律的危險區。若能把資材採購管理好，也可能從採購中節省很大成本，歸為利潤。企業要賺錢，首先應從節省採購成本或節省外包成本著

手 (Saving Purchasing or Outsourcing Cost is the First to Make Money)，從採購管理中可以節省第一個成本，即買好品質、買低價格、買快時間、買周到技術服務（要節省第二個成本，就是從行銷著手，使銷售量大、生產量大，單位生產成本下降）。臺灣著名企業家王永慶先生的台塑集團資材採購管理就是節省成本的第一高手。

採購的「程序決策」及「內容決策」都要正確 (Procedure Decision and Content Decision All Should be Correct)

好的「採購決策」分「程序」(Process) 決策及「內容」(Content) 決策。大案採購（或外包）程序要周密。「採購需求」(Purchase Requisition；簡稱 PR) 由用料或倉儲部門提出「請購單」，先經由「提、審、核」三級核決權制，送到採購委員會（由各部門經理參加，總經理當主席，採購經理任執行秘書）決定，再交由採購部對外「詢價」（至少 3 家）、「比價」、「議價」，再由採購委員會決定，方由採購部門發出「訂購單」（Purchase Order；簡稱 PO），訂明規格、數量、價格、付款方法、交貨時間、地點、驗收、保證服務等等內容，得到對方書面同意，即成「採購合同」(Purchase Contract/Agreement)。大程序為：PR → PO → PA。

◆ 一人「絕對權力」會導致「絕對腐化」

採購程序周密可以防止一人拍板，「絕對權力、絕對腐化」之弊病。但尚須採購「內容」決策合理化，才能達到真正目標。要內容決策合理化，則須有「市場情報」(Market Information) 來做基礎，有關品質水平、價格水平、技術服務水平、送達時間快慢等等情報，都需要有在行之專家來蒐集及判斷。

供應商也要「目標管理」(MBO for Suppliers)

採購的對象是上游「供應商」(Supplies)，供應商優劣又會影響採購品質，所以平時要對各供應商之情況列檔 (Supplier Files) 參考，也要實施「目標管理」（如同對顧客實施「目標管理」一樣），選定合理可靠的供應商，與

之簽訂長期供應契約，要求以「最優條件」、「穩定供應」來消除每次尋找新供應商，變更供應商所花之時間及成本。在採購上所謂「最優條件」（Most Favorable Term），是指供應商若給別的客戶較低之價格，就要同時以該較低價格優待給本公司，包括事後優惠補償，不能讓別的客戶拿到比本公司更優的條件。

實施交貨追蹤 (Delivery Follow-up)

◆「如期交貨」功在追蹤

「訂購單」(PO) 發出，可能數日（24 小時、48 小時、72 小時）或數月後方能交貨，也可能到期卻無法交貨，所以採購單位應在期中實施「交貨追蹤」(Delivery Follow-up)，做成紀錄，若發現有異常狀況，應馬上提醒上級主管採取必要補救措施，以免造成屆時「停工待料」之嚴重現象。在網際網路發達的社會，電子商務（E-Commerce Business to Business；簡稱 B2B）若已運作，則交貨追蹤工作，可以在訂購完成後，用供應鏈管理（Supply Chain Management，簡稱 SCM）系統，從網路上隨時追蹤該批訂貨在供應廠的處理動態情況，以及出廠、在運及到達情形。

◆「三單合一」自動付款

訂貨到達時之驗收 (Inspection) 必須嚴謹，若品質及數量不符，應請公證單位到場做成書面證明，以利索賠。若驗收合格，應通知用料單位、通知倉儲、通知會計單位以備付款。當「訂購單」、「驗收單」以及對方「請款單」（或發票）三者一致時，在原則上，即可通知財務部門照合同規定自動付款，不必故意拖延，讓對方再派人或電話催付貨款，既可節省兩方成本，又可建立正派經營的好印象，有利下次採購談判得到更優條件。

貨到「入庫」，用料請料「出庫」，用不完料「再入庫」之「料帳」(Account) 和「實物」(Goods) 兩者應該隨時登錄，以利成本計算，並利最低「安全存量」(Safety Stock)、「採購點」(Re-ordering Point)、「經濟採購量」（Economic Order Quanty；簡稱 EOQ）之計算與作業。所有原材料、零配件

若編號完整，並給予「碼號」(Bar Code) 或「電波頻率編碼」(RFID)，則進庫、出庫、自動倉儲就可電腦化，對時間的節省幫助極大。

原材料 「零存貨」 管理法也是節省成本之道 (Material Zero-Stock to Save Costs)

倉儲內原料編號、排列、紀錄卡（也可在電腦儲存紀錄）、定期盤點、發料、領料、裝卸、防盜、防火、防水、防霉、防過時、保險、清潔等等，都是保有大筆資材的要點，資材儲存及保護要花很大成本，假使生產線安排及銷售交貨安排完美，用「零存貨」(Zero-Stock) 之 JIT (Just-in-Time) 生產線管理法，就可以節省此筆成本，化為利潤。

自動倉儲法及中央倉儲法 (Automatic and Central Distribution Center)

資材管理在簡易加工廠和在複雜加工裝配工廠，其內容甚為不同，譬如食品加工廠和電子電腦商品工廠兩者就很不一樣。食品工廠的資材管理不會牽涉到「轉包」工程，但電子電腦工廠，除了採購自行加工之原料配件外，還要涉及非自行加工之「委外」配件工廠的內部品質管理。至於大型超級購物中心 (Super Center) 之連鎖零售商場，其中央統一大量採購、便宜採購、準時採購、品保採購，以及準時、準量送達各連鎖商場，乃是一件工作量很大的後勤「採購—倉儲—配送」工作，所以美國發明「自動倉庫」(Automatic Warehousing) 來處理 「中央」 採購及倉儲配送作業 (Central Distribution Center)。美國沃爾瑪百貨全球有 8,500 家以上大型超級購物中心連鎖店 （美國內、外各佔 50% 左右），2012 年營業額即達 4,600 億美元，為了節省採購倉及配送成本，1987 年（比美國國防部還早）就自行發射人造衛星，用無線通訊來統一協調 8,500 多家店之營運。中國大陸大潤發量販店已有 250 家以上，也是設有「中央倉儲中心」來服務各店。

6.3.8 「品質管制」與「品質保證」是生產功能第四步工作

(Fourth Step is Quality Control and Quality Assurance)

顧客對品質滿意的要求是全盤性的概念 (Overall Quality Satisfaction Concept)

◆ 顧客對產品的四滿意以「品質滿意」為第一

「原料」加工成為「成品」,「成品」出售給顧客,要顧客對產品的「品質」(Quality) 滿意、「價格」(Price) 滿意、「時間」滿意、「態度」(Attitude) 滿意 (簡稱「四滿意」) 才算「真滿意」。顧客對產品「品質」的感受是全盤性、通盤概括性的 (Overall),包括:⑴功能作用 (Function);⑵原材料 (Material);⑶大小尺寸 (Size);⑷工程規格 (Specification);⑸產品質量 (Quality);⑹品牌廠牌 (Brand);⑺式樣 (Style) 及色彩 (Color);⑻包裝容器 (Package);⑼保證 (Quarantine) 等九大因素 (可參見前表 3–2)。尤其產品「功能」作用的「可靠性」(Reliability)、「耐久性」(Durability)、「方便性」(Convenience) 及「安全性」(Safety) (簡稱「四性」) 最受關切,所謂產品功能「好」是指「可靠性」高 (如百萬分之九十九萬九千九百九十七是好貨)、「耐久性」長、「方便性」廣及「安全性」真。

◆ 品質是「做」出來的,不是「檢」出來的

在加工「製造」過程中,有的工作站的操作機器及操作工人,可以在加工的同時,負責「檢驗」(Inspection) 品質合格與否。有的不能同時檢驗品質,只做加工,必須要等到整個產品製作完成,才做品質檢驗。又加工又品檢的工人水平要求較高,其工作範圍也擴大,稱「工作擴大化」(Job Enlargement),是提高生產線工作人員「成就感」(Achievement) 及操作技術的方法之一。

　　品質好或不好，是在製造過程中「做」出來的，不是事後「檢驗」出來的，所以品質管制工作是「事前」就要設計好，「事中」用好材料、好機器、好工人、好加工工具，以及「事後」好檢驗。

📈 原料品管 (QC)，成品品保 (QA)，用意相同 (QC and QA are Brothers)

◆ 「朽木不可雕也」；「好原料」加「好加工」才成「好產品」

　　影響產品品質好壞的原因，除了製造過程中，機器加工或人力加工精巧與否之外，還與買進原料本身品質是否良好有密切關係。好的原料，經過好的加工過程，成為好成品的機會最大。壞的原料，經過壞的加工過程，成為好的成品的機會等於零。而壞的原料，雖然經過好的加工過程，成為好成品的機會也不大，所謂「朽木不可雕也」。這正與人才培養的道理一樣，「好學生」進「好學校」，將來成為「好人才」的機會大；壞學生進壞學校，將來成為好人才的機會小。所以每一個父母都很關心自己的兒女是否能進入有名學校受教育，因之補習教育也跟著興旺。

◆ QC 對工廠自己，QA 對客戶負責

　　為了防止因原料不良而致使成品最終不合格，所以對原料進庫前之檢驗要特別小心，通稱之為「品管」（品質管制）。而對成品加工後，入庫前之檢驗，通稱為「品保」（品質保證，Quality Assurance；簡稱 QA）。成品的「品保」是對顧客而言，意指保證「品質滿意」，若不滿意可以「調換」新品或「退錢」。品管及品保 (QC/QA) 對確保「顧客滿意」很重要，必須與現場加工操作分開管理，避免因員工為趕工拿獎金而粗製濫造。這與財務工作和會計工作分開的道理一樣，避免因「方便」而壞了大事。

📈 統計品質管制 (SQC) 是專業工作 (SQC is a Specialized Job)

　　產品「檢驗」(Product Inspection) 的方法有「全查」(Census) 及「抽查」(Sampling) 兩種。所謂「抽查」是指「抽樣檢查」(Sampling Inspection)，即

從一大成品群體 (Population) 中，抽出一些「樣本」(Samples)，進行檢查品質特性是否在標準上限 (Upper Limit) 及下限 (Lower Limit) 之「控制幅度」(Control Span) 內。若是，則此批成品可以推定「接受」通過 (Acceptance)；若否，則此批成品「不可接受」，應予以廢棄 (Rejection)，當成下腳廢料 (Scrap)，或當次級品處理。當上限及下限間之控制幅度愈小，表示品質水平可望愈高，因通過之機率愈小、愈困難。

「全查」是指百分之百、個個成品皆要檢驗，比較費時費力；「抽查」是小樣本檢驗，以小樣本所得之品質水平來推測大群體之品質水平，比較省時省力。但為了提高抽取小樣本以推測大群體之可靠性，所以抽樣方法要「隨機性」(Random)，不可「立意性」(On Purpose)。所以「隨機抽樣」(Random Sampling) 及「統計檢定」(Statistical Testing) 成為「品管」及「品保」的科學工具。「抽樣」要科學、「檢驗」要科學、「推測」(以小推大) 要科學，才是確保顧客滿意的具體方法。所以「統計品質管制」(Statistical Quality Control；簡稱 SQC)，不管對原料或對成品，已經成為生產管理的專業工作。幾乎每一個商管學士生或碩士生，都要學統計學 (Statistics)，高級的工程學院學生如碩士、博士，也要學統計學，瞭解以小推大之科學理論。

「東洋貨」直趕「西洋貨」，從 SQC、TQC、QCC，到 TQM
(Made in Japan Catches up Made in USA)

◆ 「西洋貨」壓倒「東洋貨」

世界產品的品質名聲，原以西歐為最好，尤以德國品質標準世界最嚴格，後來美國產品追趕西歐，提高品質水平。在 20 世紀前半，一般又有所謂「西洋貨」(歐美貨) 比「東洋貨」(日本、亞洲貨) 高級之觀念。但在第二次世界大戰結束（1945 年）後，日本被盟軍佔領，日本大財閥集團被麥克阿瑟統帥解散，對外貿易陷入困境。

◆ 戴明講 SQC，建立 QCC／TQC

麥帥請美國戴明 (Edward Deming) 到日本各工廠講習「統計品管」

（Statiscal Quality Control；簡稱 SQC）的方法，甚得日本企業老板擁戴，以 SQC 為理論基礎，全國各廠實施「總體品管」（Total Quality Control；簡稱 TQC）及「品管圈」（Quality Control Circle；簡稱 QCC），全員投入各工作班，各班成立一個「品管圈」(QC Circle)，每週、每月檢討品質提不高之原因。用「因素分析法」(Factor Analysis)、「魚骨圖法」(Fish Bone Method) 或「決策樹法」(Decision Tree)，追根究柢，找出品質不良之來源原因及比重，對症下藥，效果甚佳。在臺灣，早期，先鋒企管顧問公司專門以協助各工廠建立「品管圈」(QCC) 而聞名於企管顧問界。

　　「因素分析法」是指追根究柢的分析法，把一個品質不良的大因素分為四個二級因素，再針對每一個二級因素再追根下去，分為三個三級因素，如此就有十二個三級因素，再把成本比率找出來，一一標上，就可看出應針對哪一個因素著手改進，才能最有效提高品質。而「魚骨圖法」就是把上面的過程畫成魚骨的樣子，大因素生中因素，中因素生小因素。至於「決策樹法」就是把這過程畫成樹枝狀，大枝生中枝，中枝生小枝。

◆ 日本產品打入世界市場

　　到 1970 年代，日本產品品質提高，價格便宜，日本產品出口突飛猛進，日本產品品質檢驗要求已超過美國水平，松下電器公司在松下幸之助（日本經營之神）領導下，以松下「三寶」（洗衣機、電冰箱、電視機），用「高品質、低價格」戰略，打入世界市場，大告成功，促使世界各國競相購買日本製的產品，「東洋貨」質劣的印象從此不復存在。從 1980 年代及 1990 年代日本對美國之國際貿易一路順差，日本光學產品及電氣品暢銷德國及美國兩個品質老大哥。日本汽車（豐田汽車、本田汽車、日產汽車）在美國市場的佔有率，也從 1968 年的 3% 提升到 1998 年的 33%，到 2009 年，豐田汽車取代美國通用汽車 (GM)，成為世界銷量最多之公司。

◆ 「高品低價」就是「物美價廉」

　　提高品質是打開市場的第一工具，若能再在成本控制方面下功夫，降低成本，減低價格，則「高品低價」(High Quality Low Price) 策略（即中國古

諺「物美價廉」），可同時暢銷於「高所得」市場及「低所得」市場，取得雙贏。美國哈佛大學管理策略學者麥可‧波特 (Michael Porter) 在 1980 年提倡「競爭策略」(Competitive Strategies)，即是以高品質條件下之低成本的「成本領袖」(Cost Leadership)、「產品差異」(Differentiation) 及「市場焦點」(Focus) 等三者為核心，就是學習日本企業的「高品低價」策略之靈感，也是中國古諺「物美、價廉、時快、服務好」四滿意的應用。在臺灣則稱「三好一公道」，「三好」指品質好、時間好及服務好；「一公道」指價格合理公道。

在科技新產品的行業，為了確保品質的提高，把 TQC 的努力從生產部門推行到全公司各部門，形成「總體品質管理」(Total Quality Management；簡稱 TQM)，比 TQC（總體品管）進一步，意在提高全公司「管理品質」又降低成本。

中國要努力提高品質水平，才能脫離「低品低價」印象

◆ 忽視品質「山寨品」及「黑心品」只能「打帶跑」

臺灣的工廠管理，在品質管制方面的努力，是依循國際貿易發展上升的程度在提高，沒有一家工廠膽敢忽略品質（指可靠性、耐久性、方便性及安全性）。忽略品質在國際市場上，等於自殺。中國大陸的工廠，長期以來處於夜郎自大式「生產導向」的計劃經濟體制內，缺乏市場競爭壓力，所以對品質意識不如歐、美、日、臺廠商之強烈，這是急須改善的地方，否則產品在國際市場上只能以「低品低價」(Low Quality Low Price) 法銷售，仿冒「山寨產品」及「黑心產品」充斥市場，雖也可佔有一席之地，「打帶跑」（指在棒球賽，球棒觸及球時就開始跑壘，不是真強打球）的利潤比率不高，只能賺「苦力錢」，不能賺「知識能力錢」。

◆ 「勤儉」經營可走「高品低價」戰略

「勤而又儉」的人，可走「高品低價」途徑；「勤而不儉」的人，只能走「高品高價」途徑；不勤而儉的人只能走「低品低價法」；不勤又不儉的人，只能用「低品高價」的欺騙方法。

ISO9000 與 14000 系列意在嚴格過程，不在一張證書 (ISO 9000 and 14000 Series Certification Aims at Process Correctness)

◆ 品保、工安、環保及無毒作業認證

聯合國工業發展組織 (UNIDO) 曾發起「國際標準組織」（International Standards Organization；簡稱 ISO）品質 9000 與 14000 系列認定運動，要求每一工廠實施完整的總體品質管理制度及環保、工安制度，由 ISO9000 與 14000 的權威機關（有名望之企業管理顧問公司）來輔導，並由有認證資格之第三者來檢定，認定其「品管制度」(Quality Management System) 之完善，給予證書，見證書如見工廠。在美國、歐洲、日本、臺灣等工廠都很嚴肅認真在依照詳細規定之正規管理步驟在建立制度、在實際改進。但在中國大陸，則偶有政府行政機關以「行政命令」代替「實際改善」，隨意發給證書，既浪費時間、金錢，又毀壞 ISO9000 與 14000 系列國際認證之名望，實屬因小失大之蠢事。「萬事認證」之功效，皆在嚴格準備考驗的「過程中」(In-Process)，以提高真正能力，而不是在不努力而空得一張虛偽之「文憑證書」(Certificate)。

「品管品保」在工廠組織裡屬於一個獨立課，不能附屬於現場加工操作部門，以免粗製趕工，矇騙過關，害了顧客又害了公司，一舉二輸。

◆ ISO9000 與 14000 系列必須與現場操作分開監督

依 ISO9000 與 14000 系列認證的規定，工廠應設「品質總監」(Quality Director)，由副廠長或副總工程師級人員擔任，以獨立於採購、現場操作部門之外，按照總體品管制度 (TQM)，包括工安、環保、無毒作業等，進行檢驗及核可之工作。在電子工廠，TQM 執行嚴格，要努力做到 6-Sigma 標準差的水平，亦即 1,000,000 個產品中只有 3.4 個不及格品，使及格率提高到最高境界。擔任美國奇異公司董事長的傑克・威爾許 (Jack Welch) 在 20 年間改造百年老公司奇異過程中，就以原 Motorola 公司發明的 6-Sigma 標準差為強力要求標準，把奇異從品質戰場上起死回生，再加上其對「人才資本」(Human

Capital, Intellectual Capital) 的特別重視，把奇異變成「最受稱讚公司」(Most Admired Company)，其股票市值也是世界最高，約達 4,000 億美元以上，超過其淨值 4 倍以上。到現在（2014 年），奇異公司依然是世界名列前茅的金像獎公司。

6.3.9 維護保養是黑手工作也是生產功能第五步工作
(Fifth Step is Maintenance and Repairing)

動力成本因素使勞力密集工業遷移他鄉

◆ 動力成本及市場需求主宰產業遷移

生產工作的主要動力來源自工業革命（1750 年）以來，已經從人力、獸力移轉到機械力及自動力。「人─機」(Man-Machine) 配合比率，愈來愈依賴「機械」，因之有「機械化」(Mechanization) 之稱。操作動力來源多用人力，或多用機器及電力，本是「成本」投入與「效益」產出的比較決策問題 (Cost-Benefits Analysis)，不是何者為佳、何者不佳之事。若使用人力，成本便宜，並可以維持產品品質及數量要求，就多用人力。若使用人力，成本昂貴，或不能維持產品品質穩定水平或提高水平，或不能快速大量生產以因應市場需要，就不應該多用人力，應多用機器力及電力。

◆ 紡織業尋世界水草而居

所謂「勞力密集」工業 (Labor Intensive Industry) 或「資本密集」工業 (Capital Intensive Industry)，在基本上，就是反映兩種加工動力來源成本效益的現象。在經濟發展程度落後國家，適宜勞力密集工業生存，如以前紡織業從英國發展，後因工資上升，移植日本，再因工資成本上升，移植臺灣（臺灣曾經成為世界紡織品供應中心，95% 以上臺灣生產之衣服是外銷），臺灣因匯率上升（曾達 1 美元換新臺幣 25 元）、工資昂貴，所有紡織業、製鞋業、皮包業等勞力密集工業，又外移東南亞及中國大陸沿海地區，促成中國大陸沿海地區（珠三角、長三角）成為世界低成本製造工廠，以及中國大陸外銷

暢順，外匯存底在 2012 年底達 3.3 兆美元（2013 年 1 月 10 日中國大陸人民
銀行官網公布）。我想再過 10 年、20 年，這些勞力密集產業會移到中國大陸
中西部、中南半島、南美洲、非洲去。這些現象不是「商人有無祖國」議題，
而是生存競爭議題。

◆ 中國大陸、東南亞、中南美、非洲都是低成本地區

成本競爭力因素使產業跨洲移民。目前及未來 30 年，中國大陸人口多，
人工成本低，原物料資源多，內需市場大，投資環境改善，相對於臺灣之條
件，許多臺灣傳統產業會先外移中國大陸，而後中南半島，皆因生產成本及
市場大小兩大因素之影響所致。當然外移產業留下之就業人口及空間，必須
以創新技術產業及服務產業來填補，所以政府應趕快以世界觀、全球村之布
局發展，來鼓勵及吸引技術密集產業來進駐，方能確保生生不息之循環。

做好三級「預防保養」可永防「緊急搶修」(Prevention better than Emergency of Repair)

◆ 三級保養及緊急搶修是幕後英雄

「勞力密集」的工廠雖多用人力，但也須用一些機器來搭配，使生產力
提高。「資本密集」的工廠，雖多用機器設備，但也須用人力來操作機器設
備，至於完全自動化的高科技「無人工廠」，也需要有機器維護保養的人力。
所以在工廠裡，機具的「預防保養」(Prevention Maintenance) 和「損壞修護」
(Repair Maintenance) 成為很重要的幕後工作，這些工作包括「一級保養」：指
定時巡視清潔潤滑；「二級保養」：定時更換小零件、清潔、潤滑；「三級保
養」：指定時更換中大零件、清潔、潤滑、校正；以及臨時損壞「緊急搶修」。
這些和機器打交道的工作，都是由黑手油膩，在機器操作休息中，搶空進行
保養的技術工人及工程師來負責。他們是幕後英雄，如同歌唱家的幕後搭配
樂隊。

◆ 「預防重於搶修」，「平時練身勝過臨時用藥」的應用

機具的維護保養首重平時例常之「預防」(Prevention)。「預防保護」（一

級、二級、三級保養）做好，則永遠消除「緊急搶修」之後患。工廠若常常出現機器損壞搶修，全廠停工，造成重大損失，一定是平時預防保養沒有做好的緣故。最高主管對搶救事件不是給予獎勵，而是應給予懲罰。「預防保護」重於「緊急搶修」。正如人的身體，「平時練身，重於臨時用藥」，同樣道理（註：前已提過，作者陳定國曾於 1973 年石油危機時在《經濟日報》上發表〈平時練身，勝過臨時用藥〉一文，因而結識台塑集團董事長王永慶先生達 35 年）。

利用機具設備 「病歷卡」 實施目標管理 (MBO for Machine Maintenance)

◆ 「平時當戰時」，「戰時就如平時」

工廠裡的工程保養課負責機具維護保養，應該針對每一機器設備、裝配線、自動化設備，建立「病歷卡」檔案（或輸入電腦建檔），指定負責技工或工程師，平時排定周而復始的預防保養工作表。「平時當戰時」，巡迴進行一級、二級、三級保養，如此方可把「戰時當平時」，永絕搶救事故。預防保養及緊急搶修的紀錄，都要記載在機具的病歷卡上，從其第二次、第三次損壞事故發生的時間、內容，可以查知其負責人（技工、工程師）在第一次、第二次的工作品質，作為維修管理的「目標管理」獎懲工具。

◆ 黑手管理更需目標管理

工程維修管理是對「黑手」工人的管理，比對「白領」職員或「藍領」工人的管理為難，所以更需要實施特定負責人對特定機具之「目標管理」，把責任落實到個人技工身上。

「委外加工製造」 節省生產管理的繁重工作 (Outsourcing to Save Heavy Job of Production)

◆ 保留「前端研發」及「後端行銷」，委外「中端製造」之虛擬系統

自從 1990 年代開始，美國 「資訊科技」 及 「電腦電訊聯合」 (IT、

Computerization & Communication) 發達，國際網際網路 (Internet) 風行，全球供應鏈 (Global Supply Chain) 及電子商務 (E-Business, E-Commerce, E-Purchasing) 代替傳統之人員採購。許多先進公司把生產製造的功能，完全委託外部 (Outsourcing) 或外國生產成本低廉的工廠 (Off-Shore Production) 負擔，由外部工廠做 OEM (Original Equipment Manufacturing)，再供應原公司行銷。所以原公司雖無實質生產工廠，但經由委外加工 (Outsourcing Contract Manufacturing)，可以遂行「生產支援行銷」之使命，這些被委外加工之代工廠（如臺灣的電子晶圓工廠），就是原公司虛擬化之生產組織。

原公司掌握前端 (Front) 產品研究發展設計 (R&D Design) 之技術性工作及後端 (Later) 行銷配送兩大功能工作，把中端 (Middle) 生產製造之繁重而不討好的功能，委由成本較為低廉的國家或地區之加工廠代工，實施國際生產分工的體系 (International Division of Production System)，也是「企業全球化」(Business Globalization) 趨勢之重要現象。這個前端「研發」中端「製造」後端「行銷」的價值加工鏈 (Value-Added Chain)，在利潤貢獻比例上，是前「高」、中「低」、後「高」的曲線，有人將之叫做微笑的嘴唇曲線（微笑曲線），先進者佔前後兩端，把中間移到國外去做（給別公司或自己的國外工廠）。

◆ 「先知先覺」者作研發及行銷

世界上「先知先覺」的企業，知道把成本高、利潤低、繁重不討好的工作，交給「後知後覺」的企業。「後知後覺」的企業，再把吃力不討好的工作，交給「不知不覺」的企業去做，所以國際分工的基本形態，就是「成本與效益」比較的分布，尤其在 21 世紀，以知識創新能力領導生產力發展的時代，更為明顯。美國公司是做研究及行銷的工作，臺灣及中國大陸是做製造出口的工作，造成美國公司賺世界大錢，但美國政府外貿大逆差，美國人民享受低廉之進口產品的現象。

6.4 研發功能的發揮：從「祖傳秘方」到「最新上市」
(Exercise of R&D Function: From Tradition Formula to Newly Marketed)

6.4.1 創新研發不是銷產人員能力所及
(R&D Innovation is Beyond Marketing-Production Job)

「改良品」及「全新品」需要深層研發

「研究發展」（或稱技術）(Research-Development) 功能是企業系統的第三個功能，用來支援「行銷」及「生產」之第一及第二兩大功能。行銷部門在市場行銷研究及行銷策略規劃時，針對顧客需求變化及競爭者能力變化，設定中長期及短期產品種類目標、項目目標、數量目標、銷售收入目標、利潤目標、市場佔有率目標及 4P（產品、價格、推廣、通路）策略後，生產部門就應全力配合，製造加工「現有」(Existing) 產品規格之產品，「如時」、「如量」、「如質」、「如本」供應支援行銷部門，供向客戶交貨之用。但若遇到要針對現有產品進行「改良」(Improvements)，或要推出「全新產品」(Brand-New Products) 時，生產部門可能會束手無策，因生產計劃、現場操作、資材管理、品質管理及工程維護等單位人員，都沒有職責或能力來進行更深層的研究發展工作，以推出「改良品」或「全新品」。正如醫院「門診部」的醫生沒有職責或能力來進行「住院部」及「病理研究部」的更深層工作一樣。

「無中生有」是研發特性

「研究發展」是從「無中生有」之功能，涉及高級知識創新活動

(Knowledge and Innovation)。十個研發「構想」(Ideas)，可能有九個沒有實用結果，所以研發風險性很大，不是任何個別人員可以勝任的。技術研究發展工作是科學家 (Scientist) 及工程師 (Engineer) 的工作，不是行銷人員或生產人員所能勝任，所以企業廠商必須要另設研究發展部門，來負責「不孝有三，無後為大」的企業傳宗接代「創新」(Innovation) 工作。世界上最早從傳統工廠生產功能中，設立研究發展實驗室的廠家是德國的西門子公司 (Siemens)，所以至今，雖然各國各大型公司都知道研發技術的重要性，但一般比例上都沒有德國的重視。

6.4.2 「企業生命」和「產品生命」息息相關
(Company Life depends on Product Life)

「產品」和「人」都有「生老病死」循環命運

任何「產品」(Product) 都像人一樣，有「生老病死」週期循環現象，此週期循環是以其產品「項目」(Product Item) 或產品「種類」(Category) 之「銷售」及「利潤」(Sales and Profit) 曲線，依時間呈現高低長消之變化。通常以四階段現象來標示，第一階段指「引介期」或稱「幼兒期」(Introduction or Infant Stage)；第二階段指「成長期」或稱「青年期」(Growth or Youngster Stage)；第三階段指「成熟期」或稱「壯年期」(Maturity or Matured Stage)；第四階段指「衰退期」或稱「老年期」(Decline or Old Stage)，此現象稱之為「產品生命循環」(Product Life Cycle；簡稱 PLC)（見圖 6–8）。

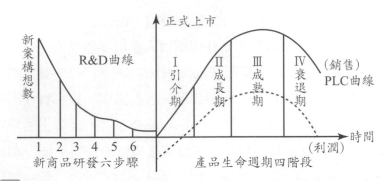

圖 6-8 「新產品研發」六步驟與「產品生命週期」四階段

一個企業不可只靠一個產品，應有多個產品

企業的生命和其行銷產品在市場上的生命，息息相關。一企業若只有一個產品，當其產品老化時，企業也跟著老化，當其產品死亡（虧本）時，企業機構也跟著死亡。所以一個企業廠家千萬不可只依賴單一產品，應有數項產品，同時必須時時「改良舊產品」，年年「推出新產品」，使企業擁有數個生命週期不同階段的產品，推陳出新，永保青春活力，方能達到「永續經營」、「永保長生及長青」之最高目標。

適者生存

「在競爭市場，不創新就死亡」(Innovate or Die) 這句話，必須謹記在高級領導人之腦海裡。在市場競爭，優勝劣敗，適者生存，不適者淘汰。長江後浪推前浪，前浪已入太平洋。在市場競爭裡，舊產品若不能推陳出新，就不可能長期獨佔鰲頭，總而言之，市場競爭，劇烈萬分，絕不饒人。

「苟日新、日日新、又日新」才是正道

但在中國古老傳統裡，不管文化歷史，或是食品醫藥，都傾向於崇古薄今，常常聽到「宮廷秘方」或「古傳秘方」之產品宣傳。其實在文化歷史演變方面，5,000 年的經驗中，可能有很多今人可借鏡之智謀寶藏。但在科技產

品方面，「祖傳秘方」不如「最近上市」(Newly Marketed) 來得信服人。在市場競爭裡，產品策略的優勢者是「創新」，不是「崇古」。「苟日新、日日新、又日新」(〈商銘〉) 才是顛撲不破的企業生命維繫者。

6.4.3 研發「十有九輸天下事」，唯有利潤時撥款從事才能永生
(Profitable Years are the Right Time to Do Risk-Taking R&D)

撥利潤 3–5% 做研發最保險

研究發展是「十有九輸天下事」的冒險活動 (註：國學大師南懷瑾先生，精通儒釋道諸子百家，曾寫對聯勉勵筆者陳定國，其語曰：「十有九輸天下事，百無一可意中人；不遂意事常八九，可與人言無二三」。在研發方面，十有九輸，誠名言也)，風險很大，只有在企業有利潤的時候，才比較有人願意冒小失敗之風險，撥預算供研究之用。反之，在企業虧損、風雨飄搖的時候，自顧眼前渡過難關都來不及，哪有餘力及心情去做未來「傳宗接代」之後事。但是，企業無研究發展、無創新，就無「再生功能」(Re-generation Function)，也是遲早要追隨現有產品生命週期循環之過往而消失。在危急時，無力進行研究發展，企業也可能死亡。只有在有盈餘時，冒險撥出 3% 至 5% 利潤來進行研究發展的企業，可以常保盈泰，不懼產品生命週期之考驗。50 年前臺灣企業眾多獲有政府「正」字標誌的公司，到 2014 年只有南僑公司的「正」字「水晶肥皂」還有創新產品在市場上暢銷，可見 R&D 之重要。

由此觀之，宇宙之間，強者，若又有危機患難感，可以長強（即「憂患興邦」）；強者，但無危機患難感，恆亡（即「死於安樂」）；弱者，又無危機患難感，必快亡；但弱者，而有危機患難感，並能自強者，則有可能轉弱為強。

「研發」有五類使命工作

技術研發有「五新」工作，即「新產品」研發 (New Products R&D)、「新原料」研發 (New Materials R&D)、「新製程」研發 (New Process R&D)、「新設備」研發 (New Equipment R&D)，及「新檢驗方法」研發 (New Testing R&D) 等五使命。簡稱「品料製備檢」(PMPET)（見表 6–2），現逐一說明其要。

表 6-2　研發五使命

新產品研發 (New Products R&D)	包括：改良品及全新品
新原料研發 (New Materials R&D)	包括：零件、配件、組件、原料、材料
新製程研發 (New Process R&D)	包括：工藝、流程、生產線布局
新設備研發 (New Equipment R&D)	包括：新機器、工具機、設施、廠房、機器人
新檢驗方法研發 (New Testing R&D)	包括：物理、化學、生物、心理檢驗方法、工具

6.4.4　用「新產品發展委員會」來防止最高主管的糊塗誤事
(New Product Committee to Help the Top Management Avoid Idleness and Stupidness)

「新產品發展委員會」替代老闆的糊塗

技術研究發展要有科學管理之組織及步驟，才能確保用最低成本，達到最高效益。首先，在企業組織裡一定要有明確的「研究發展」部門，最好直接隸屬於公司總經理或大集團公司的總裁。並在總經理或總裁之下，有一跨部門之「新產品發展委員會」(New Product Development Committee)，負責接

收、評選、過濾、分析所有「新案構想」(New Project Ideas)。凡是任何全新產品構想及重大改良品構想，若非經過「新產品發展委員會」之通過，皆不可以直接由總經理或總裁一人獨裁批准，就逕行花大錢去發展，如此方可確保總經理或總裁不會因一時或長期頭腦糊塗，或在得意忘形之下，鑄成大錯。即使這個公司的股權是完全由家族控制，也不可以由家長式董事長或家長式總裁、總經理一人獨自拍板裁定。經過「新產品發展委員會」通過之新產品構想，則送研究發展部門進行研發。

新投資方案也應小心從事

經過「新產品發展委員會」通過之「新投資」(New Investment) 方案，則須再送董事會通過，再指派選定之「專案經理」(Project Manager) 進行投資經營。「新產品發展」及「新投資專案」都是影響公司未來命運方向的重大決策，必須慎重其事，不可兒戲為之。許多古老式大公司的最高主持人在經營相當成功的頂峰時，就「意氣風發，得意忘形」，自認「天縱英明」，草率決定新產品開發及新投資專案，而種下公司衰退敗亡之根因，甚為可惜，故在此特別提醒。

6.4.5　研發六步驟，成功四要求
(Six-Step in R&D, Four-Requirements to Success)

企業研發六步驟：構想、甄選、商析、工業、小產、量產

其次，新產品研究發展過程要走過六步驟，第一步「構想收集」(Idea Collection)。公司內人人可提供新構想建議，若建議成功，必有大獎。第二步「構想甄選」(Idea Screening)。由委員會開會，憑專家知識經驗，初次過濾。第三步「商業分析」(Business Analysis)。由指定之專案研究人員對過濾後之少數構想進行「市場可行性分析」。第四步產品的「工程發展」(Engineering & Development)，由研究發展部門的科學家工程師，設立專案進行圖紙設計、

模型設計及塑造、實體樣本試製及廠內試銷調查。第五步「市場試銷」(Market Test)。由研發部門製造小量產品，交行銷研究部門，選定樣本地區及樣本顧客，進行實際市場試銷。第六步「大量生產及行銷」(Mass Production and Marketing)，將市場試銷成功的產品，由工廠正式「大規模生產」，由行銷部門安排「新產品上市」(New Product Introduction)，進行大規模行銷等等有關 4P 策略組合事宜，擇吉開張，推出市場，進入「商品化」(Commercialization)，使新產品正式步入其「幼兒引介期 → 青年成長期 → 壯年成熟期 → 老年衰退期」之「產品生命週期」(PLC)。見圖 6-8「新產品研發」六步驟與「產品生命週期」四階段（R&D 與 PLC）。

成功週期四階段：短、高、長、緩

所謂「成功」的新產品，其「引介期」要「短」(Short Introduction)、「成長期」要衝「高」(High Growth)、「成熟期」要「長」而穩 (Long Maturity)、「衰退期」要慢而「緩」降 (Slow Decline)，才能賺到大錢。反之，若引介期長、成長期衝不高、成熟期很短、衰退期來得快，則經過千辛萬苦才研究發展出來的產品，就幼兒夭折，青年早喪，都會給公司帶來大虧損。

國家研發 RRDEMM 六大步驟

國家政府機構之研究發展目標，並重「基礎學理知識」及「應用器物服務」，與民間企業公司之研究發展目標有異，民間較重視「應用器物服務」。所以政府機構之研發有 RRDEMM 六步驟。第一個 R 是基本研究 (Basic Research)；第二個 R 是應用研究 (Applied Research)；第三個 D 是發展 (Development)；第四個 E 是工程設計 (Engineering)；第五個 M 是生產製造 (Manufacturing)；第六個 M 是市場行銷 (Marketing)。此六步驟比企業機構的「構想收集」(Ideas)、「構想甄選」(Screening)、「商業分析」(Analysis)、「工程發展」(Engineering and Development)、「市場試銷」(Testing)、「大量製造與行銷」(Marketing) 還廣大深遠，因它有學術理論之基本研究及實物構想之

應用研究，離「產品」發展及「工程設計」很廣遠，在此特別點明。

6.4.6 新產品研發注重「工程設計」及「工業設計」 (Engineering Design and Industrial Design in New Product R&D)

新產品是龍頭大哥 (New Product is Big Brother)

◆ 做生意，先定「產品」

在所有的五類研究發展工作中，「新產品」(New Products) 的研發佔第一位，因為企業組織的生命力，就是靠所銷產產品的生命力而定。「產品」確定後，才能確定「市場區隔」、「目標市場」、「廠房地址及建設」、「機器設備」、「技術工人招訓」、「動力水力來源安排」、「細部定位」、「原料零配件購買」等等一大套相關事宜。

◆ 新產品有「改良品」及「全新品」

「新產品」研發有「改良品」(Improved Products) 及「全新品」(Brand-new Products) 兩大類，「改良品」所涉及之風險性及工作量較小，「全新品」所涉及之風險及工作量較大。公司增加「全新品」就等於走入「多角化」(Diversification) 經營或「公司轉型」(Company Transformation) 經營，是最大的「戰略決定」(Strategic Decision)，也是「大」創新。

先「外在美」後「內在美」，「內外兼修」、「文質彬彬」則最好

◆ 「產品」有九大組成因素，五「內」四「外」

新產品研發可以針對產品「九大因素」中的任何一個因素進行。以前已經提過（可參見表 3–2），產品九大因素係指產品的：⑴「功能」(Function)；⑵「原料」(Material)；⑶「大小」(Size)；⑷「規格」(Specification)；⑸「品質」(Quality)；⑹「品牌」(Brand)；⑺「式樣」(Style)；⑻「包裝」

(Package)；(9)「保證」(Warranty) 等，若再加上(10)「顏色」(Color)，則成為十大因素（顏色也可以包括在式樣之內來處理）。

改變第(1)項至第(5)項因素之研究發展，屬於「工程設計」(Engineering Design) 的工作，也是屬於產品「內在美」(Internal Beauty) 的工作，是工程師的技術本能。改變第(6)項至第(9)項因素（或第(10)項）之研究發展，屬於工業設計 (Industrial Design) 的工作，也是屬於「外在美」(External Beauty) 的工作，是外形設計師的技術本能。

◆ 先「外」，後「內」

「內在美」和「外在美」都能兼得最好，若不能兼得，就要有優先重點選擇。在產品新推出市場時，一定要對客戶有吸引力 (Appeal)，此時「外在美」很重要，因客戶若不先認識 (Awareness)、不感興趣 (Interest) 的產品，絕對沒有機會去買。當客戶已經熟悉產品、常用產品後，「內在美」才是實惠之得，比「外在美」重要。最佳的配合，是「內外兼修」，既有「外」在美，又有「內」在美。這與男人與女人之「文」（指外在美）與「質」（內在美）之修養順序相同。對互不熟悉的人而言，女人的外在美（包裝），男人的紋彩（文與紋同義）比內在美（品質）為優先重要。但對已經熟悉的人而言，則女人的內在美及男人的品質，比女人的外在美及男人的紋彩為優先重要。當然女人之「內外兼美」及男人的「文質彬彬」是最美好的配備。若不能「兩全」，則應先「外」後「內」。

◆ 實施研發專案管理

從事產品的研發，必須設定年度「專案計劃及預算」(Project Plan and Project Budget)，並指定負責之專案工程師 (Project Engineer) 或「專案經理」(Project Manager)，才會權責分明。公司若有十個產品研發，就要設定十個專案 (Project)，分別予以列管追蹤控制 (Follow-up Control)，不可含混只列一個「總研發計劃預算」(Total R&D Plan-Budget)，而使細部分工無法進行，變成「三個和尚無水喝」。到頭來，空忙一陣，無具體成就，也無獎懲對象。

6.4.7 「新原料」研發注重材料科學
(New Material R&D and Material Science)

材料科學效果匪夷可想 (Material Science Creates Many Miracles)

◆「材料科學」無中生有，豐富人生

加工製造一個產品，所使用之原料（包括零配組件）成本，常居 50% 以上，所以研究發展「新原料」，對企業利潤之影響甚大。近世紀以來，「材料科學」(Material Science) 發展迅速，以矽砂製矽晶片，製造積體電路、微米、奈米（納米，Nano）晶片，替代電晶體及電磁管，使電子、電訊、資訊、電腦工業及消費產品層出不窮，大大改善人民的生活形態及水平。

新尼龍發明，使婦女絲襪革命。人造棉、人造毛、再生纖維出現，使紡織衣著大放光彩。PVC、PS、PP、PE 四大類塑膠原料出現，使包裝紙張、建材、管道遭受大革命。合金鋼、碳鋼研製成功，使精密機器業突飛猛進。高級合成膠出現，使玻璃帷幕及合板業進入匪夷所思的新境界。工程塑膠的發明，摩托車、汽車、飛機的傳統裝潢、零配件皆被替代。塑膠鋼出現，替代鋼板，既輕又不生銹。生物科技、基因科技、醫藥科技、育種科技、再生科技等等都是屬於廣義的「材料科學」，對「新原料」有極重要的貢獻，開啟人類未來的希望。

◆ 專案目標管理才會事竟有功

針對本公司產品所用之原料，進行改良或替代之研究發展，在成本的降低作用最大。在飼料工業，原料的新替代品，既可就地取材，又可節省外匯及成本，作用最大。傳統火力發電廠用煤炭或燃料油當原料來發電，改用風力、太陽能、生質酒糖及核能材料來當原料後，可大大改善環境汙染及降低發電成本。從事「原料」的研發，如同從事「產品」的研發一樣，都要設定「專案計劃及預算」，指定專案負責經理人，並進行「目標管理」及「自我控制」之追蹤考核獎懲，才會「事竟有功」（工程師、科學家、研究員及教授們

是高級智慧人士，只能用「目標管理」，不能用「手續管理」，特此一提）。

6.4.8 新製程研發注重簡化
(Simplification is the Key of New Process R&D)

加工繁複壯觀，但多是成本發生 (Complication is Source of Costs)

◆ 加工成本高，不是好事

技術改進的研究發展工作，除了「產品」本身及所用「原料」之外，就應及於「加工製造程序工藝」(Manufacturing Processing Procedure Technology) 之改進。「製程」是加工製造步驟的系列順序安排，假使一個成品之原料開始加工，需要經過二十個工序步驟，就需要二十個「工作站」(Work Station)，每一工作站都有加工機器設備（包括自動化工作母機、機器人）、工具、夾具、零配件及技術工人等等，而上一個工作站與下一個工作站之間，又要有輸送帶、吊車、舉車、工人等來搬運「在製」(In Process) 加工品及零配件，形成很壯觀、很繁忙的現場操作景象，但這些壯觀景象都是發生成本的地方，不是好玩的遊戲。

◆ 成本優勢價格才有優勢空間

所以要降低產品「成本」及最終「定價」，分享、造福客戶，就要研究發展節省製程工藝成本的新方法。假使能把二十個工序變成十個工序，就可以降低很大的成本。世界上同一行業的不同廠家，在成本競爭上有不同戰略點，有的企業在「製程成本」(Processing Costs) 上比同業競爭者佔優勢，有的企業在「建廠成本」(Plant-Building Costs) 上佔優勢，結果兩者之產品「總單位成本」(Total Unit Cost) 勢均力敵。假使您的企業在兩者皆無優勢，就可知前途困難。假使您的企業在兩者皆佔有優勢，也可知道在競爭上勝券在握。美國陶氏化學 (Dow Chemical) 和台灣塑膠 (Formosa Plastics) 都是世界 PVC 供應大廠，單位總成本勢均力敵。陶氏化學的製程成本較低，建廠成本較高；

而台灣塑膠的建廠成本較低，製程成本較高，兩者一高一低，打成平手，所以都在世界市場佔有一個競爭優勢，得以共存。

工業工程師對製程改善作用最大 (Industrial Engineers are Helpers in New Process R&D)

◆ 工程「內容」及工程「流程」都要改善

新製程研發除了在物理、化學、生物、機械、電機、電子等「工程內容」(Engineering Contents) 來考慮外，也可從機器使用安排 (Machine Usage Allocations)、工廠移動路線 (Moving Lines)、地勢高低 (Latitude Level)、工作站間工作量平衡 (Line Balance) 等等工程流程 (Engineering Flows) 方面來考慮。工業工程師 (Industrial Engineer) 或方法工程師 (Methods Engineer) 對全工廠的操作方法（包括機具及人員），負有改善之責，應該參與此項研發工作。

在勞力密集工業 (Labor-Intensive Industry)，工業工程師對工人操作方法及操作流程的改善作用最明顯；在資本密集工業 (Capital-Intensive Industry)，則對機具布置及機具操作與保養方法，貢獻最大。對勞力及機械力的降低成本 (Cost-Down)，以及提高勞力及機械力的生產力貢獻 (Productivity-up)，在本質上，都是泰勒先生 (Frederic Taylor)「科學管理」(Scientific Management) 原則之應用。

◆ 技術移轉大都是製程技術的移轉

事實上，新製程的改善，就是傳統上所說的「技術」(Know-How) 或工藝 (Technology) 創新。「技術移轉」(Technology Transfer or Know-How Transfer) 所指的大都是製造程序方面的新知識。上述新產品、新原料創新，也都和製程改善相關聯。當然，對新製程的研發，也要設定「專案計劃及預算」，並指派專案負責人，並列為定期追蹤檢討獎懲對象，以求有效管理成果。

6.4.9 新設備研發注重三合一

(New Equipment R&D Focus on Machine-Electrical-Electronic Combination)

工欲善其事必先利其器 (Tools Help Perfection)

◆ 「工欲善其事，必先利其器」

　　機器、設備、工具、模具、夾具等，都是幫助人手來加工製造產品的廣義工具器具 (Tools)。古云「工欲善其事，必先利其器」，人手巧奪天工，雖可創造天下所有的東西，但要做得「快」(Fast)、做得「多」(More)、做得「準」(Accurate)、做得「精」(Precision)，確實需要外來的器具幫忙。人手雖熟能生巧，可達精緻，但有「人為錯誤」(Human Error) 機率存在，每次所做的東西都不一樣，如同畫家作畫，裁縫師做衣服，雖是次次都是絕世精品，但次次不同。但若能利用模具、夾具、工具、工作母機 (Machine Tools)，甚至電腦數據控制「加工中心」(Numerically Controlled Machining Center) 來製造物品，可保證個個相同，又快速又省料，所以現代化的工廠現場生產操作，都盡量從「人力」變為「機械化」，到「自動化」，甚至「無人化」。這中間都靠製造設備的創新研發來完成。

機械—電機—電子三合一是發展趨勢 (Mechanic-Electric-Electronic Combination is the Key Trend)

◆ 自動化工廠及自動化辦公室

　　人類加工過程之「人—機」配合 (Man-Machine Combination) 程度，愈來愈依賴機器設備，所以每一個工作站之機器設備的改善，也是提高品質、降低成本的重點工作。現代的工廠機器設備已經從「機械」(Mechanic) 朝向「機械—電機」(Mechanic-Electric) 發展，再從「機械—電機」朝向「機械—電機—電子」(Mechanic-Electric-Electronic) 三合一發展。工廠現場操作的設備

如此變化，辦公室自動化 (Office Automation) 的設備則走向電腦通訊網路化及無紙化 (Computerization-Network Communication and Paperless)，電子信箱 (E-Mail)，電子批准簽字 (E-Approval)，電子發文 (E-Distribution)，電子視訊開會 (E-Vision Meeting, E-Conference) 等等已大為流行。

◆「無人化工廠」由機械人替代自然人

單純由人工操作之機械，只能稱為「工具」，由人工及電力操作之機械，則可稱為「單機」(Single Machine)。由多臺單機聯合作業，並有電子控制（起、停、快、慢）之系列機械，才可稱為「整套機械」(Set of Machines)。從原料進廠，到成品出廠的整廠電腦、電子、電氣、機械操作系統，則稱為「全自動化工廠」(Automated Plant)。在生產裝配線上，有許多粗重、危險、精密的操作工作，則由電腦控制的「機械人」(Robot) 擔任，變成機械人替代自然人，紛紛站立在工作站生產線旁操作的無人狀態，稱為「機械人化」(Robotilization)。

◆ 一研發若有多用途可降低成本

工廠是否採用高度機械化、自動化，完全要看「產品特性」及「成本效益」比較決策而定，不可以主觀隨意下決定。產品行銷的「品質」滿意、「價格」滿意、「時間」滿意、「態度」滿意等四滿意程度，才是決定生產工作方式的根據。但在其他條件相同下，研究發展部門應配合生產工廠的需要，針對加工機器設備等進行創新改善，以提高「製品品質」，又降低「用料成本」、「操作工時」及「工業危險」等四要求。在傳統作法上，提高設備加工技術，對單一產品之加工成本，可能會增加，形成「高品質－高成本」(High Quality-High Cost) 之「零和競賽」(Zero-Sum Game) 現象。但若能將新研發之技術，應用到多種相關產品上，分攤研發成本，其結果，可能變成「高品質－低成本」(High Quality-Low Cost) 之「雙利競賽」現象 (Win-Win Game)。

◆ 中小企業先走「準自動化」製程

機械設備等的研發創新，也和上述製程的研發創新相互關聯，往往製程改善可以導致機具的改善，機具的改善也可以縮短製程。機具改善愈來愈朝

向電腦輔助機具 (Computer Aided Equipment)，所以有所謂 「半自動化」
(Semi-Automation) 及 「全自動化」 (Full Automation) 名稱出現。半自動化的
成本較低，是全自動化的踏腳石，很多中小企業因為資金能力不足，常常先
走「半自動化」，再走「全自動化」。

新機械設備的研發，和新原料研發及新產品研發一樣，都是屬於廣義的
新產品研發，其管理方法都要有「專案計劃預算」、「專案經理」、「目標管理」
及「自我控制」之定期「追蹤考核獎懲」，才能發揮科學家及工程師的創新智
慧能力。

6.4.10 新檢驗方法研發注重可靠性及成本
(Reliability and Cost-Down are Key Consideration of New Testing Method R&D)

入廠「品管」，出廠「品保」

在生產功能的說明裡，曾一再強調原料「入廠」之「品管」檢驗（品質
管制，QC）及成品「出廠」之品質檢驗（品質保證，QA）的重要性。而品
質是否合乎標準規定，又指「可靠性」、「耐用性」、「安全性」及「方便性」，
又常受「檢驗儀器」(Testing Instruments) 及「檢驗方法」(Testing Method) 的
影響。有時品質檢驗很不容易，因需要有複雜過程及昂貴儀器，造成高成本
作業，致使企業廠商不敢認真做好品質檢驗，因而失去確保「顧客滿意」的
機會。

「品質」與「品牌」雙掛鉤

若能研究發展出更便宜的檢驗儀器及方法，則有益於保證顧客滿意品質
之「廣告」作用及建立「品牌」聲望。當顧客愈相信廠商之產品品質在生產
過程得到良好的照顧時，廠商的市場行銷工作愈容易做好。一旦公司產品品
質得到顧客之「信任」及「敬重」之後，其「品牌」(Brand) 就有無形價值，

就有「智慧財產權」(Intellectual Property Right)。同一產品掛「有價值」之品牌出售，其售價就比掛「無價值」之品牌（或山寨版品牌）高得多，既搶手又高利，既得「名」又得「利」，既「叫好」又「叫座」，一舉兩得，就達到企業「有效經營」（指顧客滿意及合理利潤）之最高目標。

6.5 人事功能的發揮：從「奴工制度」到「禮賢下士」

(Exercise of Personnel Function: From Coolie-Slave to Respectable Associate)

6.5.1 楚漢相爭，劉邦以人資補給使無「後顧之憂」而持久制勝

(Backyard Supports Forefront)

📈 後方「支援」前線，不是「管制」前線

舊時「人事」(Personnel) 亦稱「人力資源」(Human Resources)，是企業系統的第四功能，它含有五大使命：(1)求才；(2)育才；(3)留才；(4)用人；(5)服才（見圖 6–9），其主要作用是「支援」(Supporting) 前線作戰的行銷、生產、研發部門，使無「後顧之憂」，並源源不絕供給兵源及後勤補給。歷史上「楚漢之爭」，楚霸王項羽和漢王劉邦在滎陽對峙 3 年不下，劉邦以少擋多，最終以韓信、張良「十面埋伏」、「四面楚歌」之計打敗項羽。事後漢王劉邦論功行賞，蕭何竟然居功第一，因他從四川後方按時供應兵源及糧秣配備給前方的劉邦，使無後顧之憂，全心對付前方強敵。而項羽失敗主因，除中了陳平「離間計」，斷掉范增及鍾離眛兩大輔手外，即在彭城後方未能及時、及量供應人力及物力資源，有後顧之憂，不得不議和，劃定楚河漢界，引軍東還，又中了韓信及張良之計，大敗於垓下，自刎於烏江，結束秦朝滅亡，各

路英雄逐鹿天下之混亂局勢。任何企業的成功或失敗，近因可能有這個、有那個，但每一個近因的背後，都是人才運用及人資源運用的成敗累積，屢試不爽。

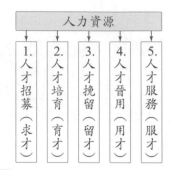

 圖 6-9　人力資源五才使命

6.5.2　強將得強兵，弱將得弱兵，涇渭分明，勝負立分 (Strong General-Strong Soldiers and Weak General-Weak Soldiers)

「強將強兵、弱將弱兵」，兵隨將轉

　　人資功能看似輕鬆，實是關要。世間萬事，皆是「人」為，「人上人」（指上級主管）利用「人下人」（指下級部屬）發揮潛力，完成指定之任務目標，「人下人」（下級部屬）再利用其「人下人」發揮潛力，完成另一層分配的任務目標。層層利用，層層發揮，形成滾雪球式之巨大力量，完成單獨個體所不可能完成之目標。強的、好的主管招募好的部屬，鍛鍊成強的部屬，弱的、壞的主管招募壞的部屬，放縱成弱的部屬。物以類聚，終於形成「強將得強兵，弱將得弱兵」之局面，涇渭分明，勝負立分。

　　企業的人資功能，從古代「奴工管制」的方法，進步到現代「招賢納士」、「禮賢下士」、「百年樹人」之方法。形成新血輪接替舊血輪，使企業生

生不息，一如研究發展功能，創造新產品，接替舊產品，維持企業生命歷久常新 (Always New)、長生 (Long Life)、長青 (Not Old)、不死 (No Death) 之成長蓬勃現象。

6.5.3　人才 ABC 三類重點管理，A 類最重要
(Personnel Management ABC)

「不孝有三，無後為大」，「企業危機處處，無人才為大」

企業沒有新產品的創新研發與上市，遲早會因單一產品的「生命週期」(Product Life Cycle) 結束而死亡，同樣地，企業沒有新知識、新人才的持續灌注，也是遲早會死亡。「企業永生」與「家族永生」類似，家庭沒有兒孫後代，對男人而言，「不孝有三，無後為大」，因此家庭必斷香火。所以男女結婚，以傳宗接代為重心，不是以男歡女愛為重心。男女若婚後不能生兒育女，其婚姻狀態就岌岌可危，甚易走上離婚途徑，在古代婦女婚後不能生育，則成為被男方「休」出走的藉口之一。皇后婚後不能生男孩，則其「皇后」地位很可能被皇帝換掉，變成妃嬪降級失寵，對生命形成威脅。

A 類人才由最高主管掌握

企業人才可分 ABC 三類，如同工廠資材原料分 ABC 三類，也應一樣實施「重點」管理。公司總經理、副總經理、協理級及集團副總裁級以上人才，人數少、分量大，為「A 類」人才，應該由集團最高負責人的董事長或執行長 (CEO) 掌控其「求才」、「用才」、「育才」、「留才」及「服才」工作，此為其最重要的頭號任務。有云，皇帝最大的任務是找好的宰相，宰相的最大任務是找好的六部尚書（部長）。放在現代就是，總統最大的任務是找好的總理（行政院長），而總理（行政院長）的最大任務是找各部會好首長。

前面一再提到的企管界救星，美國奇異 (GE) 公司董事長傑克·威爾許 (Jack Welch) 在 46 歲到 66 歲 20 年間（1981 年至 2000 年），把擁有四十萬員

工的奇異公司百年老店（1878 年成立）起死回生，市值從 40 億美元，升為 4,000 億美元，成為世界「最被稱讚」(Most Admired) 之金像獎企業第一名，他曾透露其秘訣，就是「專職」(Full Time) 掌握 500 位 A 類重要幹部之招募、任免、用遣、培訓、獎懲，花時間和他們溝通、談話、鼓勵，他不作無謂之他務，不去和名人打球交際，不作政府官員公關，不去私下旅遊享受。他重新塑造奇異公司的「企業文化」(Corporate Culture)，改造組織結構，改變經營模式形態，以因應外界產品市場變化（如關掉第三名事業部，買進第一名事業部）。他掌握「事在人為」的人資重點，做事有原則，實事求是，追求最好，至今 2013 年退休 13 年後，還受到企業界尊敬。

B 類人才由總經理掌握

而公司課長級到經理級人才，人數不少也不最多，重要性分量中等，為「B 類」人才，由各公司總經理掌握。至於課長級以下之課員、組長、工程師、業務代表、文書員、助理、班長、操作員、秘書等等，人數眾多，分量輕，為「C 類」人才，由各公司人事部門配合經理掌握，依各部門用人單位之需要，進行調配、訓練。人事的任用決策，則循三級「提、審、核」(Suggestion-Screening-Approval) 分工負責之授權制度而行之。不是由人事部操縱一切，架空各功能作業主管的應有用人權責。

例如⑴作業員任用，由班長「提議」、組長「審查」、課長「核定」；⑵班長任用，由組長「提議」、課長「審查」、經理「核定」；⑶組長任用，由課長「提議」、經理「審查」、副總經理「核定」；⑷課長任用，由經理「提議」、副總經理「審查」、總經理「核定」；⑸經理任用，由副總經理「提議」、總經理「審查」、董事會「核定」；⑹副總經理任用，由總經理「提議」、董事長「審查」、董事會「核定」；⑺總經理任用，由董事長「提議」、董事會「審查」及「核定」。

📈 「提、審、核」三級用人決策制度

企業人才雖分 ABC 三類，進行重點管理，分由不同層級之主管，依「提、審、核」制度而簽決，但其薪酬、福利、保險等行政手續及紀律規則應全企業一致化，由人資行政部門負責，形成及維持公司特有「企業文化」(Corporate Culture) 之良好形象。所以企業的人資功能，除了「禮賢」及「樹人」作用外，尚有「行政」幕僚作業之作用。

📈 執行副總是公司「管家婆」

「人資」功能及「財會訊」功能都具有全盤性支援「銷、產、發」前線的作用，常由公司的執行副總經理或執行副總裁 (Executive Deputy General Manager or EVP) 來掌盤督導，充當「管家婆」(House Keeper) 的角色。「管家婆」鎮守後方，雖不以到前方衝鋒陷陣為業，但必須充分瞭解前方及後方全盤狀況，才能發揮「長期支援」及「即時支援」之成敗功能。在楚漢相爭中，蕭何就是扮演漢營的「管家婆」EVP 的角色。

🏃 6.5.4　人員招募──求才第一
(Recruitment is the First Job)

📈 公司人才計劃來自銷、產、發、人、財各部門的業務計劃
(Personnel Plan for All Function Departments Needs)

◆ 一定要先有各部門做事的計劃，再訂尋才計劃

人才招募之需求種類、數量、規格、條件，如專長、學歷、經驗、資歷、年齡、性別、健康、過去表現、社會關係等等，是配合行銷、生產、研發、財會及人資部門本身的年度計劃及 5 年計劃而來，在各部門的未來發展業務量及業務特性裡，可以導出對人才需求的種類、數量及條件。所以公司假使還沒有未來做事方面的計劃，就不知道要準備去「招募」(或稱「人才採購」)

什麼樣規格的人才及招募多少人。沒有「事」（目標）就去找「人」（手段），是最危險的人資作法，將來公司會陷於「因人再設事」之痛苦陷阱，因為「請神容易送神難」也。

◆ 人才也會折舊

　　人資部門的人才招募計劃（包括種類、數量、規格、條件）依據公司各部門之業務計劃而定。「人才」也如同「設備」，用久了會折舊，所以「人才折舊」應和「設備折舊」一樣，提取「折舊準備」(Reserve of Depreciation)，提早招募及儲備新人才，以及安排長期及短期的各種新知識、新技能之訓練發展研習班。

◆ 「人才投資」與「研發投資」都有累積賺錢能力

　　招募儲備新人才及培訓舊人才，都要花費成本，此種人才投資成本 (Human Capital Investment)，也等於研究發展的投資成本 (R&D Investment) 一樣重要，都是為企業的未來發展前途及永續經營先做投資，期望將來有好投資報酬的回收 (Return of Investments)。雖然在傳統會計的保守原則上，不把「研發」投資支出及「人才」投資支出，反映在會計「資產負債」報表上的「資產」累積帳上，而是當「損益表」上之「費用」當期處理掉，但在經濟系列活動上，它們確實是「有價值」的賺錢能力。此乃「人性會計」(Human Accounting) 與「財務會計」不同之處。好的人才價值在會計報表上沒有呈現出來，但在公司賺錢能力上，是「千軍易得，一將難求」。

廣招天下英傑為人資第一使命 (Recruiting All Best Talents into Your Company)

◆ 招才求才七途徑，得「英傑」之才

　　「人才招募」（求才）的來源宜公開又廣闊，所謂「廣招天下英傑」，共襄盛舉，「英」者指百分之一的優秀者，「傑」者指萬分之一的優秀者。招募來源愈廣，英傑之才願來應徵之機會愈大，(1)可用媒體廣告及網路公開招募；(2)可到大學校園定期招募；(3)可透過員工口傳（傳統法）招募；(4)可張貼海

報招募；(5)可經由特殊人士及人才仲判與獵頭 (Head Hunter) 公司推薦招募；(6)可經由高階主管明察暗訪招募；(7)可經由內部晉升及招募等等方法，適用於不同類型的人才。

A 類的重量級人才不宜用媒體、校園、口傳、海報等來源；B 類人才以內部晉升及招募為宜；C 類人才則可用廣而告知之方法，攬入天下新生菁英。最高主管對 A 類人才，常時刻在意，明察暗訪，「三顧茅廬」而求之，因真正才品學兼優之幹才，人人求之，絕無失業之時，所以不可以用媒體及網路廣告途徑求得。

◆「採購人才」比「機器採購」更須小心

「人才招募」(Manpower Recruitment) 就是「人才採購」(Human Capital Procurement)，必須比「採購機器設備」更加小心謹慎，若人才招募不當，則有「請神容易送神難」之傳染病後果，而機器設備「採購不當」，則只有浪費損失一次而已。假如招入十個新人，其中有一個不良，九個優良，此一「不良」者會感染影響其他九個「優良」者，而要辭退此一「不良」者，又恐投鼠忌器，因可能帶來其他副作用，而致遲疑不決。這與買進十臺機器，其中一臺不良，九臺優良之情況不同，因機器非人，沒有靈魂意識，沒有社會壓力關係，不良之機器只不工作外，不會影響其他優良者。所以，招募人才、選拔人才，應採「少林寺選徒法」，從嚴求之。不急不躁，寧缺勿濫。

大臣必須為國舉才，並與同榮辱 (Senior Ministers Recommend Top Talent for the Nation)

在原則上，每一位主管人員，尤其愈居高位者，都有責任，隨時為企業舉才，為企業尋找有潛力之幹才，而非忌才、避才，以求偏安自保。一個企業若沒有好人才，與人對陣比賽時，擺不出強幹人才陣容，等於未戰先敗。古時，帝王評估大臣績效之優劣，除以其本人政績及品行學術（即才、品、學三標準）為考慮重點外，尚以其為國舉才（建議人才）多少而論。若所舉之人才以後表現良好，則推舉人與有榮焉。相同的，若所舉人才業績不良、

行為不軌，則推舉人亦同獲其罪。

在一個大公司集團的最大功臣，就是為最高主管尋求及推薦可成為「將相」之人才的人，使之「出」可為將，率兵出征戰場，立下汗馬功勞。「入」可為相，充任六部（禮、吏、戶、兵、工、刑）九卿，此人當在「三公」（太師、太傅、太保）之列，地位崇高，立場超然，眼光深遠，為國趨吉避凶於萌芽之動之中，屬於「聖臣」之列（忠臣有六：聖臣、大臣、忠臣、智臣、貞臣、直臣）。

6.5.5 人員培訓（育才）為人資第二使命
(Training and Development is the Second Job)

兵不練不可上戰場，將不練不可帶兵 (Training before Assignment)

◆「少林寺練徒法」用於操兵練將

有的新進外來人才招募錄用之後，其才幹經驗即可派上用場，不必訓練。但絕大多數新進人才或內部晉升高職人才，都要施以嚴格訓練，才可派上新用場。「韓信點兵，多多益善」，但以培訓操兵練將之為首。韓信被劉邦拜為「大將」（元帥）之後，四個月日夜練兵，然後出兵陳倉，三個月之內就消滅關中三秦將降項羽之「王」。韓信說：「兵不練不可上戰場，將不練不可帶兵」，這是至理名言，絕不可輕忽而致吃大虧。

在企業經營裡，也是相同，再好的人才，不論 A 類、B 類或 C 類，進入企業派任第一個職務之前，一定要施以「少林寺練徒法」，用「十八銅人陣」給予嚴格之「技藝專業」才能及「管理領導」才能之訓練。不達「品質」要求的人才，不要派任就職，正如不達品質要求之產品，不要送達給客戶一樣，才不會因小失大。

2009 年日本豐田汽車 (TOYOTA) 爭得世界第一車王（超越 GM 公司），曾疑似疏忽零件品質要求，將加油器及剎車器之品質不達標準之成品交給客

戶，引起「召回」(Call Back) 及被美國政府懲罰之大損失，就是一大案例。雖然此案後來證明是美國人排外之大黃牛案，但 TOYOTA 已大傷，在別人國土討生活，只能忍氣吞聲！

◆ 「先訓練，後派官」不可「先派官，後訓練」

　　謹記一定要「先訓練、後派官」(Training First, Placement Second) 之至高原則，方能建立順暢一致之「企業文化」及「行為規範」。否則「先派官、後訓練」，官已官矣，就看不起訓練了！甚至不去參加受訓。訓練與派官先後「毫釐之差」，可以導致該人以後不重視訓練與因不訓練、不懂事、做壞了事等等之「千里之失」。

　　有很多又不「學」又無「術」之人，因家族血緣、姻親、黨、政、軍、團等等關係而被逕派高位，從未受訓，卻「以無知當有知」，假裝專家，造成「不懂的人說懂的人不懂」之顛倒怪現象，不聽下屬建議，胡亂做事，終於把企業搞垮，即是「不訓即官」的禍害，要怪何人？應怪任用此「劣才」之上級主管。記住，下級人員的錯誤，都要歸責於上級主管，所謂「士卒犯過，罪及主帥」，「上級是下級風險的吸收者」。

📈 IBM 視人員培訓為公司靈魂、公司制勝要訣

◆ IBM 以「訓練」為「行銷武器」

　　「人才培訓」（包括技術訓練及管理發展）有長期性及短期性之分，「長期性」人才培訓可與中學、專科、學士、碩士、博士學位 (Degree-Programs) 之進修相關聯。「短期性」人才培訓，如 3 天、7 天、14 天、30 天、半年、1 年之無學位訓練班 (Nondegree-Programs) 最為普遍。

　　培訓課程一定要內容充實（所謂「含金量」高），教師、講師要學識與經驗兼具，行為紀律嚴明，把將來就任崗位所需要的一切良好習慣，就在訓練班養成。電腦巨人 IBM 公司當初打敗電器界巨人奇異 (GE) 及 RCA 電腦部門，而獲得「小弟成功，大哥失敗」的要訣，就在於(1)產品技術領先開發，以及(2)被其總裁華生 (Thomas Watson) 號稱為公司靈魂之「訓練中心」。

　　IBM 公司要求每一位員工都要為公司的改善而「思維」(Think)，並用「訓練」來提高推銷人員素質，給予高薪佣金，令人人有尊嚴，令人人肯為公司改善提出意見，終能在電腦市場初期三雄（GE、RCA、IBM）中，以小廠打敗大廠，讓大廠知難而退，讓出市場。這些特性都在以「訓練」為「行銷」 武器 ， 在訓練中心訓練出來的 。 IBM 靠此成為 1930 年代以來到今日（2014 年），美國及世界之電腦大王。

　　IBM 公司及 1980 年代以後之微軟 (Microsoft) 公司 ， 分別以電腦硬體 (Computer Hardware) 及軟體 (Computer Software) 應用 ， 改變 20 世紀企業管理的資訊決策方式及實務作業系統，成為人類 20 世紀的四大功臣之二。《時代》 (Time) 週刊在 2000 年曾舉福特汽車 (Ford) 公司的亨利·福特 (Henry Ford)、通用汽車 (GM) 公司的史隆 (A. Sloan)、電腦 IBM 的華生及微軟的蓋茲 (Bill Gates)——分別為改良「人類生活移動性（汽車）」及改良世界「大公司集團的管理決策方式（電腦）」的四大功臣。

6.5.6　薪酬福利是留才平臺，為人資第三使命
(Salary-Benefits is the Third Job)

人人都在謀生及服務他人 (Everybody is Making Life and Serving Others)

◆ 「三教九流」、「六教十六派」人人在謀生、在服務

　　一個人自「生於三緣和合」之後，就為著「生存」(Survival) 及「成長」(Growth) 之目標而努力「謀生」及「服務他人」(Services) 不已，以至「死於四大皆空」為止。

　　「謀生」二字及「服務他人」四字聽起來似乎很現實，很低格調，但無論如何掩飾，總免不了要和它見面。當皇帝、當總統是在「謀生」及服務天下人；當乞丐、當妓女也是在「謀生」，也在服務施捨人；當苦力工、當小偷、當大盜是在「謀生」，也在服務警察；當瀟灑的藝術家、嚴肅的教授、科

學家也是在「謀生」及服務他人群眾。不管是「三教九流」及「六教十六派」都在「謀生」及「服務他人」。若不是在謀生，何不去「謀死」呢？人「謀生」是在謀兩個「生」，一個是精神上的愉快順暢，也就是「離」苦得「樂」。另一個是物質上的豐盛排場，也就是福、祿、富、貴。「謀生」有顧主對象，要顧主喜歡，就要有「服務」對方的謙卑態度，讓顧主對方「滿意」。

在這個「謀生」的世界，「服務」觀念變的普遍及重要。老闆靠員工「謀生」，所以要「服務」員工，讓員工滿意；員工靠老闆「謀生」，所以要「服務」老闆，讓老闆滿意。相互依賴而「謀生」，相互服務而滿意。所以有人說滿意的社會是「我為人人，人人為我」、「我服務人人，人人服務我」。每一個工作，每一個行業，都是「服務業」。

📈 人靠 「工作」 成就感及 「經濟」 滿足度而安心留下
(Achievement and Salary-Benefits Decide Turn-Over Rate)

◆ 人員留住或流動四情況

一個人在企業組織結構上能不能安心留下來，努力奉獻，發揮潛力，要視企業給他在工作上的「成就感」(Achievement) 高低，和給他在薪酬福利上的「滿足感」(Salary-Benefit Satisfaction) 高低而定。換言之，要看工作意義上能不能「養飽」他，和經濟福祉上能不能「養飽」他而定。

這裡有四種組合情況：⑴假使工作上能「養飽」，經濟上也能「養飽」，這個人一定可以留下來，並對公司有貢獻，對個人有發揮。⑵假使工作上「養不飽」，經濟上也「養不飽」，這個人若是好人才一定留不住，若是庸才一定留下來，但對公司也無助益。⑶假使工作上「養不飽」，但經濟上可以「養飽」，這個人可能留下來，但絕不是好人才，對公司及個人皆無益處；這個人也可能留不下來，因他是有志氣的好人才，他的離開是公司的損失。⑷工作上「養得飽」，但經濟上「養不飽」，這個人可能暫時留下來，但不會長久，一旦外面有更好的物質待遇，一定流動離開，成為公司的損失；這個人也可能馬上離開，也是公司的損失（請見表 6–3）。

表 6-3　留住人才的四種情況分析

	第一種情況	第二種情況	第三種情況	第四種情況
工作成就感	✓	✕	✕	✓
經濟滿足感	✓	✕	✓	✕
留　住	✓	✕（好人才） ✓（壞人才）	✓（好人才） ✕（不好人才）	✓（短期） ✕（長期）
有利於公司	✓	✕	✕	✕

◆「內部行銷」吸住內部好員工

　　人才的留住或流動，綜觀之，受公司內部「吸引力」（指工作成就感及薪酬待遇滿足感）及外界機會拉力（即公司的「離心力」）之對比而定，當內部吸引力大於外部拉力（離心力）時，好人才不會流動；當內部吸引力小於外部拉力（離心力）時，好人才就會被拉走。所以公司至少每半年要定期檢討、分析、比較公司內外對人才的對立吸引力，並採取內部改善措施，以留住好人才。公司的員工就是公司的「內部顧客」(Internal Customers)。公司不僅要對「外部顧客」(External Customers) 做好「外部行銷」(External Marketing)，讓外部顧客滿意而已，也要對內部顧客做好「內部行銷」(Internal Marketing)，使好員工在工作成就感滿意及物質待遇滿意。

適才適所工作才能滿足 (Right People, Right Place)

◆ 工作成就及工作待遇必須具有競爭性

　　公司的好人才要設法留下來，壞人才要設法辭退，這是人力資源管理的第三步工作。「留才」除了工作安排「適才適所」外，就是「薪酬」(Compensation) 與「福利」(Fringe Benefits) 之待遇，包括月薪、績效獎金、年終獎金、特別獎金（利潤分紅）、股票選擇及保險、衛生、安全、環境等等，要能搭配「行業競爭」、「公司能力」、「工作環境」、「工作能力」與「工作表現」五大因素。若「薪酬」與「福利」超過員工工作能力及實際表現，是可留才，但成本會過高。若「薪酬」與「福利」低於員工工作能力及實際

表現，就很難留住好人才，若能留住，也是短暫，終究要失去，因可能有外面競爭者的離心拉力在發揮作用。

固定薪津視五因素而定 (Fixed Salary Depends on Five Factors)

「薪酬」包括每月或每年的「固定薪資」(Salary-Wage)、績效「浮動獎金」(Bonus) 及「利潤分享」(Profit-Sharing) 三大要素。某一職位「固定薪津」通常視五大要素而定：(1)同業行情（行業競爭）；(2)公司負擔能力；(3)職位管理責任；(4)工作能力及績效；(5)工作辛苦程度（工作環境）。

公司不同職位有不同固定薪津，大都採取「職位分類」制度 (Position Classification)。起始時，按職位評定之等級 (Class and Grade) 入表，然後按年資、依績效考核，依表晉升。職位初次評定等級之高低，則按學歷、經驗、年齡、年資、職位責任、工作表現等因素而定，由「職位評等委員會」(Position Classification Committee) 綜合決定，還由有核決權限的各級主管最後核定，送人事管理部門辦理手續。其後則按工作表現績效 (Work Performance)，如銷售、生產、利潤、管理領導、特殊貢獻等等評定加薪及晉升職位。

浮動獎金依目標管理而定 (Flexible Bonus Based on MBO)

浮動「獎金」指每月績效獎金及年級獎金數額，依實際績效高低而上下浮動，績效好，獎金高；績效不好，獎金低。「績效獎金」(Performance Incentive) 制度可以實施於行銷部門，與「目標管理責任制」（分產品別、分地區別、分數量別、分利潤預定標準）一併實施，對表現優於標準者給予鼓勵。

「績效獎金」也可以實施於生產加工製造裝配等部門，依品質、數量、時間、用料、用電、用水等成本標準，而實施優於標準者之獎勵。

「績效獎金」也可以實施於研究發展部門，依專案計劃及預算控制，對每位研發人員實行目標管理及業績考核制度，由總定額獎金內分攤細額獎金，

給予優於目標表現者獎勵。

至於人事、行政、財務、會計等幕僚的績效獎金制度，則以比例從行銷、生產、研發部門的獎金中，分攤定額獎金給優秀之幕僚部門共享，使幕僚熱心支援前線，把全公司上下皆納入高度士氣水平的作業圈內。

利潤分享在年終核算時執行 (Profit-Sharing in the Year-End Company Profitability)

◆ 經理級人員超時工作無加班費

「利潤分享」(Profit-Sharing) 指公司年度結算後，利潤表現超過預算目標，從總利潤額或超標利潤額，提出一個比例（例如 10% 總利潤），分配給公司的高級主管（包括董監事及部門經理級以上人員），獎勵全年不分晝夜的努力，通常經理級人員沒有工作超時之加班費 (Over Time Pay)。

◆ 各「利潤中心」可得本中心高表現之利得，而非全公司之利得

實施「利潤中心」制度的大公司，在每年結算時，各利潤中心的利潤成果若超過預算目標，總經理可以從超額利潤中，提出一個比例，由各利潤中心負責人按四個部分來分配該利潤。⑴撥一部分給公司總部的幕僚部門；⑵留一部分給數位核心高級幹部；⑶拿一部分給第二層核外幹部；⑷分一部分給第三層外圍幹部。然後將詳細分享數字，呈請公司最高領導批准，分發給有功勞之主管人員。「利潤分享」與「績效獎金」不同，係以全年利潤結算為標準，同時並不分享及公司所有員工，它是以高級幹部為對象之「人力股東」之報酬。在古時山西票號經營時代，出資股東出錢 100%，高佔利潤盈餘 90%，留下 10% 給專業經理人當「人力股」分享。

◆ 員工股票選擇權是另一「人力股東」之所得

「固定薪津」用以維持員工基本的努力度，「浮動獎金」用以激勵員工額外努力，「利潤分享」用以慰勞各級主管的籌謀劃策、24 小時全天候執勤。在高科技創新公司裡，尚有一種酬勞工具，就是員工「認股權」(Employee Stock Option) 辦法，對不同重要性員工，給予股票面值 (Par Value) 的認股權

數選擇權，等員工努力，公司業績表現優越，市場股價大漲時，員工可以便宜之面值實現認股，再以高昂的市價出售，賺取「資本利得」(Capital Gain)，即為變動獎金之一種。這時員工賺得之「資本利得」不是來自股東的股息分享，而是來自員工額外的努力，以及以員工自己為「無本股東」之辛勤關切。

福利是搭配性措施 (Fringe-Benefits are Complementary)

「薪酬」是可以用「金錢方式」(Money Form) 帶回家去使用，但「福利」則只能以「非金錢方式」(Non-Money Form) 在公司裡享用。福利包括失業保險、健康意外保險、醫療醫護保險、退休金、儲蓄金、工作環境、空氣、溫度、綠化、音樂、旅遊、學習、制服、放假等等。「薪酬」是主要以經濟物質報償，「福利」則是搭配性措施。通常一個公司的薪酬不好，其福利也不可能好。一般而言，一個員工的福利成本約為該員工薪酬的 50% 至 60%。

6.5.7 績效評核、晉用、調遷用才平臺，為人資第四使命 (Placement is the Fourth Job)

績效評核以擇優去蕪

◆ 「加官晉爵」人人期望，但要嚴考核

每個人都希望在「職位」(Position) 上及「薪酬」(Compensation) 上年年增高，所謂「加官晉爵」（得「名」得「利」）人人期望。晉升職位或調遷職位，應該依照正規的「績效評核」(Performance Evaluation) 制度辦理。能「嚴考核」才能「明用人」，能「明用人」才能「竟事功」。反之，若不能嚴考核，就不能在芸芸眾生中，擇「優」去「蕪」，反而會產生「劣幣驅逐良幣」之反效果。

◆ 「績效評核」大於「績效獎金」

「績效評核」和「績效獎金」不一樣，「績效評核」是每年評定一次或兩次，在年終或年中由上一級主管來評核下一級部下的「全盤」工作表現，當

作加薪、職務升等、職位調遷的依據。「績效獎金」是每一個月計算比較一次的「特定」作業績效，超標給獎。若月月超標，年終績效評核自然表現優異。

◆ 務求「條件」符合「需求」

晉升調派「人才」就任適當「職位」，使「適才適所」，是員工發揮潛力才能、貢獻企業的先決條件。新人才招募進來，經過訓練、派任第一個職務，通常是依該人的學歷、經驗、才能、個性、年齡、性別等等條件 (Conditions) 來配合工作職務的特性「要求」(Requirements)，當人才「條件」適合工作「要求」時，得「優等」、「甲等」及「乙等」，就可能適才適所。若人才條件和工作要求不一致時得「丙等」，就要用訓練及調遷來調整，力求「適才適所」，否則就會被「淘汰」解僱、解聘。

◆ 績效評核

舊人員工作一段時間後，也要進行「績效評核」，重新檢討其工作能力及表現是否適合該職務要求，以及是否可以晉升高職位或調遷相等職位之其他職務。假使第一次職務派任不適當，就可以利用「績效評核」來做第二次、第三次……之職務調整，以做到「人盡其才」、「才盡其用」的理想境界。除非不得已，公司不輕採解僱 (Layoff, Fire) 措施。淘汰措施常以員工違規 (Undisciplined) 或績效不佳 (Bad Performance) 原因為之，比率維持在 5–10% 間。

不同職務人員用不同比重之績效評核項目 (Different Position Use Different Evaluations Weights)

操作人員級 (Operators)、幕僚助理級 (Clerk-Assistants)、工程師行銷員級 (Engineer-Marketer)、課長級 (Section Chief)、經理級 (Department Managers)、總經理級 (General Managers) 以上人員之「績效評核」表的「項目」(Items)、「比重」(Weights)、「評分」(Rates) 都應有所不同，針對各級、各類的真正要求及貢獻目標分別設計。愈低層愈重視產銷目標達成度；愈高層愈重視利潤目標及領導管理能力。

評核人員也應分三級：提議（提）、審查（審）、核定（核）制度，力求

公平、公開、公正。經理級以上人員是企業的寶貴人力資源，對其績效評核最好設有「人事評核委員會」(Personnel Evaluation Committee) 來協助最高主管，做此最重要決策的參謀智庫。

績效評核的「項目」(Items) 有五大項目，每一大項可再細分數小項。第一大項「目標達成水準」；第二大項「分析企劃與控制能力」；第三大項「指揮領導協調合作能力」；第四大項「品德與紀律」；第五大項「團結與認同公司」。

「比重」(Weights) 依職級職種之不同，對各項目給予不同比重比率，低階人員偏重「目標達成度」及「品德紀律」。高階人員偏重「企控」、「指導」、「協調」、「合作能力」，但總比重為一（或 100%）。

「評分」 (Rating) 依 0 至 10 為準，針對每一細項目給分。 最後以每項「評分」 乘以 「比重」 得到指數 (Index)，再將 「總」 項目指數相加 (Total Index Point)，得到總績效指數分數，再依分數等距給 「優」、「甲」、「乙」、「丙」 等之評等及建議。對 「丙」 等者則須協助改進，否則會遭淘汰。

6.5.8　總務行政與警衛服務是服才平臺，為人資第五使命

(Service is the Fifth Job)

總務行政與警衛服務，通常附屬於人資管理部門之下，用以維持整個公司、工廠及辦公室順暢運作及統一員工行為紀律。在企業機構裡，行銷部門的人員中，推銷員出外訪問較為頻繁，其他部門的人員絕大多數在辦公室、實驗室、設計室、工廠車間、生產線、倉庫等地方度過一日 8 小時，一星期五天或六天的時間，他們所需要的機具、工具、原材料、零配件等，有資材、倉儲、維護、現場操作等單位來服務。

但是有關車輛、文具紙張信封色彩設計、桌椅、布置、空調、燈光、用水、用電、電話、傳真、會議、茶水、守衛、巡邏、防災、保密、衛生、清掃、餐廳、廚房、宿舍、娛樂、綠化庭園、上下班時間、員工制服、出外入

內登記、休假、員工行為紀律、詢問服務等等之使用及其管理辦法，都是屬於全公司一致性的服務活動，所以皆由總務行政部門來統籌辦理，首先由企劃部門制訂「辦事細則」或「管理辦法」，再由作業員工依照細則辦法來執行。

◆ 公司認同標誌 (CI)

員工在公司裡，依分工、合作 (Division and Cooperation) 與協調、配合 (Coordination and Supporting) 來進行各自職務內的工作任務，但走出各自工作小天地外，就要接受全公司一致性之環境氣氛。好的工作環境氣氛及公司認同標誌（身分）（Corporate Identification；簡稱 CI），可以鼓勵士氣、凝聚團結力、提高工作效率、塑造企業獨特美好的文化。

總務行政是對全公司員工的配合「支援服務」(Supporting Services)，不是員工的上級「官僚牽制」(Bureaucratic Control)，所以總務行政人員的績效評核，是以被服務對象的滿意度評語為根據，不是獨自作業，自行其是的掌權官僚自評其語，兩者之區別，正是「老代化」與「現代化」辦公室管理作風之區別。

◆ 不要把工作「責任」誤當工作「權力」

在絕大多數的公務機關及學校機構裡，總務行政與警衛服務常淪為三不管地帶，前線作業部門管不到，最高主管也管不到，所以有「總務工友是副校長」的謔稱，因他們沒有現代化「服務客戶」作為第一優先的觀念，誤以工作「責任」(Responsibility) 為工作「權力」(Authority)，所以普遍遭人指責服務水準不佳。假設他們的績效考核由被服務的人來打分數，而不是由他們自己的長官來打分數，必定可以改善他們的觀念及行為，變成真正為「人民（或客戶）服務」。

6.6 財會資功能的發揮：從「老式帳房」到「企業血庫」與「決策資訊庫」

(Exercise of Finance-Accounting Function: from Bookkeeping to Business Blood Bank and Decision-Information Center)

6.6.1 財會資是企業守門員掌握資金及資訊兩大資源 (Finance-Accounting Responsible for Capital and Information)

「血液」及「神經訊息」全身各處都需要

財會資功能是企業系統的第五功能，其主要作用是提供行銷、生產、研究發展及人資等部門順暢運轉所需之「資金」(Fund, Capital) 及資料「訊息」(Information)。行銷部門銷售產品，收入金錢；生產部門花用金錢，製造產品；研究發展部門花用金錢，創新產品及技術；人力資源部門花用金錢，安定前方軍心。「資金」是企業的「血液」(Blood)，缺資金就是患「貧血症」。「資料訊息」(Information) 就是企業的「神經」線，資訊中斷就是神經線中斷，全身癱瘓。

所以整個企業的運轉，在實體上（即物流），是原料進場、在製品加工、成品出廠。在金錢上（即金流），是原料成本支出，工資成本支出，製造費用、銷售費用、管理費用及財務費用支出，最後等銷貨收入金錢。以「銷貨收入」(Revenue) 如期來支付原料「成本」(Costs)、人工「成本」及製、銷、管、財四大「費用」(Expenses)，而後有剩餘 (Surplus)，才算經營有「盈利」(Profits)；若「入」不敷「出」，則經營有「虧損」(Loss)。人人期望盈利，不期望虧損。賺錢人人敬重，是「英雄」；虧損人人不喜歡，是「狗熊」。所以

363

經營企業以「成果」(Results) 定成敗，正如戰場，以最終「勝負」定英雄，非常敏銳。

電腦資訊是會計的大幫手

在企業實體及金錢流轉運作過程中，凡是有關金錢的進出，都由財務部門掌控，其中有關金錢進出之「原因」（即是「科目」），則另由會計來記錄。「會計」掌控公司資料信息之會合計算，以前用筆記、筆算、心算、算盤算，現代則用電子計算機算，電腦程式自動運算，既快且準，所以「電腦資訊系統」也加入「財會」的運作陣營，成為「財會資」守門員。

6.6.2　管錢不管帳，管帳不管錢，以防一人獨裁腐化
(Separation of Accounts and Money)

「錢」與「帳」分離原則

小企業的財務及會計合在一起，由一個總經理底下的一級主管負責，他既管帳目記錄，又管實際金錢收支（既管帳又管錢），因是規模小，若做錯，容易察覺，尚無大礙。若是大企業，作業繁雜，金錢進出數量巨大，若財務與會計合一，由一人掌控，既管帳又管錢，就會有問題。在此情況下，財會長一人，大權在握，在總經理一人之下，在其他百千萬人之上，只他有權力責問別部門及別人金錢進來太少、太慢，花錢太多、太快，他沒有責任被別人責問支援別部門及別人的錢太少、太慢，更不必被別人查核為何他自己花錢太多、太快。

不容許「有權無責」制度

這種「有權無責」的古老帳房式的財會制度，有時會替老闆管好資金不亂流，有功勞；更有時會替老闆幫倒忙，牽制前線行銷、生產、研發、人資各部門的作業，折傷士氣。而自己卻用錢無度、調度無方，而把老闆的事業

弄垮，有大罪過，幾乎所有中途暴卒或高峰下跌的大企業，細查其因，皆可發現其財會功能有老舊腐朽之致命「癌症」存在。

財務收支要聽會計命令

現代化經營的企業，尤其較大型企業，把財務及會計分離，分成兩個次級系統。財務長 (Financial Controller) 負責有關「錢」的進出事宜，會計長 (Chief Accountant) 負責「帳目」記錄及分析。金錢財務「進」或「出」，必須先聽會計「進」或「出」傳票的命令。無會計傳票命令，財務資金不可自行移動。會計「管帳不管錢」，財務「管錢不管帳」，兩者分離，互相牽制，避免一人獨大，一手遮天之或有腐化危機。而會計帳目記錄及金錢進出傳票命令之發出，則必須根據前方行銷、生產、研發、人資各部門的正常作業需要及正規的三級（提、審、核）之「核決權限表」(Authorization Chart) 而來。會計長也不可以無故發出傳票命令，動用資金，這也是為何要有董事會之「審計」(Auditing) 及外來會計師 (CPA) 查帳之原因。如此環環相扣，公開、公正，互相支援，誰也不能有「權」無「責」，超然於眾人之上，即使董事長、總經理之高階人士，也不能無故支用金錢財物。

財會資三系統各有五使命

財務系統的第一個主要工作是「銀行融資」(Banking and Financing)；第二個是「信用管理」(Credit Control)；第三個是「保險管理」；第四個是「固定財產管理」 (Fixed Assets Management)；第五個是「現金收入管理」(Cashier Management)，以供應企業血液（即資金）為主要任務。簡稱為「融信保資金」(FCIAC)。

會計系統的第一個主要任務是「財務會計」；第二個是「成本會計」；第三個是「管理會計」；第四個是「稅務會計」；第五個是「內部收支控制」，以供應決策情報 (Decision Information) 為主要任務，簡稱為「帳本管稅內」(GCMTI)，供應各主管需之決策情報資訊，以前是用「手工」記帳製表計算，

現代則用「電腦程式」，輸入原始資料，電腦機器計算、分析、製表（見圖6-10）。

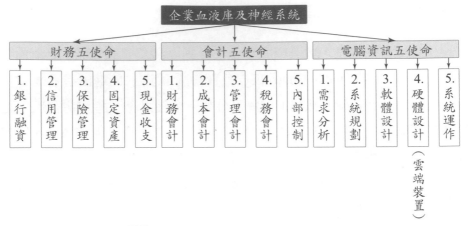

圖 6-10　財會資功能之五使命

6.6.3　銀行融資——資金採購為財務第一使命
(Banking and Financing is the First Job)

銀行融資是採購資金，如同採購原科、人才、顧客 (Banking and Financing are Money Purchasing)

◆ 股東是自己人，債權人是外人

企業的最初創業資金是「股東」(Stockholders or Shareholders) 投入的資本，稱為「股本」(Shareholder Paid in Capital)，「股本」就是股東對企業的「股權」代表。「股權」又稱「產權」或「所有權」(Ownership)，是各種權利的最高級，比「使用權」、「管理權」都高。股本之數額假使不夠創業購買土地、建造廠房辦公室、購買機器設備、原料、材料、零配件及支付工資與營運周轉支用時，就要向外「融通資金」(Financing)，簡稱「融資」，包括向「銀行借款」(Bank Loans)，有長期借款（指一年期以上）及短期借款（指一

年期以下）；或透過投資銀行之協助發行「公司債」(Corporate Bonds)，向社會大眾借款；或者透過證券公司之輔導及承銷，公開發行股票 (IPO) 向社會大眾（法人戶及個人戶）借錢集資。或經本國或外國投資銀行協助，發行「存託憑證」(Deposit Recept) 向社會大眾借錢，有 TDR （新臺幣）、USDR （美元）、EDR（歐元）等存託憑證。這也是另一種向大眾直接借錢的方式。公司採購部負責採購「原物料」，行銷部負責採購「顧客」，人事部負責採購「人才」，財務部負責採購「金錢」（資金）。事雖異，理則一，都是向公司以外購買寶貴的「資源」(Resources)。

不論直接向銀行「借款」、向社會大眾發行「公司債」及「存託憑證」借款，或發行股票集資，都需要有良好的銀行、票券及證券關係。銀行收取社會大眾的零星存款，向公司顧客貸放整筆款項，賺取放款與存款利率之差（利差），冒著被大客戶倒帳不還的風險，所以銀行放款之「信用評估」(Credit Evaluation) 手續甚為繁雜小心。銀行的放款就是對企業的「債權」，企業的借款對銀行則形成「債務」。

換言之，企業取得資金，是透過出售股東「股權」（叫「自有資金」）及債主「債權」（叫「外人資金」）而來。取來的資金用來購置「流動資產」及「固定資產」，再有效運用資產，才產生「生產力」(Productivity) 與「利潤」(Profit)。所以會賺利潤的工具是「資產」(Assets)，而「資產」的來源就是別人的債權及股東自己的股權，或是稱為企業自己的「債務」或「股務」。

誰握有「股權」就擁有「管理權」，但握有「債權」不一定有握有管理權，除非該債權轉化為股權（稱「債轉股」）。企業法人用股東的股權，來向銀行借款，以股權債權的資金買來的「資產」為抵押，給銀行當放款風險擔保。在正常營運有盈利時，公司「資產」的價值一定比向銀行的借款債務為高，因尚有股權買來的資產存在，所以銀行會放心。

穩健的資本結構是百年大企業的作法 (Good Capital Structure is the Normal Practice of Hundred-Year Long Company)

◆ 「無債經營」及「水庫式經營」是穩健法

資本結構 (Capital Structure) 是指股本與債務的比例，比例愈大，結構愈健全。一般企業用股本為基礎，向銀行借款（不論是長期或短期）之數額比例，依國家別、行業別及擔當風險心理別，而有不同。「最穩健」的資本結構是「股本：債務為 1:0」，即「無債經營」。「穩健」的結構為「股本：債務為 1:1」。「次穩健」的結構為「股本：債務為 1:2」。「不穩健」結構為「股本：債務為 1:3」。「最不穩健」結構為「股本：債務為 1:4（或以上）」。

但金融機構之特性不同，其股本對債務之比例可達 1:12（即股本只佔資本結構總額的 8% 左右）。資本結構愈健全，就是表示借債愈少，愈不利用「財務槓桿」作用 (Financial Leverage)；資本結構愈不健全，就表示借債愈多，愈利用財務槓桿作用，所以「槓桿」就是「融資借款」的程度。在經濟景氣時，財務槓桿愈大，愈會「用」別人的錢（即融通別人的錢）來替自己賺錢。經濟不景氣時，「財務槓桿」愈大愈賠錢，倒閉機會愈大。歷史上百年長青的大企業，皆屬行「水庫式資金」經營法（即存有大量自有資金，供不時之需），不大用高財務槓桿（借款），而多用自有資金，力求資本結構穩健，以防景氣逆轉所帶來之反作用。像日本松下電器及豐田汽車，創業之初，都曾吃過高借債（高財務槓桿）的苦頭，所以立下經營規則，以「水庫經營」及「無債經營」為戒律。俗云：「不經一事，不長一智」，他們都「經了一事」，所以也「長了一智」，至今受用不盡。

◆ 企業擴增銷產規模，需要長期借債或增資

企業若經營順暢，擴大銷售市場，需要增加生產，需要增加採購，需要增添設備，需要增聘員工，在在需要新增資金，除非有盈利可供支用，不必向外融通資金（指銀行借款、發行債券、存託憑證等等），否則一定要籌措新的長期資金，或融通短期資金。

短期營運資金需求，可以向銀行短期借款來支用。長期擴充資金需求，一定要向股東籌措（舊股東增資或招募新股東注資），或向銀行商借長期資金（3年、5年），或發行公司債（3年、5年、10年）來支應。若是公司股票已經公開上市，則可申請政府批准，發行增資股票，公開出售集資，以供需求。一般而言，向銀行借款，是第一考慮的融資來源，也可向股東個人、其他個人或機構借款，等同向銀行借款之關係，因時間較快、程序較簡單。

「短」期資金絕不可供「長」期用途 (Short-Term Capital Should Not be Used for Long-Term Investment Purpose)

◆ 短氣長跑，一定中途斷氣

銀行向企業放款融資的首要原則是「短」期借款供「短」期用途；「長」期借款供「長」期用途。企業自己千萬不可「短」期借款供「長」期用途，否則一定會緩不濟急，中途斷氣而死；也不可「長」期借款供「短」期用途，否則一定會浪費資金，形成爛頭寸，增加成本，兩者皆非所宜。違反此原則者，十有十敗，絕無僥倖。1997年至2000年間（亞洲金融危機），及2008年至2009年間（世界金融海嘯危機）不能耐過亞洲金融危機者，都是借債太多、借債太短的企業及銀行本身，一些10年前、20年前風光一時的著名公司，現在處於「中途斷氣」危險中的甚多，除了產銷策略過時外，也因財務管理失當所致。

投資方案一定要真做可行性研究 (Investment Project Should Have Real Feasibility Studies)

◆ 六步可行性研究確保成功

新投資方案（推出新產品或擴增新生產線），財務部門一定要參與投資計劃之「可行性研究」(Feasibility Study on New Investment Project)，以防行銷或生產部門過分樂觀，而致日後陷入泥淖，拔足不出。「可行性研究」有六大步驟：(1)「市場行銷」(Marketing)；(2)「工程技術」(Technology)；(3)「製造

生產」 (Manufacturer)；⑷「經濟利潤」 (Economic)；⑸「財務融資」 (Financial)；⑹「風險分析」(Risk)。其中任一步驟不可行時，全案即應煞車，方能確保安全。每一步驟的可行性研究又有細部內容，都要真實踏實收集及預測資料，不可以虛晃一招，自欺欺人，以假數字騙過關，把不可行的投資案硬是執行下去，最後失敗收場，害人害己（見表 6-4）。

表 6-4　可行性研究步驟表

1. 行銷	市場行銷可行性？	可	否
2. 技術	工程技術可行性？	可	否
3. 生產	生產製造可行性？	可	否
4. 利潤	經濟利潤可行性？	可	否
5. 財務	財務融資可行性？	可	否
6. 風險	風險分析可行性？	可	否

◆ 得意忘形，禍不單行

　　有很多企業，開始創業時，主持人小心謹慎，克勤克儉，認真管理。但是當營運順暢，欣欣向榮時，主持人就開始「得意忘形」，開始「花心」，誤以為自己是「真命天子」，財神爺永遠照顧他，因之隨意決定開發新產品，隨意決定投資新方案，極度樂觀，猜想每冒險一案，就可以財源滾滾而來。而從未真正放下心思，收集資料，把上述可行性研究六步驟走一趟。因而向銀行借款或向股東募集的資金，常如泥牛投入大海，有去無回，不只新事業一事無成，還把原來的小事業也拖垮。小心謹慎，可駛萬年船，但若得意忘形，則容易禍不單行。

　　財務融資若不能與「可行性研究」相連貫，「新投資方案」常常後來證明成為企業失敗的包袱。避險之法為對「事」不對「人」，若專家負責的可行性方案不通過，最高主管也不可以其位高權大，隨意命令執行該必敗的投資案。在實務界已有太多的案例，很多得意忘形的大企業高階主管，意亂情迷，聽信有心人的甜言蜜語，貪愛空中樓閣，不理正規經營評估程序，隨意決定

進行「不可行」之新投資方案，以致借用銀行大額資金及股東資本，等執行不利，幻想破滅，企業破產消跡，拖欠銀行及股東巨額資金，潛逃出國，亡跡天涯，豈可不加警惕。

6.6.4 信用管理（放帳控制）為財務第二使命
(Credit Control is the Second Job)

◆ 能行銷也要能收帳

「信用管理」(Credit Control) 是財務長第二個工作。行銷部負責銷售產品，利用「海陸空聯勤」統一作戰方式（即 4P 策略組合）說服顧客，而顧客雖也已滿意產品「品質」、「價格」、「時間」、「態度」等四大條件，但是缺乏現金支付，常常要求信用賒帳，先取貨再付款。這在國際貿易買賣中，就有各種報價付款方式，以減低風險，如先付款後提貨（Cash in Advance；簡稱 CIA）、貨到付現 （Cash on Delivery；簡稱 COD）、信用狀 （Letter of Credit；簡稱 L/C）、承兌提單（Documents against Acceptance；簡稱 D/A）、付款提單（Documents against Payment；簡稱 D/P）等等，都可減少出貨收不到貨款之風險。

◆ 大陸銷售，重視收帳能力，採用 CIA 為高手

但在國內買賣，雖也有採用國內信用狀 (Local L/C)，可是不普遍，通常以「空口信用」(Open-End Credit)，「抵押賒欠」(Credit against Mortgage)，「信用額度賒欠」(Credit-Line Open Account) 為賒銷之工具，其中以「空口信用」最具倒帳風險性，以「抵押賒款」為最安全，以「信用額度賒欠」為中間。若能要求「先繳錢再取貨」(CIA)，風險全無，最好，但不易做到。若能做到「貨到付款」(COD)，已是萬幸。等而次之，做到「貨到 10 日付款」，可得現金折扣 2%（2/10 天）。「貨到 1 月付款」，付全部 （Net/30 天），也算甲等客戶。

在中國大陸，長期習慣於同一祖父（政府）下各子孫（公營公司）互相欠帳不還（即所謂「三角債」），臺商初到中國大陸不知此等付款劣習，延用

臺灣交易付款方式，往往先送貨不收錢，以致被「應收帳款」拖累數年，變成壞帳而倒閉，實不可不先知而採 CIA（先付款後提貨）之保險方法。臺灣有名紡織廠某公司首先進入中國大陸，投資十多家工廠，銷售時沿用臺灣先鋪貨後收款方式，結果貨出，款收不到，被「三角債」困倒，成為失敗者，否則，以它早期先進的氣勢，大陸一半以上的市場都會被它取得。

信用控制要嚴格，不可為小利冒大險

◆ 電腦不出「裝貨單」，廠長也不可強行出貨

在行銷部的立場，尤其在推銷員「配額責任制」(Sales Quota) 的心理，希望客戶盡快買去最多的產品，雖被賒欠有倒帳風險，但與銷售獎金（績效獎金之一種）比較，還是寧冒「先出貨後收帳」之險，因對個人有利。針對此種冒進心理，財務部要扮演制衡之角色，要求以「抵押賒欠」或建立「信用額度」來控制此「為小利冒大險」之作法。為此，公司應該成立「信用控制委員會」(Credit Control Committee)，由總經理、行銷經理、財務經理及相關部門主管為委員。

財務部要針對每一個重要客戶的往來紀錄、財務結構及實力、管理能力及制度、銀行信譽評語等，建立一個最高賒欠信用額度 (Credit Line)，凡是銷售出貨超過信用額度，工廠倉庫就不可以再裝貨出廠。若有特殊情況非出貨不可時，一定要經信用委員會及總經理批准，才可超限出貨。若是採電腦化作業管制者，當某客戶之信用額度超限，電腦就不出「裝貨單」(Shipping List)，倉庫絕不可以人工製單而自動出貨，否則倉庫人員一定要被開除，即使廠長命令無電腦出「裝貨單」時也要強行出貨，則廠長也要同樣受處分，除非得到更高級主管之「例外」批准，命令電腦出「裝貨單」以維持公司電腦化管理制度之權威。

◆ 賺錢十次也抵不過被倒帳一次

財務部在日常，就應與各銀行聯繫，進行客戶信用調查，收取各客戶之銀行信用情況，若有風吹草動消息，隨時提醒行銷部，並開會修正該客戶之

信用額度，周知各外出打仗之推銷員，因為賺錢十次，往往抵不過一次賒欠倒帳。在證券公司，每次買賣手續費只 1.45‰，所以賺 1,000 次，也抵不過被壞客戶一次違約交割的損失。若事前知道客戶財務有危機，寧可不賣，也不要冒往後無窮無盡討債風波之險。信用調查以財務部為主，行銷部為副，不可以行銷部為主，因恐行銷人員搶功心切，涉敵太深，中了埋伏。

◆ **賣貨功夫大，不被倒帳功夫更大**

會計部門應每個月把各客戶「欠帳年齡老化表」(A/R Aging List) 做出來（若是電腦化會計作業，每月會自動印出欠帳年齡老化表），供財務部及行銷部參考決策。要知道，「推銷」、「拉銷」已經很艱難，真花錢，但銷後欠帳、催帳、倒帳更是慘事一件，不可不小心。所以有人說賣貨推銷功夫不算大，成功收帳功夫更大。

6.6.5 保險管理（保護財產及營運於萬一）為財務第三使命
(Insurance Management is the Third Job)

保險六大類，財務當先鋒

保險 (Insurance) 有六大類：⑴「財產保險」指動產及不動產遭受風災、水災、地震災、土石流災、兵災、盜竊災之保險；⑵「營運停頓損失保險」；⑶「員工失業保險」；⑷「健康醫療保險」；⑸「意外事故傷害保險」；⑹「人壽保險」等等。通常有關員工福利之保險，由人事部門統一辦理，有關財產及營運之保險，由財務部辦理。至於尋找保險公司投標、議價或進行聯合保險之事，則由財務部出面辦理，因保險事業也是金融業之一種，性質類似。

大企業集團應有統一保險政策

小企業之財產保險比較簡單；大企業則比較複雜，因常有很多分支機構分處國內、國外各地，總部假使沒有統一保險政策，各分支機構個別和不同

的保險公司談投保條件（保護內容、保險費率、索賠方式），就失去「規模經濟」的優勢，在成本上及保護利益上失去應得的好處。此為綜合性、跨國性企業集團應該特別注意之處。

📈 不要忘掉投保「營運中斷險」

有很多情況，雖已投保固定資產險，如廠房、辦公室、機器設備等之風、水、火、地震、土石流、兵、盜竊等災害之險，但遺忘廠房萬一被風、水、火、地震、土石流、兵災損壞，保險公司如數賠償，重新興建廠房，需要一段長時間，在此期間，業務停頓、收入全無，但費用照生，此種營運損失若沒有投保，也是一大疏忽，並會處於及被吊在半空中之困境。因此，平時一定要同時投保「財產險」(Property Insurance) 及「營運中斷險」(Operation Loss Insurance)，如此一來，當不幸發生時，公司才不會遭受重大困境。在 1999 年，臺灣九二一（9 月 21 日）大地震，幾乎所有受傷企業的房屋工廠都有投保財產險，但卻很少投保營運中斷險，因無經驗也。其中只有大潤發員林量販店，是少數中有投保營運中斷險的先知個案，令業界嘖嘖稱讚。

🏃 6.6.6 財產管理（保護財產不被挪用佔有）為財務第四使命
(Assets Protection is the Fourth Job)

📈 財產管理要嚴密，以防公產私佔 (Asset Protection must be Strict)

◆ 財產管理是防內賊

投保「財產險」及「營運中斷險」，是預防萬一災難發生之困境，但「財產管理」(Asset Protection) 則是每日隨時隨地預防公司眾多財產被員工挪用、盜取、化公為私之風險。換言之，「財產保險是防天災」，「財產管理是防內賊」。一個企業除了現金之外，還有各種各樣工廠車間機器、設施、工具、模具、車輛，有實驗室儀器、容器，有辦公室、會議室之自動化設施配備，有

宿舍、廚房之配備、工具等等，這些動產及不動產在長時間內購買，有的折舊期間已滿，東西尚可使用；有的折舊期間未滿；有的買進已當費用報銷，但尚可使用。這些財產若無管理制度，會被使用員工據為己有，或被遺棄廢置，浪費資源，莫此為甚。

公司財產保護之責任在財務部，財務部應訂有「財產管理辦法」，把每件動產或不動產財產購進時就編號登記成冊（或進入電腦存檔）。製財產卡，註明管理人或使用人姓名、單位。定期（半年或 1 年）實地盤點記錄。若有變動，如移轉其他部門或出售報廢等，立即登記入檔，保持完整變動檔案備查。管理人或使用人調職更動，則該財產亦應列入移交。

◆ 財產與人寧願「用壞」也不要「閒壞」

一個大企業的財產，如同其員工或倉庫裡的原材料、零配件，都要有一對一的「戶籍」(Account File)，登記進出及變動原因。財產寧願要充分運用 (Full Utilization)，以致「用壞」，不要讓它閒置 (Idle)，以致「放壞」。「用壞」有生產力，「放壞」無生產力，兩者效果不同。現在到處可看到政府機關、學校機關、公營事業、軍事機關等等，擁有廣大土地及設備，一天 8 小時中，不只不能充分應用，另外 16 小時及每星期六、星期日，都呆置空閒，不但自己不能用、不想用，也不肯讓社會大眾借用，實在是浪費人民財產的最大罪惡者。

6.6.7 現金收支管理（老式帳房「抓錢」）為財務第五使命
(Cash Management is the Fifth Job)

只知 「抓錢」 不知 「經營」 是小人物 (Holding Money Not Holding Management is Going Wrong Way)

◆ 只知抓錢，不知經營，長不大

「現金」(Cash) 也是企業的「財產」(Asset)，是具有最大流動性、最大

接受性的財產。古老式、家庭式、家族式的企業，把「抓錢」、掌握現金支出、納入（出納）當作第一要事，常由老闆娘掌控。至於產品「品質」好不好、「價格」能不能吸引人、「顧客」滿意不滿意、有沒有新產品「開發」、「員工」士氣高不高、「好人才」有沒有受到好待遇、「壞人才」有沒有被解僱、「帳目」清不清、「成本」對不對、「決策」是不是理智又有品質等等，這些被現代企業有效經營者排在優先處理的事，都不如先抓現金為重要。當然此種小格局老帳房式的企業老闆，把管控所有現金收入、管控所有現金支出，當作經營導向的第一要務「老大哥」，在觀念上已經成為無法多國化、全球化、現代化、有效化的第一障礙，遲早也會變成「盆景式」事業（會活不會長大）或「植物人」事業（雖不死，但已死）。

◆ 「錢」的收支要跟著「帳目」走

事實上，現金收支工作在財務管理功能上是最簡單的事，一個受過初中、高中或高商教育的人就可以做好，因為現金收入一定要先有原因（即收入原始憑證及傳票），現金支出也一定要先有原因（即支出原始憑證及傳票），不可以無緣無故收入錢或支出錢。收入錢要給對方收據，支出錢給對方必須留下收據，「錢」是跟著「帳目」而走。金錢收入、支票收入或電傳匯款後，都要當日記錄，並隨即存入銀行帳戶。除留下小數額零用金之外，原則上公司不留大額現金，以免引人注目，引賊上門。換言之，財務部門雖握有現金，但真正大額現金存在銀行，手中現金愈少愈安全愈好。要用錢才去銀行領取，或開支票、使用電訊轉帳等方式更能留下證據。

現金收入依會計傳票命令而為 (Cashier Operation Depends on Accounting)

◆ 財務部門不可自己開收支傳票

財務部門的現金收支是依會計部門的傳票（命令）而行。會計部門本身不直接「收」錢或「支」錢，財務部門則自己不能開立收支「傳票」（命令），兩者制衡。「會計部門管帳不管錢，財務部門管錢不管帳」，已是世界企業的

通則。所以會計作業現代化成為現金出納管理的前鋒。

◆ 財務是「供血」的血庫

老帳房抓錢第一的保守狹隘作風，不可以擴大作為現代財務管理的功能，否則企業必將因忽略銀行「融資」、「信用」管理、「保險」管理及「財產」管理，而失去提供企業營運發展所需之「血液」及有形無形財務的「保護」作用。可是很多中國個體以及華僑小家族企業，都最喜歡把古老帳房的方法當作現代公司理財。他們可能因小心保守而生存於一時，也可能因保守落伍、無知，而置企業於被淘汰之行列。財務功能是「血庫」供血的作用，不是抽血「失血」的作用。

現金收支流程是預防跳票斷氣的工具 (Cash Flow to Keep Continuous Operations)

◆ 「現金收支流程表」可使「如期付款」及「餘錢生錢」

現金收支管理的精髓在於綜觀公司營運活動，預先編製「現金收支流程表」(Cash Flow)，把一個星期內、一個月內，甚至一個季內及半年內，可能收入及支出的項目及數額，做成每日現金流入 (Cash-in Flow) 及現金流出 (Cash-out Flow)，兩相對照，互相對沖，以查每日現金缺口 (Cash-Gap) 或現金剩餘 (Cash-Surplus) 之數額，供作向銀行或其他融資來源，借存調度融通，一方面維持「如期付款」，使管道順暢，不會因缺血液而致跳票斷氣，另一方面充分運用資源，使剩餘的錢再生錢，不成為爛頭寸而浪費。

◆ 「現金流程」與「資金流程」相關聯

若能做愈長期性之「現金流程」(Cash Flow)，就會與年度性之「資金流程」(Fund Flow) 相關聯，與銀行融資工作相掛鉤，對長期提供充足血液，使企業順暢運轉，欣欣向榮，助益最大。

6.6.8 會計功能從「流水帳」到決策的「資訊庫」
(Exercise of Accounting Function: from General Ledge to Information Center)

會計記載「銷、產、發、人、財」五管的活動

企業的會計功能是從傳統財會老帳房的角色演化而來，以記錄企業整體「銷、產、發、人、財」活動中，與金錢有關係的債權、債務、股權、股務的部分，用來表達企業在一段時間內 (Period of Time) 的收入、支出、盈利或虧損情況，以及某一時間定點 (Point of Time) 的資產、負債、股權的分布情況。

會計提供情報資訊為使命

「會計」是彙總（「會」）及計算（「計」）的功能，是提供情報信息的工作。「企業會計」(Business Accounting) 和「企業財務」(Business Finance) 都是和企業盈虧計算密切相關的功能，所以老式的企業最高主持人寧願掌控財會，不願掌握銷產與研發。當然，就現代企業競爭劇烈而言，沒有良性的銷產研發活動，哪有什麼好結果的財會可以掌控。銷產研發活動是「前方戰鬥」，財會是「後方支援」。前方若已失敗，哪有後方生存之餘地。電腦資訊功能則是財會功能的延伸，以機器代替人工，從事記錄、計算、儲存、檢索及決策比較之工作。

6.6.9 會計作業已進入電腦化時代
(Computerized Accounting Systems Era)

現代的會計功能已經進入資訊情報電腦化作業時代，傳統手工記帳、分類、過帳、編報表的工作，已經被定型的電腦化程序替代了。若記帳「科目」(Account)、「數字」(Figure)、「輸入」(Input) 都正確，則電腦自然即時記帳、

分類、過帳、編表、甚至分析完備，供各級主管參考使用。現代的會計功能，已經從傳統人工流水帳記錄 (Journal)，演進到提供「決策分析」及「追蹤控制」的資訊情報。會計角色變成「情報系統」(Information Systems)，正如財務角色變成「企業血庫」(Blood Pool) 一樣的高格調化了！完整的會計功能包括一般帳務會計 (General Accounting)、成本分析會計 (Cost Accounting)、管理決策會計 (Management Accounting)、稅務會計 (Tax Accounting) 以及內部審核控制 (Internal Control)，簡稱為 GCMTI，其運作電腦化，則變為「資訊系統管理」(Information System Management)，現分別說明於下。

6.6.10　一般會計是最初步的會計
(General Accounting is the Primary Accounting Job)

◆ **帳務會計是財務會計，供報稅、借錢、分股利之用**

　　若說「現金收支出納」(Cashier) 是財務功能的最原始工作，則「一般帳務會計」(General Accounting) 就是會計功能的最原始工作，兩者合一就是小家庭企業、家族企業時代老式帳房的全部功能。一般帳務會計是從向政府報稅立場、向一般投資股東，或向銀行籠統報帳立場，來登記債權債務的進出及編製分類報表，所以它也稱為「財務會計」(Financial Accounting)，因完全是報告財務狀況。它沒有任何細部成本分析、管理決策分析、避稅減稅的管理決策作用，乃是最初級的會計管理工作。

財務會計作業已變成簡化之電腦化作業

◆ **手工會計被電腦會計替代（辦公室自動化之一）**

　　學校裡所謂「初級會計」就是學記流水帳（日記帳）、算總帳及分類帳、編月報表、季報表、半年報表及年報表。「報表」通常包括「損益表」(Income Statement；簡稱 I/S)、「資產負債表」(Balance Sheet；簡稱 B/S)、「現金流量表」(Cash Flow；簡稱 C/F)。這些工作若以手工來登錄及過帳，手續繁瑣、乏味、易錯、費時。若以電腦化作業程式制度來做，則簡單、快

速、準確、省力。所以除了一些腐朽的老帳房之外，現代企業幾乎都以設計會計作業「制度」為基礎，配合「電腦作業」程序化為工具，進行「會計電腦化作業系統」(Computerized Accounting Operations Systems)，成為辦公室自動化 (Office Automation) 之先驅，既省成本、又可隨時結帳，每月報表不必等月結後兩個星期，甚至三個星期才算出來。只要當月 30 日下午五時，所有該月有關之科目帳目皆輸入電腦，即刻可以經由電腦程式連線作業，產出結帳數目，產出「報表」及「分析表」，對各級主管人員進行「管理檢討」(Management Review) 及「改進工作」(Improvement) 助益甚大。

◆「勞力密集」的會計作業，變成「資本密集」的會計作業

會計手工化的企業，若要用十個會計人員，當電腦化之後，各帳目就發生源地，依科目輸入電腦程式後，只要留一個會計人員來維護電腦作業制度即夠用。現代公司的電腦化作業首先衝擊會計部門，使原來「勞力密集」又神秘化的財會部門，一下子變成「資本密集」(即分用電腦主機及終端機) 的作業，大量削減會計書記員的人工成本。

在 20 世紀末，成套的會計電腦化程式 (軟體)，由電腦公司設計好，廣泛出售，已如同商品般低價銷售，而硬體的電腦設備，也因大量生產、大量銷售而便宜，所以任何大小型企業，都可以把一般帳務會計電腦化，原來的會計人員也因之而改變其工作使命的種類，走入成本會計、管理會計、稅務會計、內部控制等智慧性工作使命之時代。

6.6.11 「成本會計」分析是會計內部作業的新生命
(Cost Accounting is Accounting's New Life)

◆ 典型對外「公司損益表」對內部管理改善作用不大

一個企業不論它規模多大多小，不論它製造多少種產品，不論它有多少個事業部，每月及每年都只編製一個企業「公司損益表」(Company Income Statement)，顯示整個企業在每一個月內及一年內的(1)銷貨收入 (Revenue)；(2)銷貨成本 （Costs of Goods Sold，即生產成本或購入成本）；(3)銷貨毛利

(Gross Margin)；⑷行銷費用 (Sales Expenses)；⑸管理費用 (Administration Expenses)；⑹財務費用 (Financial Expenses)，後三者簡稱「銷管財」(SAF) 費用；⑺稅前淨利 (Net Profit before Income Taxes)；⑻所得稅 (Income Taxes)；⑼稅後淨利 (Net Profit after Income Taxes)，即通稱之「底線」(Botton Line) 等總體數字（見表 6–5）。

表 6-5　甲乙丙公司損益表（××年 1 月 1 日至 1 月 31 日）

單位：新臺幣億元

	金額	百分比 (%)
⑴銷貨收入 (Revenue)	100	100
⑵銷貨成本 (Costs of Goods Sold)	−60	60
⑶銷貨毛利 (Gross Margin)	40	40
⑷行銷費用 (Sales Expenses)	−5	5
⑸管理費用 (Administration Expenses)	−10	10
⑹財務費用 (Financial Expenses)	−5	5
⑺稅前淨利 (Net Profit before Income Taxes)	20	20
⑻所得稅 (Income Taxes)(25%)	−5	5
⑼稅後淨利 (Net Profit after Income Taxes)	15	15
	（底線）	

◆ 只知「結果」，不知「原因」，無益於「策勵將來」

　　這個報表表達出一個收入、四個成本費用支出（產、銷、管、財）及利潤大數字，但太粗糙，除可供不關心公司內部經營管理的股東大眾、政府稅務官員，及銀行人員等三類人知道公司最後盈虧結果之外，對公司內部各部門各級主管人員而言，沒有什麼重大意義，因「盈虧」乃是管理作業良劣之「結果」，不是「原因」，虧者虧矣，盈者盈矣，往者已矣，不知原因，就沒有任何「檢討過去、策勵將來」的作用。所以普通一般帳務會計的最終報表，對外給股東、政府、銀行表達營運結果有作用外，對內管理改善作用不大。

📈 五層次之成本會計是會計的新生命 (Five-Cost Dimensions is the Core of Cost Accounting)

◆ 成本有五層皮

要提高會計的管理改進功能，必須進一步做「成本會計」(Cost Accounting) 工作。

1. 除了原來的整個「公司損益表」（收入成本支出表）為第一層成本外，還要再細分四層次成本。

2. 依企業內事業部門別 (Division)，做「事業部損益表」(Division Income Statements)。一個公司內若有五個產品事業部或地區事業部，就應再分做五張事業部損益表。

3. 再依事業部內產品種類別 (Product Line)，做「產品損益表」(Product Income Statements)。若五個事業部，各有六種產品，就應再做三十張 (5 × 6) 產品損益表。

4. 就每一產品損益表，依其銷售數量別 (Sales Quantity)，做出「單位產品損益表」(Unit Product Income Statement)。

◆ 銷貨成本之單元成本

5. 就「單位產品損益表」內，在有關「銷貨成本」(Costs of Goods Sold，即生產成本或購入成本) 方面，再詳細列出其組成之「單位元素之成本」表 (Element Costs)，如原料有二十種，每種之單元成本、用電成本、用水成本、動力燃料成本、廠長薪資成本及管理成本、直接人工成本、間接人工成本、資金成本、機器及設備折舊成本、機器及設備維護成本、文具成本、電話成本、郵寄成本、保險成本、專利成本、差旅費成本、招待成本、禮品成本、開會成本、其他廠務成本等等。

◆ 行銷費用之單元成本

在有關「行銷費用」(Sales Expenses) 方面，再詳細列出與行銷有關的成本，如薪津成本、福利成本、出差費成本、獎金成本、佣金成本、折扣成本、

運費成本、展示會成本、招待成本、交際成本、禮品成本、廣告成本、報導成本、促銷成本、辦公費成本、電話成本、郵寄成本、文具成本等等組成因素之成本。

◆ **管理費用之單元成本**

在有關「管理費用」(Administration Expenses) 方面，再詳細列出總經理、副總經理、研發經理、人事經理及行政、總務等等人員之薪津成本、福利成本、出差費成本、招待成本、交際成本、禮品成本、辦公室設備折舊成本、維護成本、保險成本、文具成本、電話成本、郵寄成本、董事會開會成本、用電成本、用水成本、保險成本、專案研發成本等等組成因素之成本。

◆ **財務費用之單元成本**

同樣地，在有關「財務費用」(Financial Expenses) 方面，也應再詳列財會經理及人員之薪津成本、福利成本、信用狀成本、借款利息成本、辦公室等等相關折舊成本、維護成本、保險成本、出差成本、招待成本、交際成本、禮品成本、電話成本、文具成本、郵寄成本等等因素成本。

換言之，成本分析會計要就「利潤中心」(Profit Center) 及「成本中心」(Cost Center)，把成本結構（即單位產品損益表）的組成因素單元成本，不厭其煩（若已經電腦作業化，則一點也不繁瑣）地用「本月實際」數字和「本月預算」數字、「上月實際」數字以及「去年同月實際」數字四者比較，才能看出「問題點」(Problem Points) 在何處，經過詳細追查原始資料的分析後，採取對症下藥的改進措施決策，才能改進公司利潤。這些詳細分析，就會涉及「要素分析」(Factor Analysis) 或「魚骨圖分析」(Fish-Bone Analysis) 之技術。

◆ **從客廳走入工廠各角落**

會計工作進入成本會計分析領域，等於走入工廠內部各角落，一定要從「企業／公司成本」 (Company Costs) 再細分為：「事業部成本」 (Division Costs)、「產品成本」(Product Costs)、「單位成本」(Unit Costs) 以及「單元成本」(Element Costs) 共有五層次（見表6–6），才能真正發揮對症下藥的改進

作用，如此會計人員才不會失業於電腦化作業，找到新生命。成本分析若做到最細緻的「單元成本」，才能發現真正的病因，才能真正對症下藥，藥到病除，不傷邊緣，收到點點滴滴合理化之功夫效果。反之，太粗略的成本分析，如只到「公司」成本或「事業部」成本，只是浮光掠影，似是而非，若一刀切，雖去病，亦傷無辜，得不償失。

表 6-6　五層次成本結構

第一層	「公司」損益表	收入－成本費＝利潤
第二層	「事業部」損益表	
第三層	「產品 XYZ」損益表	
第四層	「單位產品」損益表	
第五層	・單位產品「售貨成本」之單元成本 ・單位產品「行銷費用」之單元成本 ・單位產品「管理費用」之單元成本 ・單位產品「財務費用」之單元成本	

6.6.12　「管理會計」是會計資訊的靈魂作用
(Management Accounting is the Third Job)

「戰術性」 與 「戰略性」 資訊之區別 (Strategic and Tactical Information)

◆ 成本分析是戰術性，管理決策是戰略性

　　會計對企業的更高級貢獻，是「管理決策」(Management Decision) 會計。成本分析會計可以提供詳細資訊，幫助各部門各級主管，進行日常作業之成本控制、提高效率、提高利潤，是屬於「戰術性」(Tactical) 的幫助，而管理會計可以提供大「投資」(Investment) 專案決策、公司「轉型」(Transformation) 決策、公司「併購」(Merger & Acquisition；簡稱 M&A) 決策或公司「多角化」(Diversification) 決策等之優劣比較資訊，做出方向性正

確決定，屬於「戰略性」(Strategic) 的幫助。重大專案的決策，涉及重大資源的投入，其風險性較大，若沒有理智的決策過程，做錯選擇，就「一失足成千古恨，再回頭已百年身」。

◆ **理智決策七步驟：斷、圖、方、慮、評、選、測**

「理智決策」(Rational Decision-Making) 過程包括七步驟：⑴診斷問題根因（斷）；⑵確定真正意圖目的（圖）；⑶尋找可供選擇之多種對策方案（方）；⑷尋找應加考慮之各種重要限制因素（慮）；⑸評定各考慮因素之比重及各方案之優劣評分（評）；⑹選定一個比較好的方案（選）；⑺測定該選擇方案之可行性（測）（見圖 6-11）。簡言之，就是「斷 → 圖 → 方 → 慮 → 評 → 選 → 測」七步驟。理智決策過程是一個很有「創新性」及「計算性」的綜合用腦思考過程，非常重要，也非常有趣。

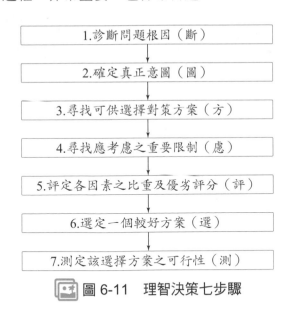

圖 6-11　理智決策七步驟

「管理會計」 使會計資訊成為管理決策的靈魂 (Management Accounting Makes Accounting Information the Spirits of Decision-Making)

◆ 七步決策法是理智法

在這七步，「斷、圖、方、慮、評、選、測」理智決策過程中，第(5)步驟（評）要用到很多有關考慮因素之數據性資料，比如有形、無形、長期、短期之各種成本與效益數字。這些資料只有會計部門可以從公司內部情報系統之檔案資料中取得，別的部門雖也可以提供一部分，但不如會計部門掌握全公司（銷、產、發、人、財）各部門有關金錢活動之完整性。如果公司最高主管做企業重要決策，不利用「理智決策」過程，也不利用會計部門提供管理「決策資訊」，這個最高主管遲早會做錯決策，而此會計部門也會失去其最重要的職責。「做決策不用情報資訊當基礎」 (Decision-Making without Information)，等於「不用大腦在思考」，成敗變成靠「天意」及「運氣」，不是靠人的「智慧努力」了！

◆ 預算控制由「公司」到「課」；由「年」到「月」；由「總數」到「單元」

會計的管理決策使命，除了在企業高級主管制訂「專案決策」 (Project Decision) 時，提供情報資訊之外，對各部門、各課級的主管，也可提供「每月預算控制」(Monthly Budgetary Control) 的資訊。一般公司在年度開始前，有「公司」收支目標預算，各部門、各課級也應有分配下來的「部門」及「課別」目標預算。為了執行有力，應再把「年度」目標預算，依「季節」淡旺季，區分為「每月」之目標預算，包括收入、數量、品質、效率以及費用支出之目標預算，在每月初，發給各課級以上部門，在每月底將「預算」(Budget) 及「實績」(Result) 數字對照分給各課級以上部門，由課長、經理、副總經理、以至總經理做分析檢討及改進措施，月月進行。預算控制之分析，若運用上述之「單元成本」(Element Costs) 分析法，持續進行，不中斷，不鬆懈，半年以內，必定可以見到全公司效率大增，成本大降，利潤大漲。

◆「每週業務檢討」及「每月預算控制」是管理靈魂作用

公司級及部門級每個星期的「業務檢討會」(Weekly Review Meeting) 以及每個月的「預算控制」(Budgetary Control)，就是總經理及各部門主管發揮管理作用的靈魂性工具。哪一家公司若能如此做，久而久之，業績一定好；哪一家公司若荒廢此作法，久而久之，業績一定不好，百試不爽。這是筆者實戰經驗心得，絕非象牙塔的學術虛言。

6.6.13　「稅務會計」是合理減稅與避稅的工具
(Taxation Accounting is the Fourth Job)

稅務會計節稅功勞大

◆「藏富於民」比官員亂花錢為佳

企業若賺錢，一定要依照政府法律規定繳納所得稅 (Income Tax)，以盡「良好企業公民」(Good Corporal Citizen) 之責任。但是政府是一個龐大的機構，目標責任通常不明確，使用人民的金錢大手大腳，並不如企業管理將本求利，講究點點滴滴合理化。企業資金若能累積在企業裡，供小心發展之用，比將錢繳給政府官員隨意花用，對全體國家社會更為有益。所以企業的會計部門必須在年初就小心估算，在現行法規內、在折舊方法、獎勵條例、進出口免稅等等方面，做最佳之會計規劃處理，做到最大節省繳納稅金之努力。小企業之稅務會計，對資金節省作用不大，大企業之稅務會計，對資金節省之作用甚大，不可不加以注意。

◆「低稅率高稅收」比「高稅率低稅收」高明

有人開玩笑說「逃稅是企業的天性」，這是說政府不賢能，不節約，揮霍無度，向人民及企業多方搜括血稅，供浪費之用，所以人民與企業「自我救濟」之方法，就是想方設法，盡量逃避租稅。因此，又有另一種說法，「高稅率，低稅收」及「低稅率，高稅收」（前已提及）。此兩種說法，都值得大家思考反省。

所謂「高稅率，低稅收」是指政府課徵高所得稅，人民寧願冒大險付一些錢給稅收官員，而逃掉大額之稅款。稅官收取賄賂，雖屬犯法行為，但卻比其薪俸為大，所以在「高風險，高收入」定律作用下，人民及稅官兩得其利，只有政府收不到真正的稅收。反之，「低稅率，高稅收」是指政府課徵之所得稅率低，人民不願冒大險逃稅，乖乖交稅。同樣地，稅官也無人給賄賂，所以所有的稅款皆歸政府所有。低稅率，鼓勵人民交稅，稅官清廉，政府最終得到大稅收。當然，低稅率更可以鼓勵人民多投資、多努力、多賺錢，使繳稅的「稅基」(Tax Base) 大起來，最終政府收到的總稅收，比用高稅率，嚇走投資意願，減低稅基，所收到的總稅收為大。香港的個人所得稅率及公司所得稅率為 15%，同時為「平稅」(Flat Tax) 不累進，所以數十年來經濟發展比臺灣好，其政府稅收也高，人民也少逃稅，個人國民所得也比臺灣高很多。

6.6.14 「內部控制」小兵當大將，可防止不當支出
(Internal Control is the Fifth Job)

嚴密內部控制可防弊 99% (Internal Control Prevents 99% Inegulated Expenditures)

◆ 公司三類金錢支出

公司的金錢支出，包括三大類：⑴採購支出 (Purchase Expenditures)；⑵薪酬契約費用支出 (Salary and Contracted Expenses Expenditures)；⑶其他雜項支出 (Other Expenditures)，都應由會計部門依照支出理由、原始憑證，製作支出傳票，命令財務部門執行開支票、電匯或用現金支出。只能有一條管道，不能有第二條管道，否則企業會發生不正當的金錢失血而不自知。

◆ 會計看守「科目」、「數目」、「提、審、核」人員之正常性

為了防止不正當的支出，會計部門要扮演支出理由／原始憑證審核的「看門狗」(Watch Dog) 角色，以防止各部門主管利用職權，做無權、越權、擅

權、濫權之不當支出要求。這些不當支出包括三大現象：(1)「科目」不正當，如把費用當投資，把交際請客當價格折扣，把私人花費當公家花費等等。(2)「數目」不正當，如可用 500 元擴大為 5,000 元，可僱用課員擴大為僱用課長。(3)「提、審、核」三級人員不正當，如總經理級才可核准課長級人員之聘用，蒙混為副總經理或經理級就可核准。

內部支出控制，乃是會計部門的大工作，此項工作必須「人」來做，不能以「電腦化」來替代。此項工作若做好，公司 99% 的不當支出行為可由此關卡制止。

「核決權限表」 是內部控制的依據，小兵可擔大任 (Authorization Chart is the Base of Internal Control by Young Accountants)

◆ 沒有會計支出傳票，財務不可支付金錢

會計部門在製作支出傳票（命令）之前，要針對上述三要點：(1)支出「科目」 (Account)；(2)有權 「數額」 (Authorized Amount)；(3)有權 「人員」 (Authorized Person)，核對公司董事會通過之 「核決權限表」 (Authorized Chart)。若有差異，就應撥回止付，要求更正，並提醒各部門主管注意改進不當之行為或直接呈報監理部門。

◆ 依「核決權限表」，小會計可制止大經理不當行為

從「核決權限表」的認真執行，一個年輕的會計作業員，就可制止一個高級人員的不當行為，其阻嚇失職敗德的作用甚大。董事會是立法單位，會計科員就是執法人員，董事長、總經理、副總經理、經理職位雖高，但若違反「核決權限表」就是違反董事會意旨，執法的小科員當然可以阻止董事長、總經理、副總經理、經理等個人行為，此乃「制度化管理」之謂也，可防止「五鬼搬運」之弊端。

◆ 「隨意管理方式」終必出弊端

一個企業的人數若是在 50 人以下 ，最高主持人的知識能力可以涵蓋行

銷、生產、研發、人事、財會等各部門上下的活動，所以金錢出入可以由他一人作主，由一位老帳房做助手，不必用什麼書面化的「組織結構圖」、「職責說明書」、「核決權限表」、「簽呈表」來做紀錄，事事由他一人一手拍、一腳踢，就可決定、執行，不會發生溝通不良、協調不佳之大問題。

但當這個獨裁者的心智、體力衰退後，即使企業人數不增，業務範圍不擴充、不更複雜化，此種無書面化依據的「隨意管理方式」(Random Management Style)，也會將企業引導入混亂無效之境界。何況當企業規模擴大、人數增加、業務複雜化後，一人獨霸的作法，必然導致兩個後果：⑴整個企業管理不好（公司化）；⑵獨裁者身體健康加速折舊（人快死），無一益處。

◆「用人權」、「用錢權」、「做事權」、「協調權」及「報告權」都要設定授權界限

為了防止規模擴大、業務複雜及主管心智、身力衰退所可能導致之不良後果，會計部門的正式內部審核控制之作法，必須及早採用，因而公司必須設定各部門各級主管人員，在「用人權」、「用錢權」、「做事權」、「協調權」、「報告權」等五方面的授權程度，並將此等授權程度，依職務責任的大小，寫成可以核決的「權限表」(Authority Limit)。依科目（項目）、金額大小或等級高低，以及可以「提議」(Suggest or Propose)、「審查」(Screen or Review)、「核定」(Approve) 之職級人員（稱三級制），列成表格，愈詳細愈好，由總經理責成企劃經理 (Planning Manager) 草擬，經公司「經營決策委員會」(Decision-Committee) 通過，提請董事會 (Board of Directors) 授權通過後，交付各部門及會計部門據以實施。

◆「核決權限表」採三級「提、審、核」制

此「核決權限表」就成為公司各級主管「自動」發揮決策能力、追求公司目標，以及會計部門防止越權、濫權、擅權、無權做出不當支出之最重要根據。「核決權限表」是有數字、有人員等級、有科目的授權根據，用來補充「組織結構圖」、「職責說明書」的不足。

◆ 「核決權限表」可幫忙「自動化」管理

　　企業若有寬緊適當之「核決權限表」，總經理就可以解放 90% 以上的防弊緊張精神，從事更寬廣、更深入、更遠大（廣、深、遠）的創新思考，為全公司的長期發展設定戰略路線。企業有「核決權限表」，各部門各級主管就可「自動」管理，不必事事等候「請示」，或等候「指示」才敢執行。企業有「核決權限表」，會計部門的「小吏」才可以制衡不軌的「大官」。

　　三級（提、審、核）制的「核決權限表」，是公司人人支用資源而不越規矩的界限，此「可」與「不可」支用的界限，可以每月，或每半年，或 1 年修正，只要各部門認為授權太寬或太嚴，可以在每星期的「經營檢討會」會議上提出，經總經理及各委員（即各部門經理級以上人員）討論通過，即可提董事會呈請核決授權通過（指董事會 1 月開會一次者），或先試行，再提董事會追認備案（指董事會可能 1 年開兩次或一次會者）。

　　至此，企業的會計功能從最傳統之一般帳務處理，進到成本會計、管理會計、稅務會計，最後到內部控制，完成最現代化的管理決策情報資訊系統及控制系統（將情報資訊系統電腦作業化）。

　　當企業的「行銷功能」、「生產功能」、「研究發展功能」、「人資功能」及「財會資功能」都完整有序，並都各再細分為五個主要工作，個個組成因素「完備」(Complete) 又「健全」(Sound)，朝向共同之「顧客滿意」及「合理利潤」目標 (Objective) 努力，此「企業系統」的「做事」功夫，才告完備，此為「有效經營」的第一套手段。另外一套手段就是「管人」去「做事」的「管理系統」(Management Systems)，在下面繼續說明之。

第7章

「管人」做事五字訣：「計、組、用、指、控」管理五功能的發揮

7.1 管理五功能 (POSDC) 第二套企管武藝
(Management Five-Function System)

◆ **兩套手段：企業功能及管理功能**

　　「管理五功能」體系是「有效經營」的第二套手段（第一套是「企業五功能」體系），用來達成「顧客滿意」及「合理利潤」兩大企業終極目標。它是「管人」去「做事」的無形力量，它是暗中操作「企業五功能」體系（即第一套手段）的靈魂，也叫作扮演「人上人」的「作人」功夫。

◆ **5 × 5 = 25 三級系統**

　　依照「系統」觀念 (Systems Concept) 來講，「管理系統」(Management Systems) 含有五個組成因素 (Elements)，即計劃 (Planning) 功能、組織 (Organizing) 功能、用人 (Staffing) 功能、指導 (Directing) 功能，及控制 (Controlling) 功能，簡稱為「計、組、用、指、控」(POSDC) 五個字訣。每一個管理功能各成一個「子系統」或「二級系統」(Sub-Systems)，每一個「二級系統」又各含有五個組成因素，即「三級系統」(Sub-Sub-Systems)，所以此「管理」系統 (Systems) 含有五個二級系統，二十五個三級系統。(1)「計劃」功能包括「情報研究」、「高階策劃」、「中基規劃」、「財務預算」、「時程安排」；(2)「組織」功能包括「組織結構」、「職責說明」、「作業制度」、「核決權限表」、「簽呈表」；(3)「用人」功能包括「工作需求」、「人才需求」、「選才來源」、「任用派遣」、「訓練發展」；(4)「指導」功能包括「意見溝通」、「激勵士氣」、「領導統御」、「指揮統御」、「照顧關切」；(5)「控制」功能包括「每日記事」、「每週檢討」、「半月報告」、「每月分析」、「每季總檢」（見圖 7–1）。

一級系統　　　二級系統　　　　　　　　三級系統

管理功能系統 (POSDC)

1.計：定大計 計劃(Planning) 系統(IPPBS)
- 1–1 情報研究(Information Research)
- 1–2 高階策劃(Strategic Planning)
- 1–3 中基規劃(Action Programming)
- 1–4 財務預算(Money Budgeting)
- 1–5 時程安排(Time Scheduling)

2.組：設職位 組織(Organizing) 系統(SROAS)
- 2–1 組織結構(Organization Structure)
- 2–2 職責說明(Responsibility Descriptions)
- 2–3 作業制度(Operations Systems)
- 2–4 核決權限表(Authorization Chart)
- 2–5 簽呈表(Suggestion and Approval)

3.用：明用人 用人(Staffing) 系統(RRSPD)
- 3–1 工作需求(Job Requirements)
- 3–2 人才需求(Manpower Requirements)
- 3–3 徵才來源(Manpower Sources)
- 3–4 任用派遣(Assignment Placement)
- 3–5 訓練發展(Training Development)

4.指：勤指導 指導(Directing) 系統(CMLCC)
- 4–1 意見溝通(Communication)
- 4–2 激勵士氣(Motivation)
- 4–3 領導統御(Leading)
- 4–4 指揮統御(Commanding)
- 4–5 照顧關切(Caring)

5.控：嚴賞罰 控制(Controlling) 系統(DWBMS)
- 5–1 每日記事(Daily Recording)
- 5–2 每週檢討(Weekly Reviewing)
- 5–3 半月報告(Bi-weekly Report)
- 5–4 每月分析(Monthly Analysis)
- 5–5 每季總檢(Seasonally Overall Reviewing)

圖 7-1　第二套企業武藝：管理五功能系統 (POSDC)

7.1.1 「定大計」五步驟：情、策、規、預、時 (IPPBS)

「計劃」功能 (Planning Function) 本身是「管理系統」的第一個「二級系統」，它又含有「情報研究」(Information Research)、「高階策劃」(Strategic Planning)、「中基規劃」(Action Programming)、「收支預算」(Money Budgeting) 及「時程安排」(Time Scheduling) 等五個組成因素（簡稱為「情、策、規、預、時」，IPPBS），以設定公司未來工作目標及工作手段體系為目的。計劃 (Planning) 是好字，古云：「凡事豫則立，不豫則廢」，預先做好計謀是「人定勝天」的秘訣。企業計劃功能以「定大計」為貴（借唐太宗《貞觀政要》之語，以下同）。

7.1.2 「設職位」五步驟：構、責、作、權、呈 (SROAS)

「組織」功能 (Organizing Function) 本身是「管理系統」的第二個「二級系統」，它又含有設計「組織結構」(Organization Structure)、「職責說明」(Responsibility Description)、「作業制度」(Operation Systems)、「核決權限表」(Authorization Chart)，及「簽呈表」(Suggestion & Approval) 等五個組成因素（簡稱為「構、責、作、權、呈」，SROAS），以設定公司工作職位之垂直分組及水平分組結構、命令報告、分工合作，與協調溝通體系為目的。企業組織功能以「設職位」為貴。

7.1.3 「明用人」五步驟：需、需、徵、用、發 (RRSPD)

「用人」功能 (Staffing Function) 本身是「管理系統」的第三個「二級系統」，它又含有設計「工作需求」(Job Requirements)、「人才需求」(Manpower Requirements)、「徵才來源」(Manpower Sources)、「任用派遣」

(Assignment Placement)，及「訓練發展」(Training Development) 等五個組成因素（簡稱為「需、需、徵、用、發」，RRSPD），以選用良才、填滿職位結構、自動執行職責為目的。企業用人功能以「明用人」為貴。

7.1.4　「勤指導」五步驟：通、勵、領、指、顧 (CMLCC)

「指導」功能 (Directing Function) 有指揮領導之涵義，本身是「管理系統」的第四個「二級系統」，它又含有「意見溝通」(Communication)、「激勵士氣」(Motivation)、「領導統御」(Leading)、「指揮統御」(Commanding)，及「照顧關切」(Caring) 等五個組成因素（簡稱為「通、勵、領、指、顧」，CMLCC），以緊密相處 (Face-to-Face)、隨時 (Day-to-Day) 指揮及領導部屬，完成任務為目的。企業指導功能以「勤指導」為貴，和企業計劃、企業組織、企業用人及企業控制四者略有不同，「緊密」及「隨時」在指導功能上最具特色，其他四者並不需「緊密」及「隨時」。

7.1.5　「嚴賞罰」五步驟：日、週、半、月、季 (DWBMS)

「控制」功能 (Controlling Function) 有遙控制服之涵義，本身是「管理系統」的第五個「二級系統」，它又含有「每日活動記事」(Daily Recording)、「每週檢討」(Weekly Reviewing)、「半月工作計劃檢討」(Bi-weekly Plan Review)、「每月業績分析」(Monthly Performance Analysis) 及「每季全面經營檢討」(Seasonally Overall Reviewing) 等五個組成因素（簡稱為「日、週、半、月、季」，DWBMS），以回饋信息 (Information Feedback)、比較分析 (Comparison and Analysis)、採取糾正賞罰行動 (Corrective Action and Rewarding-Penalty)，以確保完成企業原訂目標為目的。控制功能以「嚴賞罰」為貴。

📈 管理循環

「管理」五功能從「計劃」、「組織」、「用人」、「指導」到「控制」五步驟，正符合古行政三聯制：「計劃」(Plan) → 「執行」(Do) → 「考核」(See) → 再「計劃」→ 再「執行」→ 再「考核」之循環，也和品質控制的管理循環 PDCA (Plan → Do → Check → Action) 相同，都含有「事前計劃」→「事中執行」(組織、用人、指導) →「事後控制」循環進行之顛撲不破大原則。

📈 「管理」是主管人員的陰密功能

「管理」五功能，也是陰隱秘密，外人看不到的「作人」功能（號稱「陰、密」），上級主管（即「人上人」）要會先「作人」，才能「管人」（即管部下「人下人」）去「做事」，而前面第 6 章所講的「企業」五功能，是陽明顯露，外人看得到的「做事」功能，號稱「陽、顯」。和「企業」五功能一樣，「管理」五功能中，每一功能又可劃分為五個組成因素的次級功能，所以在「管理系統」內，又有二十五 (= 5×5) 個子題必須注意，已如上述。假若每一子題都做好，就對企業經營成功有所貢獻；假若沒有把每一子題做好，就是企業經營失敗的風險要害。

📈 管理是超距離的團結力量

「管理」是上級主管人員「凝聚」(Condensing) 下級部屬的「超距離團結力量」，一群專業人員若沒有能幹的領導人員來凝聚一起（像交響樂團的「指揮」，凝結各方樂器專家），朝向目標，發揮才能，這一群專業人員一定會成為一盤散沙，各自分散無力。所以企業五個專業功能的主管人員，需要人人學會管理五功能的「定大計」、「設職位」、「明用人」、「勤指導」、「嚴賞罰」的功夫。

管理五功能內的二十五個子題，若沒有個個做好，企業經營管理的成功程度就無法把握。要成功，很困難，因必須個個子題做好；要失敗，很簡單，

只要幾個子題做不好，就足以致命。現在我們也要進入細緻階段，對每一功能的五個子題做要點式的說明，以配合企業功能的「做事」功夫（見第 6章），完成有效經營的企業將帥所應擁有的手段方法論。

7.2 計劃功能的發揮——定大計：從「胡亂猜測」到「全盤布局」

(Exercise of Planning Function — Setting the Ground Plan: from Random Guess to Overall Planning)

7.2.1 「好的開始是成功的一半」

(Good Starting Half the Success)

「計劃」(Planning) 是「泛指設定未來工作目標及工作手段的心智用腦決策功能」；在原始時代，是指把「計謀」用刀筆「刻畫」在平面體（甲、骨、竹、木）的用腦功能；是現代「管理系統」的第一個功能。太重要了，因為「好的開始（計劃）是成功的一半」。正如在「企業系統」內，「行銷」功能是第一功能，是開始的「龍頭」角色，企業的行銷若做好，該企業系統就成功一半了。計劃是管理系統開始的「龍頭」角色，計劃若做好，此管理系統也就成功一半。古云：「凡事豫則立，不豫則廢」；「先謀後事者昌，先事後謀者亡」；「計能規於未兆，慮能防於未然」；「為國有三計：有萬世之計，有一時之計，有不終月之計」……（鈕德明，《決策智慧集粹》(1994)：宋，蘇軾（《策別》十八））。

7.2.2 高階主管寧願忙於「遠慮」，不願忙於「近憂」
(Top Management Prefers to Think Long than to Worry Short)

高階企劃是兼聽遠慮

在很多場合裡，高階決策人員碰到問題時，常很快、主觀地、先入為主的做成偏見的選擇決定；而不是客觀的先「存疑」，再找一手、二手「資料」，再做「真、偽、優、劣、強、弱」分析，再做「預測」，再加上主觀好惡「評斷」，再做最後「選擇決定」。所以這些偏見的高階人員，地位雖高，管理知識及智慧卻低，常把一個大事業帶領到危機四伏的陣地，甚至遇險敗亡。

計劃是「決策」(Decision-Making) 的一種，是專門為設定「未來」工作目標及手段體系的決策 (Planning is Decision-Making for Future Objectives-Programs System)，是屬於「遠慮」(Long Consideration)，不屬於「近憂」(Near Worry)。賢明的高階主管多放一分精神在「遠慮」的所得，比多放十分精神在「近憂」的所得多，即「遠慮」效益比「近憂」高十倍、百倍。

「遠慮」 是戰略性 (Strategic)；「近憂」 是戰術性 (Tactical)、戰鬥性 (Operational)。國家與企業組織體的「十年策劃」、「五年規劃」、「年度計劃及預算」都是「遠慮」的結果。

「計劃」內容在於情報、目標、政策、戰略、制度、程序、方法、標準等

「計劃」之所以成為管理的第一個領頭功能，在於它在「事前」客觀地蒐集情報，設定高階長期目標及政策戰略，用以領導全體部屬及設定中基層幹部未來中短期作業目標及手段，以至於設定基層員工每週、每日之個人操作目標、程序、方法、標準等等。

企業的「目標體系」(Objective Systems) 由上往下設定 (Top Down)，企

業的「手段體系」(Action Program Systems) 由下往上做成 (Bottom Up)。全體員工有機會上下參與，集思廣益，最後形成公司的正式工作「計劃」書（指目標及手段）與財務「預算」書 (Company Plan-Budget)，使整個企業體人員（不論 100 人、1,000 人、10,000 人或 100,000 人），在年度開始之前，就很透明的知道公司的「大計」是什麼、各團隊眾人要做什麼 (What)、要做到什麼程度 (How Much)、個人自己要做什麼、要做到什麼程度、大家日常要如何努力，以及彼此要如何分工 (Division)、合作 (Cooperation)、協調 (Coordination)、配合 (Collaboration) 等等。把以往「散沙式」胡亂猜測的作戰方式 (Randomization)，提升為「全盤布局」的作戰方式 (Integration)，增加勝算把握。所謂「凡事豫則立，不豫則廢」，就是指事前把「計謀劃下來」（計劃之意）的必要性。

7.2.3 《孫子兵法》：戰前先核計「道、天、地、將、法」五要
(Comparing Five Key Factors Before Fighting)

戰前五算，多算多勝，少算少勝，何況不算？

古人有三計：「一日之計在於晨」，「一年之計在於春」，「一生之計在於勤」；管仲也有三計：「一年樹穀，十年樹木，百年樹人」；《孫子兵法》十三篇中，第一篇也講「始計」，要「計」什麼呢？要核計比較敵我兩方之「道、天、地、將、法」五個要點。這些都是老祖宗給我們的免費寶貴教訓。

情報資訊是計算的靈魂糧食（靈糧）

《孫子兵法》中，不只要核計比較敵我雙方之「五要」，還要有內外情報之蒐集、分析、研判、預測，來知己、知彼及知天、知地，才能百戰百勝。由此可知事前「計劃」及「情報資訊」(Information) 之重要性。有人說「成功」靠「運氣」（天）不靠「人力」（人），故有所謂「賺小錢靠努力，賺大錢

靠運氣」、「小富由儉，大富由天」之說法。也因而有「雖謀亦敗」及「不謀而成」之情況，但在正式企業經營裡，那是例外「湊巧」(Association)，不是正道「因果」(Correlation)。因為有好計劃而成功的機率 (Probability)，是遠比沒有好計劃而「瞎貓碰到死耗子」之成功機率為高。在統計學及經濟學上，「湊巧」關係叫 Association，因果關係叫 Correlation。很多人把「湊巧關係」當 「因果關係」，就是沒有學到統計學 「大數原則」 (Principle of Large Number) 之知識，才會以偏概全，斷章取義，少見多怪。

7.2.4 好跑道上有好跑將
(Good Players on Good Field)

在錯綜複雜、百千萬行業內的企業經營裡，「整體計劃體系」(Integrated Planning System) 最為寶貴，而零碎 (Piece Meal)、隨意 (Random)、非正式 (Informal)、口頭說說 (Lip Service)、短期投機 (Short-Term Speculation) 等等之計劃方法，常使企業經營散亂、無效、敗亡。在「整體計劃」體系，不僅公司事前要設定動態性 (Dynamic) 之目標 (Objectives)、戰略 (Strategies)、方案 (Programs)，也設定穩定性 (Stable) 之使命 (Mission)、願景 (Visions)、政策 (Policies)、作業程序 (Procedures)、辦事細則 (Rules)、操作標準 (Standards) 等等，提供員工堅固的「基礎環境」(Foundation Environment)，使「機動」的任務指令，在「堅固」的跑道上奔跑，人人成為運動健將，人人發揮潛力，往前衝刺，創造良好成績，就是企業成功的第一條件。設定好跑道（基礎環境），讓好跑將賽跑，才能確保成功。所以對於「如何做一個好主管？」最簡單的回答就是「建立一個好工作環境」。

7.2.5 整體企劃制度 (IPPBS System)

完整的企業計劃體系包含 IPPBS 五個因素。 第一個 I 代表情報研究 (Information Research)；第二個 P 代表高階策劃，亦稱策略規劃 (Top Management Planning or Strategic Planning)；第三個 P 代表中基層行動方案規

劃 (Action Programming)；第四個 B 代表金錢收支預算 (Budgeting)；第五個 S 代表作業時程安排 (Scheduling)，所以 「整體計劃系統」 (IPPBS) 就是 Information-Planning-Programming-Budgeting-Scheduling Systems（情報－策劃－規劃－預算－排程系統）（見圖 7–2）。

整體
企劃
制度
要素
(IPPBS)

1. 情報研究（高階幕僚團）：Information Research (I)

2. 高階策劃（高階主管）：Strategic Planning (P)

3. 中基規劃（中基主管）：Action Programming (P)

4. 金錢預算（各級主管）：Budgeting (B)

5. 作業時程安排（各級主管）：Time Scheduling (S)

圖 7-2　整體企劃制度要素 (IPPBS)

IPPBS 是從 1960 年代美國甘迺迪 (John Kennedy) 當總統時，整頓龐大費用之美國國防部 PPB (Planning-Programming-Budgeting) 制度演化而來的。由本人加上 Information 及 Scheduling 兩要素而成 IPPBS。當時美國國防部每年軍費開支數字龐大驚人，年年增加，歷任總統、參議院、眾議院束手無策，無人可以控制，因為陸、海、空、海防、後勤各軍種都列出天文數字之預算要求，說是涉及國家安全，哪一位眾議員或參議員敢不按要求通過而削減一分，將來國家出了安全問題就由那位議員負責，嚇得人人審查國防預算而自危，不敢摸國防預算老虎的鬍鬚一把。當然這些說法都是政府官員用來「欺騙」老百姓的誇大說辭，因不如此「恐嚇」，哪能騙取龐大預算來隨意輕鬆花用，老百姓的辛苦稅錢，天注定要被抽來給官員花用，官員不花白不花。

7.2.6　甘迺迪摸老虎鬚

(John Kennedy Touches Tiger's Mustache)

「目標」掛帥

到了年輕的甘迺迪當總統 （1960 年），就不信邪，請有名的福特汽車公

司麥克納馬拉 (McNamara) 總裁當國防部長，麥克納馬拉就請其在哈佛商學院讀 MBA（企管碩士班）的同學安東尼 (R. Anthony) 教授來當國防部副部長（第二把交椅），專門整頓各軍種的軍費預算要求。安東尼教授是著名管理會計學 (Management Accounting) 專家，他不從國防預算的總絕對數字挑剔，因那是見木不見林的「手續管理」(Management by Procedure)，不是釜底抽薪「目標管理」(Management by Objective；簡稱 MBO)。絕對數字一大堆，繁繁碎碎，是「多」對或是「少」對，沒有標準，很難說準。他從國家國防「目標」、「政策」、「戰略」、「方案」，而非「數字多少」，著手討論檢驗。

以「今年」為零基

先設定真正要的「目標」，然後剔除不合乎目標要求的「策略」（政策及戰略），然後再剔除各軍隊所提出不合乎策略要求的行動「方案」，最後剔除不與行動方案相關聯的「預算」數字 (P → P → B)。換言之，政府國防預算的編列原則是「沒有好目標就不必有行動方案，就不必有支出預算」。預算跟隨「今年」的新目標及方案走，不是跟隨「去年」的數字走，無新目標就無新預算，一切從今年的零基礎開始。

PPB 風行美國大機構

安東尼用 PPB（策劃 → 規劃 → 預算）制度，大幅降低國防預算支出，節省浪費，替全國納稅人節省成本，但又不降低國防安全品質。由此 PPB 之「零基式」(Zero-Base)「目標管理」(MBO) 計劃方法，風行全美國的各大機構，包括大學校、大醫院、大研究機構、州政府、市鎮政府。民間企業一向以滿足顧客、節省成本、提高利潤、提高效率為目標，所以更是全心全力擁抱採用 PPB 之零基精神。在中國大陸及臺灣，PPB 精神運用於公共事業機關的管理路途還很遙遠，因掌政的人，沒有幾個真正學過有效管理的精髓，人人常以「過去數字」為「未來基礎」，在心態上又常以浪費人民血汗稅錢為樂事，有把人民看成笨得要死的「死老百姓」，不花（浪費）白不花的嫌疑。

7.2.7 「情報」及「時間」很重要
(Information and Time are Very Important)

在實用上，企業要設定正確之目標 (Objectives)、策略 (Policies & Strategies)、方案 (Action Programs)、預算 (Budgets)，都要有理智的「決策過程」 (Rational Decision-Making)，也都需要有充分、準確、即時之情報 (Information) 及配合適當的時程安排 (Scheduling)，這就是為什麼 PPB 要再加上 I 及 S，成為五位一體之「整體企劃 IPPBS」。我們可以說現代有效經營之企業整體計劃系統，就是以「目標」掛帥的 IPPBS，也就是「目標管理」的計劃系統，不是以「手續」性數字掛帥而遺忘目標的「傳統預算法」 (Traditional Budgeting)。IPPBS 也叫「零基計劃預算法」(Zero-Base Planning-Budgeting)，是指任何機構做年度預算時，年年從「零」開始往上加，若沒有先訂先行「目標」，就沒有「策略」，就沒有行動「方案」，自然就沒有金錢收支「預算數字」了。現在就 IPPBS 各個因素，逐一說明其要點。

7.2.8 情報研究走第一步
(Information Research is the First Job)

「情報」或「資訊」(Information) 在中文解釋是指把各種實際資料信息「情」況回「報」給「決策者」(Decision-Maker)。決策者不管其地位高或低，是總經理或班長，若不知「過去」(Past)、「現在」(Present) 及「未來」(Future) 的「客觀」(Objectivity) 與「主觀」(Subjective) 條件的「實際情況」(Actual Situations)，就憑空、憑好惡下決定、做選擇，並付諸執行，其失敗的風險度很高。前曾提及「無情報就做決策」 (Decision-Making without Information)，50 歲的成人和 5 歲的小孩所做的「決策品質」 (Decision Quality) 都一樣低。老祖宗告訴我們，做決定一定要「審時度勢」，「權衡輕重」，不可隨意以拋銅板看正反面來做決策。張良「運籌帷幄之中，決勝千里之外」，也要靠情報。孫子說「多算勝，少算不勝，而況於無算」，也是用情

報來計算。諸葛亮「好謀善斷」，也要靠情報來「圖謀」及「決斷」風險。打仗要有情報當先鋒，做買賣生意及股票也要靠情報來決斷。

無情報下做決定等於盲目開車 (Decision-Making without Information Equals to Blind Driving)

◆「資料」只是「情報」的原料

「情報」在英文是指經過分類及整理 (Classified and Processed) 的「資料」(Data)，可以供作各種特定「決策」之參考，通常報章雜誌書籍報告的文字及數字只可以當作「資料」，只有把「資料」再經過加工整理分析，才算「情報」（軍事用語）、「資訊」（臺灣用語）、「信息」（中國大陸用語）。「資料」是「原料」(Data is Material)，「情報」（資訊、信息）才是「成品」(Information is Product)。

◆「情報」就是「知識」及「權威」

「情報」的廣義意思就是「知識」(Information is Knowledge)。掌握豐富情報的人，就是最大的「知識者」及「權威者」，以前古人說「秀才不出門，能知天下事」，是指知識分子會讀書，現代包括看電視、聽廣播、看電子電腦網路等，則可足不出遠門，也知世界各地、各行各業的新情況。在現代虛擬金融經濟社會裡 (Virtual Financial Economy)，消息靈通、情報快速者，可以買賣股票、期貨及外匯，賺取大量金錢。換言之，「情報」(Information) 加「時間」(Time) 就是「金錢」(Money) 了。

◆ 大腦綜合各路情報，做出決策

對個人而言，眼睛、耳朵、鼻子、舌頭、身體皮膚（即「眼」、「耳」、「鼻」、「舌」、「身」五官），都是蒐集情報的器官，每一個器官收到外界變化的情報，除供其本身做出反應外，還把情報送到大腦（即「意」，指總經理），供其綜合各器官送來之情報，做出判斷及反應決策，命令各器官及手腳做出最有利於全身的執行性動作。

企業機構在商場作戰，求生存及成長，也像人生在社會中求生存及成長

一樣，所以企業的各種未來性決策（即計劃）或目前性決策，都需要情報來做基礎，若無情報就做決定 (Decision-Making without Information)，等於「盲目開車」，有的人甚至說「盲目開飛機」，必然錯誤失敗。

情報要靠「研究」，不是平白而得 (Information Has to Be Researched)

「情報」之來源不是平白免費，自然現身，任您採取，而是要透過研究 (Research)（包括調查、分析、預測）等步驟才能取得，所以「整體計劃」的第一步工作，就是「情報研究」。在企業經營活動裡所需要做的「決策」很多種，所需要參考的「情報」也很多種，但大類上可分為企業「外部情報」(External Information) 及「內部情報」(Internal Information) 兩大類。

◆ 大環境人文天然力量 (Natural and Man-Made Environmental Information)

「外部情報」又包括「大環境」情報 (Macro-Environmental Information)、「顧客市場」情報 (Customer Information) 及「競爭者」情報 (Competition Information) 三大類。「大環境」之內再包括政治、經濟、法律、科技、人口、文化、社會、教育等八類「人文環境」(Man-Made Environments) 及天時、地理、水災、旱災、地震、沼澤、颱風、山脈等（即乾天、坤地、坎水、離火、震雷、兌澤、巽風、艮山等八卦）八類「天然環境」(Natural Environments)。

「內部情報」又包括行銷、生產、研發技術、人資、財務會計等五大企業功能部門的情報，所以可再分為行銷情報、生產情報、技術發展情報、人資情報及財務會計情報。這五大類「內部情報」是供「投入－產出分析」(Input-Output Analysis) 之用；「外部情報」是供「供給需求分析」(Supply-Demand Analysis) 之用；內部及外部情報的合併則可供經營「目標」及經營「策略」之決策分析之用。

平常 「資料」 多但 「情報」 少 (Plenty of Data but Few Information)

「情報」是反映事實活動之文字及數字「資料」的整理「成品」，但通常我們看到的文字及數字只能稱作 「資料」 (Data)，不能稱作 「情報」 (Information)，這兩者的區別點就在能充當「決策基礎」與否。有時可供作甲決策基礎的情報，不一定能供作乙決策的基礎，這就降低其利用價值，我們可更直接地說，「資料」到處都是，但「情報」卻是很缺乏。無情報基礎的決策，就是亂猜瞎摸。有很多居高官、當主管的人，常常「偏聽」好高騖遠的甜言蜜語，不「兼聽」腳踏實地的逆耳忠言，糊里糊塗做決定，鑄下滔天大錯，把企業引向深淵滅頂，就是無情報做基礎的決策後果，雖可同情，但也是天理難逃。唐太宗李世民有鑑於隋煬帝楊廣在短期內滅國，在《貞觀政要》裡提及魏徵所講「兼聽則明，偏信則暗」之警語。孟子也曾說「入則無法家拂士，出則無敵國外患者，國恆亡」之名言，皆指無「情報」可用之決策風險及危險。

內部管理資訊情報系統 MIS 及 ERP

企業最高主管的首要工作，是「策略管理」(Strategic Management) 或稱「高階策劃」（Top Management Strategic Planning，見以下說明）。「高階策劃」的核心工作是設定公司長期「目標」及達成目標所需之政策性及戰略性「手段」。「高階策劃」 需要及時 (In Time)、 充分 (Abundant)、 準確 (Accurate) 之內外情報做基礎，所以高階主管要在平時就建立起「管理情報資訊系統」(Management Information System；簡稱 MIS) 或稱「企業資源規劃」(Enterprise Resources Planning；簡稱 ERP) 系統。其作法如下：

1. 是責成總經理室幕僚 (President Office Staff) 建立各部門課長、經理及總經理每天、每週、每半月、每月、每季、每半年、每年要自己看及要呈報上級的報告表內容（包括文字說明、數字分析及比率比較）。

2. 是責成行銷部門實施推銷員（包括「業務代表」、「業務工程師」、「銷售工程師」等等）「目標管理」、「訪問報告」、「顧客檔案」、「競爭者檔案」等措施。也責成採購部門實施「貨比三家」、「公開招標」、「供應商檔案」、「價格（行情）檔案」、「交運追蹤檔案」、「庫存檔案」等措施。

3. 是責成公司企劃部及行銷部企劃課，單獨進行顧客、供應商及競爭者行為「調查」，以與推銷員及採購員訪問報告之資料核對，而免被推銷員及採購員「報喜不報憂」之假情報所誤。推銷員及採購員若知道公司企劃部門會另有獨立之調查研究途徑來蒐集情報時，就不敢虛報資料。

4. 是責成企劃及資訊電腦部門，把行銷、生產、研發、採購、人事、會計、財務等等各部門的作業關聯體系，建立起「文字化流程」(Flow Chart) 及「電腦化線上作業」(On-Line Operations)，使成為「全企業資源規劃」（Enterprise Resources Planning；簡稱 ERP）系統，把電腦作為制度化管理的大工具（見圖 7-3）。

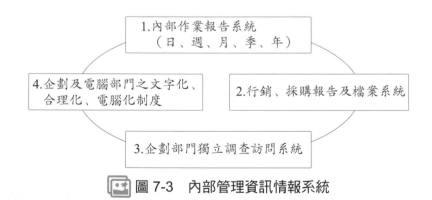

圖 7-3　內部管理資訊情報系統

　　企業眾多的「資料」(Data) 一定要經過整理分析，使成為「情報」資訊 (Information)，「情報」一定要整合成為「系統」(Systems)，不能凌亂重疊。「情報系統」也一定要提供各部門各級幹部（從班長、組長、課長、到經理、

副總經理、總經理、董事長）做管理決策 (Decision-Making) 之用，成為「管理情報資訊系統」(MIS) 更好。最後若能把資料、情報就發生的起源點即時輸入電腦（稱「就源輸入」），存檔、分析、檢索使用，就可成為「電腦化管理情報資訊系統」(Computerized MIS/ERP)，作用更大。企業若有「資料庫」（即資料銀行 (Data Bank)）、有「管理情報資訊系統」(MIS/ERP)，則企業的「整體計劃系統」就更有希望健全完美。

7.2.9　高階策劃走第二步
(Top Management Strategic Planning is the Second Job)

「路線方向」優先於「步伐速度」(Direction is Higher than Speed)

　　企業的「目標」體系指導全體員工的工作「方向」(Direction) 及「步伐」(Speed)。路線「方向」的設定應優先於「步伐」速度的設定。設定企業要走的路線「方向」是高階主管的第一個職責，因為「方向」若錯誤，將造成「失之毫釐，差之千里」之損失。在單一公司，應由董事會（由董事長代表）及總經理負責設定公司的長期社會經濟「宗旨」(Basic Purposes)、「使命」(Missions)、「遠景」（願景）(Visions) 目標，「產品行業」(Product-Lines) 別目標，「產品項目」(Product-Items) 別目標，產品「銷售」(Sales) 量值、「利潤」(Profit)、「市場佔有率」(Market-Share)、「生產力」(Productivity)、「創新」(Innovation) 等等數量別「目標」，以及設定達成這些目標所需之手段性經營「政策」(Policies)、「戰略」(Strategies) 及「方案」(Programs)、公司「組織結構」(Structure)、「職責說明」(Responsibilities)、「重要人員」(Key Personnel)、「核決權限」(Authorization Chart)、「作業制度」(Operation-Systems) 及「賞罰標準」(Reward-Penalty Standards) 等十九個層次的「理想境界」（亦稱「目標」），其中宗旨、使命、遠景、產品行業／市場目標及政策戰

略，都是「路線方向」，其他則為「步伐速度」。

「企劃均權」、「執行分權」、「控制集權」 的理想制度
(Planning-Participation, Implementation-Decentralization, but Control-Centralization)

◆ 企劃均權 (Participation)

在大集團公司的高階企劃，應由總公司（中央）及成員公司（地方）的高階人員集思廣益，實施「分層負責、企劃均權、執行分權、控制集權」制度（見表 7–1）。企業集團的宗旨使命遠景、產品行業別目標、組織結構、主要人員、政策由集團總部總裁（及其專家幕僚）預先設定，再由各成員公司參與意見修正；而產品項目別、目標、銷售、利潤、佔有率、生產力、研發創新、戰略、職責、核決權限、作業制度、獎懲等由成員公司總經理／董事長擬定，提請總部總裁（及其專家幕僚）討論、修正、核決，分發各成員公司據以實施，此乃「企劃均權」之謂。

表 7-1 企劃－執行－控制之集權、分權與均權

	企劃 →		執行 →		控制	
集團總部（中央）	均權	∨		×	集權	∨
成員公司（地方）	均權	∨	分權	∨		×

◆ 執行分權 (Decentralization)

至於各成員公司內各級單位之目標體系及手段體系之設定及執行，則由各成員公司董事會及總經理分配各部門經理及其下屬，參與設定、集思廣益，把目標責任設定到每一個員工身上 (Responsibility-Task to Individuals)，供指導作用及每日、每週、每半月、每月、每季、每半年、每年控制糾正之依據，此乃「執行分權」之謂。

◆ 控制集權 (Centralization)

各成員公司作業性之「目標管理」及「責任中心」制度，都可以電腦化，

「就源輸入」執行情況，上級主管隨時可從自己桌上電腦中抽查，尤其中央總部可隨時抽查或專案調查各成員公司之各部門的執行情況，直通天地，而無礙。得知各員工之執行進度是超前、準時或落後，並做個別必要之追蹤考核、糾正，此乃「控制集權」之謂。

📈 目標責任要落實到「個人」身上 (Task-Responsibility to Individual Employees)

成員公司開始執行目標過程前，要把執行性目標責任一一落實到每一員工身上，方能被追蹤查核，除成員公司董事會、總經理、各部門經理、課長等需要「自行控制」部屬外，集團公司總部亦應實施「集權」抽查、審核、糾正到每一執行單位及個人之職責，力求集團內成員公司本身達到「有效經營」之境界外，尚能確保成員公司相互之間產生互助互利，「一加一大於二」之「綜合利益效果」(Synergism)。所以單一公司的高階主管和集團公司的高階主管之角色相同，只是規模大小、產品種類項目繁簡不同，必須分層負責到底、分工合作到底、協調一致到底而已。

📈 宗旨、使命與遠景是「事業生涯」 (Purposes, Missions and Visions are Employees' Life Career)

企業的創業「宗旨」、「使命」及「遠景」（願景）是它的長期、甚至永久追求的「目標」，它們是「文字性」目標，是「標語性」目標，是「精神理念性」目標，是有利於「社會經濟」的理想，也就是公司長遠要走的「大道」。很多人忽視這個昇華性、靈魂性的目標，所以不易凝聚眾多部屬的力量。古語說「道相同，相與謀」；孔子說「道不同，不相為謀」（《論語·魏靈公四十》），當部屬認同公司的最終目標大「道」，才會與上級同心協力。若部屬不認同公司的大「道」，就會離心離德。此大「道」就是公司的「宗旨」、「使命」及「遠景」（願景）目標。一般而言，「宗旨」常用人群社會經濟利益表達；「使命」常加用「產品行業」之貢獻表達；而「遠景」（願景）又常加用

411

「地區市場」之貢獻表達。

最高主管對一大群部屬的領導作用，就是被部屬認同的「利國、利民、利公司」的大使命目標。只有有真正「事業生涯」(Career) 的主管，才會設定企業長久性的宗旨、使命及遠景，供鞭策自己及部屬之用。沒有社會經濟使命感的企業，只是打游擊式的餬口謀生之經濟動物，遲早會倒臺，好才幹之人，若非萬不得已，走投無路，實不必為這個沒有社會經濟使命感的純經濟動物去賣命打拚，消耗青春。在楚漢相爭，逐鹿中原時，當韓信目睹年輕氣盛之項羽坑殺秦降兵 20 萬人之後，已決定不再為這位以「推翻暴秦」為口號的「新暴君」賣力了，所以在鴻門宴之後，就棄羽投劉，在攻齊當齊王之後，也不願助楚滅漢，這完全是因項羽沒有利國、利民、利社會之「大道」所致。

成功五要訣：一命、二運、三風水、四功德、五讀書 (Five Priorities to Human Success)

◆「地命」比「時運」重要

企業在初創時及在成長時，一定有其「產品行業」(Product-Industry) 選擇以及特定「產品項目」(Product Items) 選擇。中國文化有云人成功的決定因素有五，依次：「一命、二運、三風水、四功德、五讀書」。把出生「地點」(Place) 之良否，當作「命好」或「命不好」的標準，正如同時出生在王公貴族富豪之家，比出生在販夫走卒窮農之家，未來成功之機率大很多。所以「出生地點好」是成功的第一重要因素。把「時點」(Time) 之適當與否，當作「運氣好」或「運氣不好」的標準，正如同樣出生在王公貴族富豪之家，但第一位早出生者「嫡長子」成功機率比慢出生者大很多。所以「出生時運好」是成功的第二重要因素。若命不好，運也不好，但「人和」好，「工作環境」好，有和風、細水、土壤肥沃、陽光充足、人緣好、上下和諧、左右協調，成功也會得心應手而來，所以「風水」環境及「人和」環境是成功的第三重要因素。但「運好」不如「命好」。若一個人的命不好，運也不好，風水也不

怎麼好，但其前世長輩積大陰德，或本世自己有社會愛心、多助人、多做功德，也會「得道多助」，所以「功德」是成功的第四重要因素。

◆ 窮人應多讀書

　　成功的第五重要因素，才輪到個人本身讀書多、見多識廣、智慧才幹超群、刻苦耐勞、道德品行服人，能「內聖外王」（指「內修外用」），能得人心團結，一定也會「事竟有功」。所以，窮人子弟應多讀書，爭取第五個因素。

　　這五個成功因素，相對於「成功命運論」及「成功致力論」之說法，各有所本。「成功命運論」者說成功九分靠命運，一分靠努力。「成功致力論」者說成功九分靠努力，一分靠命運。您的看法如何呢？有人說，「賺小錢，靠努力；賺大錢，靠運氣」，您相信嗎？

男怕選錯行，女怕嫁錯郎，企業怕投錯產品行業別 (Do not Select Wrong Product-Industry)

◆ 環境、顧客、競爭、投入－產出分析

　　在企業高階策劃時，利用豐富之情報資訊，做「環境分析」(Environmental Analysis)，做「市場供需分析」(Market Demand and Supply Analysis)，包括「競爭分析」及「顧客分析」，以及本身能力之「投入－產出分析」(Inputs-Outputs Analysis)，找出強點（Strength；簡寫成 S）、弱點（Weakness；簡寫成 W）、機會點（Opportunity；簡寫成 O）及危險點（Threat；簡寫成 T），即 SWOT 思考，然後做出選擇，決定 1 年、5 年、10 年甚至 20 年要投下資金之「產品行業」及「產品項目」，這就是在決定這個企業的「地命」及「時運」。「產品行業」若選錯，是「大命」錯了，把白花花的銀子變成一堆破銅爛鐵，很嚴重，很難更正。所謂「一失足成千古恨，再回頭已百年身」，就是指企劃時，選錯、投錯產品行業將很難更改，其嚴重性與「男怕選錯行，女怕嫁錯郎」相仿，都是指「大命」選錯了。

◆ 行行出狀元，產品行業是「大命」，產品項目是「小命」

　　「產品行業」百千萬種，包括如食、衣、住、行、用（品）、育、樂、

健、保、捐等十大民生品行業及其「背後」支援配套之無窮無盡的加工、原料行業，以及其「前端」支援配套之無窮無盡的行銷、運輸、金融、保險、資訊行業。依「功能」(Function) 界定之產品行業目標（選一個，叫專行專業；選數個，叫綜合行業），選對了，「大命」就對。但在各行業內，還要選以「型式」(Form) 界定之「產品項目」，才能付諸真正建廠生產及行銷。「產品項目」若選錯，「小命」就錯了，也不能成功。不過產品項目選對，「小命」對；產品項目選錯，「小命」錯，小命錯是比較容易修正，因在技術上及生產設備上的修正成本都比較低。

設定 1 年、5 年、10 年甚至 20 年之產品行業別及產品項目別目標，不只在選「命」，也是在選「運」。當時機未成熟（如技術未穩定、市場購買力未出現）就投入大量資金，雖是產品行業及產品項目都是領先第一名，也不一定會成功，因「運」不對也；有人在時機成熟時，再投入同樣的產品行業及產品項目，就成功了，因「時來運轉」也。30 年前臺灣電子工業時機未成熟，國豐公司孫靜源及統一公司高清愿兩位先知，投入電子行業，但因人才、市場、技術未完備，都未成功。但 5 年後，時機來臨，新投入者，今日皆成電子行業的大成功者，撐起臺灣今日的電子、資訊、電訊、3C、4C 等高科技產業。

「三合」命目標 (Three Positioning Destiny)

◆ 企業生於「三緣和合」：產品、合夥人、總經理

企業的「命」是不是對，除了產品行業及產品項目選擇對不對外，還涉及投資「合夥者」對象（即結婚對象）及負責的「總經理人選」對不對。產品項目對、投資合夥者不對，總經理人選對，也不會成功。產品項目對、投資合夥者對，但負責的總經理人選不對，也不會成功。只有「產品」命對、「合夥人」命對、「總經理人選」命對，「三合」命對，企業才會經營成功。此點是有關「命」好或不好的關鍵。佛學說：人生於「三緣和合」，人死於「四大皆空」（地、水、火、風）。前面已提過人生「三緣」是指父精、母卵、

中陰身（靈魂）三條件。「和合」是指和諧地合會在一起，才能製造一個人。三緣不和合，就不成胎。企業的成功也是要「產品」、「合夥人」、「總經理」三者和合，才會有好命，才會成功（見圖 7–4）。

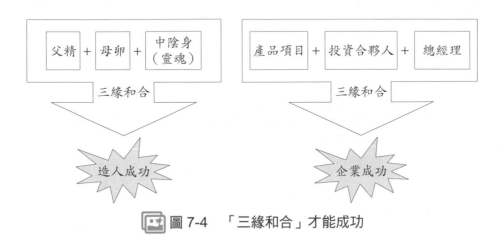

圖 7-4 「三緣和合」才能成功

八數量目標 (Eight Quantity Objectives)

◆ 年度之數量目標

有了企業宗旨、使命、遠景之目標後，高階主管也針對產品及市場別，設定 1 年、5 年「數量目標」。針對產品行業別的各個產品項目，要用「市場潛力預測」及「銷售預測」(Market Potential and Sales Forecasting) 的數據，來設定公司未來 1 年及未來 5 年內每一年的「銷售量」、「銷售值」、「市場佔有率」、「利潤額」、「利潤率」、「淨值投資報酬率」、「員工銷售生產力」、「員工利潤生產力」 等八項數字目標。假使是 「綜合性集團公司」 (Conglomerate)，有五個產品行業別，每一行業別有六個產品項目，則這些數字目標要設定三十 (= 5 × 6) 套，然後再綜合成一套，作為總公司未來 1 年及未來 5 年之「計劃書」(Corporate Plan)（見表 7–2）。

📝 表7-2　公司計劃書（1–5年）綱要

```
1. 公司「宗旨」說明
2. 公司「使命」說明
3. 公司「願景」說明
4. 公司數量目標
    4-1  產品別銷售量及值（及成長率）
    4-2  產品別利潤額、利潤率、淨報酬率（及成長率）
    4-3  產品別市場佔有率（及成長率）
    4-4  創新項目（產品、技術）
    4-5  生產力（生產、銷售、利潤）
    4-6  資本結構（淨值／負債比）
    4-7  員工訓練與發展
    4-8  設備更新
    4-9  社會責任
    4-10 環境保護
5. 政策與戰略與重大方案（附件）
6. 組織、人才、作業制度、資訊制度
7. 預估公司損益表及資產負債平衡表
8. 追蹤、考核、稽核、糾正
```

戰略與政策 (Secret Strategies and Public Policies)

　　針對未來 1 年及 5 年之數量目標，公司的最高主管及其專家幕僚尚應利用情報分析，「審時度勢」，設定隱秘性之「戰略」(Strategies) 及公開性之「政策」(Policies)，供各部門據以設定「行動方案」(Action Programs)、「作業程序」(Operation Procedure)、「辦事細則」(Rules) 及「操作標準」(Standards) 等等「作業制度」(Operation Systems) 相關之措施，以利如期達成目標。

　　總之，高階策劃是設定企業「方向」及「步伐」的用腦思考決策過程 (Mental Process)，以公司未來努力工作之「目標體系」為核心，所以又稱之為「目標策略計劃」，或簡稱為公司之「目標計劃」或「策略計劃」，是公司高層謀略大事。對一個國家而言，這是總統、行政院長（總理）之首要職責。唐太宗李世民所謂的治國「定大計」就是指這一部分。

7.2.10 中基規劃走第三步
(Middle and Bottom Action Programming is the Third Job)

目標責任網落實到個人 (Objective-Responsibility Network on Every Individual Worker)

◆ 總經理 → 經理 → 課長 → 班長 → 作業員之「目標責任網」

「總經理」設定之目標、策略，經董事會（及上級集團總部）核可之後，就應據之分配給行銷部、生產部（含採購部）、技術研發部、人力資源部，及財務部、會計部與資訊部經理，由他們依照「銷、產、發、人、財」之順序，設定各自部門較為詳細之文字及數字目標與執行方案，再分配給各部門之課長級人員，由他們再設定更詳細的目標責任網、執行方案、作業程序、辦事細則、操作標準等等，再分配給班長級人員，層層下達以到達每一個作業員為止，形成公司上下連接一體之 「目標」 責任網 (Objective-Responsibility Network) 及「手段」方案體系 (Action Program Network)。

「參與管理」 才能集思廣益 (Management by Participation to Perfect the Planning Quality)

◆ 「參與管理」與全員「自主管理」

通常部門經理級、課長級、班長級之目標設定及方案設定，都應採取上下參與（Management by Participation；簡稱 MBP）、集思廣益之「民主開放」方式 (Democratic Participation)，讓公司員工之智慧、情報可以進到公司的企劃體系，影響公司的行為及成果，成為「全員自主管理」(All Members Self-Management)。

中基層參與公司計劃過程是很重要的成功關鍵，雖然每年從 9 月開始企劃活動到 12 月結束，往還討論多次，很花時間，但卻是「確保成功」之作

417

法。反之，獨裁式 (Autocratic) 及偏見式 (Biased) 之計劃，雖省時省力，但很容易把公司引導到投機、賭博、顛簸不穩的陷阱，浪費全體員工的精力、時間及社會大眾的金錢，絕對不可以採用。

「投資可行性研究」及「行動方案計劃書」是有力的執行工具 (FS and AP are Powerful Tools)

◆ 六步「可行性研究」

「中基層規劃」是注重執行方法之手段性、細部用腦過程，正好和「高階策劃」注重目標方向之策略性用腦過程相對比，前者為步伐速度，後者為路線方向。在中基層規劃中，有許多小規模的擴建、維修投資方案，與大規模的新產品行業投資方案一樣，同樣要動用資金，所以都要做「可行性研究」分析（Feasibility Study；簡稱 FS），只是前者範圍較為狹小及簡略，後者範圍廣大及詳盡而已。在前面說明「情報資訊」之重要性時，曾提及「可行性研究」包括市場行銷 (Marketing)、工程技術 (Technology)、生產製造 (Production)、經濟利潤 (Economic)、財務融資 (Financial) 及風險分析 (Risk Analysis) 等六步驟（見圖 7–5）。

圖 7-5　六步可行性研究流程圖

◆ 7Ws「行動方案計劃書」

另外，各部門為要執行上級設定之戰略及政策，涉及跨部門人力編組及例行經費支出以外之「額外」經費開支（即專案支出），一定要編製「工作執行或行動方案計劃書」(Action Program Plans；簡稱 AP Plan)，把工作具體目標 (What)、緣由 (Why)、方法步驟 (How)、時間進度 (When)、負責人 (Who)、資源需求 (Where) 及經費收入 (How Much) 等科學 7Ws（七個支持要點法，簡稱「七支法」）要素寫清楚，供上級核定或提供專家意見修正（見表 7–3）。

📝 表 7-3　行動方案（工作執行）計劃書內容（7Ws 法）

1.計劃方案	名稱、編號及負責單位
2.工作目標 (What)	分項明確列出
3.工作緣由 (Why)	配合上級目標或理由
4.工作方法步驟 (How)	逐一寫出步驟順序
5.工作時間 (When)	逐一寫出每一步驟的起、迄點
6.工作地點 (Where)	每一步驟執行地點、所在
7.工作負責人及相關人員 (Who)	負責人、目標、專家
8.工作收支預算 (How Much)	分項收入、支出、損益
9.評估 (Evaluation)	有形、無形經濟價值及可行性

📈 管理作業制度可動員全體，善化三千 (Management Operations Systems are the Base of Ruling by Orders)

公司各部門要執行目標、策略所需之標準作業程序 (Standard Operation Procedures；簡稱 SOP)，包括各部門單位之「作業程序」、「作業標準」、「作業表格」、「辦事細則」等等，合稱「管理作業制度」(Management Operations Systems；簡稱 MOS)，也要由中基層幹部先設定，提供經理、總經理及其專家幕僚核正，再提董事會通過，成為公司授權之「規章制度」，供全公司有關人員日常遵行，成為「法治」之「制度化管理」公司 (Systems Management Company)。

公司若只有高階策劃，沒有中基層規劃，亦即只有「人治」(Rule by Person)，沒有「法治」(Rule by Orders)，則公司絕無法達成目標；公司若沒有高階策劃，只有中基層規劃，公司一定支離破碎，各部門各行其是 (Suboptimization)，互不配套，浪費公司人力及金錢於無形之中。所以有好的高階策劃之後，一定要有好的中基層規劃相配套，公司目標才會落實。關於管理作業制度之設定，對集團企業各成員公司更為重要，要凝聚各成員公司之綜合效用，除了採用前述「均權計劃、分權執行、集權控制」作法之外，就是透過各成員公司統一之「管理作業制度」(MOS) 來達成，並可「善化三千」，實施「連鎖經營」(Chain-Store Operations)，擴大經濟管理「規模」(Economic Scale)，減低單位管理成本 (Unit Cost Down)，此乃目前最流行之企業戰略方法。

7.2.11 收支預算走第四步
(Budgeting is the Fourth Job)

「利潤中心」、「成本中心」及「工作責任中心」都應有「預算控制」

單一公司或集團公司的計劃，可在上述「高階策劃」、「中基層規劃」的過程中，最後由財會部門綜合行銷、生產、研發、人事及財會本身之例行工作支用收入，及專案工作支用收入等數字資料，而編成各「部門」之工作計劃與預算 (Department Plans and Budgets)，並綜合成「全公司」之計劃與預算 (Company Plan and Budget)。若是多產品行業及多產品項目之企業，尚可以依產品利潤目標之多層次單位所屬，編製「利潤責任中心」預算 (Profit-Center Budgets) 及其所轄之「成本中心預算」(Cost-Center Budgets)，以及所轄之「工作中心預算」(Task-Center Budgets)，形成最強而有力之管理工具。各部門、各級單位有自己的工作計劃及收支預算，其主管人員才能每月實施「預算控制」(Budgetary Control)，提高效率、降低成本。

零基預算法與彈性預算法合情合理 (Zero-Base and Flexible Budgeting)

各部門各單位之預算編製方法在傳統政府機構及公營事業裡，最具政治欺騙性意味。人人無責任心、無上進心，只想一年比一年列出最大支出預算，最小收入預算，甚至列出最大虧損預算，來欺蒙上級單位或議會通過承認，然後可以坐享消耗人民納稅之公帑，牟取私自之利益。

◆「無工作目標」即「無預算可用」

但現代有效經營管理方法，講究「責任」中心及上進有效精神，年年改進，每年依市場環境變化，規劃新目標、新策略、新工作方案，而編出有效達成目標之最低支出、最大收入預算，以利全年 365 日鞭策各級主管人員，並作為獎懲依據。年年從「零基」(Zero-Base) 開始，若無工作目標，即無人員任用，即無費用支出，所謂「零基預算法」即是指此。若工作目標多，成本自然大，用人即多，費用即大，但收入也應大，所謂「彈性預算法」(Flexible Budgeting)，即是指此。

◆「有效管理」與「無效管理」之差異點

在現代整體計劃體系 IPPBS 制度中，「預算」是工作目標策劃及手段方法規劃之自然結果，一目了然，但在很多不懂計劃要義的人，常常為了敷衍，為了虛應故事，為了編製「預算」而漏夜趕工「製造數字」，完全忘掉先編有工作「目標」及工作「方案」，才有「預算」之順序。「為預算而預算」，必是虛假的「偽預算」，沒有指導作用，企業人員必須深切認識並避免之。企業「有效管理」與政府「無效管理」的最具體差異點，就在「責任中心」及「預算編製」是否依據「目標管理」(MBO) 及「零基預算」(ZB) 的精神而定。這也是為何 1960 年美國甘迺迪總統硬要在國防部推行 PPB 制度的原因。

7.2.12　時程安排走第五步
(Scheduling is the Fifth Job)

「天、地、人」曰三才，無天時難成事 (No Schedule No Success)

◆ 無時間進度之工作計劃，等於無兌換期之支票

在基本性質分別上，高階策劃是「目標」計劃 (Objective Planning)，中基規劃是「手段」計劃 (Action Planning)，「預算」(Budgeting) 是「金錢」計劃 (Money Planning)，「排程」(Scheduling) 就是「時間」計劃 (Time Planning)。任何工作目標及手段再好，經費預算再充裕，假使各部門沒有明確的執行時間計劃，此目標也會遙遙無達成之期。尤其大規模的組織，每一件事或每一個方案之執行，都會牽涉很多平行分工或垂直分工單位之參與，也要使用很多資源，若無時間進度計劃表，則很難湊合所需之人力及資源。沒有完成工作之時間目標，等於無兌現期之空頭支票，其數額再大也沒有用途。

《三字經》說「天、地、人」，曰三才，「天」就是時間代表，「地」是代表地點，「人」是代表負責人，萬事無時間、地點及負責人因素，哪能成功呢？所以「排程」（時程安排）萬萬不能忽略。臺灣海峽的兩岸關係，從 1950 年起，拖延 60 年沒有「分」或「合」的結局，造成 60 年中年年緊張的情緒，直到 2010 年 ECFA（兩岸經濟合作架構協議）才簽訂，其間耽擱臺灣經濟發展的太多良好機會，就是因為沒有「時間表」關係所致。

在中基規劃中，已經有「工作執行方案計劃書」之規劃，其中七個 W 因素中，第四個 W (When) 就是時間進度計劃，會合各部門之方案計劃書，就可以事前編定「全公司」及「各部門」重要工作方案之進度表，包括「例行性工作」及「專案性工作」之進度在內。

時間計劃的工具，可用「文字」來標明 (Word Statement)，也可用「甘特

圖」（Gantt Chart）來標明專門大方案，更可用「計劃評核術」（Project Evaluation and Review Technique；簡稱 PERT）或「要徑網狀圖」（Critical Path Method；簡稱 CPM）來標明。時間計劃之尺度 (Scale)，應分時別、日別、週別、月別為單位，來標明某件工作之「開始」時間及「完成」時間，供作中間追蹤考核糾正之依據。

總經理對各銷產發人財部門之「例行」進度，及大「專案」進度，應製有「總進度控制表」(Total Control Chart)，部門經理及課長班長人員也應針對其責任範圍內之「例行」活動進展及「專案」執行，訂有「進度控制表」(Control Chart)，供隨時核對追蹤，落實全公司之業務執行。點點滴滴規劃、執行、控制，不厭其煩。

以上就 IPPBS 五大企劃因素來說明企業管理中，「計劃」首要功能的重要內涵，讀者若有興趣，可再參閱筆者所著《高階策略管理：企劃與決策》一書（臺北：華泰文化出版公司，2009 年）。

7.3 組織功能的發揮──設職位：從「混亂散沙」到「有條理、有順序」之架構

(Exercise of Organizing Function—Grouping of Positions: from Random to Orderly Structure)

7.3.1 組織本身非目的，「動態組織」因「動態計劃」而調整

(Dynamic Organization because of Dynamic Planning)

組織是用來做事的

「組織功能」是「管理系統」的第二個功能，是用來支援「計劃功能」。若沒有「計劃功能」設定未來目標及手段體系，就沒有「組織功能」存在的

必要，換言之，沒有「事」要做，何必設定「職務位置」（稱為職位(Positions)）呢？一旦有了「計劃功能」，設定了各級目標及手段，當然有「事」要做，就要設定「職位」，以利用「人」來執行計劃內容。所以組織本身不是目標，「組織」只是「計劃」的手段而已。

動態組織依計劃內容而修正

「組織」不可自我生存，「組織」應依每年計劃內容之變動而變動，故稱之為「動態組織」(Dynamic Organization)。假使計劃內容年年依環境變動而變動，但是組織卻長久不對應調整變動，此機構的經營成果不會很成功。政府機構有「組織法」之稱呼，由立法機關通過或修正，作為組織結構設計之依據，但是政府每年有新計劃、新預算，年年工作目標及手段不同，可是其「組織法」卻有 10 年或 30 年不修正者，難怪雖有良法美意的計劃，也因組織僵固而執行不良，實為違反「動態組織」原則之罪魁。

沒有組織，再大的理想目標也不能實現

企業組織功能，是實現企業目標的有利工具，有好目標、好策略、好方案，但沒有好的「組織結構」、沒有好的「職責說明」、沒有好的「作業程序及表單」、沒有好的「核決權限表」、沒有善用「簽呈表」，則企業計劃目標無法落實執行，只令人空歡喜一場而已。企業管理的組織設計功能，就是要把混亂無序的眾多職務、位置，安排成為一個有條理、有順序的架構，由此架構的人群「發揮群體力量，達成目標」（中國式的「管理」定義）。組織功能包括設計「結構」、「職責」、「權限」、「作業制度」，及「簽呈」等五因素（見圖 7–6）。

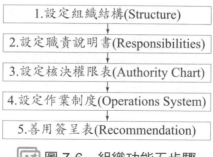

1.設定組織結構(Structure)

2.設定職責說明書(Responsibilities)

3.設定核決權限表(Authority Chart)

4.設定作業制度(Operations System)

5.善用簽呈表(Recommendation)

圖 7-6　組織功能五步驟

7.3.2 眾人易「重組織」而「輕計劃」

(People Looks Up Organization but Looks Down Planning)

◆ 計劃無形，組織有形

企業組織對外代表一種營利事業「法人」(Legal Entity of Profit-Seeking)；對內是眾多職務 「分工」、「合作」、「協調」、「溝通」 的 「架構管道」(Framework and Channel)。企業的選人用人、企業的指揮領導、企業的命令報告，都是依循企業的組織結構及職責說明而行。「企業計劃」雖是管理的第一功能，但其結果都是存在於文件上，還是「無形」(Invisible) 的功能，而企業的組織，雖是第二功能，但落實在「部門劃分」及「責任中心」上，比較有實體感覺。

Internet 與網狀組織

一般人也因之而比較重視「組織結構」的位置高低，而忽略要做些什麼有意義的事情及應負擔多大的責任。若人人只重視組織職位，而忘記工作目標，就容易形成組織僵化，工作鬆弛之無效境界。時代已進入 21 世紀之電子網際網路洪流 (Internet)，溝通方便而無紙化，組織結構之層級作用減輕，各部門各級單位人員隨時可接受 ， 也可隨時發出多來源 (Multiple-Sources) 之「資訊」(Informations)、「建議」(Suggestions) 及「命令」(Orders)，只要時間

及內容不衝突，都可奉行，沒有越級報告及越級指揮之嫌疑。所以職位之相互關係可以變成「網狀組織」(Network Organization) 之虛擬狀態。在此狀況下，各單位、各人員應充分瞭解公司及單位之計劃「目標」(亦即應做之事)，比固守書面層級之架構關係更為重要。

7.3.3 設計「組織結構」走第一步
(Design of Organization Structure is the First Job)

◆ 組織骨架四作用

依公司計劃（目標及手段）體系所產生的各種「做事」要求，要有「人」來做。這些「人」所需要之職務上的「位置」(Position)，首先必須予以「垂直」及「水平」之部門「分組」(Position Groupings)，以構成分工專職 (Specialization and Division of Work)、意見溝通 (Communication)、命令報告 (Order and Reporting)、協調合作 (Coordination and Cooperation) 之骨架 (Frame)。一群人雖有職務工作目標，若無上下左右之骨架順序關係，就會變成一盤散沙，風吹沙散，空費心思。一群人的數目愈多，組織結構的重要性愈大，人數愈少，其組織結構的重要性愈低。但雖少到兩個人，也要有分工性之高低順序關係。

部門分組四原則：「功能」「產品」「市場」與「製程」(Four Grouping Criteria)

企業部門劃分方法有依「功能」(Function)、「產品」(Product)、「市場」(Market) 及「製程」(Process) 等四種原則。若是單一產品公司，則常用「功能式」組織 (Functional Organization)，在總經理之下設定企業五功能部門，即行銷部、生產部（工廠）、技術研發室、人資行政部、財務會計部。較大規模者可再設企劃部及採購部。「部」下再分「課」、分「組」、分「班」辦事，其劃分方法不外是另一層次之製程別、產品別、功能別、地點別等四原則之應用。

一級利潤中心之小公司 (One Level Profit-Center: Small Company)

設定組織單位不可浮濫，完全以「事」有多少而定，無「事」則無「組織」。各部（室）設經理，或由副總經理兼任經理。總經理為公司一級「利潤中心」(Profit Center；簡稱 PC) 負責人，各部（室）經理為功能部門「成本中心」(Cost Center；簡稱 CC) 負責人，部門下之課長、組長、班長亦只能為「工作中心」(Task Center；簡稱 TC) 或另一層次之「成本中心」負責人。人數規模在 100 人以下的單一產品企業，採用此種功能性組織結構，最具有靈活、機動、節省成本及提高效率之效果。

二級利潤中心之中公司 (Two Level Profit-Center: Medium Company)

若是一個多產品項目的單一公司，則總經理（一級利潤中心負責人）以下，可設數個產品事業部 (Product Divisions)，把各自相關之行銷、生產、研發等之企業功能，放在「產品事業部」經理（或由副總經理兼）之下，成為二級產品事業部利潤中心，負責該產品經營之盈虧 (Profit and Loss) 責任。至於人資行政及財務會計電腦資訊功能為成本中心，放在總經理直轄下，對各事業部做統一服務，其成本可以依「服務數量」比例，攤入各事業部，反映真正之成本，以利計算各二級利潤中心之利潤或虧損。若是如此，此公司就有兩層之利潤中心（事業部及公司）。人數規模在 500 人以下的多產品企業，採用此組織結構，也會具有靈活機動、節省成本及提高效率之效果。

四級利潤中心之大公司 (Four Level Profit-Center: Big Company)

若是一個多產品別及多市場別之跨國性集團公司，在集團總裁 (Group President) 第一層利潤中心負責人之下，可用產品事業別或地區事業別 (Product-Line or Market-Area) 來設定「產品」事業群 (Product-Business

427

Group) 或 「地區」 事業群 (Area-Business Group)，由集團副總裁級人員 (Group VP) 擔任該等「事業群總裁」(Business President)，負第二級利潤中心責任，使其兼有雙重身分：⑴在集團管理上有一席之地；⑵在事業群經營當領頭人，貫通集團策略及事業群執行方案，承上啟下。「集團總裁」及「事業群總裁」各成為第一級及第二級利潤中心負責人。

在「事業群」(Division) 之下，可再依「產品項目別」(Product-Item) 或製造 「加工程序別」 (Process)，設立獨立法人之 「營運公司」 (Operating Companies) 或非獨立法人之「營運單位」(Operating Unit)，真正從事行銷、生產、研發、人資、財會等五大企業功能之日常營運活動。「營運公司」可設董事會及總經理，「營運單位」因非法人身分，無成立董事會之必要。但其負責人員由集團總裁及其專家幕僚負責甄選、培訓、任用、調遷、獎懲。此「營運」公司或單位就如同單一產品公司或多產品單一公司（見上述）之運作，其本身是自負盈虧的第三級利潤中心。此營運公司或單位之下，又有「產品事業部」之設立，則此「產品事業部經理」（或副總經理）成為第四級利潤中心負責人。在營運公司或單位之下，再依企業功能別設立行銷、生產、研發、人資、財會部門及其經理，或在「產品事業部」之下設定銷、產、發部門，將人資及財會功能委託公司人資、財會部門統一服務，成為「成本中心」分攤成本費用（見圖 7–7）。

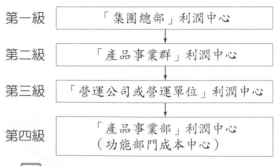

圖 7-7　集團大公司四級利潤中心

集團企業應採「大」中有眾「小」，眾「小」個個「強」法
(Big Group Formed by Many Strong Smaller Companies)

◆ **組織龐大就變成爭權奪利之官僚組織**

　　一個多產品別及多市場別之跨國性集團公司之組織結構，比單一產品公司之組織結構複雜，為了避免因組織結構龐大，變成政府「官僚組織」(Bureaucracy)，人人無責任心，人人爭權奪利，而致坐吃山空，風來沙散之大弊病（如 1980 年代之 IBM 公司危機，後來經「全國餅乾」的總裁葛斯納來改造後，才轉危為安至今）。

◆ **恢復企業家精神之眾小公司**

　　所以集團企業之組織設計原則，首重「大」中有眾「小」，眾「小」個個「強」之作法，即在大組織結構內，設立很多層「利潤責任中心」及「成本責任中心」，把行銷、生產、研發三功能可以合併者，併之，成立很多小小的利潤中心，恢復企業初創時「單一產品小公司」之靈活、節省、有效之強壯生命力。至於人資行政及財務會計、電腦資訊等三功能，則可以「委託」方式，由上級機構統一服務，再分攤成本費用，爭取集團大規模經濟（即大規模威勢）之好處。這些「眾小」利潤中心，除了在集團內配合上下左右之姐妹兄弟單位外，並可向集團外爭取生意，成為一個獨立作業之強壯小公司。由此眾多「小而強」公司所聚成之大集團，才是可以持久的大規模企業。這正是歐洲 ABB 集團及日本稻盛和夫所提倡之「阿米巴」企業的經營模式。

集團「企控兩線」管道 (Two HQ Control Channels)

◆ **兩線控制之「組織人事」及「管理制度」**

　　集團總部對各事業群及各營運公司（或營運單位）之企劃控制 (Planning and Controlling)，通過以下兩條線道來實施：

　　1.通過「組織設計」及重要「人事任派」之管理。

　　2.通過統一「管理作業制度」之設計、監督、稽核、糾正，包括各種定

期及不定期之書面及口頭績效報告及業務財會稽核。

◆ 三權搭配（企劃均權、執行分權、控制集權）

集團總公司 (HQ) 對事業群 (Group)、對營運公司 (Operating Companies)，事業群對營運公司之管理，是採取「均權企劃、分權執行、集權控制」制度。讓各營運公司得以靈活、獨立、有效之條件，競爭於各自特性之市場，成為該小市場區隔之傑出者，又不會越出集團總部「團結一致」之要求。

◆ 「整體規劃」及「個別計算」威力大

總部對營運公司實施「日常支援、急時煞車」之角色，兼收「整體規劃、個別計算」、「大中有眾小、眾小個個強」之利。這是現代企業組織最有效之作法，否則光有大組織，人人無責、無激勵，大而不當，遲早崩潰。

「整體規劃」(Integrated Planning) 可收「大規模經濟」(Scale Economy) 之優勢；「個別計算」(Individual Accountability) 可收「靈活精壯」之優勢。「大而無小」或「小而無大」，皆非所宜；「有大有小」才是長遠生存與成長之道。

把集團企業的營運盈虧重心放在「眾小」的利潤中心身上，除了可收「大規模」及「小責任」之好處外，也可以把組織結構「扁平化」(Flat) 及溝通「網絡化」(Networking)，增進人情味。

🏃 7.3.4　設計「職責說明」走第二步
(Description of Responsibilities is the Second Job)

📈 股東會、董事會及總經理三要素 (Shareholder-Meeting, Board of Directors, and General Manager are Company's Top Three-Elements)

◆ 股東大會是最高機關

「組織結構」依公司計劃目標及手段體系的做事需求，設計完備之後，就成為「職位結構圖」(Organization Chart)，圖上最高的「股東大會」(Shareholder Meeting)，代表此營利法人的組成來源。股東大會是公司的最高

權利及義務機關，核決公司的一切重大事宜。股東大會在理論上可以由⑴無限人數之股民組成；⑵由一個法人投資者派數位代表組成（政府投資者或民間投資者皆可）；⑶由少數幾位自然人或法人代表或其混合成員組成；⑷由數位多數股 (Majority) 法人代表或自然人及多位少數股 (Minority) 自然人或法人代表組成。股東大會一年至少開一次會。

◆ 董監事會代表股東大會經營

股東人多不宜人人參加公司日常營運，所以股東大會（依公司法規定）選派數位董事及監事組成「董事會」（包括董事長、常務董事、董事及獨立董事）及「監事會」（包括常務監事及監事），代表股東會行使立法權（事前）及監事權（事後）。董事會對外代表公司，「董事長」為公司對外權利義務訴訟之代表人。董事會、監事會每年開會數次，亦可一個月一次（如果「董事會」有三位以上「獨立董事」，並由獨立董事組成「審計委員會」及「薪酬委員會」，則可以不必設立「監事會」）。

◆ 總經理是董事會的代理人

由董事會選任「總經理」作為董事會「代理人」(Agent)，負責日常經營管理事務。總經理向董事會負責，並接受監事會詢問、查核。總經理每年應向董事會提出公司經營計劃（包括 1 年、5 年、10 年計劃及專案投資計劃）、公司組織結構、經理級以上人員任免、職責說明、核決權限、管理作業制度、經營績效（月、季、半年、年）報告及改善方案、薪酬及獎懲制度，及股利分配與員工認股方法，請董事會修正、核定，並據以實施。

應重「職責」（責任）而非「職權」（權力）(Responsibilities are More Important than Authorities)

◆ 有職位就要有職責，公司成功在於職責的完成

總經理向董事會提出之公司組織結構圖上的「職位」(Positions)，就是以下即將述及之管理功能第三步「用人」的依據，所以每一個「職位」都要設定「職責說明」(Description of Responsibilities)，才能更清楚的界定各個垂直

及水平職位的工作「責任內容」、「上下關係」、「平行關係」。「職責說明」強調「責任」，不強調「權力」，因「責任」是工作「目標」，「權力」是達成目標之「手段」，沒有目標就無須使用手段，沒有「責任」就自然沒有「權力」。很多失敗的企業，都是錯在不強調「責任」及「職責」（職務上之責任），而過分強調「權力」及「職權」（職務上之權力）所致，造成大家熱中於「爭權」而非「爭責」，故必須在觀念上糾正澄清。一間公司的成功，在於員工勇於「爭責」（負責）並省錢，而非「爭權」（奪利）及浪費。

每人至少要寫出十點職責 (10 Responsibility-Jobs for One Person)

從董事長及總經理開始，到副總經理、部門經理、課長、工程師、業務代表、課員、秘書、助理、組長、班長、作業員、辦事員、司機、總機小姐等等，每一個人都要明確寫出其應負責的工作種類及內容。每人寫一張，並編號成冊參考。「職責說明」 的寫法含五部分 （見表 7-4）：(1) 「職稱」(Position Title)；(2)「資格」 條件 (Qualification)；(3)向何人「報告」(Report to)；(4)和何人「協調」(Coordination with)；(5)職責「內容」，分點寫明，從最重要的責任寫起，每人至少寫十點職責，譬如總經理則有十九點職責，董事會（董事長代表）有二十點職責（見表 7-5）。職責說明愈詳盡愈好，表示對工作認識清楚，但各點之間不可含糊、重複。每人寫完之後，要呈交上級主管逐條複核及作必要之修正，以求確實、不誇張、不遺漏及有內容。層層上報複核，最後匯成「公司職責說明書」。

表 7-4　職責說明書格式（工作說明書）

```
1. 職位名稱：
2. 編號：
3. 姓名：
4. 資格條件（年齡、性別、學歷、經歷、體能）
5. 上級主管之職位（及姓名）
6. 平行協調人之職位（及姓名）
7. 職責內容（從最重者寫起，盡量寫到十項）
```

📝 表7-5　總經理與董事長職責十九條與二十條

　　總經理執行董事會的各項決議，並遵照董事會確定通過的經營方針（包括計劃及預算）、組織結構、職責說明、核決權限及管理作業制度，組織及領導公司的日常經營管理工作。

總經理向董事會負責，是公司內部日常營運的最高主持人，其詳細職責如下：

1. 擬訂並向董事會提出例行營運之5年及年度計劃（包括產品生產、市場銷售、利潤目標及策略）與收支預算，以期核准，並據以實施；
2. 擬訂並向董事會提出專案投資計劃及重要改進方案，以期核准，並據以實施；
3. 擬訂並向董事會提出經營政策及管理作業制度（增減修正），以期核准，並據以實施；
4. 擬訂並向董事會提出組織結構表、人力分配、職責說明以及核決權限表，以期核准，並據以實施；
5. 向董事會提請任免部門經理級以上人員；
6. 擬訂並向董事會提出員工薪資、福利、績效獎金制度等，以期核准，並據以實施；
7. 分派公司目標、責任及所需權力給各主要部屬，並隨時追蹤考核部屬績效進度；
8. 日常領導、激勵、溝通及稽核公司全體部門及員工，以遵行董事會核定的經營政策及管理作業制度，建立公司穩固的經營基礎；
9. 定期檢討各部門的工作成果，並做必要的指導、糾正及協助（即主持每週經營檢討會）；
10. 定期向董事會或相關單位提報公司的營運成果及其原因，以及新的改進或加強措施，並遵行必要的指示（即每二至三個月向集團總部提出公司全面性的經營彙報）；
11. 評估各主要部門幹部個人的工作表現（即要求課長級以上幹部每人填寫「個人半月工作計劃檢討」表）；
12. 隨時保持與銷售市場及採購市場的密切聯繫，瞭解大環境趨勢、客戶偏好方向、供應商變化方向以及競爭者行為變化，以便隨時採取應付對策，或向董事會反映聽取指示，修正公司營運目標及策略；
13. 保持與政府有關部門、往來銀行及所在地區的良好關係；
14. 隨時處理公司的緊急事件，並隨後向董事會報告；
15. 年終時向董事會提出全年營運成果報告、資金運用報告、員工獎勵及調薪報告，以及利潤分配及員工分紅認股建議方案，以期通過，並據以實施；
16. 發掘及訓練重要技術及管理人才，以維持公司長久靈活運轉；
17. 隨時觀察及確保各部門主管以有效方法執行目標及領導所轄部屬；
18. 執行董事會議決的其他案件；
19. 執行董事長交辦的其他與公司業務有關的事項。
20. 董事會代表股東會，為公司最高之權力機關，董事長對外代表公司，為法律訴訟的對象。董事會（以董事長為代表）之職責二十條，其中十九條為對應

> 總經理之職責，以「詢問、審核、修正、通過」總經理所提出之報告為要。另外第二十條即是在總經理因故不能執行職務時，推派董事代替總經理行使職責，至選派新任總經理為止。

「職責說明」可掃除官僚姿態

◆「職責說明」就是透明書

公司員工的「職責說明」(Responsibility Descriptions)，可由主管撰寫，亦可由員工先參照工作實況及理想，先行撰寫、呈交主管複核、討論及修正；再提請上級核正，最後由總經理室或企劃室彙編成冊，提請總經理審核，再提請董事會通過，成為公司對員工平時做事的例內「授權」根據，成為公司重要法規（典章制度）之一。也是實施所謂「制度化管理」（法治）的具體表現。

◆「公司職責說明書」就是眾神定位榜

從「職責說明」，各部門、各階級員工可查知自己平時要做什麼工作，別人要做什麼工作，誰也騙不了誰，誰也不可能故擺姿態，不盡心盡力為公司做事，否則誰就是被大家唾棄的對象。「職責說明」彙編成冊備查，等於是《封神榜》上眾神定位，一清二楚，作用很大。公司內若有人員，但無職責者，等於是多餘的閒人，應予淘汰。

◆ 有了「公司職責說明書」，「跳板」協調及「越級」報告變成好現象

完整的「職責說明書」彙編成冊，可以方便跨部門的「跳板」協調，亦可方便同一部門的「越級」報告及指揮，大大提高快速分工合作，協調溝通的辦事效率。假使沒有正式成文的「職責說明書」，這些企業有效管理的「透明」、「跳板」、「越級」的負責作法，根本不可能實現，只能淪為無效的官僚推託境界。

7.3.5 設定「作業制度」走第三步
(Operations Systems is the Third Job)

人的 「自動化管理」 靠 「作業制度」 來實現 (Automative Management Relies on Operations Systems)

組織結構中各職位的「職責說明」，界定每一職位上人員的工作內容，但沒有界定部門與部門之間「作業流程」及「資料訊息內容」，所以各部門尚應將其作業「流程」、「表單」格式、填表「使用」說明 (Uses) 設定完備，提請上級審核、修正，最後由總經理室或企劃室彙編成冊，請總經理審核，提請董事會通過，成為公司日常管理作業「制度化管理」(Systems Management) 及「自動化管理」(Automotive Management) 之授權依據，也是公司最重要之典章制度之一。

◆ 管理作業制度就是「企業文化」的落實寶典

大集團公司總部企劃幕僚團隊必須主動召集、教育、輔導、設計、監督、稽核及修正此管理作業制度，以統一各成員公司的思想及行為規範，建立獨特之「企業文化」(Corporate Culture)。

管理作業制度包括公司行銷、國貿、生產、採購、品管、研發、工程、維護、人資、行政、安全、衛生、車輛、企劃、組織、用人、控制、財務、會計、資訊電腦化等等部門及下屬單位之作業程序 (Procedures)、表單 (Tables) 及使用方法 (Uses)。管理作業可以「人工」或「電腦」表單化，但一定要設定作業制度，才能實施 「例內管理」 或 「例行自動管理」 (Routine Automatic Management)，節省請示、開會、爭吵之時間及精力，提高辦事效率。

公司設定「管理作業制度」之功夫，比設定「職責說明」之功夫為大，需要借助及動員瞭解公司運作之各級實作經驗人員及客觀分析師之才能(「老師父」及「新學士」)，但兩者都是使組織結構具有生命力的必要工具。

公司各部門管理作業程序及表單，經「文字化」、「合理化」及「電腦化」

後，會變成「電腦化管理作業制度」，成為公司的大競爭動力來源。像台塑集團有一百多家成員公司，由集團總管理處總經理室三百多位幕僚專家，協助設計的各部門大小管理作業制度（電腦化）就有三百多種，作為集團日常自動化管理運作之平臺依據。

7.3.6 設計「核決權限表」走第四步
(Authorization Chart is the Fourth Job)

內部控制以「核決權限表」為依據 (Internal Control Relies on Authorization Chart)

◆「用權力」之三級審核制度

「組織結構」、「職責說明」及「作業制度」三步驟對於公司各部門各級人員在「用錢」、「用人」、「做事」、「協調」、「交涉」五權力之「提議權」(Propose)、「審查權」(Screen) 及「核定權」(Approve) 有多大限制都沒有數據性規定，所以應該另外由總經理室或企劃室設定三級「提、審、核」(Propose-Screen-Approve) 制之「核決權限表」，供總經理核轉董事會通過，成為另一個授權規章，有助於會計部門「內部控制」(Internal Control) 之自動化管理運作（見前述，會計小科員可擋公司大官員之越權、擅權、濫權之行為）。

「提、審、核」三級制之授權規定要細緻

◆「核決權限表」三要素

「核決權限表」之設定要點有三：⑴「項目」(Item) 或「科目」(Account) 要明確；⑵「數量或種類」(Quantity or Category) 要適當；⑶「主管人員層級」(Level of Executives) 要合宜。授權「項目」反映公司支用金錢、任免人才、辦理工作、內部協調、外部交涉等五種活動的內容。

「科目」(Account) 劃分愈細愈好，譬如「支出」(Expenditure)，分預算內資本支出、預算外資本支出、預算內採購（工程）支出、預算外採購（工

程）支出、贈品支出、交際支出、差旅支出、固定契約性支出、預算內費用支出、預算外費用支出等等。

　　譬如用人 (Hiring)，分總經理級、副總經理級、經理級、課長級、工程師、行銷代表、組長級、班長級、作業員級。又如做事權、協調權、交涉權等等，皆應細分詳明。

　　「數量」(Quantity or Category) 可依實際鬆緊需求訂大或訂小。主管人員「層級」，最高為董事會（董事長代表），其次為總經理、副總經理、經理、課長。公司任何事務之核決，皆要三個人知道（提、審、核），絕對禁止一人獨裁、一手拍、一腳踢之作風，因「絕對權威」，長久必定會產生「絕對腐化」，所以在建立公司制度時，就應防備，千萬不可冒險採取。

　　「核決權限表」經董事會通過後，即成為會計部門執行錢財支出的「內部控制」依據，凡不照規定之用人、用錢、報帳，會計部門之小科員就可攔住課長級、經理級、副總經理級、總經理級人員之濫權、越權行為。

　　公司「核決權限表」若訂定合理，會計部門嚴格執行內部控制，則幾乎可以把一般公司可能發生之越權、濫權、挪用公款、假公濟私等等弊病，自動消除 95% 以上，一般所謂的「五鬼搬運法」都會被擋住。

7.3.7　設定「簽呈表」走第五步
(Suggestion and Approval is the Fifth Job)

「例外管理」用內部「簽呈表」(Management by Exception Uses Internal Recommendation and Approval)

◆「正常」用例內管理，「不正常」用例外管理

　　企業組織體的順暢運作，除了依賴「組織結構圖」（靜態）、「職責說明書」（半靜態）、作業制度（半靜態）及核決權限表（半靜態）外，還要依賴「簽呈表」（動態），因為環境在變，政府、股東、顧客、競爭者、供應商、銀行、社區及員工都在變化中，問題隨時出現，上述四個工具設定後，有時

間靜態性及檢討修正之半靜態性，可能不能全然涵蓋企業公司 365 日 1 年百分之百之業務操作及問題處理。當業務運作情況正常，可用上述四個「規章制度」 之已規定辦法來自動處理時 ， 稱為 「例內管理」 (Management by Regularity)。當業務運作情況超過該四種規章制度規定範圍時，則「無例可援」，稱為 「例外管理」 (Management by Exception)，則需要用 「簽呈表」 (International Recommendation and Approval；簡稱 IRA) 或 「特別報告」 (Special Report；簡稱 SR)，來獲取上級 (也採提、審、核三級制) 的核可授權。所以公司業務運作中，「正常」 部分用既定規章制度之「例內管理」，「不正常」 部分用 「例外管理」 (簽呈表) (見表 7–6)。

表 7-6　「簽呈表」(或特別報告) 格式 (一頁三段)

1.「案由」或「主旨」	用精練文字標出特案之重心及建議作法 (文字不要多，以免失去焦點)
2.說明	將特案之「起」(緣起)、「承」(影響作用)、「轉」(處理對策之優劣)、「合」(建議上級採取之決定對策)，用文字及數字說出；複雜內容則用「附件」，但要精簡
3.敬請核示	請上級用文字表示決定之意見

「例內管理」 與 「例外管理」 為 80% 與 20% 之分 (80-20% by Systems Rule and People Rule)

◆ 「例內 80—例外 20」 大原則

一個企業公司的營運若發生簽呈表 (IRA) 太多時，會讓上級主管困於文牘之間，則暗示環境已變化，新事件太多，或暗示其「組織結構」、「職責說明」、「作業制度」 及 「核決權限表」 已經過時 (Obsolete)，現況不合實用 (Impractical)，應該馬上修正其 「規章制度」 內容，使其能涵蓋至少 80% 以上之實際業務活動。只讓 20% 以下之業務活動，用例外的簽呈表來處理，讓上級主管之「例外管理」 時間不會太多，有充裕時間來做宏觀審查及思考、創新未來發展前景。

◆ 上級多用大腦，下級多用小腦

應謹記此「80-20」原則。「例內管理」由下級人員用小腦，依據董事會通過之四大「規章制度」來做決策，佔 80%；「例外管理」由上級人員用「大腦」來做理智決策，佔 20%。上下分工，上級多用大腦創新，下級多用小腦守規，兩者各有所專，決策品質皆佳，企業自然欣欣向榮。

公司的「例內管理」要靠「組織結構」、「職責說明」、「作業制度」及「核決權限表」等典章制度作法為「透明參與」平臺，是屬於「法治」(Rule by Systems or Rule by Orders) 部分，不要花費理智決策時間。「例外管理」要靠主管人員的理智決策判斷，要花費用時間，是屬於「人治」(Rule by People) 部分。所以公司業務數量，「法治」佔 80% 以上，「人治」佔 20% 以下，乃是很適當的配合。假使公司業務「法治」佔 100%，也不一定好，因可能陷於靜態落伍，跟不上環境變化，不能與時俱進。但假使「人治」佔 100%，一定更不好，因主管無法利用下屬之才能，也會使負責的主管超時、超忙加班，累壞上級主管的身心健康，當公司規模愈大，主管會愈快折舊衰亡。

7.4 用人功能的發揮——明用人：從「隨意化」到「規格化」

(Exercise of Staffing Function——Using Good People: from Intuitiveness to Regularity)

7.4.1 人力是企業八大資源之首——「用師者王」
(Using Teachers to Reach Kingdom)

天地生「萬物」，「人」為萬物之靈

用人功能是「管理系統」的第三個功能，用來尋找優秀人才以填滿組織職位，履行職責，貢獻企業的永續生存及成長目標。大家都知道，「人力」

(Manpower) 是企業八大資源裡最寶貴的資源（企業八大資源指「人力」、「金錢」、「原料」、「機器」、「技術」、「時間」、「情報」及「土地」），比「金錢」更具有威力，因人有靈性，其他資源皆無靈性。「事在人為」，「人為萬物之靈」，都在強調「人」的重要。所以「買人才」比「買機器」、「買原料」、「買金錢」、「買技術」、「買情報」更為重要，因為機器、原料、土地、金錢、技術、情報資訊等雖各有重要性作用，但其本身並無靈性，都是要由「人」來運用的。「明用人」是唐太宗李世民治國的第二大寶貝，僅次於「定大計」之後。在企業公司裡，「明用人」的功能是各部門主管人員的大職責，不是人事部門幕僚經理的權力，千萬不可搞錯。

用「師」者王

曾子曾在「君」、「臣」、「師」三道人才中，特別強調一個國家或一個機構最高主持人，能選用最優秀人才來當「老師」般信用的重要性。他說「用師者王，用友者霸，用徒者亡」（見圖7-8），意思是指把比自己能幹的人當老師來用，百計百依，言聽計從，一定可以成就「王」業，「王」道以「德」服人，可以以「少」勝「多」。反之，若把比自己能幹的人當「朋友」平輩來用，百計只聽五十，另外五十計不聽從，則只能成就「霸」業，「霸」以「力」服人，必須以「多」勝「少」。更差的，若把比自己能幹的人當「奴徒」使用，毫不聽從建議，沒有人才可用，最後一定走上滅「亡」之途。周文王、周武王，用姜子牙為軍師及首相，成就「王」業。劉邦用張良、陳平為軍師、首相，只成就「霸」業。而項羽最後把范增、鍾離昧當奴僕使用，脫離而去，終被張良、韓信的「十面埋伏，四面楚歌」所滅亡。

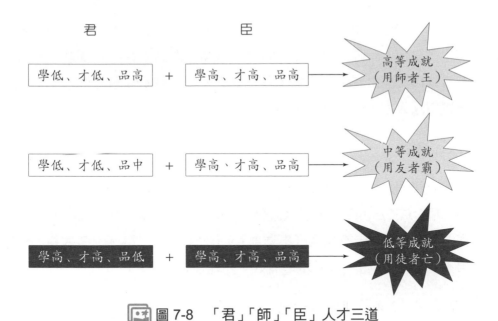

圖 7-8　「君」「師」「臣」人才三道

7.4.2　天時不如地利，地利不如人和，人有主動靈性
(People is Important than Time and Location)

天地人三才，人才是主動者

中國《三字經》云：「天地人，曰三才」。「天」是指時間、時運，「地」是指地點、地利。「天」及「地」兩大客觀環境因素很重要，選錯了天時，就壞了「時運」；選錯了地點（定位），就壞了「地命」；兩因素都選錯，先天（指天才及地才）就不足了。若是又選錯了「人」才，更注定非失敗不可，因先天不足，後天失調，無藥可救。

花高成本，選用高等人才

天在上，地在下，人活動於中間，「天」及「地」都是指客觀環境，「人」是主觀演員。若天、地、人三才不能齊備，只能得一，則先選「人」，後選

「地」，再選「時」。古云：「天時不如地利，地利不如人和」。「人」是三才中最具有主動變化、有靈性之因素。企業要成功，最高主管絕對要選用優秀人才，來當國師，並由其來負責選用其他好人才。花高本錢選用好人才，比花低本錢選用壞人才，要合算百千萬倍。

人才團隊「一王、二相、三公、四大天王……三千子弟兵」

要成就一個大格局的事業，要參考以下的用人團隊：「一王、二相（文相及武相軍師）、三公、四大天王（護法）、五虎將、六部尚書、北斗七星、八仙巡察、九卿都城、十方諸侯（事業部）、十一豹、十二獒、十三太保、一〇八兄弟、三千子弟兵」。把人才準備好，才能逐鹿中原。

「三好」：好天時、好地利、好人才

在做公司企劃時，我們已經說明利用情報知識系統來選擇「產品行業」別目標、「產品項目」別目標，以及在適當「時機」及「地點」投資經營(Right Product, Right Market, and Right Time)，這都是在選「好天時」及「好地利」。在這節談用人，就是要選「好人才」(Right People)，以獲得「天、地、人三才合一」的好處。

7.4.3　李世民明用人，建立貞觀盛世
(Emperor Lee is Capable to Use Right People)

「明用人」也要用「提、審、核」三級制

用人的權力是顯現個人威風的場所，所以每位主管都要爭取自己能夠單獨任用自己部屬人員的權力。可是在前面談到「核決權限表」時，我卻主張用人要循「提、審、核」三級制，任用一個人，至少讓三個人參與，即用人者、上一級主管及上二級主管三個人都有表示意見的機會，力求集思廣益，提高決策品質，這是我認為人才晉用是影響組織成敗的最大決策的原因，絕

不可草率行之。一般買錯東西，花錯一些錢，都沒有大關係，孟子曾曰：「人恆過，然後能改」。但若用錯「人」，尤其用錯經理，甚至用錯總經理以上人員，其錯誤導致的損失不知會有多大。

天策將軍，天可汗的故事

唐太宗李世民建立唐朝貞觀盛世，被匈奴尊稱為「天可汗」（萬王之王），就一直念念不忘其「明用人」之情，他用了一群瓦崗寨打天下之兄弟及魏徵、房玄齡、杜如晦等名相，在玄武門事件之後，他雖當上皇帝，也不敢獨裁，情願與打天下之功臣兄弟「共治」天下。他建立凌煙閣，把功臣們之畫像都掛上去，供人紀念。李世民 14 歲開始騎馬玩刀槍，結交江湖兄弟，18 歲替父親隋朝唐公李淵在馬上打天下，24 歲當「天策將軍」，28 歲當皇帝治理唐朝，他就是靠「定大計」、「設職位」、「明用人」、「勤指導」、「嚴賞罰」，奠定基礎。文有魏徵、房玄齡、杜如晦、徐懋功；武有李靖、秦瓊、尉遲恭、程咬金、長孫無忌等等，傳為歷史美談。

7.4.4 「少林寺選徒法」及「練徒法」確保好人才
(Strict Selection and Training to Ensure Good People)

現代企業有效經營的用人方法，講求嚴屬規格化「用人唯賢，用人唯才」的科學化步驟，「賢」指有才幹又有品德者；而「才」指「才能」，能排除困難，達致目標者。「選賢與能」，「賢者在位（主管職位），能者在職（執行職責）」。掃除老式「用人唯親」、「用人唯友」、「用人唯黨、政、軍、團」關係之隨意方式。選才用「少林寺選徒法」，寧缺寧緩而不濫。人才培訓則用「少林寺練徒法」，以嚴屬軍事訓練之「魔鬼訓練班」來磨練體魄、意志及學識。

7.4.5 「才、品、學、精、力」選才五標準俱足
(Capability, Morality, Knowledge, Persistence and Healthy are Five Criteria of Good People)

深沉厚重、磊落豪雄、聰明才辨；忠信；擔當、襟度、涵養、見識；品德等「才、品、學」標準

中國古代聖賢對於選拔人才有許多經驗法則，可供參考。譬如明儒呂坤說「深沉厚重是第一等資質，磊落豪雄是第二等資質，聰明才辨是第三等資質」。魏徵觀人重「忠信」，他說「季布無二諾，侯嬴重一言」。呂心吾檢定一個人看其「擔當」、「襟度」、「涵養」及「見識」。《論語》說：「言必信，行必果，硜硜然，小人哉」。《大學》說：「德者本也，財者末也」，汲汲於財者，絕非好人才。

現代選拔高等良才之標準，越過古時「才、品、學」之標準，以「才、品、學、精、力」五因素為準。「才」指能以最低投入「成本」，最大產出「效益」方式達成目標的才幹能力，屬於孔子稱讚子路之「果」斷才幹。「品」指品行道德，不貪、不瞋、不癡、不慢、不疑之個人修行德性，屬於孔子稱讚子貢之曠「達」心胸，光明磊落，能容人容物。「學」指學術知識，文武全才，文質彬彬，屬於孔子稱讚冉求之六「藝」（禮、樂、射、御、書、數）。孔子三千弟子的人才標準「果」、「達」、「藝」，就是「才」、「品」、「學」之化身。

「才、品、學」三者好壞搭配

有「才」、有「品」、有「學」是最上等人才。無「才」、無「品」、無「學」小人一個。有「才」，但無「品」、無「學」，是大粗人一個，但能完成使命。無「才」、有「品」，但無「學」，是好好先生一個，不會害人，但也不能成事成務，也沒有學術水平。無「才」、無「品」，但有「學」，會是一個聰

明狡詐、花言巧語、小壞蛋的人，不會做事，也不會作人。有「才」、有「品」，但無「學」，會是一個樸質能幹可愛的人，但學術水平不高。有「才」、無「品」的人，但有「學」，可以用來短期打天下，但不能長期用來治天下，因會做出傷天害理大壞事。無「才」、有「品」，但有「學」的人，可當供奉、可當幕僚，但不可派任將相，負責一方事務。有無「才」、有無「品」、有無「學」可搭配成圖 7–9。

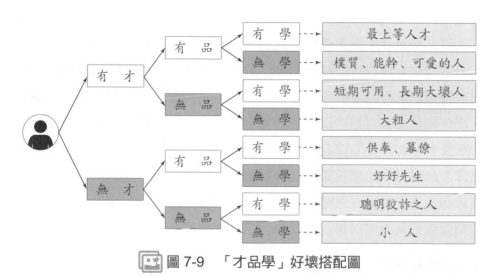

圖 7-9　「才品學」好壞搭配圖

雍正人才條件是「清、慎、勤」及「廣、深、遠」

雍正 44 歲當皇帝，57 歲去世，在位 13 年期間，整頓清朝吏治，重整人才團隊，以「清、慎、勤」之品德作為基本要求條件，並以「廣、深、遠」之才幹及學識作為積極進取之要求條件。「清」指財務清廉；「慎」指決策謹慎；「勤」指工作勤奮；「廣」指心胸廣闊，雄才大略；「深」指分析深入細微；「遠」指目光遠大，高瞻遠矚。一個人若只清廉不貪，謹慎小心，勤勉奮發，也只能「守成」，不能「開拓」。所以還要心胸寬廣，雄才大略，分析深入細微，眼光遠大，高瞻遠矚，才能開疆闢地，創新革新。雍正的封疆大臣人才之消極條件是「清、慎、勤」；其積極條件是「廣、深、遠」。

企業人才「才、品、學、精、力」五條件

當然有「才」、有「品」、有「學」（即孔門人才標準，「果」、「達」、「藝」三合一），已是世間賢才、英傑，難能可貴，可當政府主政者。但若要有效經營大型企業，則比經營政府疆域更艱難，所以除「才、品、學」三條件之外，還要有「精、力」兩條件。「精」指百折不撓之堅毅、有恆「精神」；「力」指健康活潑之「體力」。企業人才有「才」、有「品」、有「學」，但無堅毅不拔及打不倒之精神，也難有效經營企業，因企業必須在競爭環境中求生存求成長，有競爭就有失敗，「勝敗乃兵家之常事」，不可因小敗即崩潰精神。進而有之，有「才」、有「品」、有「學」、有「精」四者兼備，但無健康之體力，也耐不住經營企業之艱辛及透支體力之折磨、折舊。做官可以一天工作 8 小時，經營企業一天要工作 16 小時以上。沒有健康活潑體力之高級主管人員，病臥床上，雖有才品學及雄心壯志，也沒有辦法完成目標。所以我強調企業經理人員「平時練身」之必要性，要天天鍛鍊，練成「金剛不壞」之身體，是企業有效經營人才的第五個要件。

強將強兵之陣容組成

「才、品、學、精、力」五標準俱足，才是真正的好企業領袖人才。「明用人」，就是指賢明的最高主管，會用「才、品、學、精、力」俱足的第二級主管，第二級主管也會用「才、品、學、精、力」俱足的第三級主管，如此往下推論，以至最基層人員，形成「強將強兵」陣容，攻無不克，成功在望（請見筆者「新時代領導者的策略觀」系列：〈企業主管「練心」與「練身術〉文章）。

7.4.6 戰時用人「唯才」，守時用人「唯品」
(Capability Needed in War Time, Morality Needed in Peace Time)

所以企業真正用人，要用「才、品、學、精、力」五者俱足之人才。世間有言用「賢才」，所謂「選『賢』與能」（見〈禮運・大同篇〉），似指用「才、品」兩者兼具之賢者當主管人員。俗云：「創業維艱，守成不易」，「才」、「品」兩者若不能兼具，則在「創業」打天下時，寧用人「唯才」不唯品，以快速開拓天下市場，如成吉思汗在打天下時那般。但在「守成」時，寧用人唯「品」（德）不僅唯才，以防打翻天下。以下就規格化用人步驟說明要點。

7.4.7 設定「工作需求規格」為第一步
(Requirements of Job are the First Job)

企業用人第一步工作，是設定組織結構圖上每一個工作職位的客觀「工作職責要求」規格 (Job Requirements)，反映出各行業、各公司不同的特性，譬如甲行業 A 公司之董事長、總經理、副總經理、行銷經理、生產經理、技術經理、人資行政經理、財務經理、會計經理、資訊經理、採購經理，以及其下之課長級、課員級、組長級、班長級、作業員、助理、秘書、工程師、業務代表等等職位的「工作」需求規格，因各特定行業、每一特定公司所要進行之工作內容項目及需要做到什麼程度，可能各不相同，把它們一一寫下來，就是「工作規格」(Job Specifications 或 Job Requirements)。用人單位（非人事單位）必須一一列出。愈能詳細列出，表示對此工作認識愈深；愈列不出特定規格，表示用人單位愈不熟悉到底要做些什麼。

「工作規格」對事不對人，可以用「專長」(Special Skills) 種類，「目標責任」(Objectives and Responsibility) 種類及程度、「操作」(Operations) 精密及困難度、「環境惡劣度」(Bad Conditions)、「體力需求度」(Physical

Requirement) 等等來表示。每個職位的工作需求規格 (Specification)，本來在主管「職責說明」(Responsibility Descriptions) 及每一員工「工作說明」(Job Descriptions) 書上就應寫明，若未寫明，則應在此時補寫清楚。

有很多東方公司，雖有「組織結構圖」，但卻沒有課長級以上人員之「職責說明書」，更沒有每位員工都應有之「工作說明書」，表示這些公司還不大清楚怎樣來運轉這個公司。

「工作需求」來自年度計劃及五年計劃

但企業在未來 1 年、2 年、3 年、4 年、5 年甚至 10 年需要增加多少新職務，需求哪些等級專業、專長種類，分布於哪些部門等等預測，皆應來自「年度營運計劃」及「五年發展計劃」。若沒有行銷、生產、研發、人資、財會五大企業功能部門及企劃控制幕僚部門之預先規劃，此時就沒有辦法憑空去確定「工作需求規格」。這種無未來計劃、無工作規格之企業，一定不會是成功的事業。

7.4.8 確定「人力需求規格」為第二步
(Requirements of Manpower are the Second Job)

「人力需求」配合「工作需求」

有了客觀的「工作需求規格」，就要在招募人才過程中，確定所要尋找人才之主觀人力規格。應以主觀的「人力規格」，來配合客觀的「工作規格」。絕不可以客觀的「工作規格」來配合主觀的「人力規格」，才會做到「適才適所」，充分發揮員工之才能潛力。用人若不能「適才適所」，錯誤一定發生在「工作規格」不清或「人力規格」不符，或兩者皆無規格，以致隨意「臨時拉夫」(Random Staffing)，尤其故意臨時拉有血親、姻親、黨政軍團關係之人，濫竽充數。譬如把一個好的工程設計者派去做推銷業務工作，或是一位好行銷人員派去當倉庫管理員工作，都是「主觀」不配合「客觀」，「人才」

不配合「工作」，必然會導致浪費人力，損失成本，摧毀士氣，折傷公司的後果。當主管的人，一定要記取「隨意用人」所可能衍生的危險。

「人力需求」規格，可依每一職務之「工作需求規格」，個別一一設定。在學位、學科、專業技術、技能執照、工作經驗、工作環境、工作種類、工作時間、具體表現、社會關係等等方面，做詳細設定，以利對外公開徵募英才（見表 7-7）。

表 7-7　人力需求規格（範例）

1.職位	行銷經理
2.學位	大學商管學院、工學院學士、MBA 或相當程度訓練者
3.學科	企業管理、行銷管理、工業管理、工程或相關學科訓練者
4.專業技術	市場調查、預測、產品管理、價格成本、推廣、配銷通路、品牌管理、人員管理、網路行銷、國際行銷等等能力
5.工作經驗	相關工作經驗 10 年以上，曾擔任課長級或相關職務（有證明文件者）
6.社會經驗	積極奮發、吃苦耐勞、創意創新（有績效事蹟證明者）

7.4.9　「公開尋求人才」為第三步
(Manpower Sourcing is the Third Job)

◆ 網盡天下人才

尋求人才或招募人才（求才）來源之廣狹，關係甄選人才（選才）品質的高低，來源廣，則「天下英才盡在掌中」，來源狹，則「小網捉不到大魚」。在前面兩步驟裡要求把「工作規格」及「人才規格」設定詳細，不可含糊，以免配搭不當。在本步驟，要把人才來源盡量擴大，網盡天下英才，再經挑選，找到合乎規格的人才。

◆ 調整「主觀」來配合「客觀」容易做

若是「工作規格」需求是「方形」的，人才來源中有「圓形」、「菱形」、「方形」、「橢圓形」的人才規格，則僅可挑選「方形人才」來配「方形工作」，如此「以事求才」、「以才配事」，才是正確用人的要訣。若無工作需要，

就先找來人才，予以僱用，再鑽孔設事以配之，則很困難，也很危險，因此乃「因人設事」，顛倒「因事尋才」之正道。「事」是「客觀」的環境，「人」是「主觀」的條件，調整「主觀」條件來配合「客觀」環境，如同順水行舟，甚暢甚易。若人與事不合，要修正「事」來符合「人」，等於要修正不可控制之「客觀」環境，來符合「主觀」條件，如同緣木求魚，甚難，不易成功。

舉方正、孝廉、九品中正、科舉考試擴大人才來源 (Broadway to Search Talents)

◆ 古時「做官才能發財」，就業機會很少

在理論上，人才來源若是多管道，有真才實學者才不會被埋沒；反之，來源若是單管道或無管道，滄海必有遺珠，賢才無法出頭。在古代皇朝，尋找新官員，有舉「方正孝廉」，有舉「九品中正」，有招考「秀才、舉人、進士」三年一科考等等尋求人才之制度，都是盡量打開人才管道，讓布衣人民有公平機會被徵募。人人要做官，只好靠考試，所以有「十年寒窗無人問，一舉成名天下知」之稱，古時「做官」就是「發財」的大管道，別無企業就業機會。

◆ 往昔任用私人是普遍作法

在實務上，不顧「工作規格」與「人才規格」需求，直接任用血親、姻親、朋友、黨派等「私人關係」的作法，都是違反客觀廣源尋求良才的惡習。

◆ 好人才好細胞，壞人才癌細胞

「好人才」是現代企業最寶貴的資源，企業的未來生命唯有靠好人才來支撐及發揚光大。「壞人才」是企業的癌細胞，是敗壞企業生命的惡魔。在愈廣大的來源中，找到好人才的機會，比在狹窄來源中來得大。所以尋求人才，最忌從自己兄、弟、姐、妹、子、侄、甥、孫中尋找，應優先從最無關係之外人中尋找。外人不良，容易辭退；自己人不良，永難去除。

「低廣」、「中升」、「高星探」 三法並用 (Different Grades Different Sources)

◆ 尋才「低、中、高」三法分用

在企業尋才的作法，應分「工作規格」及「人才規格」之高低來區分。高級工作要高級人才，高級人才供應比較稀少；中級工作要中級人才，中級人才供應比較充裕；基層工作要基層人才，基層人才供給最充裕。尋才來源會涉及「成本」及「品質」的考慮。基層人才可以用學校「校園徵募法」(Campus Recruting)、報刊雜誌求人「廣告法」(Advertising)、公司布告欄「公布法」(Poster)；中級人才可用「內部晉升法」(Internal Promotion；簡稱 IP)、報刊雜誌「廣告法」(Advertising)、布告欄「公布法」(Poster)、員工「推薦法」(Recommentation)；高級人才可用高才明星獵頭法 (Head Hunter，星探法)、名人圈內推薦法 (High Recommentation)、報刊雜誌廣告法 (Ad) 及內部晉升法 (IP)，其中，星探法及推薦法最常用。

◆ 內舉不避親，外舉不避仇

尋求人才的管道愈廣大愈好，只要是賢才，可以「內舉不避親，外舉不避仇」，但「機會」要盡量公開、公平，挑選要精準、公正，才能「適才適用」。招聘人才和購買機器設備同樣重要，甚至有過之而無不及。買機器設備時，講求來源廣闊，決策標準是品質第一，合理成本、技術可移轉，及維護保證第二；招聘人才（買人才），也是講求來源廣闊，決策標準也是品質第一。

7.4.10 「任用派遣」為第四步
(Assignment Placement is the Fourth Job)

當人才從四方八面匯集而來，哪一級的哪一個人可以選定、任用、派遣，是「明用人」大決策過程的最關鍵性工作，若不小心，「好」人才會擦肩而過，「壞」人才會被當好人才選用，等於引癌細胞進入人體，「請神容易，送

神難」，則必為企業未來生存及發展帶來無限遺恨。

「提、審、核」三級用人制防止一人獨裁惹禍 (Propose-Screen-Approve to Select People)

◆「提、審、核」三級制各有分層負責人提高用人參與感

在企業用人制度中，應備有「核決權限表」之規定（見圖 7-1，「設職位」的第四項工作），供各級主管分層負責依據。原則上也以「提、審、核」三級制來控制。首先依照「工作規格」及「人才規格」之配合度，由有權「提議」(Propose) 的人員就候選者中，以「文件審核」、「當面懇談」、「實作考試」、「背景查核」等方式，選定最合適於某一工作職位者，提議給上一級有權「審查」(Screen) 人員表示「可」與「否」之書面意見。若「審查者」表示「否」（不同意）則打回，請「提議者」重新提出另一候選者，但不可自行提議自己喜歡的意中人。若表示「可」（同意），則再提議上一級有權「核定」(Approve) 者做必要之評審，而後做「可」與「否」之決定。若核定者表示「可」，則此人事任用案確定；若表示「否」，則打回，請原「提議」者重新提出另一個候選者，重新經過審核過程，但不可自行提出自己喜歡的意中人。此「提、審、核」三級制不僅用來明確及簡化用人過程，也是用來事前防制較高位者的攬權、濫權、獨裁、腐化等不良後果之發生。

◆「提、審、核」三級制也可防止一人獨裁用人權

在前篇企業五功能的「人資功能」中，提及人才任用也要像原物料資材管理，採 ABC 重點方法，A 級人才由最高主管（集團總裁）負責，B 級人才由各公司總經理及經理負責；C 級人才由各公司人事部門負責。此 ABC 重點管理法，可以配合三級「提、審、核」制度行之。A 級人才、B 級人才及 C 級人才，各有其「提議、審查、核准」之負責人，而非 A、B、C 皆相同負責人。

實施「提、審、核」三級制的目的，是防止由一人獨裁，壟斷人才任用之極危險弊端，而只讓「提議者」有權提議，但無權審查及核定；「審查者」

有權審查，但無權提議及核定；「核定者」有權核定，但無權提議及審查。三級權限分工除了防弊之外，也是在提高人才決策品質 (Decision Quality) 及參與感 (Participation)。

新人才「任用」(Appointment)、職務「派遣」(Placement)、舊人「調遷」(Rotation)、工作「績效考核」(Performance Evaluation)，以及「晉升」(Promotion) 之權限及層次都要相同。人才任用決策權雖然在於主管部門的三級人員，但是人事後勤支援工作，如保險、福利、紀律、制服等等，則由人事部門統一辦理，以求行政制度、企業文化、行為規範及企業紀律的一致性，不可以生產部門、行銷部門、採購部門、財會部門、工程技術、人事行政、企劃控制部門等等，各自分散獨自行事，在同一大廈內，形形色色，五花八門，雜亂無章，無團結一致的紀律感。

7.4.11 「訓練發展」為第五步
(Training Development is the Fifth Job)

操兵練將百戰百勝 (Training-Development for Generals and Soldiers to Build a Strong Team Aiming at 100% Victory)

◆ 兵要操，將要練，才可出戰

新人才從外界聘選進入企業，等於外來物進入人體，不知工作技巧及企業文化，會發生「排斥」效果；舊人才在企業內工作多時，漸與外界新知識脫離。凡此都會影響工作目標的達成度，所以人才任用的第五步工作是「操兵練將」的訓練發展 (Training and Development)。兵法有云：「兵不練不可上戰場」，否則只是去送死，不是去殺敵制勝；「將不練不可帶兵」，否則只是帶一盤散沙，不是帶一支勁旅。一個企業初辦時，在工廠未建設完工投產之前，就要把工程生產技術 (Engineering Technology) 及行銷、採購、財會、人資、企劃、控制、領導統御之管理技術 (Management Technology)，做充分之訓練，統稱「培訓」。

◆ 韓信、岳飛靠「操兵練將」才能「萬眾一心，強將強兵」

「培訓」是操兵練將，是大軍出征前的首要工作。韓信、岳飛都是歷史上百戰百勝、以少勝多、以弱勝強的名將，他們的制勝秘訣就是練兵練將，使能「萬眾一心，強將強兵」。企業營運制勝之道也是操兵練將，別無他致。

◆ 「強將強兵」，可以一抵十

「練兵」是指作業人員「專業技能」(Technical Skills) 的補強與增強。「練將」是指主管人員管理才能，包括「人群技能」(Human Skills) 及「觀念決策技能」(Conceptual-Decision Skills) 的提升發展。「練兵」與「練將」都是主帥主將的制勝本錢，練成「強將強兵」可以一抵十，以一抵百。岳飛手下岳家軍僅 10,000 人，即可令金兵悍將兀朮聞風喪膽。韓信手下精兵被劉邦調走，他仍可將老弱殘兵及降兵練成可用之兵，依然百戰百勝。

◆ 在逆水依然前進

企業在成長過程中，配合市場開拓、產品開發、技術改進，應付環境變化、顧客變化，以及競爭者變化，一定要把所有人員，從董事會成員，到總經理、副總經理、經理、課長、組長、班長、作業員，進行必要的「技巧訓練」(Skill Training) 及「管理才能發展」(Management Development)，練成強將、強兵之人才隊伍，才能在競爭中維持領先之優勢，維持在逆水中依然前進 (Sailing against the Water)，在不景氣中繼續成長 (Growth in the Recession) 之毅力及能力。

◆ 每年收入 1% 之訓練發展費，可維持企業長青及長生

企業的訓練發展工作，在廣義來講都是增長「知識技術」(Knowledge and Technology) 的工作。知識技術不是現金 (Cash)，但是無形的資產 (Intangible Assets)，是賺錢的無形力量，並且是「取之不盡，用之不竭」。企業每年提出營業收入之 1% 來進行員工之訓練發展，就可以維持企業長青不老，長生不死 (Evergreen and Longlife)，其功效與提出 3% 營業收入進行研究發展 (R&D) 創新工作一樣，皆可使企業創新領先，長生不死，其對國家社會的貢獻非同小可。

　　至於訓練發展之作法（見表 7-8）可在「企業內做」(On Job Training)，亦可於「企業外做」(Off Job Training)，可以「長期班」訓練，亦可「短期班」訓練；可以「學位班」(Degree-Programs)，亦可「非學位班」(Non-Degree-Programs)。其執行方式可以「師傅—學徒實作式」(Tutorship)、「講授式」(Lecturing)、「個案研討式」(Case Study)、「模擬式」(Simulation)、「角色扮演式」(Role Playing)、「錄影錄音自學式」(Video Learning)、「逐步互動式」(Step-Wise Interaction)，以及「遠距網路學習式」(Long-range Learning) 等等，不一而足。總之視實際需要而操作，並持續不止。

表 7-8　企業訓練發展方法

目　的	操兵及練將
地　點	企業內做及企業外做
時　間	學位班及非學位班
方　式	師徒實作式、講授式、個案研討式、模擬式、角色扮演式、錄影錄音自學式、逐步互動式及遠距網路學習式
驗　收	考試認證制、結業證書制、學習時數制及自由學習制

　　「技術技巧」的訓練，增強員工專門化的熟練度，提高生產力，降低成本。「管理知識」的發展，增強主管人員運用企業八資源的能力，以及增強創新改革的能力及勇氣，變化氣質，使企業脫胎換骨，作跳躍式的成長。

訓練發展應從「頭」做起，順勢影響部下 (Training-Development Starts from Heads)

◆ 訓練發展從「頭」開始，打破瓶頸

　　企業的技術訓練及管理發展要先從高層決策人員做起，尤其董事長、總裁、總經理開始，養成「學習型組織」(Learning Organization) 的氣氛，不可先從低級不重要的人員做起（亦即從組織的「頭」做起，不從「尾」做起）。高階決策人員是「君子」，君子領先改變知識思想及行為，可形成「風氣」，

改變全公司上下人員。基層人員是「小人」，其知識思想及行為之改變不能形成風氣，至多只是「草木」。古云：「君子之德，風；小人之德，草；風吹，草偃」。所以訓練發展要從上層做起，其效果就會大，可以四兩（風）撥千斤（草），易也；若從下級做起，其效果小，如同以千斤（草）撥四兩（風），難也。切記！切記！

高級主管人員若不永續接受訓練發展，將跟不上環境改變之潮流，變成頑固不敏的歷史包袱，成為公司改革創新的「瓶頸」(Bottleneck)，阻礙中基層年輕員工力求上進之努力，甚至害怕部屬功高威脅，打壓別人上進改革之要求，導致陰謀整肅革命，是企業組織非常危險的大事。1989 年 6 月 4 日北京天安門學生事件，就是典型的上級老輩頑固落伍，阻礙下級青年改革要求，演變成的整肅悲劇案例。在企業機構，此種現象時常發生在低學識能力之高級主管身上。

◆ 「三良」專業經理人靠持續操兵練將培養

《孫子兵法》有云：「兵馬未動，糧秣先行」，是指後勤支援及經費預算的重要性。企業經營也是相同，「產銷未動，員工先練」。評估企業價值之所在，不在於固定資產之多寡而已，也在於能創造銷售及利潤業績之幹部團隊的強弱，他們真正的「賺錢能力」(Earning Power) 就是員工的「好知識」、「好能力」及「好紀律」(Good Knowledge, Good Ability, and Good Conscience)。

「好知識」就是「良知」；「好能力」就是「良能」；「好紀律」就是「良心」，這類「三良」專業經理人員，就是要靠持續的操兵練將、訓練發展來培養。集團總裁（公司總經理）要持續操練其副總裁（副總經理），集團副總裁（公司副總經理）要持續操練其事業部總經理（公司部門經理、廠長），部門經理、廠長要持續操練其課長，課長再持續操練其組長，組長持續操練其班長，班長再持續操練其作業員，這就是百萬員工（雄兵）之集團公司的必勝戰鬥力來源。

7.5 指導功能的發揮——勤指導：從「強硬呆板」走向「柔軟靈活」

(Exercise of Directing Function — Industrious Guidance: from Regidity to Flexibility)

7.5.1 軟性「指導」以「德」服人

(Soft Guidance to Win Confidence and Obedience)

用軟性功夫，運用八力資源

「指導」(Directing) 功能是「管理系統」的第四功能，就字義是上級人員「指揮領導」下級人員朝向達成目標的方向，是主管人員一年之內使用最多時間，來指揮及領導部屬，全力朝向計劃目標奮進的「無形力量」(Invisible Power)。為了要有效管理企業各功能部門的「人力」、「財力」、「物力」、「機器力」、「技術力」、「時間力」、「情報力」及「土地力」（稱企業八資源），我們在上面首先說明「企業整體計劃」，以設定良好的目標、策略、方案、制度體系；其次說明「動態組織設計」，以架構良好的職位分工、合作、協調、命令報告體系；其三說明「客觀明智的用人方法」，以選用天下英才，填滿職位，履行職責。在本步驟，我們要說明「軟性」的上級「指揮統御」(Commanding)、「領導統御」(Leading)、「意見溝通」(Communication)、「激勵士氣」(Motivation)、「照顧關切」(Caring) 下級部屬方法，以替代往昔上級對下級強硬、呆板、橫蠻、霸王硬上弓的欺凌方法。

「指導」是「日對日」、「面對面」的主要管理功夫

在管理的系列工作裡，一個主管設定目標策略，設計組織結構，選用人才所花的時間，並不很多。而一年到頭，真正花費大量時間（約 85% 以上）

的工作是每月、每週、每天，上司下屬「當面」(Face to Face) 的「指導」功夫，尤其是「每天」(Day to Day) 總經理對經理、經理對課長、課長對課員及組長、組長對班長、班長對班員更是如此。所以講「管理」的具體實現就是面對面 (Face to Face)「指導」。但是光有面對面「指導」，而沒有「企劃」、「組織」、「用人」的功夫，也會陷於「見木不見林」、「不識廬山真面目」的短視缺點。既要「見木」又要「見林」，所以現代有效的總經理將帥學，要先從計劃、組織、用人講起，第四步才講指揮領導的「身教」與「言教」功能。

在古代的帝王將帥學裡，幾乎講管理就是在講人在「後面」的「指揮術」及人在「前面」的「領導術」。但在現代企業裡，我們把管理細分為「計劃 (Plan)、執行 (Do)、考核 (See)」三大「事前」、「事中」、「事後」步驟（號稱「行政三聯制」），又把「執行」再劃分為「組織」、「用人」及「指導」三細步，其中「指導」就是古代帝王將帥術的管理範圍。

「指導」五術很成熟

在上級對下級之指導工作裡，首重「意見溝通」(Communication) 的方法；其次是「激勵士氣」(Motivation) 的方法；其三是「以身作則」的領先導向 (Leading) 方法；其四是「言教命令」之指揮 (Commanding) 方法；其五是「君親師友」四倫的情義照顧 (Caring) 方法。對中級幹部及基層主管人員而言，「溝通術」、「激勵術」、「領導術」、「指揮術」及「情義術」都已經成為成熟、耳濡目染可得之管理術（見圖 7-10），比「計劃術」、「組織術」、「用人術」及「控制術」更普及。

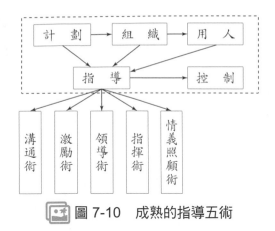

圖 7-10　成熟的指導五術

7.5.2　「意見溝通」走第一，重在「文字溝通」
(Communication-Kami-nication is the First Job)

意見溝通處處在，開門政策數第一 (Open-Door Communication is the Best Policy)

◆「符號信息傳送」處處存在

「意見溝通」(Communication) 是指兩個或兩個以上人員互相交換、說服各自的思想、理念、要求、回答之「符號信息傳遞」(Signal Message Transfer) 行為。符號信息的種類方式有「面對面」(Face-to-Face) 語言動作、文字，及「非面對面」(Non Face-to-Face) 之電話、電報、電傳、書信、文字、電話傳真，及網際網路文字、聲音、圖表、部落格 (Blog)、臉書 (Facebook) 等等。

◆ 管理五大功能行為都要溝通信息

在公司裡，上級主管人員對下級部屬，下級部屬對上級主管，或平行單位人員之間，時時刻刻有意見溝通的必要。公司的目標、策略、方案、制度在設定之後，要意見溝通給相關人員；組織結構、職位關係、職責說明設定後，也要意見溝通給相關人員；人員任用、調遷、考核、獎懲，也要意見溝

通給相關人員；執行工作之命令、報告、分工、合作、協調、配合、檢討，也要意見溝通給相關人員。幾乎沒有一個管理步驟不需要意見溝通。所以「意見溝通處處在」，有人甚至說，政府間、企業間、家庭間及朋友間的問題，都是意見溝通的問題。

◆ 人人開門相互溝通

「意見溝通」的第一重要成功之處在於「開門政策」(Open-Door Policy)，即人人的溝通之門都敞開著，使上情可以即時下達，下情也可以即時上達，平行之間更可互通，中間沒有「報喜不報憂」之隱瞞，也沒有「侯門深似海」、「過門要紅包」之陋習。其中平行溝通更應暢行無礙，打破「官僚」作梗而使公文冬眠不行之惡習。所謂「開門」政策，就是容許任何下層人員，可以向任何上層人員申訴溝通，而不犯「越級報告」或「多頭報告」之嫌疑，而遭秋後算帳。美國奇異 (GE) 公司董事長傑克‧威爾許 (Jack Welch) 在領導改革奇異公司百年重生過程中（1981 年至 2000 年），為了使 40 萬人（從原先 40 萬人減為 20 萬人，再增加 20 萬人，重生）的公司員工暢流意見，自己先公開電子信箱 (E-Mail) 地址，向全公司員工寫電子信，也等於鼓勵全公司員工向他直接寫電子信，不必經過 20 層的中間主管來層轉，其改革魄力，甚可佩服。其他公司也跟隨採取「開門」政策，形成「電子溝通」典範。

「口頭」溝通外加「文字」溝通，萬無一失 (Verbal plus Written Communication)

◆「紙」「面」溝「通」，指口頭溝通（快速）補上書面文字溝通

良好的意見溝通除了「開門」政策之外，還要有「書面根據」(Written Document)。長期而言，真正有效的溝通是「口頭」溝通加上紙面「文字」，日本人稱之為「紙」「面」溝通 (Kami-nication)，因為口頭報告及批示，只有在場人員聽到，他人不知，過後「風吹無痕無跡」，「船過水無痕」，難以追尋，是不是「假傳聖旨」或「真有聖意」皆不好辨別，所以關於用人、用錢、

影響他人或公司長久權利義務關係之報告及決策，除了口頭批示外，一定都要留有書面文字根據，以防止事後抵賴。古代臣子向皇上報告要備有「奏摺」或「奏章」，皇上向臣子下口頭指示，也一定要補有「聖旨」或「政令」，就是此意。

◆ 只用「口頭」溝通不用「文字」補充，是「混亂管理」的主因

　　許多傳統式及華僑家族企業，下級及上級喜歡用嘴巴報告及決策，不留文字，美其名為「快速」，實則為事後「食言而肥」留後路，常常成為公司「混亂管理」(Confusion Management and Random Management) 之主因，千萬要戒除。口頭溝通雖快，但要馬上補齊文件，才算實效發生，以昭示相關公眾，取得信服及執行上之配合。這是筆者參加實務界管理的改善措施之一，效果很好。

　　公司各部門的作業表格、簽呈、核決權限表、每日記事簿、每週、每半月、每月、每季之經營檢討報告制度，都是「口頭溝通」後補的「書面溝通」，必須絕對奉行，意見溝通自然會順暢有據。

7.5.3　「激勵士氣」走第二
(Motivation is the Second Job)

◆ 人靠「氣息」、企業靠「士氣」而活

　　人靠氣息入出而活，氣球靠充氣而飛浮；輪胎靠滿氣而滾動載物；軍隊士兵靠鼓動士氣，而聲勢貫虹，三重鼓制勝，企業員工也是靠鼓勵士氣，而勇於開拓市場，勤於開發產品及改進技術，持久耐磨而生存成長。

◆ 員工投入青春年華換取滿足五欲望

　　企業員工應徵而投靠公司，投入青春年華及體力腦力，希望在企業成長過程中，同時滿足其個人「物質」欲望 (Material Needs)（指「生理」的生存欲望與「安全」的安穩欲望）及「精神」欲望 (Spiritual Needs)（指歸屬的「合群」欲望、社會地位的「尊嚴虛榮」欲望及「自我成就」的無拘自由欲望）。公司有公司的目標（欲望），個人有私人的目標（欲望），社會國家也有

社會國家的目標（欲望），若能一舉之下，把「公目標」、「私目標」及「社會目標」三者同時達成，才是偉大有效經營管理人員的真實能力表現。個人五欲望論 （指生理 → 安全 → 合群 → 尊嚴虛榮 → 自由成就） 是馬斯洛 (Maslow) 有名的「欲望層次說」。

欲望不滿足才有驅策力 (Unsatisfied Need Has Driving Power)

◆「欲望無窮」可分五層次，從物質到精神

在心理學及社會學觀點，人類是因有某種「欲望」(Needs) 之存在及未得滿足，而生焦急驅策，以求滿足。東方有云：「人類欲望無窮，常陷苦海」。西方有云 ：「人擁有愈多 ， 其欲望愈多」 (The more you have, the more you want) ； 欲壑難填 ， 追求昏頭。「不滿足的欲望」 才有驅策力 (Unsatisfied Needs Produce Driving Powers)，才有被他人或自己激勵而向前移動之力。反之，已被滿足之欲望則無被驅策之力。老子有云：人若能絕情棄欲，無所求，則不被紅塵束縛，所謂「無欲則剛」。

◆ 七情六欲，苦海無邊

但絕情棄欲或棄情絕欲，已非凡人。企業員工非聖非佛，皆為芸芸眾生，有「七情」（喜、怒、哀、懼、愛、惡、欲），有「六欲」（食、色、名、利、財、勢）。追求情欲之滿足，成為從脫離赤子之心開始（約 3 歲），一生永無止境之鑽營苦海生涯。所以經理人員必須對員工施以「精神激勵」(Spiritual Motivation) 及「物質激勵」(Material Motivation)，才能發掘其潛力，發揮其昇華力，達成企業永續生存及成長目標。

◆ 激勵術之工具點將錄

薪津工資、福利津貼、保險、衛生、工作環境、績效獎金、年終獎金、分紅計劃、認股計劃、加官升等、旅遊等等激勵措施，皆屬「物質激勵術」(Tools of Material Motivation)。平等對待、尊嚴維護、開門溝通、公開表揚、記功布告、做事認真、紀律嚴明、論功行賞、做人謙虛、兄弟相待、信賞必罰、可以託身、可以託孤、參與決策等等，皆屬「精神激勵術」 (Tools of

Spiritual Motivation)（見圖 7–11）。

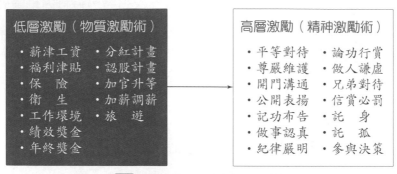

圖 7-11　激勵術工具箱

人是「經濟」動物也是「精神」動物 (Human Being is Economic Animal and Spiritual Animal)

◆「嚴賞罰」制度及「企業文化」內涵應並存

　　人是物質經濟動物，也是精神靈魂動物。肚餓、體寒、病痛、身倦、安穩全是經濟動物；合群、友誼、照護、協助、布施、持戒、堅忍、精進、清靜、圓覺全是精神動物。激勵員工應視員工欲望滿足五層次實況而異其措施，但以精神及物質同時激勵為高招。物質激勵措施常成為公司薪酬待遇及「嚴賞罰」制度，而公司的精神激勵措施常成為公司「企業文化」內涵。

◆「君子愛財，取之有道」，「君子富，好行其德」

　　金錢 (Money) 是物質激勵的工具，也是精神激勵的工具。「物質激勵」用以維持士氣及生產力於不墜，但無法提升更高水準。只有精神激勵才能提高更上一層樓的士氣及生產力。所以有人說「金錢不是萬能」（指金錢激勵的邊際效用有限），但也有人說「沒有金錢萬萬不能」（指金錢兼具物質及精神激勵的效用）。金錢人人皆愛，帝王喜愛、總統喜愛、院長喜愛、部長喜愛、立法委員喜愛、縣市長喜愛、議員喜愛、政府大小官員喜愛、企業股東喜愛，企業董事長、總經理、副總經理、經理、以至於掃地工友、司機都喜愛，連

教授、研究員、學者、名士、販夫走卒都喜愛。所以有菲律賓馬可仕總統、印尼蘇哈托總統、臺灣陳水扁總統等等因貪汙被追緝，另有因軍購大案回扣被風言風語。有企業董事長掏空股東資產被追訴，有立法委員當經紀人偷食政府預算，有採購員工拿回扣被抓，凡此種種皆證明金錢的激勵魔力。我輩應如何自處呢？一句戒律「君子愛財取之有道，小人愛財取之無道」。唯有培養具有「良知」、「良能」及「良心」之「三良」專業經理人，才是正途大道。

🏃 7.5.4 「領導統御」是身先士卒走第三
(Leading is the Third Job)

◆ 「領導」走在前面

充任一群具有共同目標人員之「領袖」(Leader) 或稱主管人員時，要這些部屬或隨從者全力朝向「理想境界」（即目標）奮進時，除了要事先告訴大家大團體的目標、小團體的目標、每個人的目標（即「計劃」），以及每個人相互間之上、下、左、右安排關係（即「組織」）外，還要臨時做出補充說明（即「溝通」）、鼓勵士氣（即「激勵」）、調兵遣將下達命令（即「指揮」），及身先士卒（即「領導」）。

📈 身先士卒才能獲取誠心誠意之服從 (Going First Wins Confidence and Obedience)

◆ 「以身作則」不是官僚等候

要求部屬克服困難（例如說服顧客，與競爭者比拚），達致目標，雖可用「下達命令」之方式為之，但主管人員若能「以身作則」，親率部屬（所謂「御駕親征」），身臨戰場，身先士卒，走先頭第一個，見招拆招，過關斬將，獲致成果，作為表率、模範、樣板，必定會在心理上「折服」部屬，獲得部屬對主管能力的「信賴」，獲得部屬對工作挑戰的「信心」，使部屬從心裡因喜悅，誠心誠意服從「組織」的目標、任務、命令。

◆ 心理折服比命令威脅有用

　　讓部屬肯定主管人員的能力是很重要的心理因素，否則部屬會看不起主管，導致陽奉陰違，使公司有主管人員之「成本」，無主管人員之「效益」（參見第 1 章「成本－效益」分析觀念）。

◆　「走動式管理」是「身先士卒」的實現

　　身先士卒的領導作法，有所謂「走動式管理」（Management by Walking Around；簡稱 MBWA），常應用在大型零售事業　（如大潤發量販店 (RT-Mart) 及沃爾瑪百貨 (Wal-Mart)）及製造事業（如大汽車廠），也是主管人員身先士卒，走入現場，發現問題，當場解決問題的描述。主管人員把辦公室的「指揮」及「溝通」工作做完後，就要把時間花在「走入現場」，和員工「左右相隨」，讓員工看到您、佩服您、尊敬您，收取「萬眾一心」之效果。

「創新」時要用「領導」，「守舊」時要用「指揮」(Leading in Innovation, Commanding in Regularity)

　　對主管人員的時間應用效率來說，若事事「領先示範，事必躬親」，是很花費時間及體力的作法，對大機構總體效果而言，不一定是最有效的管理方法。所以「領導術」(Leading) 通常只用於每一件「新」工作及「新」方案的開始。當部屬有困難時，主管必須走在前頭，叩關開路，不可躲在後面指手劃腳而已。等道路開通，困難克服之後，主管人員就要多用口頭或文字指揮的方法，多讓部屬去磨練、去拓展，不可依舊搶著做，讓部屬無機會歷練。等部屬又碰到「新」情況、「新」困難時，主管又要走在前頭去打關、去解決困難。換言之，身先士卒的「領導」是用在「創新」場合，若當「新」已變「舊」時，就要用分派任務的「指揮」，由部屬去「自動」依樣畫葫蘆地執行，如此，才能充分利用主管及部屬的能力及時間，沒有任何一方的浪費。

總經理身先士卒，先把「行銷」工作做好 (Top Management's Leading in Marketing Activities)

◆　行銷暢通，企業全身暢通

在企業經營裡，拓展市場和競爭者比賽的「行銷管理」(Marketing Management) 常常是最困難的工作，所以當最高主管的總經理就要身先士卒，站在前線把行銷工作帶頭做好，包括市場調查、競爭分析、顧客定位、訪問客戶、說服客戶等等做好，市場行銷一通，企業全身才會通暢。

◆ 進德修業是主管的護身符

由「領導」一事可知，要當一位稱職的主管人員，要時時充實自己的學識能力、做事勇氣及人脈關係，才能在部屬碰到困難時，挺身而出，「一箭定天山」，解決問題，贏得部屬的擁戴。充當愈高級主管的人，被環境困難挑戰及被部屬考驗能力的機會愈大。為有效履行職責，所以當主管的人，要利用每日、每週、每月、每年空檔時間於閱讀、進修、研討等等進德修業活動上，力求在知識、能力及品德（才、品、學）上比部屬高強，絕不可以把下班後之時間花在花天酒地、卡拉 OK、打球、賭博、言不及義的混混生活裡，否則就是企業的不幸。

7.5.5 「指揮統御」用下達命令糾正錯失走第四
(Commanding is the Fourth Job)

下達命令指揮，一人可對眾人

「領導術」(Leading) 講求主管走前面，部屬在後面跟隨，亦步亦趨，正如輪船的龍骨是全船設施布局的先鋒，所謂「船」(Ship) 的「領先」者 (Leader)，合一成為「領導術」或「領袖術」(Leadership)。但在大企業機構裡，主管人員事事領先，事必躬親，又會變成「無效管理」(Ineffective Management) 的現象，所以有效的主管人員，在「新」事件用領頭 (Leading) 示範之後，其後就要用「指揮」(Commanding) 來補救。

「指揮術」(Commanding) 講求主管在後面，部屬在前面，由主管用口頭講話及用書面文字，下達目標策略命令，要求部屬在前方因「時」、「地」、「人」、「事」、「物」等「五因」環境而制宜，而採取最佳之實際操作方法手

段，達成目標。此時「下達命令」是後方之主管，「實際操作」是前方之部屬，可以一人對眾人指揮。

先用領導一次，再用指揮無數次

「領導」只能主管一人示範做一事，但「指揮」可以主管一人叫很多部屬做很多事，在時間效率上，「指揮」比「領導」高很多。但在應用上，還是要「先領導」一次，再作無數次指揮，以免部屬對主管失去信心。

「新官上任三把火」，部屬等「好看」

通常，在大機構裡，高位高官的派任，不一定是用 「內部晉升法」(Internal Promotion)，很多情況是用「外來聘任法」（或稱「空降法」），內部員工不瞭解新來高官的能力、品德、學識等，假若此高官不先示範一下自己的才能（亦即不先「領導」一下），就光會下命令（亦即只「指揮」），部屬是不會很快就心服口服的。有很多新官上任，不先展示自己的能力（即先「領導」一番），而光會先燒「三把火」（即先「指揮」），常常讓部下在暗中批評，並靜觀其變，等著新官出紕漏，等「好看」，幸災樂禍，此即是主管人員不知「先領導，後指揮」之要義所造成之不良現象。

「指揮官」在後方下達決策命令，要前方士卒衝鋒陷陣，並蒐集情報回饋，研判軍機，再下達新決策命令，再糾正錯失，已經成為大企業大軍團的作戰方式。至於指揮官的決策命令是否正確，則與時效、情報、參與、果斷、明智等等管理能力相關。在企業經營裡，主管人員所擁有及運用的企業管理「雙重五指山」矩陣圖的知識能力，亦即「企業功能」體系知識（指行銷、生產、研發、人資、財會資訊）及「管理功能」體系知識（即計劃、組織、用人、指導、控制），就是彙總在下達各種大小「決策命令」之品質表達上。可見「企業將帥」（總裁、總經理）的考驗術比政府「軍事將帥」的考驗術要完整得多。

7.5.6 「君、親、師、友」四倫情義照顧走第五
(Taking Care is the Fifth Job)

◆ 「君、親、師、友」四倫照耀人間，帶好部屬

主管與部屬的關係，不只是「公事公辦」之「長官對下屬」的強硬機械化、呆板化關係，也是「父母親對兒女」之親情溫柔關係，也是「師傅、老師對徒弟、學生」之師徒終生關係，更是「朋友對朋友」的友誼情義關係。要學會做一位成功的主管人員，不論是班長、組長、課長、經理或總經理，就要學會中國古語之「作之君，作之親，作之師，作之友」的「君、親、師、友」四倫情義照顧關係。古時作人有「天、地、君、親、師」五倫關係，今日當企業員工，除「天、地」二倫為宗教信仰外，加上「朋友」的廣大關係，成為「君親師友」的四倫寶貝文化。

「作之君」，公事公辦，忠心掛帥 (To be the Superior)

◆ 「大公致私」比「大公無私」好

在公事上，包括企業公司及政府機關，都應該有它成套的「目標責任」體系，分配給各部門、各階層、各單位、各個人。上級人員負有指導、督促、糾正、檢討下級人員工作目標達成方法及達成程度之意見溝通過程，就是「作之君」（即作為部屬的君上、長官）過程。「作之君」，依照規定制度，事事公事公辦，努力以赴，屬於最嚴肅的一面，所謂「做事認真」就是指此。主管人員作為部屬的君上、長官，第一要求就是部屬忠心於組織目標（公目標），暫時忘卻自己私人目標，讓私目標自然跟隨公目標之達成而達「大公致私」。

「作之親」，嚴父慈母，愛心存底 (To be Parents)

◆ 「長官」也是父母，應有慈悲心

主管和部屬關係，若僅是上級主管和下級僚屬的公事公辦關係的話，這個機構的真正效率也不一定高，所有人員也會變成冷酷的機器零件或毫無情

義的經濟動物。人生七十工作歲月，每天 8 小時在辦公室裡，上級對下級若無愛心，事事找麻煩，雞蛋裡挑骨頭，充分顯示當官的威風。下級對上級若無尊敬之心，事事一個命令一個動作，沒有命令就無動作，上級命令錯誤也不提醒，存著走著瞧，以看上級出紕漏來取笑為樂之心理，當作反抗的武器。如此上下離心離德之現象，企業目標絕對無法達成，所以主管與部屬間的第二個關係是「作之親」，把上級當作是下屬的父母親看待。

◆ 「孝順」對「慈悲」，做人謙虛

在古時父對子雖是「嚴父」，但總心存好意，母對子必是「慈母」，事事叮嚀呵護，捨不得重聲苛責。子女對父母也是「又孝又順」。好主管應該就是部屬的父母，所謂「做人謙虛」，也是指此。

「作之師」，傳道、授業、解惑，師道永存 (To be the Teacher)

◆ 「上司」也是「老師」，有三責任：傳道、授業、解惑

當部屬得到新派任，接受新任務，能力常有所短缺，知識不夠先進，需要輔導教練。主管人員千萬不可說，那是付出薪資的公事，做不好，就受懲罰，活該！好的主管對部屬，又要「作之師」（成為部屬的老師）。在古時，老師對學生有三個責任：(1)「傳道」，即傳播為人、處事、審時、度勢、成敗、進退、得失、是非、善惡等等處世哲學，充實學生的道德文章。(2)「授業」，即教習工作技藝、技巧、知識、能力。(3)「解惑」，即學生有個人感情、經濟、政治上之疑惑，老師要盡心去解答、開導，去悲觀，就樂觀，積極向善、向上。

◆ 康熙最尊敬老師

老師對學生好，學生也會回報老師，所謂「一日為師，終身為父」。老師對學生傳道、授業、解惑，使學生改變一生幸福前途。對老師而言，教學生技藝，等於創造未來職場的「競爭者」，很危險，所以學生要終身尊敬奉養老師。清朝康熙皇帝 8 歲就帝位，以後每日向老師學習，即使出巡也不間斷，所謂「經筵日講」，所以他從不懂事的小孩變成中國歷史上的明君之一，完全

歸功於老師。康熙一生從未殺過一位老師大臣（即南書房伴讀大臣），即使老師大臣充任六部官吏，犯有連坐殺頭罪時，也只罰削官返鄉，一、兩年後，再召京復位，可知康熙是如何看重師父之大功。

◆ 得天下英才而教之，人生大樂事

　　主管把部屬當學生，部屬把主管當師父，3、5 年後，或 10 年、20 年後，上下隸屬關係可能大變化，雖已非上司下屬，但師生情誼永在，古時學生對老師的報答是「有事弟子服其勞，有酒食先生饌」。前面曾提過，本人教學四十多年，企業界學生最多，多有大成就，財產地位高過於我，但他們堅持師生之道，使我酒食不斷，到處有人幫提皮包，充分體會此種上下關係何等美好。所以孟子說君子有三大樂事：「父母俱存，兄弟無故，一樂也；仰不愧於天，俯不怍於人，二樂也；得天下英才而教之，三樂也。」教得好學生，確是人生大樂。

「作之友」，情義相助永恆 (To be a Friend)

◆ 主管與部屬之地位關係，常顛倒變化

　　主管與部屬的第四個關係是「作之友」。君臣關係是公事；親子關係是上下輩之私事；師生關係是半公半私；朋友關係是平輩間之私事。古云：「朋友有通財之誼」，「為友誼兩肋插刀」，「好友可以託身，可以託孤」。好朋友乃「君子之交淡如水」，一生不變。好朋友間的情義是永久的，所以當部屬有私人困難時，當主管的人當然不可「以私害公」，但若可經私人立場助其脫困時，一定要幫助。人生際遇多變化，「主管」與「部屬」之地位、「得意」與「失意」之境遇常互換，當主管者不可能永遠當主管，當部下者不可能永遠當部下，所以「主管」與「部下」建立平等的朋友關係，對將來落難時很有助益。

◆ 人生聚會是有「緣」，「君、親、師、友」都是「善緣」

　　能夠成為上司與下屬，也是有緣的聚合。「有緣千里來相會，無緣對面不相識」，既然有緣，就要做「善緣」。善待部下，「作之君」，可以有效達成目

標；「作之親」，可以發揮慈悲善心；「作之師」，可以建立綿綿不斷的互利新生命；「作之友」，可以建立溫暖、有情、有義、照顧、關切的人性社會。所以好的「指導」(Directing) 最後落實在「君、親、師、友」四倫的情義照顧社會。「指導」功夫佔主管人員 85% 以上時間，關係企業管理效率之提高，不可不認真講求。

現代管理的上司下屬關係，已從往昔「硬壓」方式，進化為「軟服」方式。尤其進入 21 世紀的電子化時代，「員工知識化」、「知識電腦化」、「上班家庭化」、「上司下屬同伴化」，員工已是公司的寶貴資源，懇求、呵護、愛惜、討好唯恐不及，他們已不是招之即來、揮之即去的求食者，豈可再以強壓、虐待、呆板方式對待之。

7.5.7 「領袖風範」有五類，「自私」或「放任」皆不可 (Five Leadership Patterns)

綜合主管人員指揮領導五術的「領袖風範」(Leadership Patterns)，參合「王道」(以「德」服人) 及「霸道」(以「力」服人) 之程度，可歸為五類。

1. 第一類為「自私獨裁式」(Autocratic Leadership)，即主管人員獨自裁定一切事務，而其決策背景是自私自利的「貪念」。歷史上的暴君夏桀、商紂，現時代的馬可仕 (菲律賓)、蘇哈托 (印尼)、毛澤東 (中國大陸)、蔣介石 (臺灣之國民黨) 等等皆是。

2. 第二類為「賢明獨裁式」(Paternalistic Leadership)，即主管人員雖獨自裁定一切事務，但其決策背景是慈母嚴父的善意，又稱「賢明獨裁」，如許多有效經營企業的董事長、總裁、總經理，雖非民主，但是有效又善意。

3. 第三類為「諮詢參與式」(Consultative Participation Leadership)，即主管人員讓部屬參加決策過程，發表意見，但部屬的意見僅供主管決策的參考，沒有拘束力，部屬不參與投票表決，所以決策做成及後果之責任仍由主管一人擔當。

4.第四類為「民主參與式」(Democratic Participation Leadership)，即主管人員讓部屬以決策成員的身分，參加決策過程，發表意見，最後並以多數意見為決定取決點，決策做成及後果之責任由所有參與者擔當，主管人員只是主持會議秩序的人而已，他沒有否決權。

5.第五類為「自由放任式」(Laisszer-Faire Leadership)，即主管人員充分讓部屬自由行事，不做事前討論設定目標，也不做事後檢討糾正改進。最好的情況是「群龍無首」制，最壞的情況是放牛自由吃草的散沙。

在這五類的領袖作風中，以有效經營的目標而言，第一類之「自私」獨裁及第五類之「自由」放任皆不可採行。至於其他三類型，則以部屬之教育水平、知識能力、目標責任體系，及主管人員之能力與健康而定奪。若部屬水平愈高，能力愈強，目標責任愈明確，則愈可採用第四類之「民主參與式」；若部屬水平愈低，能力愈弱，目標責任不明確，主管能力強，身體強健，愈可採用第二類之「賢明獨裁式」；中間情況者，則可採用第三類之「諮詢參與式」。

「領袖風範」是手段，不是目標

「領袖風範」或「領導作風」(Leadership Style) 的選擇，依情境而異，沒有固定的最佳典範。在 21 世紀，員工知識發達，資訊傳播快速，「絕對獨裁」式的作風已經過時，不可採用。而完全「自由放任」式的作風，將使各成員公司成為獨立散沙，也不能得到集團規模經濟 (Scale of Economy) 的好處。至於其他三種作風，多一些民主成分或少一些民主成分，都只是管理的手段而已，都不是企業經營的最終目標。企業經營的最終目標是「顧客滿意」及「合理利潤」，不是決策過程民主自由或不民主自由。假使高度民主自由，但是最終不能讓顧客滿意，不能賺錢，也沒有用。企業經營的大道和政治管理的大道都是講求「目標」的有效達成，而非「手續」的美醜。在國家治理，「風調雨順」、「國泰民安」是「目標」，民主或不民主（指一人一票選舉）程度是「手段」。在企業經營，「顧客滿意」、「合理利潤」是「目標」，「賢明獨

裁」、「諮詢參與」與「民主參與」程度是「手段」，兩者哲理相同。

7.6 控制功能的發揮——嚴賞罰：從「批發式」、「煞車式」，到「零售式」、「方向盤式」調整
(Exercise of Controlling Function—Strict Reward-Penalty: from Stop-Control to Steering-Control)

◆ 「控制」是確保成功

　　「控制功能」 (Controlling Function) 是 「管理系統」 (Management Function Systems) 的第五功能，是主管人員用來確保企業的計劃目標，經過認真執行，能夠真正成功的「保證」功夫，所以「控制」的目的是「確保成功」(Ensure Success)，不是操縱部屬靈魂的陰謀伎倆。

◆ 管理五功能缺一不可

　　有計劃，沒有組織，目標不會成功；有計劃、有組織，但用錯了人，目標也不會成功；有計劃、有組織、用對了人，沒有良好指導，目標也不會成功；有計劃、有組織、用對了人、又有良好指導，也不能確保目標能完全成功。為了確保成功，必須有「彈性調整糾正」的功能 (Flexible Adjustment)，僵固不具彈性的管理不會成功。所以管理的第五步就是球賽守門員的「控制」功夫，如同在「企業系統」(Business Function Systems) 裡，財務會計也是守門員的殿後功夫，也扮演「內部控制」(Internal Control) 的角色。

7.6.1 環境變化、人為失誤，不得不調整糾正
(Environment Changes and Human Errors Need the Flexible Adjustment)

環境不可控制，經常變動

　　為什麼管理工作，經過精心計劃（策劃、規劃）、組織、用人、指導（四

大功能）之後，還要調整「控制」呢？這是因為外在「環境」可能發生「變動」(Environment Changes) 及內部操作可能發生「人為失誤」(Human Errors)。原來在計劃時，雖已經對大環境、市場供給（競爭）及需求（顧客）有所調查、分析及預測，但時過境遷，環境、供給、顧客、競爭和科技等等都可能產生變化，使原訂目標、政策、戰略、方案、制度等等偏離事實，不能適用，若再強加執行，不僅徒勞無功，浪費成本，可能還會虧本失敗，陷入萬劫不復之境，所以必須隨時備有控制剎車的調整功能，以確保不失敗，又能成功。

人非聖賢，孰能無過？過而能改，善莫大焉

另外，雖然外在環境及市場供需預測都沒有重大變化，但是組織、用人、指導的管理工作，有可能發生「人為失誤」之處，譬如原認為組織結構、職責說明、核決權限、作業制度、招募人才、任用人才、培育人才、慰留人才、意見溝通、激勵士氣、領導作風、指揮制度等等已經很好，但經過實際操作一段時間後，發現「事」與「願」違，達不成週度、月度、年度目標，所以必須有剎車調整的控制功能，以確保不失敗，又能成功。

管理控制五步驟

控制功能也有五步驟，開始於設計關鍵「指標」(Key Performance Indicator；簡稱 KPI)，蒐集情報「回饋」(Information Feedback)，將執行後之實際成果和原訂目標「比較」(Comparisons)，若有「異常」差異距離，「分析」其異常原因 (Analysis)，看看是人為因素造成，或環境變化因素造成，並採取「糾正」更動措施 (Corrections)，包括目標計劃修正及人員獎懲行動，在差異未惡化之前，扭轉回復，使在原定終點時間內，能達成目標（即使「成果」等於「目標」）（見圖 7–12）。而日常執行，則靠各部門之「每日活動記事」、「每週檢討會」、「個人半月工作檢討表」、「每月業績檢討分析」及「每季經營檢討會」，包括董事會及股東會在內。

計劃—組織—用人—指導

1.設計關鍵指標
（與目標管理掛鈎）　(Key Performance Indicators)

2.蒐集情報回饋
（持續情報系統）　(Information Feedback)

3.比較成果與目標
（每日、每週、每月、每季、每年）　(Comparisons)

4.分析異常原因
（每日、每週、每月、每季、每年）　(Variance Analysis)

5.糾正異常及獎懲
（再計劃、再執行）　(Corrections, Rewarding and Penalty)

圖 7-12　管理控制五步驟

7.6.2　「方向盤控制」優於「煞車式控制」
(Steering-Control better than Stop-Control)

「麻煩」功效勝過「輕鬆」功效

「控制」措施在理論上有兩大類，有「批發煞車式」控制 (Stop-Control)，也有「零售方向盤調整式」控制 (Steering-Control)（即「不煞車」控制），兩者比較，前者輕鬆，後者麻煩。因前者之煞車式控制久久才一次，平時很輕閒，但其動作很大，會造成組織內臟震撼傷害；後者隨時隨地之方向盤小調整式控制，動作很頻繁，是麻煩，但不會傷及內部組織。

要用方向盤小調整式之控制，主管人員就要勤勉，不怕麻煩，要先設定關鍵執行指標（細目標及標準），再每日、每週、每半月、每月、每季進行「情報回饋」、「差異比較」、「原因分析」及「糾正行動」等四步驟。需要做零零碎碎、點點滴滴之合理化功夫，絕不能長時偷懶失控，等小病成大病，

475

等內傷變外傷，積重難返時，才來一次批發式大煞車、大調整，造成大傷害。以下說明「日、週、半、月、季」之零售式方向盤控制方法。這五種操作方法就是主管人員日常要執行的「企劃與控制」(Planning and Control) 綜合功夫（見圖 7–13）。

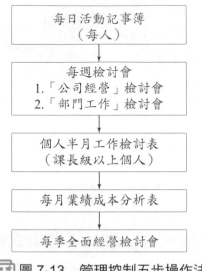

圖 7-13 管理控制五步操作法
（零售方向盤小調整式）

7.6.3 「每日活動記事簿」為第一步
(Daily Recording is the First Job)

員工記事簿就是「部落格」

管理控制的第一步功夫就是每一位員工的「每日活動記事簿」(Daily Log Book)，用現在電子通訊的術語就是個人記事公布欄（Blog，部落格）上自董事長、總經理，下至每一位操作員，人人都應發給一本記事簿，依頁次編號，隨身攜帶，當上下兩人面談或多人開會時，各人把重要事項記下，尤其記載和自己有關係的時、空、人、事、物，當作自己責任內工作目標進度的檢討、

新任務的指派、以及應進行之分工 (Division of Work)、合作、協調、溝通活動的根據。

一個公司一天做些什麼可從員工記事簿看出

員工「每日活動記事簿」可以反映公司一日工作情況，所有員工一天活動記載，就是全公司當天的實際活動紀錄，其重要性是把公司的行銷、生產、研究發展、人力資源、財務、會計、電腦、資訊工作之計劃性、組織性、用人性、指導性及控制性活動呈現出來，可供綜合研判及綜合糾正。這是一件很基礎性、很重要性、很偉大性的工作。假使問一個一萬人的公司，一天在做什麼事，有哪一位神仙董事長總經理知道呢？肯定無人知道。但當每一位員工都把當大工作用記事簿記下來，綜合起來就可以知道公司一天在做什麼事了，真的「舉重若輕」。

員工記事簿可供「事後」追查「前事」

員工「每日活動記事簿」也可以事後澄清部門間或個人間的工作糾紛，更可澄清技術研究人員之機密創新功勞者。當一個職位的工作者離職而去，新工作者前來接替，若能閱讀前工作者之每日活動記事簿，就能在很短的時間內，進入情況，接辦工作。

7.6.4 「每週檢討會」為第二步
(Weekly Review Meeting is the Second Job)

有力的工具：每週檢討會

綜合運用「計劃─執行─考核」(Plan-Do-See) 功夫的第二套重要控制工具，就是由總經理主持的「公司每週經營檢討會」(Company Weekly Review Meeting) 及由部門經理主持的 「部門每週工作檢討會」 (Department Weekly Review Meeting)。

「公司每週經營檢討會」在每週一上午或每週五下午或其他適合時間舉行，由總經理主持，由各部門經理級以上人員參加（出席並簽名），由總經理室經理或企劃經理或特別助理當執行秘書兼記錄，每週一次，不可中斷。總經理若外出，由指定之副總經理代為主持。

「公司每週經營檢討會」之四步程序

經營檢討會開始時，首先由總經理大略報告上一週公司與外界往來之大事及公司內發生之大事；其次，由執行秘書逐一宣讀上一週之紀錄，並逐一由相關部門經理報告執行狀況，若有無法達成目標者，即刻由總經理追問原因，商議補救方法，並指派新任務，做成新記錄；其三，當上週紀錄宣讀及報告完畢後，由各部門經理逐一報告本週內要進行之工作目標，需要其他部門配合協助之處，或需要解決之困難，由總經理交付討論，裁示進行方法，並指派各部門配合之任務，做成新紀錄；其四，經營會議結束，會議紀錄經總經理核閱簽署後，發給各部門經理周知，當作該週新工作命令及授權工具，在本週內執行。在下一週的「公司經營檢討會」要接續追蹤本週所裁定任務之執行進度。如此每週進行，一年 52 週有五十二次經營檢討會，把「企業五功能」及「管理五功能」之活動，綜合囊括於一處。

「部門每週工作檢討會」由經理主持

「部門每週工作檢討會」也是每週召開一次，不可中斷，由部門經理主持，由各課長級以上職員參加，由經理助理當秘書，每週選定一個時間進行，絕不中斷。經理若不在，則由指定之副理或指定之課長代為主持。其檢討上週工作及策劃本週工作之方式，和總經理主持之「公司每週經營檢討會」相似，有報告、有討論、有裁示、有紀錄、有追蹤、有新裁示。部門工作檢討會的結果，常常就是部門經理參加公司經營檢討會要報告及要求協調及協助的事項內容，兩者互相勾稽，公司各部門各課所發生及所要改進的事，在一週內就可上達總經理裁決。

　　公司總經理可以去出席各部門工作檢討會，但不要搶部門經理之鋒頭，由部門經理去主持其部門內工作檢討。部門經理若知道總經理可能出席其會議，一定會把會議開好，開得有內容。董事長也可以出席總經理主持之公司每週經營檢討會，但也不搶總經理之鋒頭。董事長可以個別和總經理及部門經理討論公司業務進度及策略、方案、制度之修正。在必要時，董事長可以代表董事會對公司全體員工做業務及精神講話，以鼓勵士氣。

MBO-MBP-MBD-MBR 四者融於每週檢討會

　　對公司的有效經營而言，公司及部門每週經營檢討會是最關鍵性的確保成功因素，它綜合運用「目標管理」(MBO)、「參與管理」(MBP)、「授權管理」（Management by Delegation；簡稱 MBD）及「成果管理」（Management by Results；簡稱 MBR）。公司內部問題，無論多困難，都可以在一週或兩週內解決，不會報喜不報憂，隱瞞重病超過兩個星期。

7.6.5 「個人半月工作檢討表」為第三步
(Individual Bi-Weekly Plan-Review Sheet is the Third Job)

「半月檢討表」以課長級以上個人為主

　　公司及部門「每週檢討會」是由各部門及各課以各「單位」(Unit) 的身分參加，而「個人半月工作檢討表」(Bi-Weekly Plan-Review Sheet) 是要求公司課長級以上重要幹部以「個人」(Individual) 身分，把過去兩星期內，自己所負責之每一個重要工作「方案」(Programs)，包括例行之行銷、生產、研發、人資、財會工作及專案性之改善工作的「進度」、「困難」、「解決方案」、「尋求上級協助」等四大內容，用一頁表格紙寫出，呈給自己的主管經理、副總經理及總經理核閱批示。

一年累積 24 張「半月檢討表」可供年終績效考核之根據

經理、副總經理及總經理對「課長級以上」幹部的「個人半月工作檢討表」有批示意見時，可叫該課長級以上人員來當面討論，或將該批示後的檢討表發給該員閱讀，然後再繳回，存檔於總經理室，如此一人一年存有 24 張，可供「年終考核」時作為最佳參考依據。若無此書面檢討資料之累積，一年漫漫長日，過眼雲煙，臨屆「績效考核」時，上級主管記近忘遠，既不公平又不客觀，無法做出名實相符的考核及控制。

對「高知識分子」之考核用「半月檢討表」最適當

部門及課級主管人員被要求記載「每日」活動記事簿，出席「每週」檢討會，已經盡心盡力於公司業務，但要真正落實自己的成績記載，則以「個人」半月工作檢討表為最佳工具。尤其像工程師、科學家、教授、顧問師、研究員、高級幹部等智慧型員工，其工作目標難以事前詳細數量化，要靠高度自我激勵、自我管理，所以使用「目標管理」式之「半月工作檢討表」來自我控制，最具有尊嚴性及有效性。各大學對教授，各智庫研究機構對科學家、工程師及研究員，各政府機關對各部門官員的控制，比各企業對各級幹部的控制鬆弛無度，所以無形中浪費很多人民繳稅的血汗錢於糊里糊塗中。對這些所謂「高知識分子」(High Intellectual)，若能施以有尊嚴又有責任感的目標管理式「個人半月工作檢討表」控制，一定會替國家提升很多生產力。

7.6.6 「每月業績成本分析表」為第四步
(Monthly Performance and Cost Analysis is the Fourth Job)

每月二十業績數字

企業實作「每日活動記事簿」、「每週經營檢討會」以及「個人每半月工

作檢討表」，雖已經緊緊掌握全體員工的工作努力方向，但其具體工作表現之數量成果，還要靠「每月業績成本分析報表」來表達，譬如產品種類、產品項目、市場地點之「利潤中心」、「成本中心」、「任務（工作）中心」之⑴損益表；⑵資產負債表；⑶現金流量表；⑷單位成本分析表；⑸單元成本分析表；⑹財務比率分析；⑺市場佔有率；⑻員工生產力；⑼設備生產力；⑽加工產出率；⑾原料損失率；⑿退貨率；⒀折扣率；⒁品質檢驗率（壞品率）；⒂逾期收款率；⒃呆帳率；⒄員工流動率；⒅安全事故率；⒆維修率及⒇停機率等等業績數字。

每月「四比較」

這些業績及成本分析，有的每日、每週都要編製提請有關主管核閱，但每月底要做出綜合統計分析，「和預算比較」、「和上月實績比較」、「和去年同月實績比較」、「和同業最佳平均比較」，此四比較可幫助主管人員隨時觀察出變化趨勢及預測未來可能情況，在萌芽未動之前，就已洞察機先，採取糾正行動（所謂「萌芽未動，已見先機，乃聖臣也。」）。

財會功能充分發揮「協助」作用

「每月業績成本分析表」是發揮財務會計 (Financial Accounting)、成本會計 (Cost Accounting) 及管理會計 (Management Accounting) 作用的最具體表現。有很多家族式傳統老式管理，把財會功能當作一種神秘超然的工具，獨立於行銷、生產、技術及人事工作之外，以及凌駕於各事業部、各地區子公司主管人員之上，由企業總部財務會計長直接派人掌握，美其名為「牽制」前線銷產單位，以免被篡奪經營權，但因其本身不暴露於日常經營檢討考驗之中，養成專門有權挑剔別人毛病，但免於被別人挑剔毛病之「有權無責」惡習，忽略上述成本會計及管理會計之情報功能，致使公司經營航行於「暗無情報」之海中，終究要觸礁失事收局。

企業「決策」要有「情報」作為理智思考之依據，沒有快速的每月業績

成本分析報告，就等於一個又盲又聾的人，在戰場上和別人打仗競爭，其必然失敗之後果，早可預知。現代有效經營的企業，都講求「每月結帳隔日報表」之快速程度（即「就源輸入，一日結帳」）。

企業總經理及各部門經理、課長，都要把相關之業績比率及成本分析當作每月第一週「經營檢討會」的討論要點，認真討論，提出改進指示及建立改進方案。

7.6.7 「每季全面經營檢討會」為第五步
(Seasonally Overall Review is the Fifth Job)

董事會或集團總部對各營運公司的「學期總考試」

企業每三個月（一季）要由總經理向董事會（單一公司者），或向集團總部（集團公司）綜合彙報它的全身健康檢查，包括本季及本年累積之企業五功能目標達成度（行銷、生產、研究發展、人力資源、財會資訊）與管理五功能（計劃、組織、用人、指導、控制）之運作情況。接受董事會或集團總部（總裁、主管副總裁、幕僚副總裁等等）之詢問、建議、糾正。

鍛練「強兵、強將型」團隊的戰地

「每季全面經營檢討會」是由總經理當報告人，各部門經理人當列席人，以補助總經理之報告。一個弱將型之總經理，常常禁不起每季全面經營檢討會的考驗而敗下陣來，正如一個內閣閣員（部長）禁不起國會議員的強烈詢問挑戰而敗下陣來一樣。只有平時鍛鍊成「強兵、強將型」的團隊，可以安穩度過每三個月一次的考驗，而有效經營的企業，也是以每年四次，年年不斷的總部對成員營運公司的嚴格考驗，來塑造鋼鐵般、馬拉松賽跑式的扎實體質。

一個公司第三次的「每季全面經營檢討會」，即 9 月時，除了檢討本年度九個月的執行成果外，還要開始準備編訂下一個年度之「五年計劃及年度計

劃預算」。再經過 10 月、11 月往返上下參與討論後，在 12 月中旬就要確定下一個年度的計劃目標及財務預算，最遲不可超過 12 月下旬（配合第四次「全面經營檢討會」），以利下年度 1 月 1 日開始的運轉。如此，周而復始，經由每日記事簿、每週檢討會、半月工作檢討表、每月業績成本分析表、及每季全面經營檢討會等「企劃、執行、控制」運作，體現企業永續經營及成長之目標。

第 8 章

本書總結：掌握企業將帥的整套有效經營功夫

「滿意」與「利潤」

企業將帥所應學習的功夫就是「企業有效經營」(Effective Management) 的整套功夫，而非「無效經營」的雜碎。企業有效經營的兩個目標是「顧客滿意」(Customer Satisfaction；簡稱 CS) 及「合理利潤」(Reasonable Profit；簡稱 RP)。先讓顧客對產品「品質」(Quality)、「價格」(Price)、送達「時間」(Time)、服務「態度」(Attitude) 都能「滿意」，才能在競爭市場上賺到合理「利潤」(指「淨值報酬率」高於「資金成本」1.5 倍以上)。

「利潤」與「生存」、「成長」、「創新」、「壟斷」

有了合理「利潤」才能維持企業「生存」(Survival)（不衰退）及「成長」(Growth) 壯大。要能「生存」及「成長」於市場競爭 (Market Competition) 之中，就必須能維持「創新」式之區隔市場「領先」及產品差異性「壟斷」(Innovative Leading of Market Segmentation and Monopolistic Position of Product Differentiation)。

陰陽顯密十字訣的「雙重五指山」

要達成這些連帶性的系列目標，就要有一套有效經營的手段，此套手段簡稱為「陰陽顯密十字訣」的「企業管理雙重五指山」矩陣圖：銷、產、發、人、財（指陽顯的企業五功能）及計、組、用、指、控（指陰密的管理五功能）。

落實於企控五步操作法

本文第 6 章細說「企業五功能」中每一功能之五步措施，共有二十五 (5 ×5) 招。第 7 章細說「管理五功能」中每一功能之五步作法，也有二十五 (5 ×5) 招。最終以控制功能之「每日記事簿」(D)、「每週檢討會」(W)、「半月工作檢討表」(B)、「每月業績成本分析報表」(M) 及「每季全面經營檢討會」(S) 等五步操作法，作為「十字訣」綜合運用之最高表現。

讀了本書，就可以在短時間內，全盤瞭解一位企業將帥型總經理或總裁，所應具備的有效經營之目標及手段，堪稱為「簡易總經理學」或「簡易企業將帥術」，因為有效經營的目標二個（「滿意」及「利潤」），其手段十字（銷、產、發、人、財；計、組、用、指、控）。

企業賺錢四條路各有優劣，必須了然於心

縱觀數千年歷史，橫察各行各業，可知企業要賺錢有四條路可走。

1. 第一條「賺政府錢」，方法，靠政商特權。好處，賺「短、平、快」之錢；壞處，人亡政息，不耐久。

2. 第二條「賺市場先機錢」，方法，靠眼明手快先進入市場。好處，高價搾脂；壞處，市場無三日好光景，一窩蜂競爭馬上跟來。

3. 第三條「賺管理錢」，方法，靠點點滴滴合理化之有效經營（即本文所述之方法）。好處，經得起時間的考驗，路遙知馬力；壞處，很辛苦。

4. 第四條「賺股票錢」，方法，靠上市發行股票換鈔票，經由合併、包裝、炒作，以及「借債權」，「買股權」，「掌握管理權」，炒高股價，「抵押股票，再借債權」之循環作法。好處，發行股票換鈔票，景氣好時，賺錢如賺水；壞處，無實際扎實經營績效（如第三條）做核心基礎，只求股票上市，炒作漲價，會成泡沫經濟，終究要破滅，害人害己。

走第三條路賺辛苦功夫的管理錢

所以奉勸諸位，要經營企業賺錢，不要貪心急躁，「貪」與「貧」同宮異位，欲速則不達，最好走第三條有效經營辛苦之路。當您有了扎實之經營基礎，則退可守，進可攻。當有好機會時，可以兼得第一條、第二條及第四條路之意外財。若無好機會時，還可賺一些長久源源不斷之辛苦功夫管理錢。

以培養「良知」、「良能」、「良心」兼具之「三良」專業經理人為終身志業

正規的企業將帥型總經理、總裁，除了要修 20 門課、60 學分之專業企管碩士 (Professional MBA)，花時 2 年之課程之外，還要經過 10 年以上之實際作戰考驗。本人以 2 年 MBA 學習，5 年企管博士班鑽研，30 年教學經驗，及 18 年企業界實戰經驗，融合東方及西方文化，把各行各業千變萬化之總經理應具備知識，簡縮成 30 萬字，供任何行業，任何年齡，有志於從事「有效經營」的現任總經理、總裁或潛力總經理、總裁閱讀，用最短時間，掌握一位企業將帥所應具備「有效經營」之目標及手段的最低知識要求，成為一位有興趣追趕上世界知識潮流（即有「良知」），願意發揮知識應用能力（即有「良能」），並能為社會大眾股東謀福利（即有「良心」）之「三良」專業經理人員，以促進我國經濟發展，追趕歐美日經濟強國，領袖亞洲華人 20 億人，此乃本《有效總經理——企業將帥術》編著之核心用意所在。

本文各條細節方法論中，所提到之「術語」，如「宗旨」、「使命」、「願景」（遠景）、「目標」、「政策」、「戰略」、「五年計劃」、「年度計劃」、「可行性研究」、「方案規劃」、「組織結構」、「職責說明」、「核決權限」、「各種作業制度」、「操作標準」、「辦事細則」、「預算控制」、「損益表」、「資產負債平衡表」、「現金流程表」、「績效表」、「經營檢討會」、「半月工作計劃」、「簽呈表」、「績效評核表」等等之管理制度表格，皆屬於數量龐大之手段性方法工具，有的在書內已有範例，有的未提範例，各公司可以自行設計，或參閱本

人另外著作，如《高階策略管理－企劃與決策》（臺北：華泰文化出版公司，2009 年）、《現代企業管理》（臺北：三民書局，2004 年）、《有效管理哲學》（臺北：中華企業研究院基金會，2012 年），或接洽本人提供設計服務，電話：臺北 886-2-2547-5060，中華企業研究院基金會，E-Mail: cab@cab.org.tw；傳真：臺北 886-2-3322-9012。

打造鑽石級企業——創新和研發的五大秘密　　黃國興／著

　　在美國矽谷從事20多年創新和研發工作的大偉，觀察臺灣的大學畢業生起薪緩漲、產業轉型不足、中國大陸與南韓的興起等面向後，發現臺灣產業已經失去競爭優勢，處於危急存亡之秋。

　　本書針對臺灣產業的弊病，以中西方各大知名企業的興衰為借鏡，提出「創新和研發」是唯一的解決之道，並藉由「創新和研發的五大秘密」一窺創新和研發的關鍵，剖析臺灣企業和 Apple、Samsung 的相異之處，帶領您一同見證產業的轉型與重生。只要依循這五大秘密，各行各業都能夠打造出堅實不摧的鑽石級企業！

創新和研發的五大秘密：

1. 創造顛覆性產品
2. 世界級的核心技術
3. 不斷實驗式的創新
4. 機密、謹慎和保護智慧財產
5. 世界級的創新團隊和環境

領導與管理 5 大祕密——如何創造一支勝利的團隊　　黃國興／著

　　阿雄是一個剛剛接任管理職務，並充滿了不安與不適應的新手主管，幸好有阿彬這個好朋友介紹了管理與領導專家蘇總給阿雄，蘇總以自己過來人的經驗，有系統的指導阿雄領導與管理一個團隊時應該要學習的五大祕密。透過蘇總一步一步的指導，解決阿雄在領導與管理方面的疑難雜症，讓阿雄創造一支勝利的團隊。蘇總不是只告訴阿雄五個不切實際的口號，而是真的告訴阿雄實際作法。如果你跟著阿雄一起學習，相信你也可以創造一支勝利的團隊。

贏在這一秒

黃國興／著

為什麼只有少數人過著成功、健康、充實的人生？

什麼因素主宰成功和失敗，掌握個人的人生和命運？是家世、背景、環境嗎？

本書提供十五門成功人士的必修學分，讓您掌握成功的祕訣，您的決定可以主宰成功和失敗。藉著體能、智能、情感能力和精神能力的訓練，本著正面積極的人生態度，每個人都可以過著青春、活力、充實、快樂的人生。

自由貿易行不行？——經濟學家不告訴你的秘密
(Free Trade Doesn't Work — What Should Replace it and Why)

Ian Fletcher ／著；吳四明／譯

經濟學家警告我們，有太多以「國家利益」為名的保護主義案例，最後的結果既失敗、又腐敗。

為了避免這些問題，政府應該放棄貿易政策與產業政策等干預手段，把一切全交給比較利益法則與「自由」貿易，因為，在自由貿易之下，生活只會愈來愈好……

但事情真的是這樣嗎？世界各國真的有可能讓貿易毫不受限、完全自由嗎？有沒有可能，所謂的「自由貿易」，最終帶給我們的不是幸福的烏托邦，而是日益衰弱的國家？

做人難・不難──職場溝通的 10 堂講座　　　王淑俐／著

　　如果您是學生……本書能成為職場溝通的「旅遊指南」，讓您進入職場後「玩得」盡興。

　　如果您是職場新鮮人……本書可當作職場溝通的「參考書」，讓您在人際關係中獲得高分。

　　如果您進入職場多年……本書可作為「字典」，讓你查到「正確的」人際相處之道。

　　如果您是主管……本書可成為「保健手冊」，診斷自己在領導與溝通上的病兆、對症下藥。

　　本書從職場關係的角度，強調「以人為本」的溝通態度，並提供相關的溝通技巧，讓您在職場溝通以及做人做事上都能無往不利！

遇見・幸福──情愛溝通的 22 堂課　　　王淑俐／著

　　每個人都有愛與被愛的自由與權利，修習情愛溝通這門課，能讓你對愛情與婚姻產生信心，從遇見「對的人」進而遇見「幸福」。

　　本書以讓自己成為「對的人」，再去尋找或吸引「對的人」為核心，強調透過「溝通」的方式解決愛情難題，進而找到適合自己的伴侶。內容涵蓋廣泛，包括辨識真愛、劈腿議題、安全分手、同性戀情、親密行為、懷孕與墮胎、同居與試婚、婚前協議、婆媳相處、家庭暴力、外遇與離婚等，共 22 堂情愛溝通的必修課程。

　　無論你是否已經遇見幸福、找到對的人，本書都能帶領你，重新感受幸福的美好滋味。

我的智慧，我的財產？——你不可不知道的智慧財產權

沈明欣／著；水腦／繪

　　作者以通俗易懂的文筆，化解生澀的法律敘述，讓你輕鬆解決生活常見的法律問題。看完本書後，就能輕易一窺智慧財產權法之奧秘。本書另檢附商業交易中常見的各式智慧財產權契約範例，包含智慧財產權的讓與契約、授權契約及和解契約書，讓讀者有實際範例可供參考運用。更以專文討論在面臨智慧財產權官司時，原告或被告應注意之事項，如此將有利當事人於具體案例中作出最明智之抉擇，在閱讀本書之後，必感物超所值。